高等院校“十四五”规划教材

大学物理实验教程

编写委员会

主　编　薛建忠　眭永兴

编　委　薛建忠　眭永兴　张剑豪　吴卫华
刘　波　裴明旭　袁　丽　吴世臣
朱小芹　唐　煌　胡益丰　郑　龙
孙月梅　吴晓庆　翟良君　王　帅
高　琪　侯丽丽　王凤飞　张　勇
於文静　方　涛　许晓军　左旭东
张建东　沈大华　张冬梅

南京大学出版社

图书在版编目(CIP)数据

大学物理实验教程 / 薛建忠，眭永兴主编. -- 南京：南京大学出版社，2021.12(2025.1 重印)

ISBN 978-7-305-24836-8

Ⅰ. ①大… Ⅱ. ①薛… ②眭… Ⅲ. ①物理学—实验—高等学校—教材 Ⅳ. ①O4—33

中国版本图书馆 CIP 数据核字(2021)第 156114 号

出版发行　南京大学出版社
社　　址　南京市汉口路 22 号　　　邮　编　210093

书　　名　**大学物理实验教程**
　　　　　DAXUE WULI SHIYAN JIAOCHENG
主　　编　薛建忠　眭永兴
责任编辑　王南雁　　　编辑热线　025-83595840

照　　排　南京南琳图文制作有限公司
印　　刷　南京人文印务有限公司
开　　本　787 mm×1092 mm　1/16 开　印张 20　字数 500 千
版　　次　2021 年 12 月第 1 版　2025 年 1 月第 3 次印刷
ISBN 978-7-305-24836-8
定　　价　50.00 元

网址：http://www.njupco.com
官方微博：http://weibo.com/njupco
官方微信号：njupress
销售咨询热线：(025) 83594756

前　言

根据高校人才培养目标，总结近30年教学改革实践，我们认为大学物理实验的教学应贯彻因材施教的原则，创造各种有利条件，充分调动学生学习的主动性和积极性，让不同层次的学生各有所长，各得其所．教学中应注重学生基本实验素养的训练和培养，提高学生分析问题、解决问题的能力以及创新能力．实验内容的选择既要有一定的面（广度），又要有一定的点（深度）．一个好的物理实验不仅能让学生学到先进的实验方法和技能，又能促使学生勤动手，在不同条件下对实验结果进行准确分析．

近30年的基础实验教学实践中，前10年我们通过自编讲义进行实验教学，于1999年正式出版了高等工科学校试用教材《普通物理实验》，后又经过多年的实践和探索，分别于2004年出版了21世纪应用型本科院校规划教材《普通物理实验》、2016年出版了高等院校“十三五”规划教材《大学物理实验》．随着教学仪器设备项目的不断研发，以及实验室建设力度不断加大，我们教学团队对实验物理研究的成果也日趋丰富，重新编写新的实验教材也是势在必行．

本教材是根据教育部高等学校物理学与天文学教学指导委员会最新制定的《理工科类大学物理实验课程教学基本要求》、高校人才培养目标以及作者教学团队近30年的实验物理研究成果编著的．全书包括绪论、预备实验、基本实验、选修实验及附录五部分．

误差分析与数据处理基础知识、实验基本仪器、实验课基本要求等在“绪论”部分系统介绍，对测量的评定，采用了“标准不确定度”，并且浅涉了测量统计标准及其在认可论证中的应用，引导学生能尽快适应现代技术规范．

设计编排5个入门实验作为“预备实验”，采用开放实验室的教学形式，为学生后续正式实验打基础．

各实验内容的选取与设计重视面与点的结合，实验内容体系强调实验过程与实验方法设计，强调基础性、综合性、设计性和研究性，强调分层次教学，同时增加了培训排除故障等技能的教学内容．我们设计编排了22个“基本实验”项目来系统训练学生实验技能，这些实验项目大多安排有必做与选做内容，选做内容通常是设计性或综合性内容.另外再安排20多个“选修实验”项目,让学生了解新技术新方法,提高综合实验能力.资料性内容与知识性介绍等放在“附录”部分.

双频调相,显微成像,微机测量,双振动合成、相位及相差,偏振态等科研成果渗透在全书相关部分.另外还设计了部分无害破坏性实验内容,依据科研成果也设计或编排了选修实验项目.

作者团队近30年的实验开放教学及其教学管理手段等,也在书中有所体现.

本教材的编著出版,得到了江苏理工学院的领导尤其是教务处的大力支持,谨致深切的谢意.

我们感谢读者给予的支持.由于水平有限,错误与不妥之处在所难免,诚恳地希望使用本教材的师生提出宝贵意见.

作 者

2021年6月于江苏理工学院

教学建议

要提高实验教学质量，仅有合适的教材和实验仪器是不够的，还应注重实验内容的安排及教学方式方法的选取.对如何使用本书进行实验教学作如下建议，供参考.

由于物理实验一般来说是工科学校学生进入大学后的第一门独立开设的基础实验课，实验教学宜分几个阶段进行，以达到最佳效果.

第一阶段先做“预备实验”部分的五项实验内容，采用实验室全面开放的形式进行实验教学(建议实验室开放3～4周)，让学生在极短时间内为“基本实验”的顺利进行打下基础.

第二阶段让学生在实验上入门，可做“基本实验”中的必修实验部分内容.“基本实验”中的选修实验部分内容可不做，留待下一阶段进行，但要求学生在各次实验完毕后对照仪器在实验室预习或设计等.这阶段的实验要求学生写出完整的实验报告，教学方法重在“传授型”，引导学生入门.

第三阶段“分层次”教学，巩固提高.这阶段实验室开放4～5周，实验内容是:(1)学生自由地、选择性地复习第二阶段做过的实验，要求做到融会贯通，巩固提高;(2)安排学生尽可能多地选做第二阶段基本实验中的选修实验内容(包括思考题提及的实验设计内容等)和“选修实验”内容，以拓宽知识面，多掌握几种实验方法.由于有了第二阶段的基础，这阶段可有意识地将配套仪表打乱集中存放在实验室的一张桌子上，让学生按需取用(用完后要求仍放回原仪器桌上)，这样可促进学生领会实验各个细节.这阶段重点是培养独立操作的实验技能，这些实验可不要求写实验报告，但要求学生写出自己设计的实验操作方案.这阶段可安排基础好的同学做较深入的测试内容，对基础差的同学要求强化练习基本实验，以做到因材施教.这阶段的管理可采用学生先登记后实验，所需小型仪器、工具等可采用“借还制”(由各班排定值日生协助教师进行各项管理).

作　者

2021年6月于江苏理工学院

信息摘记

信息摘记

目　录

绪　论

第1节　物理实验课的目的和任务

物理学从本质上来说是一门实验科学，物理概念的建立和物理规律的发现，都必须概括大量的实验事实，都必须以严格的科学实验为基础；另一方面，物理规律的正确与否、适用范围如何，也必须通过实验的检验才能正确回答. 物理学上新的突破常常是通过新的实验技术得以实现的. 物理实验的方法、思想、仪器和技术已经被普遍地应用在自然科学各个领域和技术部门.

物理实验课，是学生进入大学后受到系统的实验技能训练的开端，是后续课程实验的基础. 其教学目的和基本任务是：

1. 通过系统的物理实验训练，使学生具有一定的物理实验基础知识和基本技能，通过实验要求学生做到：弄懂实验原理，了解一些物理量的测量方法，熟悉常用仪器的基本原理和性能，掌握其使用方法；能够正确记录、处理实验数据，分析判断实验结果，并能写出比较完备的实验报告.

2. 培养和提高学生的观察与分析实验现象的能力以及理论联系实际的独立工作能力. 通过实验中的观察、测量和分析，加深对物理概念、物理规律的理解.

3. 培养安装、调整实验装置的技能，培养设计实验方案和实验步骤、选取实验条件、分析实验故障等方面的能力，逐步建立创新意识.

4. 培养学生严肃认真的工作作风与实事求是的科学态度.

第2节　误差分析与数据处理基础知识　不确定度

一、测量与误差的基本概念

进行物理实验时，不仅要定性地观察物理变化的过程，而且还要定量地测量物理量的大小. 测量是指为确定对象的量值而进行的被测物与仪器相比较的实验过程. 例如一棒长与米尺相比较，得出长度为 0.85 m；通过天平将一铜块的质量与砝码相比较得出 20.85 g.

测量给出被测物的量值，必须包括数量大小及单位.

(一) 测量的分类

1. 直接测量与间接测量

一般仪表都按一定的规律刻度,以便直接读出待测量的数值.可以用仪表直接读出测量值的测量,称为直接测量,相应的物理量称为直接测量量.例如用米尺测长度,天平称质量,停表测时间,伏特计测电压,安培计测电流等,都是直接测量.但对于大多数物理量来说,需要借助于一些原理、公式,用间接的办法,由直接测量得到有关量后进行计算得出.例如,测量铜柱的密度时,我们可以用米尺量出它的高 h 和直径 d,算出体积 $V=\pi d^2h/4$,用天平称出它的质量 M,则铜柱的密度 $\rho=M/V=4M/\pi d^2h$.像这样一类测量称为间接测量,相应的物理量称为间接测量量.直接测量量与间接测量量,二者的界限不是绝对的,在很大程度上,取决于实验方法和选用的仪器.例如,测电阻 R,运用电压表、电流表分别测加在电阻上的电压和电流,由 $R=V/I$ 算出的电阻,则为间接测量量;如用万用表直接测阻值 R,则 R 为直接测量量.通常的实验过程是:直接测量出一些物理量后,再通过物理量间的联系公式,求得另一些物理量或验证某一规律;或者反过来,当规律未知时,通过实验数据的分析去建立它们之间的联系规律.

2. 测量的其他分类

按照测量次数来分,可分为单次测量和多次测量.对被测量只测一次便满足要求或受条件限制只能测一次的测量,称为单次测量;为了提高精确度,对被测量进行多次测量,然后取平均值表示测量结果的测量,称为多次测量.按照测量精度分,测量又可分为等精度测量和非等精度测量.在进行重复测量时(多次测量),都在同一条件下进行的一系列独立测量,称为等精度测量(也叫多次等精度测量);有时由于条件的限制,每次测量的条件不能相同,或者人们有意地通过改变测量条件,采用不同方法,变换测量人员,使用不同仪器等途径,对同一物理量进行测量,以进行比较和分析,这就称为非等精度测量(也叫多次非等精度测量).

(二) 误差的基本概念

任何测量都不可能进行得完全准确,无论选择怎样良好的实验方法、如何设法提高实验技术以及选择最佳的精密仪器等,实验的结果总会有一定的不准确性;当对某一物理量进行多次重复测量时也会发现,得出的一系列数据都存在细微的不同,我们说任何测量都存在误差.下面介绍一下有关测量误差的基本概念.

1. 真值

任何物质都有自身的特性,反映自身特性的物理量所具有的客观的真实的量值,称为真值.测量的目的就是力图要得到真值.但是,由于测量仪器、测量方法、环境条件、人的感官的限制以及测量程序等都不能做到完美无缺,故真值是无法测得的,只可能得到一个近似于真值的数值(称之为近真值).通常情况下,我们一般把前人和一些科学家所得到的某些物理量的标称值作为真值(也只是近似为真值).例如,黄铜密度 $\rho=8.44\times10^3\ \mathrm{kg/m^3}$,在干燥空气中 0 ℃时声速 $v=331.4\ \mathrm{m/s}$,电子电荷 $\mathrm{e}=1.6020\times10^{-19}\ \mathrm{C}$ 等,可视其为真值.某些物理量不知其真值,可在消除系统误差后对其测量无限多次,将各次观测值求算术平均,则这算术平均值极近于真值.后面将证明,多次等精度测量值的算术平均值是真值的最佳估计值(简称近真值).

2. 误差与残差

观测值与真值的差值称为误差,观测值与近真值的差值称为残差,即

$$误差\ \delta_i=x_i-a,残差\ d_i=x_i-\overline{x},$$

式中,a 为被测物理量的真值;x_i 为对该物理量多次测量时,第 i 次的测量值;$\overline{x}$为被测量的算

术平均值(近真值);δ_i 为第 i 次测量值的误差,d_i 为第 i 次测量值的残差.

由于真值不可知,所以测量的误差也不能确切知道.在此情况下,测量的任务是:

(1) 给出被测量真值的最佳估计值(近真值).

(2) 给出真值最佳估计值的可靠程度的估计.

通常情况下,残差也叫误差,但严格地讲,误差与残差在意义上是不完全相等的.残差也叫偏差.

3. 误差的分类

误差产生的原因有多方面,根据误差的性质及产生原因,可将误差分为三类,即系统误差、随机误差和过失误差.

(1) 系统误差

其特征是误差具有确定性.即在恒定的条件下或在条件改变时,误差按照一定的规律变化;也即在对同一物理量的测量中,误差数值的大小、方向一定或者按一定规律变化的误差,称为系统误差(简称系差).产生系统误差的原因大致是:

① 仪器的固有缺陷.如米尺刻度不准,天平砝码质量偏大或偏小,电表零点没调好,天平两臂不等长等.

② 测量方法或理论的不完善.如用单摆法测重力加速度,周期公式 $T=2\pi\sqrt{l/g}$ 是在摆角 θ 甚小时,忽略了摆线质量、摆球线度等推得的;当 $\theta\leqslant 2^\circ$ 时,误差在万分之一以内,当 $\theta=10^\circ$ 时,误差可达到 1%,这可通过周密考虑和计算,推出它的修正项,适当修正公式,使系统误差尽可能地减小.

③ 个人的习性、生理特点以及其他经常的单方面的外来影响,如有人揿表测时间总是提前,估计数值总是偏高或偏低.这需要观测者长期训练及提高实验技术加以纠正.

系统误差应设法减小或消除.为此,在设计实验时应加以考虑,做完实验后就作出估计.

(2) 随机误差

其特征是误差具有随机性.经过实验者精心观察,测得的数据时大时小,不遵循固定的规律,这种在测量中具有随机性的误差为随机误差.产生的原因可能是:人们感官分辨力不尽一致,表现为每个人的估读能力不一致;外界环境条件的干扰(如温度不均匀、振动、气流等偶然因素的影响),干扰不能消除,又不能估量,便产生随机误差.随机误差也叫偶然误差.在消除了系统误差后,尽管在某一次或某几次测量中,随机误差的大小和方向没有规律,但是,许多次重复测量中,符号相反、大小相等的误差出现的机会相等,随机误差服从统计规律.由统计规律可推知,多次等精度测量的平均值更接近于待测物理量的真值.因此,可以用增加重复测量的次数使随机误差减至最小.

(3) 过失误差

也叫粗差,它是由于实验者过失或粗心造成,或使用仪器方法不当,实验方法不合理等引起.这种误差是人为的,只要实验者采取严肃认真的态度,具有一丝不苟的作风,掌握一定的理论知识及实验技能,过失误差是可以避免的.

(三) 评价测量结果的几个术语

1. 精密度

表征测量结果的重复性.重复性好,则表明测量的随机误差小.因此,精密度反映测量随机误差的大小.精密度高,则随机误差小.

2. 正确度(真实度)

表征测量值与真值的符合程度. 正确度反映系统误差的大小. 正确度高,则系统误差小.

3. 精确度(准确度)

是测量列的精密度与正确度的总称. 显然,只有与真值符合得很好,而且彼此离散程度又不大的一组数据,也就是测量精确度高的数据,才是好的测量数据.

(四) 随机误差的表示方法

对于一列等精度测量结果的随机误差的大小,我们主要介绍两种估计形式.

1. 标准误差 σ

对同一物理量进行多次等精度测量,得到一测量列 $(x_1, x_2, \cdots, x_n)$, 将各次测量的误差 $(x_1 - a, x_2 - a, \cdots, x_n - a)$ 的平方取平均值再开方,即定义为该测量列的标准误差,也称作方均根误差. 我们用符号 σ 表示

$$\sigma = \sqrt{\frac{1}{n}\sum_{i=1}^{n}(x_i - a)^2},$$

式中 n 为对同一物理量进行多次等精度测量的次数,a 为物理量的真值,x_i 为第 i 次测量的测量值.

2. 算术平均误差 η

对物理量 x 进行多次等精度测量,各次测量误差的绝对值的算术平均值,定义为算术平均误差,也叫平均绝对误差. 我们用符号 η 表示

$$\eta = \frac{1}{n}\sum_{i=1}^{n}|x_i - a|.$$

必须注意,标准误差与算术平均误差反映的都是同一测量列数据的精密程度(随机误差),因此,就这个意义上来说,不论用哪一种方法来表示误差的大小都是可以的. 由于算术平均误差具有计算比较简单的特点,容易为初学者掌握,因此,在实验的初期教学中,常常采用这种方法. 而标准误差能较好地反映测量数据的离散程度,它对测量值中较大误差或较小误差的出现,感觉比较灵敏,因此,在科学文献报告中,更通用的是标准误差.

算术平均误差 η 与标准误差 σ 的数值关系,按随机误差的统计特性可以推得其关系式为 $\eta = \sqrt{\frac{2}{\pi}}\sigma \approx 0.797\,9\sigma$(见第 6 页推导). 关于标准误差与算术平均误差的物理意义,我们放到后面相关部分介绍.

二、随机误差的高斯分布 标准误差与算术平均误差的关系

假设没有系统误差的情况下,对同一物理量进行 n 次等精度测量,可得到一个测量列:$(x_1, \cdots, x_i, \cdots, x_n)$,则各次测量的误差分别为 $(x_1 - a, \cdots, x_i - a, \cdots, x_n - a)$. 由于随机因素的影响,测量列的 n 个结果都有一些微小差异,各次测量的误差也有一些微小差异. 当测量次数相当多时,这些随机误差就有规律可循. 研究具有随机性的误差理论的数学理论基础是概率论、数理统计和随机过程理论. 根据实验情况的不同,随机误差出现的分布规律有高斯分布(又称正态分布)、t 分布、均匀分布以及反正弦分布等等. 我们仅简单介绍随机误差的高斯分布.

(一) 随机误差的高斯分布

大量实验事实得出随机误差的公理有三点:

1. 绝对值小的误差比绝对值大的误差出现的概率大.

2. 大小相等,正负相反的误差出现的机会相等.

3. 超过某一极限的误差,实际上不会出现.

根据以上三点,高斯于1795年找到了随机误差的概率密度分布函数 $f(\delta)$,我们称之为高斯分布:

$$f(\delta)=\frac{1}{\sqrt{2\pi}\sigma}e^{-\frac{\delta^2}{2\sigma^2}},\tag{0-1}$$

式中 σ 是标准误差,其定义式为

$$\sigma=\sqrt{\frac{1}{n}\sum_{i=1}^{n}\delta_i^2}=\sqrt{\frac{1}{n}\sum_{i=1}^{n}(x_i-a)^2},\tag{0-2}$$

式中,n 为测量次数(相当多),$\delta_i=x_i-a(i=1,2,3,\cdots,n)$,为各次测量值的误差.

随机误差的高斯分布,其特征可以用高斯分布曲线形象地表述,如图0-1(a)所示.横坐标为误差 δ,纵坐标为误差的概率密度分布函数 $f(\delta)$.

测量值的随机误差出现在 δ 到 $\delta+d\delta$ 区间内的概率为 $f(\delta)d\delta$,即图0-1(a)中阴影线所包含的面积元.

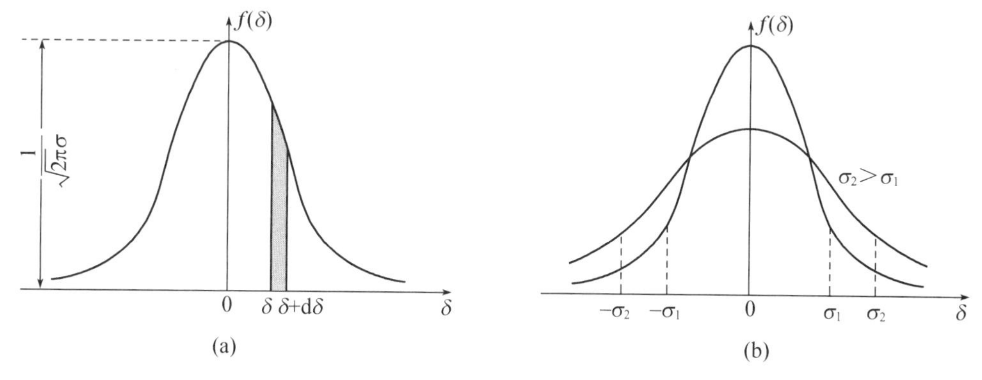

图0-1　随机误差的高斯分布曲线

(二) 标准误差的物理意义

由式(0-1)可知,随机误差正态分布曲线的形状取决于标准误差 σ 值的大小. σ 值愈小,分布曲线愈陡峭,$f(\delta)$的峰值愈高,说明绝对值小的误差占多数,且测量值的重复性好,分散性小;反之,σ 值愈大,曲线愈平坦,$f(\delta)$ 的峰值愈低,说明测量值的重复性差,分散性大.如图0-1(b)所示.因此,标准误差反映了测量列测量值的离散程度.

由于 $f(\delta)d\delta$ 是测量值的随机误差出现在小区间 $(\delta,\delta+d\delta)$ 的概率,则测量值误差出现在区间$(-\sigma,\sigma)$内的概率是

$$P(-\sigma<\delta<\sigma)=\int_{-\sigma}^{\sigma}f(\delta)d\delta=\int_{-\sigma}^{\sigma}\frac{1}{\sqrt{2\pi}\sigma}e^{-\frac{\delta^2}{2\sigma^2}}d\delta=68.3\%.$$

这说明对任一次测量,其测量值误差出现在 $-\sigma$ 到 $+\sigma$ 区间内的概率为68.3%.也就是说,假如我们对某一物理量在相同条件下进行了1 000次测量,则测量值误差可能有683次落在 $-\sigma$ 到 $+\sigma$ 区间内.这里要特别注意标准误差的统计意义,它并不表示任一次测量值的误差就是 $\pm\sigma$,也不表示误差不会超出 $\pm\sigma$ 的界限.标准误差只是一个具有统计性质的特征量,用以

表征测量值离散程度的一个特征量.

(三) 极限误差、莱以达准则、格罗布斯准则

在相同条件下对某一物理量进行多次测量,其任意一次测量值的误差落在 -3σ 到 $+3\sigma$ 区域内的概率(可能性)为

$$P(-3\sigma<\delta<3\sigma)=\int_{-3\sigma}^{3\sigma}f(\delta)\mathrm{d}\delta=\int_{-3\sigma}^{3\sigma}\frac{1}{\sqrt{2\pi}\sigma}\mathrm{e}^{-\frac{\delta^2}{2\sigma^2}}\mathrm{d}\delta=99.7\%.$$

也即,误差落在 -3σ 到 $+3\sigma$ 区域以外的概率只有 0.3%.

因此,测量值误差超出 $\pm3\sigma$ 范围的情况几乎不会出现,所以把 3σ 称为极限误差. 倘若有测量值误差超出 $\pm3\sigma$ 范围,可以认为这是由于过失引起的异常数据而应当加以剔除,这种剔除粗差的准则,称为莱以达准则.

在测量次数相当多的情况下,如果出现测量值误差的绝对值大于 3σ 的数据,可以认为这是由于过失引起的异常数据而加以剔除. 但是,对于测量次数较少的情况,这种判别方法就不可靠,而需要采用另外的判别准则. 这里仅介绍一种格罗布斯准则.

格罗布斯准则给出一个与测量次数 n 相联系的系数 G_n,如果出现测量值误差的绝对值大于 $G_n\cdot\sigma$ 的数据,可以认为这是由于过失引起的异常数据而加以剔除. 系数 G_n 与测量次数 n 的对应关系如表 0-1:

表 0-1 G_n 系数表

n	3	4	5	6	7	8	9	10	11	12	13
G_n	1.15	1.46	1.67	1.82	1.94	2.03	2.11	2.18	2.23	2.28	2.33
n	14	15	16	17	18	19	20	22	25	30	
G_n	2.37	2.41	2.44	2.48	2.50	2.53	2.56	2.60	2.66	2.74	

(四) 标准误差 σ 与算术平均误差 η 的关系

设服从正态分布(高斯分布)的随机误差概率密度分布函数为 $f(\delta)$,则测量值误差落入误差区间 $(\delta,\delta+\mathrm{d}\delta)$ 内的概率为 $f(\delta)\mathrm{d}\delta$. 又设 n 次等精度测量中有 n' 次的测量误差落在误差区间 $(\delta,\delta+\mathrm{d}\delta)$ 内,则落在该误差区间内的概率为$\frac{n'}{n}$. 因此,$f(\delta)\mathrm{d}\delta=\frac{n'}{n}$,在误差区间 $(\delta,\delta+\mathrm{d}\delta)$ 内 n' 个测量数据的总误差为$n'\delta=nf(\delta)\delta\mathrm{d}\delta$,则在整个误差分布区域 $(-\infty,+\infty)$ 上的总误差为$\int_{-\infty}^{+\infty}nf(\delta)\delta\mathrm{d}\delta$. 因此,算术平均误差为$\frac{1}{n}\int_{-\infty}^{+\infty}nf(\delta)\delta\mathrm{d}\delta$,所以有

$$\eta=\frac{1}{n}\int_{-\infty}^{+\infty}nf(\delta)\delta\mathrm{d}\delta=\int_{-\infty}^{+\infty}f(\delta)\delta\mathrm{d}\delta=\int_{-\infty}^{+\infty}\frac{1}{\sqrt{2\pi}\sigma}\mathrm{e}^{-\frac{\delta^2}{2\sigma^2}}\delta\mathrm{d}\delta=\frac{1}{\sqrt{2\pi}\sigma}\int_{0}^{+\infty}\mathrm{e}^{-\frac{\delta^2}{2\sigma^2}}\mathrm{d}\delta^2=\sqrt{\frac{2}{\pi}}\sigma.$$

因此,标准误差 σ 与算术平均误差 η 的关系为

$$\eta=\sqrt{\frac{2}{\pi}}\sigma=0.7979\sigma. \tag{0-3}$$

三、等精度测量的近真值

假设没有系统误差的情况下,对同一物理量实现 n 次等精度测量,可得到一个测量列:$(x_1,x_2,\cdots,x_i,\cdots,x_n)$,则该 n 次测量的误差为 $(\delta_1,\delta_2,\cdots,\delta_i,\cdots,\delta_n)=(x_1-a,x_2-a,\cdots,x_i-a,\cdots,x_n$

$-a$). 将这 n 个测量误差相加得 $\sum_{i=1}^{n}\delta_i = \sum_{i=1}^{n}x_i - na$，即 $\frac{1}{n}\sum_{i=1}^{n}\delta_i = \frac{1}{n}\sum_{i=1}^{n}x_i - a = \overline{x} - a$.

根据随机误差的公理"大小相等，正负相反的误差出现的机会相等"，则当测量次数 n 相当多时，$\lim_{n\to\infty}\sum_{i=1}^{n}\delta_i = 0$，于是有 $\overline{x}\to a$. 可见，测量次数愈多，算术平均值愈接近真值. 因此，对物理量实施多次测量十分必要. 算术平均值是真值的最佳估计值，即近真值.

四、直接测量的标准偏差与算术平均偏差

前面介绍了误差、标准误差和算术平均误差等概念，它们都涉及真值 a. 然而，真值客观存在但不可知，因此，误差、标准误差和算术平均误差实际是不可知的. 既然算术平均值是近真值，那么可否用近真值取代真值以估算测量列的标准误差和算术平均误差呢？现在就讨论这个问题.

误差 $\delta_i = x_i - a$，残差 $d_i = x_i - \overline{x}$，则 $\sum_{i=1}^{n}\delta_i = \sum_{i=1}^{n}x_i - na$，即 $\overline{x} = \frac{1}{n}\sum_{i=1}^{n}\delta_i + a$，故

$$d_i = x_i - \overline{x} = x_i - a - \frac{1}{n}\sum_{i=1}^{n}\delta_i = \delta_i - \frac{1}{n}\sum_{i=1}^{n}\delta_i, \tag{0-4}$$

(0-4)式两边平方

$$d_i^2 = \delta_i^2 + \left(\frac{1}{n}\sum_{i=1}^{n}\delta_i\right)^2 - \frac{2\delta_i}{n}\sum_{i=1}^{n}\delta_i, \tag{0-5}$$

(0-5)式两边求和

$$\sum_{i=1}^{n}d_i^2 = \sum_{i=1}^{n}\left[\delta_i^2 + \left(\frac{\sum_{i=1}^{n}\delta_i}{n}\right)^2 - 2\delta_i\frac{\sum_{i=1}^{n}\delta_i}{n}\right] = \sum\delta_i^2 + \sum\left(\frac{\sum\delta_i}{n}\right)^2 - \sum\left(2\delta_i\frac{\sum\delta_i}{n}\right). \tag{0-6}$$

因为

$$\sum\left(\frac{\sum\delta_i}{n}\right)^2 = \left(\frac{\sum\delta_i}{n}\right)^2\cdot n = \frac{\left(\sum\delta_i\right)^2}{n}, \tag{0-7}$$

$$\sum\left(2\delta_i\frac{\sum\delta_i}{n}\right) = 2\frac{\sum\delta_i}{n}\cdot\sum\delta_i = 2\frac{\left(\sum\delta_i\right)^2}{n}. \tag{0-8}$$

把(0-7)、(0-8)式代入(0-6)式得

$$\sum_{i=1}^{n}d_i^2 = \sum_{i=1}^{n}\delta_i^2 - \frac{1}{n}\left(\sum_{i=1}^{n}\delta_i\right)^2. \tag{0-9}$$

测量次数很多的情况下，随机误差的正负误差出现的机会相等，所以 $\left(\sum_{i=1}^{n}\delta_i\right)^2$ 展开式中，$\delta_1\cdot\delta_2, \delta_2\cdot\delta_3, \cdots, \delta_i\cdot\delta_{i+1}, \cdots, \delta_n\cdot\delta_1$ 之和的数学期望为0，因此

$$\left(\sum_{i=1}^{n}\delta_i\right)^2 = \sum_{i=1}^{n}\delta_i^2. \tag{0-10}$$

把(0-10)式代入(0-9)式得

$$\sum_{i=1}^{n}d_i^2 = \frac{n-1}{n}\sum_{i=1}^{n}\delta_i^2, \tag{0-11}$$

所以

$$\frac{1}{n-1}\sum_{i=1}^{n}d_i^2=\frac{1}{n}\sum_{i=1}^{n}\delta_i^2. \tag{0-12}$$

把(0-12)式代入标准误差的定义式(0-2)式 $\sigma=\sqrt{\frac{1}{n}\sum_{i=1}^{n}\delta_i^2}$,可得

$$\sigma_x=\sqrt{\frac{1}{n-1}\sum_{i=1}^{n}d_i^2}. \tag{0-13}$$

(0-13)式用 σ_x 取代了 σ,原因是实际中测量次数总是有限的,因此用残差取代误差总是有差别的.

(一) 测量列的标准偏差

由上分析可知,我们用近真值取代真值,用残差取代误差以估算测量列的标准误差的关系式为

$$\sigma_x=\sqrt{\frac{1}{n-1}\sum_{i=1}^{n}d_i^2}=\sqrt{\frac{1}{n-1}\sum_{i=1}^{n}(x_i-\overline{x})^2}, \tag{0-14}$$

称 σ_x 为测量列的标准偏差(简称标准差).它是测量次数有限多时,标准误差 σ 的一个估计值.

标准偏差的物理意义为:如果多次测量的随机误差遵从高斯分布,那么,任意一次测量,测量值的误差落在 $-\sigma_x$ 到 $+\sigma_x$ 之间的可能性为 68.3%.或者说,标准偏差表示一个测量列的误差有 68.3%的概率出现在 $-\sigma_x$ 到 $+\sigma_x$ 的区间内.

(二) 平均值的标准偏差

前面已经讨论,真值不可知,但对物理量进行多次等精度测量,次数越多其平均值越接近真值.但实际中不可能总实现次数很多很多的测量,因此,用平均值表示的测量结果与真值间必存有偏差.

应用误差理论可以证明(见第 16 页),平均值的标准偏差为

$$\sigma_{\overline{x}}=\frac{\sigma_x}{\sqrt{n}}=\sqrt{\frac{1}{n(n-1)}\sum_{i=1}^{n}(x_i-\overline{x})^2}. \tag{0-15}$$

上式说明,平均值的标准偏差是 n 次测量中任意一次测量值标准偏差的 $1/\sqrt{n}$ 倍.$\sigma_{\overline{x}}$ 小于 σ_x 的合理性是显然的.因为算术平均值是测量结果的最佳值,用它近似表示真值要比任意一次测量值近似表示真值的可信度高.

平均值的标准偏差 $\sigma_{\overline{x}}$ 的物理意义是:在多次测量的随机误差服从高斯分布时,真值落在 $\overline{x}-\sigma_{\overline{x}}$ 到 $\overline{x}+\sigma_{\overline{x}}$ 区间的概率为 68.3%.

值得注意,用式(0-14)和式(0-15)来估算随机误差,理论上都要求测量次数相当多.但学生实验往往受到教学时间的限制,重复测量次数不可能很多,所以,用这两个式子估算的随机误差带有相当程度的近似性.另外,在测量次数较少时($n<10$),$\sigma_{\overline{x}}$ 随着测量次数 n 的增加而明显地减小,以后,随着测量次数 n 的继续增加,$\sigma_{\overline{x}}$ 的减小愈来愈不明显而逐渐趋近于恒定值.因此,过多地增加测量次数,其价值并不太大.根据我们的实际情况,如果需要多次重复测量,一般测量次数取 5~10 次即可.

另外,有时会遇到测量对象本身不均匀的情况.例如测量钢丝直径,由于钢丝各处的直径略有差异,以致直径的真值各处不完全相同,所测数据的平均值只是反映了钢丝直径的平均大小,多次测量不可能减小钢丝直径的不均匀性,所以计算平均值的标准偏差实属没有必要,而

计算得到的任意一次直径测量值的标准偏差只是反映了钢丝直径的不均匀度.

(三) 测量列的算术平均偏差 $\boldsymbol{\eta_x}$

标准误差用符号 σ 表示,物理量 x 的标准偏差我们用符号 σ_x 表示.类似地,测量列的算术平均误差用 η 表示,则算术平均偏差用 η_x 表示.

前面(0-3)式给出了标准误差 σ 与算术平均误差 η 的关系 $\eta=\sqrt{\frac{2}{\pi}}\sigma$,则用残差表示算术平均偏差 η_x 的关系式应该为

$$\eta_x=\frac{1}{n}\sum_{i=1}^{n}|x_i-\overline{x}|=\sqrt{\frac{2}{\pi}}\sigma_x\approx 0.7979\sigma_x. \tag{0-16}$$

我们称 η_x 为测量列的算术平均偏差.它是测量次数有限多时,算术平均误差 η 的一个估计值.

算术平均偏差的物理意义为:如果多次测量的随机误差遵从高斯分布,那么,任意一次测量,测量值的误差落在 $-\eta_x$ 到 $+\eta_x$ 之间的可能性为57.5%.或者说,算术平均偏差表示一个测量列的误差有57.5%的概率出现在 $-\eta_x$ 到 $+\eta_x$ 的区间内.

(四) 平均值的算术平均偏差 $\boldsymbol{\eta_{\overline{x}}}$

平均值的标准偏差我们用符号 $\sigma_{\overline{x}}$ 表示,类似地,平均值的算术平均偏差我们用 $\eta_{\overline{x}}$ 表示.

因为(0-3)式标准误差 σ 与算术平均误差 η 的关系 $\eta=\sqrt{\frac{2}{\pi}}\sigma$,则用残差表示平均值的算术平均偏差 $\eta_{\overline{x}}$ 的关系式应该为 $\eta_{\overline{x}}=\sqrt{\frac{2}{\pi}}\sigma_{\overline{x}}$.因为(0-15)式 $\sigma_{\overline{x}}=\frac{\sigma_x}{\sqrt{n}}$,所以 $\eta_{\overline{x}}=\sqrt{\frac{2}{\pi}}\frac{\sigma_x}{\sqrt{n}}$.因为(0-16)式 $\eta_x=\sqrt{\frac{2}{\pi}}\sigma_x$,所以 $\eta_{\overline{x}}=\frac{\eta_x}{\sqrt{n}}$.因此平均值的算术平均偏差 $\eta_{\overline{x}}$ 为

$$\eta_{\overline{x}}=\frac{\eta_x}{\sqrt{n}}\approx 0.7979\sigma_{\overline{x}}. \tag{0-17}$$

平均值的算术平均偏差 $\eta_{\overline{x}}$ 的物理意义是:在多次测量的随机误差遵从高斯分布的条件下,真值落在 $\overline{x}-\eta_{\overline{x}}$ 到 $\overline{x}+\eta_{\overline{x}}$ 区间的概率为57.5%.

五、置信区间和置信概率

服从正态分布(高斯分布)的一组等精度测量数据,从正态分布的图形(图0-1)上看出,测量数据落在曲线峰值附近的某一范围内的次数越多(概率越大),则测量列的精密度越高;反之,在同一概率下,精密度越高的测量列,其对应的误差区间 $(-\delta,+\delta)$ 应该越小.这个误差区间 $(-\delta,+\delta)$ 称为置信区间.显然,根据我们规定的概率大小的不同,这个误差范围会有所不同.于是,在比较不同测量列的误差大小时,必须要在一个统一的概率水平上,这个水平称作置信水平或置信概率,用 P 表示,它与误差区间大小有关(与置信区间有关).

我们把"测量值的误差落在 $(-\delta,+\delta)$ 区间内的概率是 P"叙述为:置信区间 $(-\delta,+\delta)$ 的置信概率为 P.写成数学表达式为 $P(-\delta,+\delta)=P$.我们向往的是高的置信概率伴有小的置信区间.

我们可以应用高斯分布的概率密度分布函数计算置信区间为 $(-A,+A)$ 的置信概率 $P(-A,+A)$,即计算误差落在 $(-A,+A)$ 区间中的概率.

由(0-1)式 $f(\delta)=\frac{1}{\sqrt{2\pi}\sigma}e^{-\frac{\delta^2}{2\sigma^2}}$ 可知,测量误差落在$(-A,+A)$区间的概率为

$$P(-A,+A)=\int_{-A}^{A}f(\delta)d\delta=\int_{-A}^{A}\frac{1}{\sqrt{2\pi}\sigma}e^{-\frac{\delta^2}{2\sigma^2}}d\delta. \tag{0-18}$$

所以,置信区间为$(-\sigma,+\sigma)$时,依据拉普拉斯积分表从上式可得置信概率为

$$P(-\sigma,+\sigma)=\int_{-\sigma}^{\sigma}\frac{1}{\sqrt{2\pi}\sigma}e^{-\frac{\delta^2}{2\sigma^2}}d\delta=68.3\%.$$

上式置信概率 $P(-\sigma,+\sigma)=68.3\%$ 表示测量值误差落在误差范围$(-\sigma,+\sigma)$中的概率(可能性)为 68.3%. 同理,$P(-3\sigma,+3\sigma)=99.7\%$,表示测量误差落在误差范围$(-3\sigma,+3\sigma)$中的概率(可能性)为 99.7%.

用算术平均误差 $\eta=\sqrt{\frac{2}{\pi}}\sigma=0.7979\sigma$ 表示的置信区间$(-\eta,+\eta)$的置信概率为

$$P(-0.7979\sigma,+0.7979\sigma)=\int_{-0.7979\sigma}^{0.7979\sigma}\frac{1}{\sqrt{2\pi}\sigma}e^{-\frac{\delta^2}{2\sigma^2}}d\delta=57.5\%,$$

表示测量值误差落在$(-\eta,+\eta)$范围中的概率为 57.5%,这就是算术平均误差的物理意义.

由上可见,不同的置信区间,置信概率是不同的. 即报道实验测量数据时,需要同时给出误差范围(置信区间)和置信概率.

六、绝对误差 相对误差 测量的统计结果表达

综上分析可知,当仅考虑随机误差存在并且随机误差服从高斯分布时,我们用算术平均值 $\overline{x}$ 表示多次等精度测量的近真值,用置信区间和置信概率报道测量的统计结果(不计系差)的误差范围和可信程度. 置信区间的表示可以用平均值的标准偏差 $\sigma_{\overline{x}}$、平均值的算术平均偏差 $\eta_{\overline{x}}$ 或其他误差形式表达. 当然不同的置信区间有不同的置信概率.

误差 δ、标准误差 σ、算术平均误差 η 都称为绝对误差,残差 d、标准偏差 σ_x、算术平均偏差 η_x、平均值的标准差 $\sigma_{\overline{x}}$、平均值的算术平均偏差 $\eta_{\overline{x}}$ 都称为绝对偏差. 由于真值实际上是未知的,因此,应用中通常把偏差说成是误差. 相对误差是绝对误差与真值的比值,相对偏差则是绝对偏差与近真值的比值.

同样,通常把相对偏差说成相对误差. 相对误差常用百分数表示,能比较直观地报道测量的精度.

比如,某一物理量的一组测量结果的绝对误差是 0.05 m,另一物理量的一组测量结果的绝对误差是 1 m. 显然后者的绝对误差大,但不一定是后者的测量精度低,这要看相对误差情况. 比如前者是测量篮球直径的误差,后者是测量地球直径的误差,显然后者精度远远大于前者. 因此,相对误差也是测量结果所要报道的一个内容.

这样,我们报道测量的统计结果时(指不计系统误差,并且测量数据的误差分布符合统计规律. 本课程我们只要求掌握高斯分布),必须包含的相关信息是:近真值、绝对误差、测量次数、置信概率和相对误差,表达形式为

$$\begin{cases}x=(\overline{x}\pm\Delta x)\ \text{单位}\quad (P=\cdots,n=\cdots),\\ E_x=\frac{\Delta x}{\overline{x}}\times100\%\ \text{or}\ E_x=\frac{|\overline{x}-x_0|}{x_0}\times100\%,\end{cases} \tag{0-19}$$

式中,Δx 为绝对偏差,E_x 为相对偏差,x_0 为公认值,P、n 分别为置信概率和测量次数. 采用不

同的绝对偏差报道形式,测量的统计结果表示的方法不一样.

1. 用测量列平均值的标准偏差 $\sigma_{\overline{x}}$ 作为绝对误差报道测量结果的表达形式:

$$\begin{cases} x = (\overline{x} \pm \sigma_{\overline{x}}) \text{ 单位} \quad (P = 0.683), \\ E_x = \dfrac{\sigma_{\overline{x}}}{\overline{x}} \times 100\%. \end{cases}$$

意义:真值落在 $(\overline{x} - \sigma_{\overline{x}}, \overline{x} + \sigma_{\overline{x}})$ 的概率为 68.3%.

注:这种结果表达形式最通用,而且置信概率 $P=0.683$ 可以省略.亦即,如果结果表达式中没注明置信概率,则其绝对误差是用平均值的标准偏差表示的,其中

$$\sigma_{\overline{x}} = \sqrt{\frac{1}{n(n-1)} \sum_{i=1}^{n} (x_i - \overline{x})^2}.$$

2. 用测量列平均值的算术平均偏差 $\eta_{\overline{x}}$ 作为绝对误差报道测量结果的表达形式:

$$\begin{cases} x = (\overline{x} \pm \eta_{\overline{x}}) \text{ 单位} \quad (P = 0.575), \\ E_x = \dfrac{\eta_{\overline{x}}}{\overline{x}} \times 100\%. \end{cases}$$

意义:真值落在 $(\overline{x} - \eta_{\overline{x}}, \overline{x} + \eta_{\overline{x}})$ 的概率为 57.5%.

注:从置信概率 $P = 0.575$,可知结果表达式中的绝对误差是用平均值的算术平均偏差表示的,其中 $\eta_{\overline{x}} = 0.797\,9\sigma_{\overline{x}} = 0.797\,9 \cdot \sqrt{\dfrac{1}{n(n-1)} \sum_{i=1}^{n} (x_i - \overline{x})^2}$.

3. 用测量列的标准偏差 σ_x 作为绝对误差报道测量结果的表达形式:

$$\begin{cases} x = (\overline{x} \pm \sigma_x) \text{ 单位} \quad (P = 0.683 \quad \text{测量次数 } n = \cdots), \\ E_x = \dfrac{\sigma_x}{\overline{x}} \times 100\%. \end{cases}$$

意义:对物理量测量了 n 次,得到 n 个数据有 68.3%落在 $(\overline{x} - \sigma_x, \overline{x} + \sigma_x)$ 范围内.

注:结果表达式报道有测量次数,再结合置信概率 $P = 0.683$,便知道结果表达式中的绝对误差是指测量列的标准偏差,其中 $\sigma_x = \sqrt{\dfrac{1}{n-1} \sum_{i=1}^{n} (x_i - \overline{x})^2}$.

4. 用测量列的算术平均偏差 η_x 作为绝对误差报道测量结果的表达形式:

$$\begin{cases} x = (\overline{x} \pm \eta_x) \text{ 单位} \quad (P = 0.575 \quad \text{测量次数 } n = \cdots), \\ E_x = \dfrac{\eta_x}{\overline{x}} \times 100\%. \end{cases}$$

意义:对物理量测量了 n 次,得到 n 个数据有 57.5%落在 $(\overline{x} - \eta_x, \overline{x} + \eta_x)$ 范围.

注:结果表达式报道有测量次数,再结合置信概率 $P = 0.575$,知道结果表达式中的绝对误差是指测量列的算术平均偏差,其中 $\eta_x = \dfrac{1}{n} \sum_{i=1}^{n} | x_i - \overline{x} |$.

除了以上四种测量的统计结果表达形式外,还有其他多种,比如用极限误差表示置信区间,则置信概率就应该写为 $P = 0.997$.

不管用哪种形式报道测量的统计结果,都是设想随机误差分布服从高斯分布.因此,以上多种测量的统计结果表达形式,本质上是一致的.

目前第一种报道方式比较普及,即**用平均值的标准偏差表示绝对误差**,亦即用平均值的标

准偏差表达置信区间，这样，置信概率 $P=0.683(68.3\%)$ 可以省去.

例 0-1 不计系统误差，对一物理量实现多次等精度测量，应用格罗布斯准则(见第 6 页)剔除粗差，并报道测量的(统计)结果. 测量长度 L 的原始数据如表 0-2.

表 0-2 长度测量的原始数据

次数	1	2	3	4	5	6	7	8	9	10
L(cm)	98.28	98.26	98.24	98.29	98.21	98.30	98.97	98.25	98.23	98.25

解 近真值： $$\overline{L}=\frac{1}{10}\sum_{i=1}^{10}L_i=\cdots=98.328\ \text{cm};$$

标准偏差： $$\sigma_L=\sqrt{\frac{1}{10-1}\sum_{i=1}^{n}(L_i-\overline{L})^2}=\cdots=0.227\ \text{cm}.$$

[注：为了应用格罗布斯准则剔除粗差，需计算 $\overline{L}-G_n\cdot\sigma_L$ 和 $\overline{L}+G_n\cdot\sigma_L$ (见第 6 页)]

$n=10, G_n=2.18, \overline{L}-G_n\cdot\sigma_L=97.833\ \text{cm}, \overline{L}+G_n\cdot\sigma_L=98.823\ \text{cm}.$

可见，第 7 次测量数据 98.97 cm 超出(97.833 cm，98.823 cm)范围，应当剔除. 剔除后再计算(注意，此时，$n=9$)得到：

$$\overline{L}=98.257\ \text{cm},$$

$$\sigma_L=\sqrt{\frac{1}{9-1}\left[\sum_{i=1}^{6}(L_i-\overline{L})^2+\sum_{i=8}^{10}(L_i-\overline{L})^2\right]}=\cdots=0.029\ \text{cm},$$

$$\sigma_{\overline{L}}=\frac{\sigma_L}{\sqrt{9}}=0.010\ \text{cm},$$

$$E_L=\frac{\sigma_{\overline{L}}}{\overline{L}}=0.011\%.$$

因此，该组测量的(统计)结果为 $$\begin{cases}L=(98.328\pm0.010)\text{cm} \quad (P=0.683),\\ E_L=0.011\%.\end{cases}$$

或省去置信概率，则 $$\begin{cases}L=(98.328\pm0.010)\text{cm},\\ E_L=0.011\%.\end{cases}$$

七、单次直接测量的误差估算

前面已经讨论，如果多次等精度直接测量值的误差服从高斯分布，则被测量 x 的结果如式(0-19)表达，即

$$\begin{cases}x=(\overline{x}\pm\Delta x)\ \text{单位} \quad (P=\cdots),\\ E_x=?\%,\end{cases}$$

式中 Δx 表示绝对误差，可以是平均值的标准差 $\sigma_{\overline{x}}$、平均值的算术平均偏差 $\eta_{\overline{x}}$、测量列的标准偏差 σ_x、测量列的算术平均偏差 η_x 等等. P 是相应置信区间的置信概率. 用 σ_x、η_x 表达绝对误差时，还要注明测量次数；用 $\sigma_{\overline{x}}$ 表达绝对误差时，P 可以省略.

对于某些物理量的测定，往往不可能重复进行，如测定某物体在某时刻或处于某地的运动速度是瞬时的；另一些实验中，对某个物理量的精度要求不高，测量一次也可以. 在这些情况下，单次测量的误差主要取决于仪器的误差、实验者感官分辨能力及观察时的具体条件，因此绝对误差不能用具有统计性的 Δx 表示，而主要用仪器的误差等来表达.

仪器的误差是由测量仪器的精度决定的，由仪器产品说明书可查到，如果没有仪器说明书或仪器的相关资料，一般可以用仪器的最小刻度表示该仪器的精度. 通常情况下，仪器的精度与仪器的最小刻度是一致的.

估读误差和实验者的感官分辨能力有关，在极限情况下，估读误差不会超过仪器最小刻度的 1/2，例如不会把应估读为 38.48 cm 的数误读为 38.43 cm，把 38.45 cm 误读为 38.40 cm 或 38.50 cm.

因此，对于单次测量的绝对偏差，可以取仪器最小刻度值的 1/10～1/2，具体应视仪器的刻度情况及个人分辨能力而定.

对于某些仪器，例如跳字式停表(机械秒表)、用游标读数的仪器等无法进行估读，就取仪器的最小刻度作为单次测量的绝对偏差，并在结果表达式中注明绝对误差取的是什么.

例如：用米尺测直径，单次，观察值为 30.02 cm，测量结果可写成：

$$\begin{cases} d = (30.02 \pm 0.05)\text{cm} \quad (\Delta d \text{ 取最小刻度的 } 1/2), \\ E = \dfrac{0.05}{30.02} = 0.2\%. \end{cases}$$

用感量为 20 mg 的物理天平(最小刻度 0.02 g)称质量，单次，观察读数为 214.478 g，结果写成：

$$\begin{cases} m = (214.478 \pm 0.010)\text{g} \quad (\Delta m \text{ 取指针最小分格的 } 1/2 \text{ 相应的质量，即 } 1/2 \text{ 感量}), \\ E = \dfrac{0.010}{214.478} = 0.005\%. \end{cases}$$

用精度为 0.02 mm 的游标卡尺测长度，单次，观察读数为 34.58 mm，则结果写成：

$$\begin{cases} L = (34.58 \pm 0.02)\text{mm} \quad (\Delta L \text{ 取卡尺的最小刻度}), \\ E = \dfrac{0.02}{34.58} = 0.06\%. \end{cases}$$

这里要注意，单次测量值误差的大小，主要来自于测量仪器的精度等，这种误差并不服从高斯分布. 在间接测量中，直接测量量的单次测量误差对间接测量精度的影响，是一个不确定度的评定问题，关于这点，将在后面不确定度的评定中再介绍.

只是现在我们要记住一点，单次测量结果形式[$x = (\overline{x} \pm \Delta x)$ 单位]中，Δx 为仪器误差. 为与随机误差的绝对误差 Δx 区分，我们以后用“$\Delta_{仪}$”或“Δ(仪器)”或“Δ”表示仪器误差(或称为仪器的允许误差或示值误差).

比如游标卡尺取最小刻度 0.02 mm 表示仪器误差，则其绝对误差可写为

$$\Delta_{游} = 0.02 \text{ mm 或 } \Delta(\text{游标卡尺}) = 0.02 \text{ mm 或 } \Delta = 0.02 \text{ mm}.$$

八、间接测量的误差估算

如待测量 N 是直接测量量 $A,B,C,\cdots$的函数，可测出 $A,B,C,\cdots$然后求出

$$N=f(A,B,C,\cdots). \tag{0-20}$$

由于 $A,B,C,\cdots$各直接测量量存在测量误差，它必然会传递给间接测量量 N.

类似(0-19)式，间接测量量 N 的结果也应表达为

$$\begin{cases} N = (\overline{N} \pm \Delta N) \text{ 单位} \quad (P = \cdots), \\ E_N = \dfrac{\Delta N}{\overline{N}} \times 100\%. \end{cases} \tag{0-21}$$

估算间接测量值的误差，实质上是要求出(0－20)式中的绝对误差 ΔN. 下面分别介绍两种间接测量值误差的估算方法.

(一) 误差的一般传递公式(误差的传递公式)

对(0－20)求全微分得：$\mathrm{d}N=\frac{\partial f}{\partial A}\mathrm{d}A+\frac{\partial f}{\partial B}\mathrm{d}B+\frac{\partial f}{\partial C}\mathrm{d}C+\cdots$.

设各直接测量值的绝对误差分别为 $\Delta A,\Delta B,\Delta C,\cdots$ 由于 $\Delta A,\Delta B,\Delta C,\cdots$ 分别相对于 A, $B,C,\cdots$ 是一个很小的量，故可将上式中 $\mathrm{d}A,\mathrm{d}B,\mathrm{d}C,\cdots$ 用 $\Delta A,\Delta B,\Delta C,\cdots$ 代替，则间接测量值 N 的绝对误差 ΔN 为

$$\Delta N=\frac{\partial f}{\partial A}\Delta A+\frac{\partial f}{\partial B}\Delta B+\frac{\partial f}{\partial C}\Delta C+\cdots.$$

显然，上式中右端各项为直接测量量的分误差. 由于各项的符号正负不定，我们作最不利情况考虑，认为分误差将累加，则将上式右端各项取绝对值相加认为是间接测量量 N 的绝对误差

$$\Delta N=\left|\frac{\partial f}{\partial A}\right|\Delta A+\left|\frac{\partial f}{\partial B}\right|\Delta B+\left|\frac{\partial f}{\partial C}\right|\Delta C+\cdots. \quad (0-22)$$

显然，这样做会导致间接测量值的误差偏大，但不降低其置信概率.

相对误差则为(0－22)式的 ΔN 除以近真值，近真值我们通常取 $\overline{N}=f(\overline{A},\overline{B},\overline{C},\cdots)$.

$$E_N=\frac{\Delta N}{\overline{N}}\times 100\%. \quad (0-23)$$

我们称式(0－22)、(0－23)为误差的一般传递公式(简称误差传递公式). 根据误差的传递公式可以得到两个重要的推论，要求同学们掌握，并在实验中熟练应用.

1. 和与差的绝对偏差，等于各直接测量量的绝对偏差之和.

例如，如果 $N=A\pm B\pm C\pm\cdots$，则 $\Delta N=\Delta A+\Delta B+\Delta C+\cdots$.

2. 积与商的相对偏差，等于各直接测量量的相对偏差之和.

例如，如果 $N=A\cdot B/C$，则 $E_N=\frac{\Delta N}{\overline{N}}=\frac{\Delta A}{\overline{A}}+\frac{\Delta B}{\overline{B}}+\frac{\Delta C}{\overline{C}}=E_A+E_B+E_C$.

用误差传递公式计算误差的传递时，当被测量为几个直接测量量之和或差时，先计算绝对偏差，后计算相对偏差方便；当为乘或除时(积和商)，则先计算相对偏差，后计算绝对偏差方便. 下面举几个例子加以说明.

例 0－2 用米尺测一段长度 L，因尺子不够长，分两段测量，两段长测得的结果分别为 $L_1=(48.00\pm 0.02)\,\mathrm{cm}$；$L_2=(43.96\pm 0.02)\,\mathrm{cm}$. 求被测长度 L.

解 $\overline{L}=\overline{L}_1+\overline{L}_2=48.00\ \mathrm{cm}+43.96\ \mathrm{cm}=91.96\ \mathrm{cm}$；

$\Delta L=\Delta L_1+\Delta L_2=0.02\ \mathrm{cm}+0.02\ \mathrm{cm}=0.04\ \mathrm{cm}$.

$E_L=\frac{\Delta L}{\overline{L}}=\frac{0.04}{91.96}=0.05\%$. 故 $\begin{cases}L=(91.96\pm 0.04)\,\mathrm{cm},\\ E_L=0.05\%.\end{cases}$

例 0－3 测固体密度 $\rho=\frac{m}{V}$. 用天平称得质量为 $m=(38.64\pm 0.05)\,\mathrm{g}$；用量筒测得体积为 $V=(22.36\pm 0.02)\,\mathrm{cm}^3$. 求 ρ.

解 $\bar{\rho}=\frac{\overline{m}}{\overline{V}}=\frac{38.64}{22.36}\,\mathrm{g/cm^3}=1.728\ \mathrm{g/cm^3}$，$E_\rho=\frac{\Delta\rho}{\bar{\rho}}=\frac{\Delta m}{\overline{m}}+\frac{\Delta V}{\overline{V}}=\frac{0.05}{38.64}+\frac{0.02}{22.36}=$

0.22%，$\Delta\rho = E_\rho \cdot \bar{\rho} = 0.02\% \times 1.728\ \mathrm{g/cm^3} = 0.004\ \mathrm{g/cm^3}$. 故 $\begin{cases} \rho = (1.728 \pm 0.004)\mathrm{g/cm^3}, \\ E_\rho = 0.22\%. \end{cases}$

例 0－4　已知间接测量量 N 有关系式 $N = A + BC$，式中 A, B, C 为直接测量量，即 $A = (A \pm \Delta A)$，$B = (B \pm \Delta B)$，$C = (C \pm \Delta C)$. 求 ΔN、E_N.

解　令 $BC = D$，则 $N = A + D$，$\Delta N = \Delta A + \Delta D$.

因 $D = BC$，故 $\dfrac{\Delta D}{\bar{D}} = \dfrac{\Delta B}{\bar{B}} + \dfrac{\Delta C}{\bar{C}}$，$\Delta D = \left(\dfrac{\Delta B}{\bar{B}} + \dfrac{\Delta C}{\bar{C}}\right) \cdot \bar{D}$.

$$\Delta N = \Delta A + \left(\frac{\Delta B}{\bar{B}} + \frac{\Delta C}{\bar{C}}\right) \cdot \overline{BC} = \Delta A + \Delta B \cdot \bar{C} + \Delta C \cdot \bar{B},$$

$$E_N = \frac{\Delta N}{\bar{N}} = \frac{\Delta A + \Delta B \cdot \bar{C} + \Delta C \cdot \bar{B}}{\bar{A} + \bar{B} \cdot \bar{C}}.$$

（二）标准误差的传递公式

如(0－20)式，设间接测量量 N 是直接测量量 $A, B, C, \cdots$ 的函数，同样对(0－20)求全微分得

$$\mathrm{d}N = \frac{\partial f}{\partial A}\mathrm{d}A + \frac{\partial f}{\partial B}\mathrm{d}B + \cdots, \tag{0-24}$$

式中，$\mathrm{d}A, \mathrm{d}B, \cdots$ 为 $A, B, \cdots$ 的微小变化量，N 也将改变 $\mathrm{d}N$，通常误差远小于测量值，故可把 $\mathrm{d}A, \mathrm{d}B, \cdots, \mathrm{d}N$ 都看作误差. 设在实验中分别对各个直接测量量 $A, B, \cdots$ 作了 n 次测量，则可算出 n 个 N 值，由(0－24)式，每次测量的误差为

$$\mathrm{d}N_i = \frac{\partial f}{\partial A}\mathrm{d}A_i + \frac{\partial f}{\partial B}\mathrm{d}B_i + \cdots. \tag{0-25}$$

(0－25)式等式两边分别平方，得

$$(\mathrm{d}N_i)^2 = \left(\frac{\partial f}{\partial A}\right)^2 (\mathrm{d}A_i)^2 + \left(\frac{\partial f}{\partial B}\right)^2 (\mathrm{d}B_i)^2 + \cdots + 2\left(\frac{\partial f}{\partial A}\right)\left(\frac{\partial f}{\partial B}\right)\mathrm{d}A_i \mathrm{d}B_i + \cdots.$$

将 n 次测量的 $(\mathrm{d}N_i)^2$ 相加，得

$$\begin{aligned}\sum_{i=1}^{n} (\mathrm{d}N_i)^2 &= \sum_{i=1}^{n} \left(\frac{\partial f}{\partial A}\right)^2 (\mathrm{d}A_i)^2 + \sum_{i=1}^{n} \left(\frac{\partial f}{\partial B}\right)^2 (\mathrm{d}B_i)^2 + \cdots + 2\sum_{i=1}^{n} \left(\frac{\partial f}{\partial A}\right)\left(\frac{\partial f}{\partial B}\right)\mathrm{d}A_i \mathrm{d}B_i + \cdots \\ &= \left(\frac{\partial f}{\partial A}\right)^2 \sum_{i=1}^{n} (\mathrm{d}A_i)^2 + \left(\frac{\partial f}{\partial B}\right)^2 \sum_{i=1}^{n} (\mathrm{d}B_i)^2 + \cdots + 2\left(\frac{\partial f}{\partial A}\right)\left(\frac{\partial f}{\partial B}\right)\sum_{i=1}^{n} \mathrm{d}A_i \mathrm{d}B_i + \cdots.\end{aligned}$$

由于 $A, B, \cdots$ 都是独立变量，因此 $\mathrm{d}A, \mathrm{d}B, \cdots$ 可正可负，可大可小，依据随机误差的公理 2（见第 5 页）——大小相等，正负相反的误差出现的机会相等，因此上式交叉乘积项的和将等于零. 因此

$$\sum_{i=1}^{n} (\mathrm{d}N_i)^2 = \left(\frac{\partial f}{\partial A}\right)^2 \sum_{i=1}^{n} (\mathrm{d}A_i)^2 + \left(\frac{\partial f}{\partial B}\right)^2 \sum_{i=1}^{n} (\mathrm{d}B_i)^2 + \cdots. \tag{0-26}$$

(0－26)式两边微分号换为误差（残差）符号，即 $\mathrm{d}A_i$ 换成 $A_i - \bar{A}$，$\mathrm{d}B_i$ 换成 $B_i - \bar{B}, \cdots$，$\mathrm{d}N_i$ 换成 $N_i - \bar{N}$，则

$$\sum_{i=1}^{n} (N_i - \bar{N})^2 = \left(\frac{\partial f}{\partial A}\right)^2 \sum_{i=1}^{n} (A_i - \bar{A})^2 + \left(\frac{\partial f}{\partial B}\right)^2 \sum_{i=1}^{n} (B_i - \bar{B})^2 + \cdots. \tag{0-27}$$

(0－27)式两边分别除以 $n(n-1)$ 后，再两边开方，得

$$\sqrt{\frac{\sum_{i=1}^{n}(N_i-\overline{N})^2}{n(n-1)}}=\sqrt{\left(\frac{\partial f}{\partial A}\right)^2\cdot\frac{\sum_{i=1}^{n}(A_i-\overline{A})^2}{n(n-1)}+\left(\frac{\partial f}{\partial B}\right)^2\cdot\frac{\sum_{i=1}^{n}(B_i-\overline{B})^2}{n(n-1)}+\cdots}. \tag{0-28}$$

对照(0-14)和(0-15)式,用平均值的标准偏差符号代入上式,得

$$\sigma_{\overline{N}}=\sqrt{\left(\frac{\partial f}{\partial A}\right)^2\cdot\sigma_{\overline{A}}{}^2+\left(\frac{\partial f}{\partial B}\right)^2\cdot\sigma_{\overline{B}}{}^2+\cdots}. \tag{0-29}$$

(0-29)式即间接测量量 N 的用标准误差形式表达的绝对误差的传递公式.

相对误差为绝对误差与近真值比值,用标准误差形式表达的间接测量量 N 的相对误差的传递公式显然为

$$E_N=\frac{\sigma_{\overline{N}}}{\overline{N}}\times100\%. \tag{0-30}$$

(0-29)和(0-30)式称为标准误差的传递公式,或称为误差的方和根合成.

根据标准误差的传递公式可以得到两个重要的推论,要求同学们掌握,并在实验中熟练应用.

1. 和与差的绝对偏差,等于各直接测量量的绝对偏差的"方和根".

例如,如果 $N=A\pm B\pm C\pm\cdots$,则 $\sigma_{\overline{N}}=\sqrt{\sigma_{\overline{A}}^2+\sigma_{\overline{B}}^2+\sigma_{\overline{C}}^2+\cdots}$.

2. 积与商的相对偏差,等于各直接测量量的相对偏差的"方和根".

例如,如果 $N=A\cdot B/C$,则 $E_N=\sqrt{E_A^2+E_B^2+E_C^2+\cdots}$.

这里需特别注意,以上两结论都需先对同项合并后才可"方和根". 比如 $N=A^2B$,正确的结果是 $E_N=\sqrt{(2E_A)^2+E_B^2}$,如果把 $N=A^2B$ 写成 $N=A\cdot A\cdot B$,则从"积与商的相对偏差,等于各直接测量量的相对偏差的方和根"的字面上理解,相对偏差的结果似乎应该为 $E_N=\sqrt{E_A^2+E_A^2+E_B^2}=\sqrt{2E_A^2+E_B^2}$,但这是错误的结果. 因此,在"方和根"的"方"之前,需先对同项合并. 上例把 $N=A^2B$ 写成 $N=A\cdot A\cdot B$,各直接测量量的相对偏差有三项:E_A、E_A、E_B. 同项合并,则变为两项:$2E_A$,E_B. 同项合并后才可进行"方和根":$\sqrt{(2E_A)^2+E_B^2}=E_N$. 又比如 $N=3A+B$ 可写成 $N=A+A+A+B$,各直接测量量的绝对偏差为四项 $\sigma_{\overline{A}}$、$\sigma_{\overline{A}}$、$\sigma_{\overline{A}}$、$\sigma_{\overline{B}}$,合并同项后变为两项:$3\sigma_{\overline{A}}$、$\sigma_{\overline{B}}$,同项合并后才可进行方和根,$\sqrt{(3\sigma_{\overline{A}})^2+(\sigma_{\overline{B}})^2}=\sigma_{\overline{N}}$.

标准误差传递公式的实际应用中,当被测量为几个直接测量量之和或差时,先计算间接测量量的绝对偏差,后计算相对偏差方便;当为乘或除时(积和商),则先计算间接测量量的相对偏差,后计算绝对偏差方便.

在第 8 页中,我们给出了平均值的标准偏差关系(0-15)式,即 $\sigma_{\overline{x}}=\frac{\sigma_x}{\sqrt{n}}$,现在我们用标准误差的传递公式证明之.

等精度测量列的平均值 $\overline{x}=\frac{1}{n}\sum_{i=1}^{n}x_i=\frac{1}{n}(x_1+x_2+\cdots+x_i+\cdots+x_n)$,$\overline{x}$为各个 x_i 的函数,并且恒有:$\frac{\partial\overline{x}}{\partial x_i}=\frac{1}{n}$. 根据标准误差的传递公式(0-29)式,可得

$$\sigma_{\overline{x}}=\sqrt{\left(\frac{\partial\overline{x}}{\partial x_1}\right)^2\cdot\sigma_{\overline{x}_1}^2+\cdots+\left(\frac{\partial\overline{x}}{\partial x_n}\right)^2\cdot\sigma_{\overline{x}_n}^2}=\frac{1}{n}\sqrt{\sigma_{\overline{x}_1}^2+\cdots+\sigma_{\overline{x}_n}^2}.$$

因为在一个测量列中，单次观测值 x_i 的平均值就是其本身，因此单次观测值 x_i 的平均值的标准偏差 $\sigma_{\bar{x}_i}$ 就是测量列的标准偏差 σ_x，即 $\sigma_{\bar{x}_1} = \cdots = \sigma_{\bar{x}_i} = \cdots = \sigma_{\bar{x}_n} = \sigma_x$. 因此

$$\sigma_{\bar{x}} = \frac{1}{n}\sqrt{n\sigma_x^2} = \frac{\sigma_x}{\sqrt{n}}.$$

(三) 误差估算的目的及其对实验的指导意义

对误差的估算，通常可以解决两个方面的问题：一是判断实验结果的可靠程度；二是在实验前可以根据事先定出的测量精度要求，来合理选择所要用的仪器和量具的规格以及确定实验方案，以指导实验的合理安排和进行.

我们应用间接测量误差传递公式，可以判断分析各直接测量值的误差对最后结果影响的大小. 对于那些影响大的直接测量量，我们可以预先考虑措施，合理选用仪器和实验方法以减小它们的影响. 比如用单摆法测重力加速度 g，要求 g 的测量精度达到 0.4%，则可根据误差的估计来合理地选择测量仪器和测量方法.

由公式 $g = \frac{4\pi^2 l}{T^2}$ 知，可直接测定摆长 l 及周期 T 确定 g. 由误差传递公式知：

$$\frac{\Delta g}{g} = \frac{\Delta l}{l} + 2\frac{\Delta T}{T}.$$

如果使上式右两项具有同样的准确度，这叫“**误差均分原则**”，即

$$\frac{\Delta l}{l} = 2\frac{\Delta T}{T}.$$

则根据要求 $E_g < 0.4\%$，可知 $\frac{\Delta l}{l} = 2\frac{\Delta T}{T} < 0.2\%$.

当摆长 l 在 60～100 cm 以内时，用米尺测量 l 即可达到 $\Delta l < 0.1$ cm，从而使 $E_l < 0.2\%$.

周期的测量倘若用最小刻度为 0.1 s 的机械秒表测，秒表一次测量的误差约为 0.2 s(计时开始到停止计时是一次时间测量，开始揿表和停止计时揿表的误差各为 0.1 s)，摆长在 1 m 附近时周期约 2 s，则 $\frac{\Delta T}{T} = \frac{0.2}{2} = 10\%$，远远不能满足要求 $\frac{\Delta T}{T} < 0.1\%$. 解决的办法可以用测量多个周期的时间求周期. 例如测 100 个周期时间，这样，$100T \approx 200$ s，而测 $100T$ 的时间误差仍为 0.2 s，则 1 个周期的时间误差就减少到 0.2/100 s，从而达到 g 的相对误差小于 0.4%的要求.

我们也可以用光控数字毫秒计测周期，毫秒计的测量精度为 0.001 s，两次挡光时间误差不超过 0.002 s，此时，测一个周期也可满足 $\frac{\Delta T}{T} = \frac{0.002}{2} < 0.1\%$ 的要求.

再如电桥法测电阻时，通过误差计算可知，当被测电阻与标准电阻阻值相等时，测量误差最小，达到所谓的最佳测量条件. 因此，误差计算在物理实验中是很重要的一环，同学们在每个实验中要时刻记住实验是有误差的，并分析误差主要由哪几个方面产生，应如何在实验中用最直接的途径、最佳的测量条件使误差最小.

九、有效数字及其运算

(一) 有效数字的概念

实验中测量及结果的数据，一定要用正确的有效数字表示. 能够正确而有效地表示测量和实验结果的数字，叫作有效数字，它通常由准确数字和一位欠准确数字构成.

例如：米尺测一长度，如图 0－2 所示. 米尺的最小分度为 1 mm/格，但在最小刻度以下，还可估读一位数字，这样测得的数据为 47.3 mm，其中前两位是准确的，最后一位 3 是估读的，它是欠准的，但它毕竟有一定的参考意义，比之不估读要更接近实际情况，因此，这个数字 47.3 是有效的. 当然，在最小分度以下估读时，应根据各人的分辨能力及实际情况决定. 一般可估读到 1/10 最小刻度，有困难的可估读到 1/5 最小刻度，最低可估读到 1/2 最小刻度；估读小于 1/10 最小刻度是不必要的，对于不能进行估读的仪器，如停表、游标卡尺等则不必进行估读.

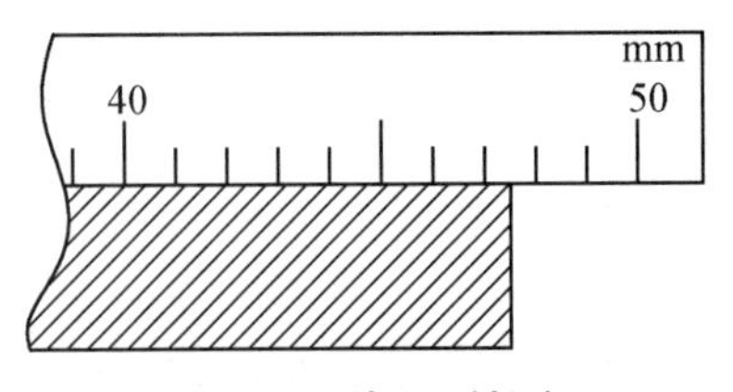

图 0－2　米尺测长度

（二）测量和数据处理中有效数字处理的基本原则

1. 正因为有效数字的位数反映了测量中所使用的仪器的精度情况，因此有效数字的位数是不能任意增减的.

例：$6.36\ \text{m} \neq 6\,360\ \text{mm}$，应写成：$6.36\ \text{m} = 6.36 \times 10^3\ \text{mm}$ 的标准式. 因为前者 6.36 m 表示测量在 0.01 m 这一位欠准，它可能是 6.37 m，也可能是 6.35 m，其测量结果为 $(6.36 \pm 0.01)\text{m}$（估读至 1/10 最小刻度）；而 6 360 mm 则表示在 1 mm 这一位欠准，它可能是 6 359 mm，也可能是 6 361 mm，其测量结果为 $(6\,360 \pm 1)\text{mm}$（估读至最小刻度）.

测同一长度，量具不同会得到不同结果：

用米尺：　$L = (7.32 \pm 0.02)\text{cm}$，　3 位有效数字.

用游标卡尺：　$L = (7.310 \pm 0.006)\text{cm}$，　4 位有效数字.

用千分卡尺：　$L = (7.310\,2 \pm 0.000\,2)\text{cm}$，　5 位有效数字.

这里，有效数字显然反映了使用仪器的精密程度. 因此，同学们在记录测量数据时，必须严格遵守"有效数字不能任意增减"这一原则.

2. 有效数字和小数点的位置无关，最左数字前的零不是有效数字，数字写成标准式，有效数字位数不变.

如：$4.18\ \text{cm} = 0.041\,8\ \text{m} = 41.8\ \text{mm}$，　都是 3 位有效数字.

$300\,800\ \text{g} = 3.008\,00 \times 10^2\ \text{kg}$，　都是 6 位有效数字.

3. 有效数字的运算规则

总的原则：若干个有效数字进行四则运算后，其结果的准确度不会因运算而增加，但又不损害测量的精密度，一般情况下有效数字中保存一位欠准数字.

为叙述方便，这里，我们数字下打"－"表示该数字为欠准数字.

（1）四舍五入法则：舍去多余的欠准数字时，大于 5 进，小于 5 舍，等于 5 使前位成偶数，记成"四舍六入五配偶".

例如：

$$
\left.\begin{array}{l}
5.41\underline{5}\underline{3} \\
5.41\underline{5}\underline{6} \\
5.41\underline{5}\underline{5} \\
5.41\underline{6}\underline{5} \\
5.41\underline{9}\underline{5} \\
5.41\underline{0}\underline{5}
\end{array}\right\}
\xrightarrow{\text{四舍五入}}
\left\{\begin{array}{l}
5.41\underline{5} \\
5.41\underline{6} \\
5.41\underline{6} \\
5.41\underline{6} \\
5.42\underline{0} \\
5.41\underline{0}
\end{array}\right.
$$

(2) 不同位数的有效数字相加减，最后结果以参与运算的有效数字小数点后位数最少的为标准，多余的四舍五入.

例如：$1.38\underline{9} + 17.\underline{2} + 8.6\underline{7} + 94.1\underline{2} = 121.\underline{379} = 121.\underline{4}$.

注意：欠准数与准确数相加后的数字仍为欠准数字.

(3) 由于误差本身是可疑的数字，所以表示误差一般取一位. 在误差中，对有效数字取舍采用**进位法**，而不用四舍五入法，因为误差是作最坏估计.

$$0.0044\ \text{四舍五入} = 0.004;\ 0.0044\ \text{进位法} = 0.005.$$

由于进位会引起附加误差，在整个误差中占的百分比过大时，应多保留一位有效数字，即误差至多取两位有效数字. 例如，误差数值 0.111 2 按进位法取一位有效数字，则 $0.1112 = 0.2$，这差不多误差扩大了一倍，此时，宜多取一位有效数字：$0.1112 = 0.12$.

(4) 在乘除运算中，其积或商的有效位数，一般应与参与运算的数中有效位数最少的一个相同.

例 0-5　测得长方体三个边的边长分别为：$d = (3.85 \pm 0.01)\,\text{cm}$，$b = (9.73 \pm 0.01)\,\text{cm}$，$l = (26.19 \pm 0.02)\,\text{cm}$，试确定长方体的体积值的有效数字位数.

解　$V = dbl = 3.8\underline{5} \times 9.7\underline{3} \times 26.1\underline{9} = 98\underline{1.090\,495}\ \text{cm}^3 = 98\underline{1}\ \text{cm}^3$.

注意：欠准数与准确数相乘的数仍为欠准数

可见，参与运算的数中位数最少的一个是 d 或 b，三位，因此体积值的位数应取三位.

我们用误差传递公式也可判断体积的有效数字位数. 体积的相对误差为

$$E = \frac{\Delta V}{V} = \frac{\Delta d}{d} + \frac{\Delta b}{b} + \frac{\Delta l}{l} = 0.0044 \approx 0.5\%,$$

所以　$\Delta V = 981.090\,495 \times 0.004\,4\ \text{cm}^3 = 4.316\,798\,178\ \text{cm}^3 \approx 5\ \text{cm}^3$.

从 $\Delta V = 5\ \text{cm}^3$ 看，计算值 $V = 981.090\,495\ \text{cm}^3$ 的个位数上已经出现了欠准，根据保留一位可疑数字(欠准数字)的原则，因此，合理的有效位数应该是三位，即取 $V = 981\ \text{cm}^3$. 结果 V 为：$V = (981 \pm 5)\,\text{cm}^3$，此时 $E \approx 0.5\%$.

可见，用有效数字的乘除取位规则与误差传递公式判断有效数字位数本质上是一致的.

在有效数字的计算中，有些情况也可增加一位或减少一位，这里不去讨论.

(5) 常数与有效数字运算时，应依据参与运算的有效数字位数定结果位数.

例：3.145×36，如果 3.145 是测量值，而 36 是常数而非测量值，则结果不能只取两位有效数字.

如常数为无限数 π、e，则 π、e 的位数应比参与运算的有效数字多取一位，结果以测量量的有效位数而定.

(6) 测量结果的表达形式 $x = (\bar{x} \pm \Delta x)$ 中，绝对偏差 Δx 与近真值 $\bar{x}$ 的小数点位数应对齐，Δx 通常只取一位有效数字，最多可取两位有效数字，近真值 $\bar{x}$ 的有效数字应由绝对偏差 Δx 决定.

例如，对某一物理量测定的近真值为 $\bar{x} = 456.718\,9$，其测量误差计算值为：$\Delta x = 0.026$，则说明 $\bar{x}$ 中，后三位“189”已是欠准数字，所以结果形式 $x = (456.718\,9 \pm 0.026)$ 应改写成正确的有效数字形式为 $x = (456.719 \pm 0.026)$ 或 $x = (456.72 \pm 0.03)$.

(7) 相对误差的有效数字位数通常取一位，最多取两位.

(8) 函数运算中的有效数字问题.

函数运算的有效数字取位，都可以用间接测量误差传递公式求出绝对误差，然后由绝对误差值决定测量数据的有效数字位数.

通常情况下，我们可以采用简单的判位方法，以近似给出有效数字的位数. 下面举例说明.

例 0-6 测量值 1 270 的对数 lg 1 270 应该取几位有效数字?

解 $\lg 1\,270 = 3.103\,803\,721$；$\lg 1\,271 = 3.104\,1455\,51$；可见在小数点后第三位出现差别，因此取小数点后三位，即 $\lg 1\,270 = 3.104$. 也可多保留一位，即 $\lg 1\,270 = 3.103\,8$.

例 0-7 $\sqrt{19.38}$ 取几位有效数字?

解 $\sqrt{19.38} = 4.402\,272\,141$；$\sqrt{19.39} = 4.403\,407\,771$；可见在小数点后第三位出现差别，因此取小数点后三位，即 $\sqrt{19.38} = 4.402$. 也可多保留一位，即 $\sqrt{19.38} = 4.402\,3$.

例 0-8 $\sin 60°48'$ 取几位有效数字?

解 $\sin 60°48' = 0.872\,922\,077$；$\sin 60°49' = 0.873\,063\,953$；可见在小数点后第三位出现差别，因此取小数点后三位，即 $\sin 60°48' = 0.873$. 也可多保留一位，即 $\sin 60°48' = 0.872\,9$.

十、实验数据的图示法和图解法

物理实验中所揭示的某些规律，既可以用数学方程式表示，也可以用图示法，即在坐标纸上描绘出各物理量之间相互关系的一条图线来表示. 有了图线之后，在某些情况下，可利用图解的方法找出与实验图线对应的经验方程式或经验公式. 图示法(作图法)和图解法是一个处理数据的重要方法，也是实验方法中的一个重要组成部分. 下面简单介绍利用实验数据画实验图线的方法(图示法)和怎样由实验图线推出与其对应的经验公式(图解法).

(一) 图线的类型

物理实验中遇到的图线，大致可以分三类：

1. 表示在一定条件下某物理量之间依赖关系的图线

举例来说，要表示恒温下，质量一定的气体的压强 P 和体积 V 的关系，通常根据实验得到的许多组 P、V 值，在分别以 P、V 为纵、横轴的坐标纸上描点(因受实验条件或时间的限制，这种观测点只是少数的点)，然后画一条近似地适合于这些观测点的光滑图线. 我们常常假定这条图线连接了整个测量范围内所有可能的 P、V 值，同时认为，不在光滑图线上的点是因为测量不准确造成的. 这就是通常所说的实验图线. 如果它跟波意耳定律(PV=常数)的图线相符合，则可以说波意耳定律已得到实验证实.

延伸实验图线，以便得到实验范围外的数据，这种方法叫作**外推法**. 这是一种包含冒险性的处理法，使用时应慎重. 因为外推法假定了物理定律不仅可以用于实验范围，而且在外延的范围内也成立. 但事实上并非总是这样. 例如，当加在气体上的压力足够大时，气体可能液化，这时 PV=常数就不再适用了.

2. 在少数情况下，两物理量的函数关系可能不规则，或者说依赖关系不清楚的图线

这时可将坐标纸上的点根据观测值画出，相邻两点间直接连接起来，这种图线称为**校正图线**(这种图线不是光滑的曲线，而是折线).

3. 用来代替表格上所列数据的计算用图

例如，大气压力随高度变化的图线，液体密度随温度变化的图线等，这类图通常是在很小刻度的坐标纸上精心绘制的.

这三类图线，在物理实验中以第一类最常用，第二、三两类图线有时也会遇到.

（二）实验数据的图线表示法——图示法

用图示法表述物理量之间的关系时，应注意做到以下要求：

1. 坐标点和实验图线必须画得清楚正确，要求能正确反映物理量之间的数量关系，容易读数.

2. 因为所作的图线是供人阅读的，所以必须做到清晰完整.

现以“空气压强-温度”图线为例，说明图示法的具体规则.（如图 0－3 所示）

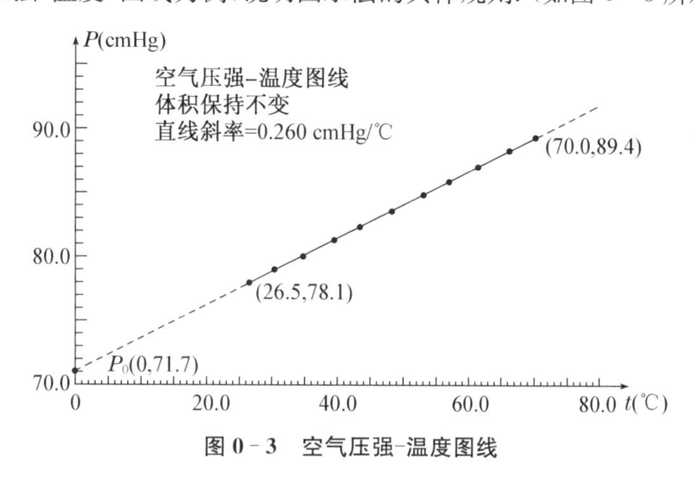

图 0－3　空气压强-温度图线

（1）**选轴**　以横轴代表自变量，纵轴代表应变量，并在坐标纸上划两条粗细适当的线表示纵轴和横轴. 在轴的末端，近旁注明所代表的物理量及其单位，单位用小括号括住（如图 0－3），物理量及其单位之间也可用逗号或其他分隔号“/”分开.

（2）**定标尺**　对于每个坐标轴，在相隔一定距离上用整齐的数字来标度. 标度时要做到：

① 图线上观测点的坐标读数的有效数字位数大体上与实验测量所得数据的有效数字位数相同.

② 标度应划分得当，以不用计算就能直接读出图线上每一点的坐标为宜.

③ 应尽量使图线占据图形的大部分，不要偏于一边或一角. 两轴的标度可以不同，两轴的交点坐标也可以不为(0,0).

④ 如果数据特别大或特别小，可以提出乘积因子. 例如，提出$\times10^{5}$、$\times10^{-2}$放在坐标轴物理量的右边.

（3）**描点**　依据实验数据用削尖的硬铅笔在图上描点. 因为图上的点不醒目，在连图线时易被遮盖，而且同一图上有几条图线时点可能混淆，故常以该点为中心，用＋、×、⊙、△、□等符号中的任一种符号标明. 符号在图上的大小，由该两物理量的最大绝对误差决定. 在同一图线上的观测点要用同一种符号. 如果图上有两条图线，则应用两种不同符号作区别，并在图纸上的空白位置注明符号所代表的内容.

（4）**连线**　除了作校正图线时相邻两点一律用直线连接外，一般来说，连线时应尽量使图线紧贴所有的观测点通过（但应当舍弃严重偏离图线的某些点），并使观测点均匀分布于图线的两侧. 方法是：用透明的直尺或曲线板，将眼睛注视着点，当直尺或曲线板的某一段跟观测点的趋向一致时，再用削尖的铅笔连成光滑图线. 如欲将图线延伸到测量数据范围之外，则应依其趋势用虚线表示.

(5) **写图名** 在图纸顶部附近空旷位置写出简洁而完整的图名. 一般将纵轴代表的物理量写在前面,横轴代表的物理量写在后面,中间用符号“-”连接. 在图名的下方允许附加必不可少的实验条件或图注.

(三) 在选取作图用的数据时应注意的几点

1. 所测的点越多,所作曲线当然越精确,但由于测量次数总是有限的,因此必须考虑如何以较少的点作出比较正确的曲线. 这与点的分布有关:对比较平直的曲线,可以均匀地选取数据,或者两端多取几对数据;对弯曲的曲线,则在曲率较大的地方,特别是曲线的转折点附近,应多取几对数据.

2. 在可能条件下,自变量和应变量的每一对数据,应重复测量,求其算术平均值. 用这平均值在坐标上描点作图.

3. 在条件许可时,可一面测量,一面作图. 凡发现可疑地方,可立即补测实验数据或重复测量,以免最后发现错误而前功尽弃.

(四) 实验数据的图解法(二变量关系的图示法研究)

物理实验中,在研究二变量 x 和 y 的关系时,一般总是按照各组测量值(x_i, y_i)作图,以 x 为横坐标,y 为纵坐标,画出图线,即先用图示法给出 $y-x$ 图线.

然后根据画出的图线的形状和规律寻找合适的数学关系式,称为**经验公式**.

寻找到关系式后,再检验该关系式是否“合适”,并且要确定关系式中的某些常数. 如何寻找数学关系式并检验是否“合适”? 就要通过一系列的数学知识及变换和反变换进行.

首先将 x 变换为ξ,y 变换为η,即作 $x\to\xi$,$y\to\eta$ 的变换,将变换后的 ξ、η 作横坐标和纵坐标,使画出的 $\eta-\xi$ 图线为一条直线,再令直线的斜率为 B_e,截距为 A_e,则直线方程为

$$\eta = A_e + B_e\xi.$$

也即如果经过变换后的图线是直线,可在 $\eta-\xi$ 坐标里求得 A_e、B_e 值. 求出 A_e、B_e 值后,再作反变换 ($\xi\to x$,$\eta\to y$ 变换),就可得到 x、y 的数学关系式了. 当然,如果 $y-x$ 图已是直线,则无需进行变换与反变换,可直接求出斜率和截距.

物理实验中遇到的图线大多数属于普通曲线一类(见下表 0-3 所示).

表 0-3 普通曲线一类表

图线类型	方程式	例 子	物理学公式
直线	$y = ax + b$	金属棒的热膨胀	$L_t = L_0\alpha + L_0$
抛物线	$y = ax^2$	单摆的摆动	$l = (g/4\pi^2)T^2$
双曲线	$xy = a$	波意耳定律	$PV =$ 常数
指数函数曲线	$y = Ae^{-Bx}$	电容器放电	$q = Qe^{-\frac{t}{RC}}$

下面我们通过一例子说明一下研究二变量关系的图解方法.

例 0-9 研究某样品的相对伸长量 $\Delta l/l$ 与建立外磁场的电流 I 变化时的关系,测得 I 与 $\Delta l/l$ 的相关数据如表 0-4 所示. 求 $\Delta l/l$ 与 I 的关系式(经验公式).

解 根据数据可作 $\Delta l/l-I$ 图[取 I(A)为横轴,$\Delta l/l$($\times10^{-6}$)为纵轴可得之,如图 0-4 所示]. 由图形可知,$\Delta l/l-I$ 不是线性关系,根据图形类型,由数学知识可知,属指数关系,所以可令 $\dfrac{\Delta l}{l} = ae^{-\frac{b}{I}}$,式中 a、b 为待定系数. 为了变换,将等式两边取对数,则

$$\ln\left(\frac{\Delta l}{l}\right)=\ln a-b\cdot\frac{1}{I}.$$

表 0-4 电流与相对伸长量数据表

I(A)	0.10	0.20	0.30	0.40	0.50	0.60	0.70	0.80	0.90
$\frac{\Delta l}{l}(\times10^{-6})$	0.81	4.63	9.84	15.22	19.91	23.92	26.85	29.62	30.92
I(A)	1.00	1.50	2.00	2.50	3.00	3.50	4.00	4.50	5.00
$\frac{\Delta l}{l}(\times10^{-6})$	32.71	36.94	38.32	39.22	40.19	40.60	41.08	41.33	41.82

令 $\eta=\ln\left(\frac{\Delta l}{l}\right)$，$\xi=\frac{1}{I}$，$A_e=\ln a$，$B_e=-b$，则

$$\eta=A_e+B_e\xi.$$

将测量数据 I_i 和 $\left(\frac{\Delta l}{l}\right)_i$ 代入上式变换式，可得到一系列的 ξ_i、η_i 值.

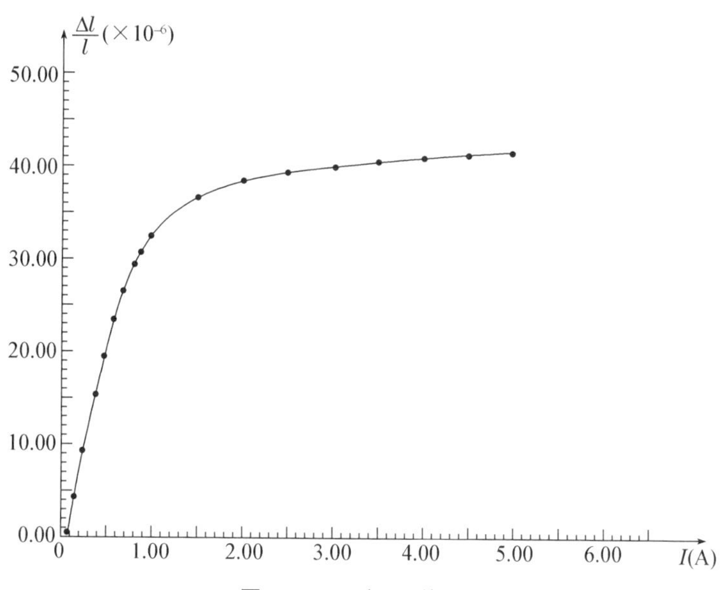

图 0-4 $\Delta l/l$-I 关系图

作 η-ξ 图（有关变换数据 ξ_i 和 η_i 的表格未列写，这里仅给出思路），可得图形如图 0-5 所示，基本上是一条直线. 但发现 $\xi=10.0$，$\eta=0.21$ 的点，即 $I=0.10$ A，$\Delta l/l=0.81\times10^{-6}$ 偏离直线较远，这是因为 $\Delta l/l$ 本身误差较大，故剔除不计.

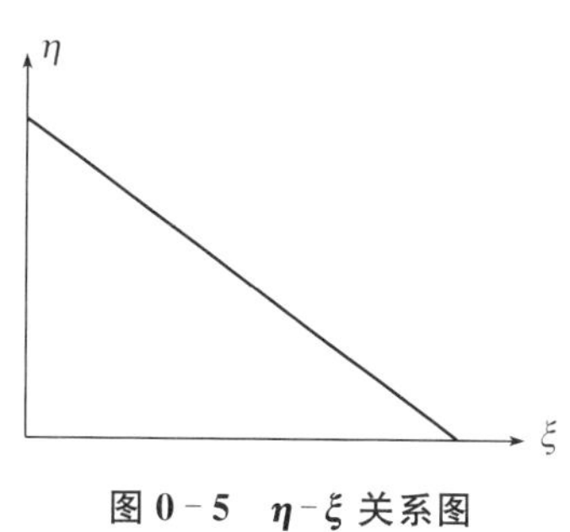

图 0-5 η-ξ 关系图

由 η-ξ 图线可求出斜率 $B_e=-0.495$，截距 $A_e=4.00$.

注意：图示曲线是直线时，如要求直线的斜率，我们规定不允许选用原始数据点！

再进行反变换：$b=-B_e=0.495$，$a=e^{A_e}=e^{4.00}=54.6$.

因此,相对伸长量与建立外磁场的电流关系为

$$\frac{\Delta l}{l}=a\mathrm{e}^{-\frac{b}{I}}=54.6\times10^{-6}\exp\left(-\frac{0.495}{I}\right).$$

说明:本例题仅给思路,具体列表及变换求 ξ_i、η_i 没写出,$\eta-\xi$ 图没标度和标点,但学生处理数据时应列表给出具体的数据并要在坐标纸上精心作图.

十一、回归分析研究二变量的关系(计算法)

上节中,用图解法研究二变量的关系,求 A_e、B_e 是非常方便的.但有如下两个问题须慎重考虑:

首先,若(x,y)变换成(ξ,η)是正确的,那么在 $\eta-\xi$ 坐标上根据实际数据是否能连一条直线(因为实验数据存在不准确性)?

其次,如果测量精度高,有效数字位数较多,能否用图解法求出 A_e 和 B_e,它们的误差又如何确定?

下面用回归分析法可以定量地解决上述两个问题.

若对 x、y 两变量独立测量了 n 次,则可变换成 n 组(ξ,η),记为

$$(\xi_1,\eta_1);(\xi_2,\eta_2);\cdots;(\xi_n,\eta_n).$$

如果认为 ξ、η 之间有线性关系,则可写成如下方程:

$$\eta=A_e+B_e\xi. \tag{0-31}$$

上述(0-31)式称为**回归方程**.回归方程所表示的直线就是所有直线中,使误差最小的那条直线.

为表示各测量值与回归方程表达的线性关系的偏差 d_i,将各(ξ_i,η_i)代入(0-31)式可得

$$\begin{cases}\eta_1-(A_e+B_e\xi_1)=d_1,\\ \eta_2-(A_e+B_e\xi_2)=d_2,\\ \cdots\\ \eta_n-(A_e+B_e\xi_n)=d_n.\end{cases} \tag{0-32}$$

当 A_e、B_e 值选择得适当,使 $\sum d_i^2$ 最小时,$\eta=A_e+B_e\xi$ 才可能代替测量数据的规律.为求$(\sum d_i^2)_{\min}$值,将(0-32)式的各方程两边平方后再求和可得

$$\sum_{i=1}^n d_i^2=\sum_{i=1}^n\eta_i^2+\sum_{i=1}^n A_e^2+\sum_{i=1}^n\xi_i^2B_e^2+\sum_{i=1}^n(2\xi_iA_eB_e)-\sum_{i=1}^n2\eta_iA_e-\sum_{i=1}^n2\xi_i\eta_iB_e. \tag{0-33}$$

我们定义

$$\begin{cases}S_{\xi\eta}=\sum\limits_{i=1}^n\xi_i\eta_i-\dfrac{1}{n}\sum\limits_{i=1}^n\xi_i\cdot\sum\limits_{i=1}^n\eta_i,\\ S_{\xi\xi}=\sum\limits_{i=1}^n\xi_i^2-\dfrac{1}{n}\left(\sum\limits_{i=1}^n\xi_i\right)^2,\\ S_{\eta\eta}=\sum\limits_{i=1}^n\eta_i^2-\dfrac{1}{n}\left(\sum\limits_{i=1}^n\eta_i\right)^2,\end{cases} \tag{0-34}$$

结合(0-33)式,求解下列联立方程组

$$\begin{cases} \dfrac{\partial}{\partial A_e}\left(\sum_{i=1}^{n} d_i^2\right)=0, \\ \dfrac{\partial}{\partial B_e}\left(\sum_{i=1}^{n} d_i^2\right)=0, \end{cases} \tag{0-35}$$

可得到回归方程斜率 B_e 和截距 A_e 分别为

$$B_e=\frac{S_{\xi\eta}}{S_{\xi\xi}},A_e=\frac{1}{n}\sum_{i=1}^{n}\eta_i-\frac{B_e}{n}\sum_{i=1}^{n}\xi_i. \tag{0-36}$$

上述为求回归方程 $\eta=A_e+B_e\xi$ 的参数 A_e 和 B_e，要使偏差平方和 $\sum d_i^2$ 达到最小值，这就是所谓**最小二乘估计**. 这种方法就是**最小二乘法**（或称**一元线性回归**）.

上面 $\sum d_i^2$ 对 A_e、B_e 的二阶偏导均大于 0，说明 A_e、B_e 满足上式(0-36)时，$\sum d_i^2$ 有极小值存在. 这时的 A_e、B_e 代入回归方程 $\eta=A_e+B_e\xi$ 中，可使各测量点(ξ_i,η_i)较好地满足方程. 或者说，各实验值(ξ_i,η_i)可较好地满足回归方程，而使误差最小.

为了进一步计算各(ξ_i,η_i)值偏离直线 $\eta=A_e+B_e\xi$ 的大小，定义剩余误差

$$\sigma_S=\sqrt{\frac{\sum_{i=1}^{n}d_i^2}{n-2}}=\sqrt{\frac{(1-R_e^2)S_{\eta\eta}}{n-2}}, \tag{0-37}$$

式中，R_e 称为**相关系数**，

$$R_e=\frac{S_{\xi\eta}}{\sqrt{S_{\xi\xi}\cdot S_{\eta\eta}}}. \tag{0-38}$$

当 $R_e=\pm 1$ 时，$\sigma_S=0$，即各组(ξ_i,η_i)数据完全在回归方程图线上，在 η-ξ 坐标里是一条没有“宽度”的直线，直线斜率为 B_e，截距为 A_e.

当 $R_e=0$ 时，σ_S 最大，由 R_e 定义可知，当 $R_e=0$ 时，$S_{\xi\eta}=0$，故 $B_e=0$，$A_e=\eta$，说明 ξ 与 η 无关（因 $\eta=A_e+B_e\xi$，故 $\eta=A_e$，这样不能表示出 ξ 与 η 的关系），也即找不出 x 与 y 的关系，或者说 x 与 y 是不相关的，这两个变量间没有关系.

当 $0<|R_e|<1$ 时，各组(ξ_i,η_i)数据与回归方程图线不完全重合，即在 η-ξ 坐标里的直线有一定的“宽度”；$|R_e|$ 越近于 1，回归方程越能代替测量组的数据变化规律；当 $|R_e|\to 0$ 时，线性回归方程失去意义.

下表 0-5 给出了不同测量数据组数 n 下相关系数的起码值，用 R_{e0} 表示. 只有当 $|R_e|>R_{e0}$ 时，才能用线性回归方程“$\eta=A_e+B_e\xi$”来描述各测量数据点(ξ_i,η_i)的相互关系，否则毫无意义.

表 0-5　相关系数的起码值 R_{e0}

n	3	4	5	6	7	8	9	10	11	12
R_{e0}	1.00	0.990	0.959	0.917	0.874	0.834	0.798	0.765	0.735	0.718
n	13	14	15	16	17	18	19	20	21	22
R_{e0}	0.684	0.661	0.641	0.623	0.606	0.590	0.575	0.561	0.549	0.517
n	23	24	25	26	27	28	29	30		
R_{e0}	0.526	0.515	0.505	0.496	0.487	0.478	0.470	0.463		

剩余误差 σ_S 的数值描绘了线性回归方程的精密度，或者说描绘了回归线的“宽度”，可以证明，测量点(ξ_i, η_i)落在 $\eta = A_e + B_e\xi \pm 3\sigma_S$ 范围内的几率也是 99.7%，所以可根据此标准剔除粗差[残差 $d_i = \eta_i - (A_e + B_e\xi_i)$ 的绝对值大于 $3\sigma_S$ 的数据应剔除].

实际应用中，测量次数总是有限，类似于前面介绍的**格罗布斯准则**(见第 6 页)，现介绍一个根据测量次数选择不用系数以剔除粗差的**肖维特准则**.

肖维特准则给出一个与测量次数 n 相联系的系数 w_n，如果残差 $d_i = \eta_i - (A_e + B_e\xi_i)$ 的绝对值大于 $w_n\sigma_S$ 的数据，可以认为这是由于过失引起的异常数据而加以剔除. 系数 w_n 与测量次数 n 的对应关系如表 0－6：

表 0－6　w_n 系数表

n	3	4	5	6	7	8	9	10	11	12	13
w_n	1.38	1.53	1.63	1.73	1.80	1.86	1.92	1.96	2.09	2.03	2.07
n	14	15	16	17	18	19	20	21	22	23	24
w_n	2.10	2.13	2.15	2.17	2.20	2.22	2.24	2.26	2.28	2.30	2.31
n	25	30	40	50	75	100	200				
w_n	2.33	2.39	2.49	2.58	2.71	2.81	3.02				

根据统计方法还可以求出 A_e、B_e 的标准差 σ_A、σ_B 分别为

$$\sigma_B = \frac{\sigma_S}{\sqrt{S_{\xi\xi}}}, \sigma_A = \sqrt{\frac{1}{n}\sum_{i=1}^{n}\xi_i^2} \cdot \sigma_B. \tag{0-39}$$

用计算法研究两个变量的关系，在科学实验中是非常重要的常用方法. 为了熟悉计算方法和运算过程，举例说明.

例 0－10　有一组测量数据(x_i, y_i)，作图后，找到了数学表达式，进行变换：$x_i \to \xi_i$，$y_i \to \eta_i$，得到一组(ξ_i, η_i)数据如下表 0－7，问：可否组成线性回归方程？若可以，试判别有无粗差，并算出 B_e、A_e、σ_B 和 σ_A 的值.

解　首先计算 $\sum_{i=1}^{n}\xi_i = 49.91$，$\sum_{i=1}^{n}\eta_i = 2.6012 \times 10^3$，$\sum_{i=1}^{n}\xi_i\eta_i = 2.2669672 \times 10^4$，

$$\sum_{i=1}^{n}\xi_i^2 = 2.364095 \times 10^2, \sum_{i=1}^{n}\eta_i^2 = 2.17912904 \times 10^6.$$

表 0－7　测量数据进行变换 $x_i \to \xi_i$，$y_i \to \eta_i$ 后的数据表

ξ_i	1.11	1.18	1.25	1.33	1.43	1.54	1.67	1.82	2.00	2.22	2.50
η_i	85.2	91.0	99.0	108	117	128	142	157	175	198	226
ξ_i	2.86	3.33	4.00	5.00	6.67	10.00					
η_i	262	312	377	480	654	990					

$$S_{\xi\eta} = \sum_{i=1}^{n}\xi_i\eta_i - \frac{1}{n}\sum_{i=1}^{n}\xi_i \cdot \sum_{i=1}^{n}\eta_i = 9.161090118 \times 10^3,$$

$$S_{\xi\xi} = \sum_{i=1}^{n}\xi_i^2 - \frac{1}{n}\left(\sum_{i=1}^{n}\xi_i\right)^2 = 8.987961177 \times 10^1,$$

$$S_{\eta\eta}=\sum_{i=1}^{n}\eta_i^2-\frac{1}{n}\Big(\sum_{i=1}^{n}\eta_i\Big)^2=9.337\,736\,612\times10^5.$$

因为 $R_e=\dfrac{S_{\xi\eta}}{\sqrt{S_{\xi\xi}\cdot S_{\eta\eta}}}=0.999\,990\,217>0.606=R_{e0}$（参考表 0－5，$n=17$），故 η-ξ 是线性关系，可以用回归方程 $\eta=A_e+B_e\xi$ 表示其关系.

$$B_e=\frac{S_{\xi\eta}}{S_{\xi\xi}}=101.926\,231\,5,\text{取 }B_e=101.93,$$

$$A_e=\frac{1}{n}\sum_{i=1}^{n}\eta_i-\frac{B_e}{n}\sum_{i=1}^{n}\xi_i=-28.584\,600\,83,\text{取 }A_e=-28.58.$$

为检查粗差，先计算剩余标准差 σ_S，即

$$\sigma_S=\sqrt{\frac{(1-R_e{}^2)S_{\eta\eta}}{n-2}}=1.103\,634\,201,\text{取 }\sigma_S=1.10.$$

再根据肖维特准则（见表 0－6，$n=17$），列表计算各值 η_i 是否处于（$A_e+B_e\xi_i\pm2.17\sigma_S$）范围内. 数据见表 0－8.

表 0－8　根据肖维特准则剔除粗差的计算表

ξ_i	1.11	1.18	1.25	1.33	1.43	1.54	1.67	1.82	2.00
η_i	85.2	91.0	99.0	108	117	128	142	157	175
$A_e+B_e\xi_i-2.17\sigma_S$	82.18	89.31	96.45	104.6	114.8	126.0	139.3	154.5	172.9
$A_e+B_e\xi_i+2.17\sigma_S$	86.95	94.08	101.2	109.4	119.6	130.8	144.0	159.3	77.7
ξ_i	2.22	2.50	2.86	3.33	4.00	5.00	6.67	10.00	
η_i	198	226	262	312	377	480	654	990	
$A_e+B_e\xi_i-2.17\sigma_S$	195.3	223.9	260.6	308.5	378.7	478.7	648.9	988.3	
$A_e+B_e\xi_i+2.17\sigma_S$	200.1	228.6	265.3	313.2	381.5	482.5	653.7	993.1	

由表 0－8 可知，$n=16$、$(\xi_i,\eta_i)=(6.67,654)$ 不在（$A_e+B_e\xi_i\pm2.17\sigma_S$）范围内，即测量值（对应于 $\xi=6.67,\eta=654$ 的值）不落在 648.9 与 653.7 之间，应当剔除.

剔除后，R_e、B_e、A_e、σ_A、σ_B、σ_S 必须重新计算，步骤同上. 还必须判断有无粗差，如有还要剔除，再重新算. 本题共应剔去三次粗差方能完成（一般计算器带有相关系数键功能的，一次可求出一系列数据）.

重新计算的具体步骤不写了，方法同上一样. 通过逐一检查剔除粗差后，最后计算结果为

$$A_e\pm\sigma_A=-28.4\pm0.2,$$
$$B_e\pm\sigma_B=101.80\pm0.06.$$

十二、系统误差

前面讨论了随机误差的处理方法. 对系统误差来说，不能应用统计方法进行研究，而只能具体问题具体分析.

系统误差产生原因大概有如下几个：（1）工具误差；（2）调整误差；（3）个人误差；（4）理论误差；（5）方法误差等. 根据系统误差产生的原因，可以确信：系统误差具有确定的规律. 然

而，同一条件下的多次重复测量有时并不能发现它，只有改变形成系差的条件或实验方法来比较结果才能发现它. 下面介绍发现系差的一些简单方法.

(一) 发现系差的简单方法

1. 观察法

若对物理量进行多次独立测量，按测量次序排列，如果测量值由小到大或者由大到小，或者大小规律交替出现时，则测量中可能会有系差.

2. 计算法

(1) 误差正负号个数检验法

令 S_i 反映误差的正、负号，当 $d_i = x_i - \overline{x} > 0$ 时，$S_i = +1$；当 $d_i < 0$ 时，$S_i = -1$；当 $d_i = 0$ 时，$S_i = 0$. 总误差的符号之和 $S = \sum_{i=1}^{n} S_i$. 若 $|S| > 2\sqrt{n}$，说明有系差存在（n 为测量次数）.

(2) 误差平方和的检验法

令 $S_x = \sqrt{\frac{1}{n}\sum_{i=1}^{n}(x_i - \overline{x})^2}$，当 $\sum_{i=1}^{n} S_i d_i^2 \geqslant 2\sqrt{3n}S_x^2$ 时，说明 n 次测量存在系统误差.

例 0-11 利用计算法检查下列数据的测量中有否系差存在？

单位：cm

l_i	101.27	99.22	100.11	99.29	100.03	100.07	100.08	100.56	99.10	100.20	100.96
d_i	+1.19	−0.86	+0.03	−0.79	−0.05	−0.01	0.00	+0.48	−0.98	+0.12	+0.88

解 $\overline{l} = 100.08$ cm，求出 $d_i = \cdots$ 填入上表中.

(1) 用误差正负号个数检验法

$$S = \sum_{i=1}^{n} S_i = 5 - 5 = 0, 2\sqrt{n} = 2\sqrt{11} = 6.6,$$

所以 $|S| < 2\sqrt{n}$，故上述数据的测量无法肯定有系差.

(2) 误差平方和的检验法

$$S_l = \sqrt{\frac{1}{n}\sum_{i=1}^{n}(l_i - \overline{l})^2} = 0.658, \quad 2\sqrt{3n}S_l^2 = 4.97,$$

$$\sum_{i=1}^{n} S_i \mathrm{d}_i^2 = [+(1.19)^2] + [-(-0.86)^2] + \cdots + [+(0.88)^2] = 0.11.$$

因为 $0.11 = \sum_{i=1}^{n} S_i d_i^2 < 4.97 = 2\sqrt{3n}S_l^2$，所以上述数据的测量无法肯定有系差.

(二) 消除系差的主要方法

1. 固定系差的消除法

(1) 检定修正法

将仪器送部门检验，求得修正值，加以修正实验结果.

(2) 代替法

用标准仪器对同一物理量在同样条件下测量，相比较得到修正值，加以修正实验结果.

(3) 异号法

实验时使得测量误差出现两次，而两次正负相反，取平均值.

例如,电表测电流,因地磁影响而造成系差.如没地磁时应为 a_0,但电表在某方向时由于地磁作用,示值将为 $a_0+\delta$,将电表转 180°,地磁作用将使示值变为 $a_0-\delta$,两次值取平均即 a_0,消除了 δ 的影响.

(4) 交换法

例如,天平等臂的不严格会造成系差,空载时,左右砝码盘质量分别为 m_1、m_2,则空载平衡时有:$m_1l_1=m_2l_2$(l_1、l_2 分别为天平的左、右臂长).负载 m 平衡时,m 放左盘,砝码 P_1 放右盘,则 $(m_1+m)l_1=(P_1+m_2)l_2$,故 $P_1=ml_1/l_2$.交换使 m 放右盘称衡,左盘砝码为 P_2,则 $(m_1+P_2)l_1=(m+m_2)l_2$,故 $P_2=ml_2/l_1$.所以 $m=\sqrt{P_1P_2}$,与 l_1、l_2 无关.

2. 线性系差的消除法

系统误差随测量值的变化作线性变化,则称为线性系差.如电压表的量程电阻变化时,电压表测量值就存在线性系差.

(1) 检定修正法

将仪器与标准件逐点比较,在误差较小时,可对测量值修正,如误差较大时,则要修理后,再检定修正.

(2) 相关测量法

如果测量结果随时间作线性变化,这种系差,可采用相关测量法:用两个变量的线性相关法求回归方程的截距和斜率,可得到任何时刻待测量的大小.

3. 周期性系差消除法

如系差 $\delta=k_1\sin k_2t$,周期 $T=2\pi/k_2$,故 t 时刻的测量值可以写成 $x_t=x_0+k_1\sin k_2t$,再经 $T/2$ 时刻可得到 $x_{t+T/2}=x_0+k_1\sin k_2(t+T/2)=x_0-k_1\sin k_2t$,故 $x_0=(x_t+x_{t+T/2})/2$,即可消除系差.

4. 复杂规律变化的系差

复杂规律变化的系差,不便于分析或要分析得花很多劳动,常常采用组合分析法,即用几种不同方法将测量结果组合起来分析.组合分析可使这种系差尽可能多地出现在测量值之中,从而使系差在测量中的出现变为随机误差,因此可按随机误差处理的方法予以处理.

关于组合测量的数据处理方法,这里不作具体介绍了,有兴趣的同学可参阅近代物理实验有关数据的处理及其他有关书籍.

十三、测量不确定度评定与表示

前面介绍了实际测量中存在三种误差,即随机误差、系统误差和粗差.粗差我们必须避免和剔除.随机误差不可避免,但我们可以用统计方法处理(本课程只要求用高斯分布处理).系统误差不服从统计规律,对有规律可循的系统误差(称为可定系统误差),可以用前面介绍的办法消除,但对不能掌握其规律的系统误差(称为未定系统误差),它们必然对测量的总结果造成很大的精度影响.显然,仅用测量的统计结果形式表达测量结果的可靠性是不完善的(测量的统计结果表达,是认为实验中没有系统误差,只有随机误差,因而误差分布服从统计规律,比如高斯分布).

为了更全面更准确和全球统一化,提出了采用**不确定度**来合理表述被测量的值的分散性,把不确定度作为表征测量总结果的一个重要参数.

(一) 有关不确定度的简单历史

长期以来,各国对测量结果评定形式多样,没有统一的标准,国际交流必存在困难. 1978年,国际计量大会委托国际计量局联合各国国家计量标准实验室一起共同研究制定一个表述不确定度的指导性文件. 在做调研和征集意见后,国际计量局于1980年简明扼要地制定出《实验不确定度的规定建议书INC—1(1980)》,以此作为各国计算不确定度的共同依据. 在此基础上,国际标准化组织牵头,国际法制计量组织、国际电工委员会和国际计量局等一起参与,制定出一个更详细、更实用、更具有国际指导性的文件——《测量不确定度表达指南(1992)》. 1993年,国际理论与应用物理联合会、国际理论与应用化学联合会等一些国际组织都实行此指南,作为制定检定规程和技术标准必须遵循的文件.

《测量不确定度表达指南(1992)》对不确定度表达给予了新内容,规定了计算方法,是国际和国内各行业表达不确定度最具有权威的依据.

在我国,计量科学院于1986年发出了采用不确定度作为误差数字指标名称的通知. 1992年10月1日开始执行国家计量技术规范JJG1027—91《测量误差及数据处理(试行)》,规定测量结果的最终表示形式用总不确定度和相对不确定度表达.

(二) 本课程教学对应用不确定度的基本要求

测量不确定度表达,涉及深广的知识领域和误差理论,大大超出了本课程的教学范围. 同时有关它的概念、理论和应用规范还在不断地发展和完善. 因此,本课程教学中要真正采用不确定度来评定测量结果尚有困难.

对我们实验初学者,要学习和掌握的实验知识、实验技术和技能等内容很多,在不确定度表述和计算等方面,我们仅要求在确保科学性的前提下,尽量把方法简化,以使初学者易于接受.

同学们在实验教学过程的学习中,对测量不确定度评定,重点放在建立必要的概念,有一个初步的基础. 以后工作需要时,可以参考相关资料[比如刘智敏等编著. 测量不确定度手册. 北京:中国计量出版社,1997;刘智敏编著. 测量统计标准及其在认可认证中的应用. 北京:中国标准出版社,2001].

我们教学中,拟采用简化的方法来进行测量不确定度评定与表示. 下面介绍相关内容.

(三) 测量不确定度评定的基本概念及测量不确定度表示

1. 测量不确定度

测量不确定度用以表征合理赋予被测量的值的分散性,它是测量结果含有的一个参数.

测量的理想是获得被测量在测量条件下的最佳值(近真值). 但实际上在测量时,由于原理、方法、实施方案的不理想,实验装置体现实验原理、方法的不完善,读数的偏差,仪器的基本误差,仪器的不稳定性,调整仪器和操作实验的不完善,环境及其他的偶然变化,借用值的不确定度,标准物的不确定度等原因,都将使测量值偏离真值,因而测得值不能准确表达真值. 在报道被测量的测量结果时,因为报道的是被测量的近似值,所以应同时报道对它的可靠性的评价,即给出对此测量质量的指标.

测量不确定度就是测量质量的指标,也即对测量结果残存误差(近真值与真值的偏差)的评估.

2. 标准不确定度

当以标准偏差(简称标准差)表示测量结果的不确定度时,称为标准不确定度.

实验不确定度的来源可有多个,但评定不确定度的方法只有两种,即不确定度的A类评定和B类评定.

3. 不确定度的A类评定(简称A类评定)

A类评定是由观测列统计分析所作的不确定度评定. 我们用符号$u_A(x)$来表示物理量x的测量不确定度的A类评定.

由于各种随机因素使重复测量的测量值分散开,前面学过标准偏差(简称标准差),它表示了测量值的分散情况,是对测量数据的统计分析. 亦即标准差表达了由于随机因素引入的不确定度. 具体地说,我们用平均值的标准差对测量的评定称为测量不确定度的A类评定,即

$$u_A(x)=\sigma_{\overline{x}}=\sqrt{\frac{1}{n(n-1)}\sum_{i=1}^{n}(x_i-\overline{x})^2}. \qquad (0-40)$$

4. 不确定度的B类评定(简称B类评定)

由不同于观测列统计分析所作的不确定度评定称为不确定度的B类评定. 我们用符号$u_B(x)$来表示物理量x的测量不确定度的B类评定.

比如测量存在未定系统误差时,这时不能用统计的方法评定不确定度,这一类的评定就是B类评定. 因此,B类评定不是由于随机因素引入的不确定度,不能用统计方法去计算.

B类评定,有的依据计量仪器说明书或检定书,有的依据仪器的准确度等级,有的则粗略地依据仪器分度或经验. 从这些信息中可以获得仪器的极限误差(简称仪器误差或允许误差或示值误差),我们用Δ或$\Delta_{仪}$或Δ(仪器)表示之.

如果误差的出现使得物理量示值出现在区间$[\overline{x}-\Delta,\overline{x}+\Delta]$内各处机会相等,而在区间外不出现,我们称此类误差服从均匀分布.

评价仪器极限误差Δ带来的标准不确定度,用Δ除以一个常数k表示. k的取值取决于仪器误差所服从的分布规律.

$$u_B(x)=\frac{\Delta}{k},$$

式中Δ为仪器误差(或仪器的极限误差).

通常仪器误差服从的规律可简单认为服从均匀分布,这种情况下常数k取$\sqrt{3}$,即

误差均匀分布的B类不确定度 $$u_B(x)=\frac{\Delta}{\sqrt{3}}. \qquad (0-41)$$

当x受到两独立、同均匀分布影响,则它服从$[\overline{x}-\Delta,\overline{x}+\Delta]$的三角分布. 比如分光计对径方向的两个游标读数的仪器误差就属于这种三角分布,此时k取$\sqrt{6}$,即

误差三角分布的B类不确定度 $$u_B(x)=\frac{\Delta}{\sqrt{6}}. \qquad (0-42)$$

例如:用最小分度值为0.02 mm的游标卡尺测长度时,按国家计量技术规范,其示值误差在±0.02 mm以内,则

极限误差(仪器误差)为　$\Delta=0.02\ \text{mm}$;

由游标卡尺引入的B类不确定度为　$u_B(x)=\frac{\Delta}{\sqrt{3}}=\frac{0.02}{\sqrt{3}}\text{mm}=0.012\ \text{mm}.$

5. 直接测量的合成标准不确定度

测量结果的不确定度是各来源不确定度的综合效应,各来源标准不确定度的综合就称为合成不确定度. 我们用符号$u_C(x)$来表示物理量x的测量合成标准不确定度[也常省去下标,

用 $u(x)$ 表示].

例如,用螺旋测微计测钢球的直径,不确定度的来源有:重复测量读数(A 类评定),螺旋测微计的固有误差(B 类评定).又如,用天平称一物体的质量,不确定度的来源有:重复测量读数(A 类评定),天平不等臂(B 类评定),砝码的标称值的误差(B 类评定),空气浮力引入的误差(B 类评定)等.

由于各来源的误差有正有负,所以标准不确定度的合成不能用简单的算术相加,而采取几何相加的“方和根”法.

设各来源的标准不确定度分别为 $u_1(x), u_2(x), \cdots, u_i(x), \cdots, u_k(x)$,则

合成的标准不确定度为

$$u_C(x)=\sqrt{\sum_{i=1}^{k} u_i^2(x)}. \tag{0-43}$$

如果先将各来源的标准不确定度划归入 A 类评定和 B 类评定,则合成的标准不确定度为

$$u_C(x)=\sqrt{u_A^2(x)+u_B^2(x)}. \tag{0-44}$$

类似于相对误差,我们也有相对不确定度之概念,我们用带下标 r 的符号 $u_r(x)$ 表示相对不确定度,括号中的 x 为被测物理量名称. $u_r(x)=u_C(x)/$ 近真值,用百分数表示.

6. 间接测量的不确定度传递(也称不确定度的合成传递)

如果间接测量量是直接测量量的函数 $y=f(x_1, x_2, \cdots, x_m)$,则间接测量量的最佳估计 $\overline{y}$ 由直接测量量的最佳估计 $(\overline{x}_1, \overline{x}_2, \cdots, \overline{x}_m)$ 给出,即

$$\overline{y}=f(\overline{x}_1, \overline{x}_2, \cdots, \overline{x}_m). \tag{0-45}$$

显然,y 的不确定度取决于 $x_1, x_2, \cdots, x_m$ 的不确定度.

设任一直接测量量 x_i 的标准不确定度为 $u_C(x_i)$,则 y 的不确定度 $u(y)$ 是各直接测量量的不确定度的合成

$$u(y)=\sqrt{\sum_{i=1}^{m}\left(\frac{\partial f}{\partial x_i}\right)^2 u_C^2(x_i)+2\sum_{i=1}^{m-1}\sum_{j=i+1}^{m}\frac{\partial f}{\partial x_i}\frac{\partial f}{\partial x_j}R_e(x_i, x_j)u_C(x_i)u_C(x_j)}, \tag{0-46}$$

式中 $R_e(x_i, x_j)$ 为 (x_i, x_j) 估计的相关系数.

如各物理量之间相关系数为零,则(0-46)式变为

方和根合成法 $$u(y)=\sqrt{\sum_{i=1}^{n}\left(\frac{\partial f}{\partial x_i}\right)^2 u_C^2(x_i)}. \tag{0-47}$$

如各物理量之间相关系数为 1,且 $\frac{\partial f}{\partial x_i}\cdot\frac{\partial f}{\partial x_j}$ 大于零;或各物理量之间相关系数为 -1,且 $\frac{\partial f}{\partial x_i}\cdot\frac{\partial f}{\partial x_j}$ 小于零,则(0-46)式变为

线性和法 $$u(y)=\sum_{i=1}^{n}\left|\frac{\partial f}{\partial x_i}\right|u_C(x_i). \tag{0-48}$$

我们仅要求掌握(0-47)式的“方和根”合成法.

关于间接测量量不确定度的方和根合成法,计算不确定度的技巧类同于第 16 页标准误差的传递公式的两个重要的推论.

(1) **和与差的不确定度,等于各直接测量量的不确定度的“方和根”.**

例如,如果 $y=x_1 \pm x_2 \pm \cdots$,则 $u(y)=\sqrt{u_C^2(x_1)+u_C^2(x_2)+\cdots}$.

(2) **积与商的相对不确定度，等于各直接测量量的相对不确定度的"方和根"**.

例如，如果 $y = x_1 \cdot x_2 / x_3$，则 $u_r(y) = \dfrac{u(y)}{\bar{y}} = \sqrt{u_r^2(x_1) + u_r^2(x_2) + u_r^2(x_3) + \cdots}$.

这里同样需特别注意要先同类项合并后才可进行"方和根". 比如 $N = x^2 y$，正确的结果是 $u_r(N) = \sqrt{(2u_r(x))^2 + u_r^2(y)}$，而不是 $u_r(N) = \sqrt{2u_r^2(x) + u_r^2(y)}$；又比如 $N = 2A + B$，则 $u(N) = \sqrt{[2u(A)]^2 + u^2(B)}$，而不是 $u(N) = \sqrt{2u^2(A) + u^2(B)}$.

7. 用不确定度评定测量的结果报道形式

结果必须给出最可信赖值(即近真值)、最可信赖值的不确定度以及相对不确定度(以及置信水准，包含因子，自由度等). 我们要求掌握的结果报道形式为

$$\begin{cases} x = (\text{近真值} \pm u_C(x))\ \text{单位}, \\ \text{相对不确定度}\ u_r(x) = \dfrac{u_C(x)}{\text{近真值}} \times 100\%. \end{cases} \tag{0-49}$$

注意：(1) 不确定度最多保留两位有效数字.

(2) 上述报道形式是对我们初学者的要求，只要给出三部分内容：近真值、合成不确定度和相对不确定度.

但要知道，除了上述报道形式外，还有多种形式. 比如用**展伸不确定度**(也称扩展不确定度、范围不确定度)确定测量结果区间，以合理赋予测量之值分布的大部分可望含于该区间. 这其中，采用了**包含因子**(也称范围因子)，它是对合成标准不确定度所乘的数值，为的是获得展伸不确定度. 同时对展伸不确定度的测量结果区间要给出**置信水平**(也称包含概率、置信概率)，以表征包含合理赋予被测量值的分布的概率.

8. 注意事项

评定不确定度前，应将所有修正值予以修正(即将可定系统误差进行消除)，并将所有测量离群值剔除(即按照剔除粗差的方法剔除粗差).

不确定度只能在数量级上对测量结果的可靠程度作出一个恰当的评价，因此它的数值没有必要计算得过于精确. 通常约定不确定度和误差最多用两位有效数字表示，而且在运算过程中只需取两位(或最多取三位)数字计算即可满足要求.

从前面分析可见，以前学过的平均值的标准偏差及其间接测量标准偏差的传递实际上就是服从高斯分布的标准不确定度的 A 类评定内容，只是前面没有提及这个名字罢了.

9. 测量不确定度评定及表示的举例

这里给出一个实例，请同学们仔细体会如何应用不确定度进行测量评定及表示的，并且体会一下列表记录数据及处理数据的技巧和格式.

例 0 - 12　室温下测定超声波在空气中的传播速度(实验目的).

实验原始数据，见表 0 - 9 所示.

表 0 - 9　室温 23 ℃下测量波长 λ 的原始数据表

i	1	2	3	4	5	6	7	8	9	10
λ(cm)	0.687 2	0.685 4	0.684 0	0.688 0	0.682 0	0.688 0	0.685 2	0.686 8	0.688 0	0.687 6
超声波频率 $f = (5.072 \pm 0.005) \times 10^4$ Hz　游标尺仪器误差取 $\Delta = 0.002$ cm										

分析:根据实验目的,我们要报道出室温 23 ℃下超声波在空气中传播速度的测定结果.

测出波长,已知频率,则波速 $v=\lambda f$ 可算,因此波速是间接测量量.

我们采用"列表法"处理数据.

处理数据的思路:在草稿纸上算波长平均值和各次波长测量的残差平方 $d_i^2=(\bar{\lambda}-\lambda_i)^2$,根据计算要求设计和改进原始数据表格,把算出的值填入新表格内,如 0-10 表所示.

表 0-10 室温 23 ℃下测量波长 λ 的数据处理表

i	1	2	3	4	5	6	7	8	9	10	平均
λ(cm)	0.687 2	0.685 4	0.684 0	0.688 0	0.682 0	0.688 0	0.685 2	0.686 8	0.688 0	0.687 6	0.686 2
$d_i^2(\times 10^{-8}\ \text{cm}^2)$	100	64	484	324	1 764	324	100	36	324	196	371.6
超声波频率 $f=(5.072\pm 0.005)\times 10^4$ Hz　游标尺仪器误差取 $\Delta=0.002$ cm											

注意:表格下面的有关计算不必给出详细的计算过程,只要给出公式后直接写出结果就行. 为了让同学们了解表格下面数据的来源,我们在草稿纸上做如下计算:

波长的 A 类不确定度　$u_A(\lambda)=\sigma_{\bar{\lambda}}=\sqrt{\dfrac{1}{10\times(10-1)}\sum_{i=1}^{10}d_i^2}=\dfrac{1}{3}\sqrt{\dfrac{1}{10}\sum_{i=1}^{n}d_i^2}$.

上式中的 $\dfrac{1}{10}\sum_{i=1}^{n}d_i^2$ 即表格中残差平方的平均$=371.6\times 10^{-8}\ \text{cm}^2$,所以

$$u_A(\lambda)=\sigma_{\bar{\lambda}}=\frac{1}{3}\times\sqrt{371.6\times 10^{-8}}\ \text{cm}=0.000\ 64\ \text{cm}.$$

波长的 B 类不确定度按式(0-41)计算,即 $u_B(\lambda)=\Delta/\sqrt{3}$. Δ 取测波长用的游标尺的仪器误差 0.002 cm.

超声波传播速度 $v=\lambda f$ 是间接测量量,其不确定度的评定先算相对不确定度方便,利用推论"积与商的相对不确定度,等于各直接测量量的相对不确定度的方和根"计算.

计算:波长的 A 类不确定度:$u_A(\lambda)=\sigma_{\bar{\lambda}}=\sqrt{\dfrac{1}{10\times(10-1)}\sum_{i=1}^{10}d_i^2}\ \text{cm}=0.000\ 64\ \text{cm}$;

波长的 B 类不确定度:$u_B(\lambda)=\Delta/\sqrt{3}=0.001\ 2\text{cm}$;

波长的合成不确定度:$u_C(\lambda)=\sqrt{u_A^2(\lambda)+u_B^2(\lambda)}=0.001\ 4\ \text{cm}$;

波长的相对不确定度:$u_r(\lambda)=u_C(\lambda)/\bar{\lambda}=0.21\%$.

所以,波长的测量结果为 $\begin{cases}\lambda=(0.686\ 2\pm 0.001\ 4)\text{cm},\\ u_r(\lambda)=0.21\%.\end{cases}$

波速的近真值:$\bar{v}=\bar{\lambda}\cdot\bar{f}=0.686\ 2\times 10^{-2}\times 5.072\times 10^4\ \text{m/s}=348.04\ \text{m/s}$;

波速的相对不确定度:$u_r(v)=\dfrac{u_C(v)}{\bar{v}}=\sqrt{u_r^2(\lambda)+u_r^2(f)}$

$$=\sqrt{(0.21\%)^2+(0.005/5.072)^2}=0.24\%;$$

波速的总不确定度:$u_C(v)=u_r\cdot\bar{v}=0.24\%\times 348.04\ \text{m/s}=0.84\ \text{m/s}$.

所以,波速的测量结果为 $\begin{cases}v=(348.04\pm 0.84)\ \text{m/s},\\ u_r=0.24\%.\end{cases}$

十四、非等精度测量

按照上述用不确定度评定测量的结果报道形式看，对非等精度测量值需求出近真值和近真值的不确定度.

设非等精度测量得到的一测量列为$(x_1,x_2,\cdots,x_n)$，这测量列的每个数据的测量精度不同(非等精度)，那么，我们要用**加权平均值** x_p 表示最可信赖值，即

$$x_p=\sum_{i=1}^{n}p_ix_i/\sum_{i=1}^{n}p_i, \tag{0-50}$$

式中 p_i 为测量值 x_i 的权(也称为权重).

理论分析的结果是，权 p_i 与其相应标准不确定度的平方成反比，即

$$p_i\propto u_C^{-2}(x_i). \tag{0-51}$$

由于是非等精度测量，各测量值 x_i 之间是无关的，即相关系数为零，参照(0-47)式，对(0-50)式进行不确定度的合成传递，得

$$u(x_p)=\sqrt{\sum_{i=1}^{n}\left(\frac{\partial x_p}{\partial x_i}\right)^2u_C^2(x_i)}=\sqrt{\sum_{i=1}^{n}\left(\frac{p_i}{\sum\limits_{i=1}^{n}p_i}\right)^2u_C^2(x_i)}=\sqrt{\frac{\sum\limits_{i=1}^{n}[p_i\cdot u_C(x_i)]^2}{\left(\sum\limits_{i=1}^{n}p_i\right)^2}},$$

把(0-51)式代入上式可得 $u(x_p)=\sqrt{\dfrac{\sum\limits_{i=1}^{n}\left[\dfrac{1}{u_C^2(x_i)}\cdot u_C(x_i)\right]^2}{\left[\sum\limits_{i=1}^{n}\dfrac{1}{u_C^2(x_i)}\right]^2}}=\dfrac{1}{\sqrt{\sum\limits_{i=1}^{n}\dfrac{1}{u_C^2(x_i)}}}.$

所以，非等精度测量的加权平均值的不确定度为

$$u(x_p)=\frac{1}{\sqrt{\sum\limits_{i=1}^{n}\dfrac{1}{u_C^2(x_i)}}}. \tag{0-52}$$

例 0-13　对同一电阻的三组测量结果如下，请报道这三组测量的综合测量结果.

$$R_1=(350\pm1)\Omega, R_2=(350.3\pm0.2)\Omega, R_3=(350.25\pm0.05)\Omega.$$

解　显然三组测量为非等精度测量，由(0-51)式可求出各组测量的权分别为

$$p_1=\alpha u_C^{-2}(R_1)=\alpha, p_2=\alpha u_C^{-2}(R_2)=25\alpha, p_3=\alpha u_C^{-2}(R_3)=400\alpha.$$

由(0-50)式可得加权平均值为

$$R_p=\sum_{i=1}^{3}p_iR_i/\sum_{i=1}^{3}p_i=\frac{\alpha\times350+25\alpha\times350.3+400\alpha\times350.05}{\alpha+25\alpha+400\alpha}\Omega=350.252\ \Omega.$$

由(0-52)式加权平均值的不确定度为

$$u(R_p)=\frac{1}{\sqrt{\sum\limits_{i=1}^{n}\dfrac{1}{u_C^2(R_i)}}}=\frac{1}{\sqrt{\dfrac{1}{1^2}+\dfrac{1}{0.2^2}+\dfrac{1}{0.05^2}}}\Omega=0.049\ \Omega,$$

$$u_r(R_p)=\frac{u(R_p)}{R_p}=\frac{0.049}{350.252}=0.014\%.$$

因此，三组测量的综合测量结果为 $\begin{cases}R=(350.252\pm0.049)\Omega,\\ u_r(R_p)=0.014\%.\end{cases}$

注意:以上在求权重时,我们取了比例系数为 α,从运算中可见到,这个系数会被约掉.在实际应用中,比例系数可以任意取,只要能使计算简单就可以.而对多次等精度测量,把测量列分成几组时,几组值的最后结果也可用以上方法求近真值及对近真值进行不确定度评定,只不过各组的权重一样罢了.此时便过渡为等精度测量了,这时如何评定"加权"平均值的不确定度,同学们自己思考.

十五、小结

(一) 测量及列表记录原始数据

测量分直接测量,间接测量;单次测量,多次测量;等精度测量,非等精度测量;等等.测量必须同时给出数值与单位.测读数据必须注意有效数字问题.测量原始数据要尽可能用列表法记录(可参阅 12 页表 0-2,33 页表 0-9).列表格没有统一格式,但在设计表格时要求使大量数据表达条理化,同时能反映出物理量之间的对应关系.初学者需注意四点:(1) 各栏目要注明物理量名称和单位;(2) 栏目的顺序应充分注意数据间的联系和计算顺序,要简明有条理;(3) 反映测量值函数关系的数据表格,应按自变量由小到大或由大到小的顺序排列;(4) 要注明表格名称.

(二) 误差

n 次等精度测量得到一测量列($x_1,x_2,\cdots,x_i,\cdots,x_n$),则 $\overline{x}=\sum_{i=1}^{n}x_i/n$,各次测量的误差 $\delta_i=x_i-a$,残差 $\mathrm{d}_i=x_i-\overline{x}$. 误差分三类:系统误差、随机误差(偶然误差)、过失误差(粗差).

评价测量结果的三个术语:正确度(真实度)、精密度和精确度(准确度).相对误差能直观表达测量精度.

关于随机误差,我们仅要求掌握服从高斯分布的随机误差.

1. 测量列的标准偏差(标准差) $\sigma_x=\sqrt{\dfrac{1}{n-1}\sum_{i=1}^{n}\mathrm{d}_i^2}=\sqrt{\dfrac{1}{n-1}\sum_{i=1}^{n}(x_i-\overline{x})^2}$.

意义:任一次测量值的误差落在 $-\sigma_x$ 到 $+\sigma_x$ 之间的可能性为 68.3%.

2. 测量列平均值的标准差 $\sigma_{\overline{x}}=\dfrac{\sigma_x}{\sqrt{n}}=\sqrt{\dfrac{1}{n(n-1)}\sum_{i=1}^{n}(x_i-\overline{x})^2}$.

意义:真值落在 $\overline{x}-\sigma_{\overline{x}}$ 到 $\overline{x}+\sigma_{\overline{x}}$ 区间的概率为 68.3%.

3. 测量列的算术平均偏差 $\eta_x=\dfrac{1}{n}\sum_{i=1}^{n}|x_i-\overline{x}|=\sqrt{\dfrac{2}{\pi}}\sigma_x\approx0.797\,9\sigma_x$.

意义:任一次测量值的误差落在 $-\eta_x$ 到 $+\eta_x$ 之间的可能性为 57.5%.

4. 测量列平均值的算术平均偏差 $\eta_{\overline{x}}=\dfrac{\eta_x}{\sqrt{n}}\approx0.797\,9\sigma_{\overline{x}}$.

意义:真值落在 $\overline{x}-\eta_{\overline{x}}$ 到 $\overline{x}+\eta_{\overline{x}}$ 区间的概率为 57.5%.

5. 置信区间与置信概率(置信水平).

服从高斯分布的随机误差的概率密度分布函数为 $f(\delta)=\dfrac{1}{\sqrt{2\pi}\sigma}\mathrm{e}^{-\frac{\delta^2}{2\sigma^2}}$,则测量误差落在($-A,+A$)区间的概率为 $P(-A,+A)=\int_{-A}^{A}f(\delta)\mathrm{d}\delta=\int_{-A}^{A}\dfrac{1}{\sqrt{2\pi}\sigma}\mathrm{e}^{-\frac{\delta^2}{2\sigma^2}}\mathrm{d}\delta$. 我们称($-A,+A$)

区间为置信区间，$P(-A,+A)$为该区间的置信概率.

由此得出：近真值的置信概率 $P(-\sigma_{\bar{x}},+\sigma_{\bar{x}})=0.683$，$P(-\eta_{\bar{x}},+\eta_{\bar{x}})=0.575$.

6. 测量的统计结果表达.

报道测量的统计结果，必须包含的相关信息：近真值、绝对误差、相对误差、测量次数、置信概率，表达形式为

$$\begin{cases} x=(\bar{x}\pm\Delta x)\text{ 单位} \quad (P=\cdots,n=\cdots), \\ E_x=\dfrac{\Delta x}{\bar{x}}\times 100\% \text{ or } E_x=\dfrac{|\bar{x}-x_0|}{x_0}\times 100\%. \end{cases}$$

式中 Δx 为绝对偏差，E_x 为相对偏差，x_0 为公认值，P、n 分别为置信概率和测量次数. 采用不同的绝对偏差报道形式，测量的统计结果的表达方式也不一样.

误差服从高斯分布，用测量列平均值的标准偏差 $\sigma_{\bar{x}}$ 作为绝对误差来报道测量结果的表达形式最通用，其表达形式为

$$\begin{cases} x=(\bar{x}\pm\sigma_{\bar{x}})\text{ 单位} \quad (P=0.683), \\ E_x=\dfrac{\sigma_{\bar{x}}}{\bar{x}}\times 100\%. \end{cases}$$

意义：真值落在 $(\bar{x}-\sigma_{\bar{x}},\bar{x}+\sigma_{\bar{x}})$ 的概率为 68.3%.

这种结果形式中，置信概率 $P=0.683$ 可以省略.

7. 单次直接测量的误差估算.

单次测量的绝对偏差，对可估读仪器，取仪器最小刻度值的 1/2～1/10；对不可估读仪器，则取最小刻度. 如果有技术指标，则按技术指标取值. 我们用“$\Delta_{仪}$”或“Δ(仪器)”或“Δ”表示仪器误差(或称为仪器的允许误差或示值误差). 比如游标卡尺取最小刻度 0.02 mm 表示仪器误差，则其绝对误差可写为 $\Delta_{游}=0.02$ mm 或 Δ(仪器) $=0.02$ mm 或 $\Delta=0.02$ mm.

8. 间接测量的误差估算.

如果 $N=f(A,B,C,\cdots)$，则

(1) 误差传递公式：$\Delta N=\left|\dfrac{\partial f}{\partial A}\right|\Delta A+\left|\dfrac{\partial f}{\partial B}\right|\Delta B+\left|\dfrac{\partial f}{\partial C}\right|\Delta C+\cdots$.

误差传递公式的两个结论：

① 和与差的绝对偏差，等于各直接测量量的绝对偏差之和.

② 积与商的相对偏差，等于各直接测量量的相对偏差之和.

(2) 标准误差传递公式：$\sigma_{\bar{N}}=\sqrt{\left(\dfrac{\partial f}{\partial A}\right)^2\cdot\sigma_{\bar{A}}{}^2+\left(\dfrac{\partial f}{\partial B}\right)^2\cdot\sigma_{\bar{B}}{}^2+\cdots}$.

标准误差传递公式的两个结论：

① 和与差的绝对偏差等于各直接测量量的绝对偏差的“方和根”.

② 积与商的相对偏差等于各直接测量量的相对偏差的“方和根”.

注意：方和根之前要先同项合并.

9. 误差均分原则.

间接测量中，对各物理量的测量以保持同等准确度来选择仪器或确定实验方案的原则.

10. 极限误差(剔除粗差).

我们只要求了解采用 $3\sigma_x$ 的莱以达准则(参阅第 6 页)剔除粗差.

(三) 有效数字

有效数字的位数是不能任意增减的,若干个有效数字进行运算后,其结果的准确度不会因运算而增加,但又不损害测量的精密度.

一般情况下有效数字中保存一位欠准数字,测量结果的表达形式 $x=(\bar{x}\pm\Delta x)$ 中,绝对偏差 Δx 与近真值 $\bar{x}$ 的小数点位数应对齐,Δx 通常只取一位有效数字,最多可取两位有效数字,近真值 $\bar{x}$ 的有效数字应由绝对偏差 Δx 决定.

误差计算采用进位法,测量数据运算采用四舍五入法则(四舍六入五配偶).我们要求掌握有效数字的取舍规则.

(四) 常用的数据处理方法

1. 列表法

用列表方式记录原始数据并进行计算(可参阅 27 页表 0-8、34 页表 0-10).

2. 图示图解法

用图示的方式表示测量结果,并依图粗略寻找经验公式.要求规范作图(参阅 22~24 页).

3. 线性回归法(最小二乘法)

寻找回归方程研究二变量的关系(参阅 24~27 页,只要求了解).数据处理方法远远不止这些,以后,我们在具体实验中还将不断结合实验介绍其他有关方法(比如逐差法等).

(五) 消除系统误差的主要方法(参阅 28~29 页)

(六) 测量不确定度评定与表示

我们拟采用简化的方法来进行测量不确定度评定与表示.

1. 标准不确定度

当以标准偏差(简称标准差)表示测量结果的不确定度时,称为标准不确定度.

实验不确定度的来源可有多个,但评定不确定度的方法只有两种,即不确定度的 A 类评定和 B 类评定.

2. 不确定度的 A 类评定(简称 A 类评定)

A 类评定是由观测列统计分析所作的不确定度评定,我们用平均值的标准差对测量进行 A 类评定,用符号 $u_A(x)$表示,即

$$u_A(x)=\sigma_{\bar{x}}=\sqrt{\frac{1}{n(n-1)}\sum_{i=1}^{n}(x_i-\bar{x})^2}.$$

3. 不确定度的 B 类评定(简称 B 类评定)

由不同于观测列统计分析所作的不确定度评定称为不确定度的 B 类评定,我们用符号 $u_B(x)$ 表示.我们要求掌握仪器误差服从均匀分布的简单情况,这时 B 类不确定度与仪器误差 Δ 的关系为

$$u_B(x)=\Delta/\sqrt{3}.$$

例如:我们以最小分度值 0.02 mm 作为游标卡尺的仪器误差时,仪器误差则为 $\Delta=0.02$ mm.由游标卡尺对长度 L 测量而引入的标准不确定度为 B 类不确定度,其估计值为

$$u_B(L)=\Delta/\sqrt{3}=0.02/\sqrt{3}\ \text{mm}=0.012\ \text{mm}.$$

对单次直接测量,把测量值当作近真值,把 B 类不确定度作为总不确定度.

4. 直接测量的合成标准不确定度

测量结果的不确定度是各来源不确定度的综合效应，各来源标准不确定度的综合就称为合成不确定度(也俗称“总不确定度”). 我们用符号 $u_C(x)$来表示物理量 x 的测量合成标准不确定度评定.

合成标准不确定度我们采取几何相加的“方和根”法. 即设各来源的标准不确定度分别为 $u_1(x), u_2(x), \cdots, u_i(x), \cdots, u_k(x)$，则合成的标准不确定度为

$$u_C(x)=\sqrt{\sum_{i=1}^{k} u_i^2(x)}.$$

如果先将各来源的标准不确定度划归入 A 类评定和 B 类评定，则合成的标准不确定度为

$$u_C(x)=\sqrt{u_A^2(x)+u_B^2(x)}.$$

类似于相对误差，我们也有相对不确定度之概念，我们用带下标 r 的符号 $u_r(x)$ 表示相对不确定度，括号中的 x 为被测物理量名称. $u_r(x)=u_C(x)/$ 近真值，用百分数表示.

5. 间接测量的不确定度传递(也称不确定度的合成传递)

如果间接测量量是直接测量量的函数，即 $y=f(x_1, x_2, \cdots, x_n)$，则我们仅要求掌握(0－47)式的“方和根”合成法，即 $u(y)=\sqrt{\sum\limits_{i=1}^{n}\left(\frac{\partial f}{\partial x_i}\right)^2 u_C(x_i)^2}$(总不确定度 u_C 的下标通常可省去).

间接测量不确定度传递的两个结论：

(1) **和与差的不确定度，等于各直接测量量的不确定度的“方和根”.**

例如，如果 $y=x_1\pm x_2\pm\cdots$，则 $u(y)=\sqrt{u_C^2(x_1)+u_C^2(x_2)+\cdots}$.

(2) **积与商的相对不确定度，等于各直接测量量的相对不确定度的“方和根”.**

例如，如果 $y=x_1\cdot x_2/x_3$，则 $u_r(y)=\frac{u(y)}{\bar{y}}=\sqrt{u_r^2(x_1)+u_r^2(x_2)+u_r^2(x_3)+\cdots}$.

注意：这里同样在“方和根”之前要先对同项合并.

6. 用不确定度评定测量的结果报道形式

结果必须给出最可信赖值(即近真值)、最可信赖值的不确定度以及相对不确定度(以及置信水准，包含因子，自由度等). 我们要求掌握的结果报道形式为

$$\begin{cases} x=(\text{近真值}\pm u_C(x))\ \text{单位}, \\ \text{相对不确定度}\ u_r(x)=\dfrac{u_C(x)}{\text{近真值}}\times 100\%. \end{cases}$$

注意：(1) 不确定度最多保留两位有效数字.

(2) 上述报道形式是对我们初学者的要求，只要给出三部分内容：近真值、不确定度和相对不确定度.

(七) 非等精度测量

要用加权平均值表示近真值，用不确定度评定近真值. 当各测量结果的权重相等时，过渡为等精度测量(参阅 35～36 页).

(八) 多次等精度直接测量以及测量结果不确定度评定的一般程序

第一步：写出测量的统计结果

1. 对被测物理量进行多次测量，获得一测量列$(x_1, x_2, \cdots, x_n)$，将它们列成表格.

2. 算出被测量的近真值(等精度测量时即算术平均值 $\overline{x}$).

3. 计算各测量值残差 $d_i = x_i - \overline{x}$ 的绝对值 $|d_i|$，并填入上述表格.

4. 求出测量列的标准偏差 σ_x.

5. 用莱以达准则或格罗布斯准则剔除粗差(见第 6 页).

我们以莱以达准则为例加以说明剔除粗差的步骤:由高斯分布随机误差理论知,绝对值大的偶然误差出现的概率小,可以算出,测量误差在 $-3\sigma_x$ 到 $+3\sigma_x$ 范围内出现的概率约为 99.7%,亦即绝对误差大于 $3\sigma_x$ 的误差出现的概率仅为 0.3%,因此一般认为不会出现大于 $3\sigma_x$ 的误差.算出 $3\sigma_x$ 的值,并将它与各次测量的残差 $|d_i|$ 比较,如发现某残差 $|d_m| > 3\sigma_x$，则它所对应的测量值 x_m 在测量过程中似有过失误差的存在,应剔除,剔除 x_m 后,重复上述 2~5,直到没有粗差为止.

6. 计算平均值的标准偏差(绝对偏差)$\sigma_{\overline{x}}$.

7. 计算相对偏差(也叫百分差) $E = \dfrac{\sigma_{\overline{x}}}{\overline{x}} \times 100\%$.

8. 写出测量的统计结果 $\begin{cases} x = (\overline{x} \pm \sigma_{\overline{x}})\ \text{单位}, \\ E_x = ?\%. \end{cases}$

第二步:根据说明书或技术指标等求出的测量仪器的仪器误差 Δ.

第三步:对测量结果进行不确定度评定.

A 类不确定度: $u_A(x) = \sigma_{\overline{x}} = \dfrac{\sigma_x}{\sqrt{n}} = \sqrt{\dfrac{1}{n(n-1)} \sum_{i=1}^{n} (x_i - \overline{x})^2}$.

B 类不确定度: $u_B(x) = \dfrac{\Delta}{k}$(仪器误差按平均分布,则 $k = \sqrt{3}$;按三角分布,则 $k = \sqrt{6}$).

总不确定度: $u_C(x) = \sqrt{u_A^2(x) + u_B^2(x)}$.

第四步:写出不确定度评定测量的结果报道形式.

$$\begin{cases} x = (\overline{x} \pm u_C(x))\ \text{单位}, \\ u_r(x) = \dfrac{u_C(x)}{\overline{x}} \times 100\%. \end{cases}$$

注意:用不确定度评定测量结果,报道中必须给出最可信赖值(即近真值)、最可信赖值的不确定度以及相对不确定度之外,还要有置信水准,包含因子,自由度等.对普通物理实验,仅要求掌握以上的结果报道形式即可.

现举例说明以上程序.

1. 用某天平称一物体质量,查到天平的仪器误差为 0.010 g,共测 15 次,测量数据如 0-11 表所示.

表 0-11 对物体质量 m 测量的原始数据及其处理[Δ(天平)=0.010 g]

i	1	2	3	4	5	6	7	8	9	10	11	12	13	14	15
m(g)	20.24	20.43	20.40	20.43	20.42	20.43	20.39	20.39	20.40	20.43	20.42	20.41	20.39	20.39	20.40
$\|d_i\|$(g)	.016	.026	.004	.026	.016	.026	.014	.104	.004	.076	.016	.006	.014	.014	.004
$\|d_i'\|$(g)	.009	.019	.011	.019	.009	.019.	.021	/	.011	.019	.009	.001	.021	.021	.011

2. 算出平均值 $\overline{m}=20.404\text{ g}$.

3. 算出残差 $|d_i|=|m_i-\overline{m}|$，列入表 0－11 中.

4. 求得测量列的标准差 $\sigma_m=\sqrt{\dfrac{1}{n-1}\sum\limits_{i=1}^{n}|d_i|^2}\text{ g}=0.033\text{ g}$（这里 $n=15$）.

5. $3\sigma_m=0.099\text{ g}$. 经检查，上列数据中 $|d_8|=0.104\text{ g}>3\sigma_m=0.099\text{ g}$，应剔除.

重新计算（这里剔掉一数据后，$n=15-1=14$）：$\overline{m}'=20.411\text{ g}$；算出残差 $|d'_i|=|m_i-\overline{m}'|$ 列入表 0－11 中；$\sigma'_m=\sqrt{\dfrac{1}{n-1}\sum\limits_{i=1}^{n}|d'_i|^2}=0.016\text{ g}$；$3\sigma'_m=0.048\text{ g}$；由其余数据可知，$|d'_i|$ 没有大于 $3\sigma'_m$ 的.

6. 算平均值的标准差 $\sigma_{\overline{m}}=\dfrac{\sigma'_m}{\sqrt{n}}=\dfrac{0.016}{\sqrt{14}}\text{ g}=0.0043\text{ g}=0.005\text{ g}$.

7. 相对偏差 $E=\dfrac{\sigma_{\overline{m}}}{\overline{m}'}=\dfrac{0.005}{20.411}=0.024\%$.

8. 测量的统计结果为 $\begin{cases}m=(20.411\pm0.005)\text{g},\\ E=0.024\%.\end{cases}$

9. 不确定度评定

A 类不确定度：$u_A(m)=\sigma_{\overline{m}}=0.005\text{ g}$；

B 类不确定度：天平的仪器误差为 0.010 g，即 Δ（天平）$=0.010\text{ g}$，故

$$u_B(m)=\frac{\Delta}{k}=\frac{0.010}{\sqrt{3}}\text{ g}=0.0058\text{ g};$$

总不确定度：$u_C(m)=\sqrt{u_A^2(m)+u_B^2(m)}=\sqrt{0.005^2+0.0058^2}\text{ g}=0.008\text{ g}$；

相对不确定度：$u_r(m)=\dfrac{u_C(m)}{\overline{m}}=\dfrac{0.008}{20.411}=0.04\%$.

因此被测物体质量为 $\begin{cases}m=(20.411\pm0.008)\text{g},\\ u_r(m)=0.04\%.\end{cases}$

（九）间接测量结果不确定度评定的一般程序

1. 求出各直接测量量的总不确定度.

2. 用“方和根”计算不确定度的传递.

3. 给出间接测量值不确定度的结果报道（参见 33 页“9. 测量不确定度评定及表示的举例”）.

（十）本课程中有关测量统计标准对初学者的要求

由于物理实验是我们同学进入大学后受到系统实验训练的开端，因为是初学者，对测量统计标准方面主要是树立误差的概念，能对测量结果进行粗略简明的分析，并能对不确定度评定有一个基本认识. 因此，上述“八、九”有关“多次等精度直接测量结果不确定度评定”、“间接测量结果不确定度评定”的一般程序，我们在课程中专门安排了几个实验以巩固这方面的知识（具体实验后有相关要求），针对这些实验，我们要求同学按上述一般程序报道测量结果，并请同学们谨记，做正规实验报道时，务必用上述一般程序正确报道测量结果.

对于其他实验，我们重点放在基础实验技能和技术等方面训练上，对不确定度评定不做过多要求，只要求采用基本程序来进行数据处理和误差分析，关于多次等精度测量，我们可简单

地用测量列的算术平均偏差 $\eta_x = \frac{1}{n}\sum_{i=1}^{n} \mid x_i - \overline{x} \mid$ 表示绝对误差. 具体步骤如下：

a. 对被测量多次测量，获得一组数据，将它们列成表格；

b. 求被测量的算术平均值；

c. 计算各次测量的残差的绝对值，并填于上述表格；

d. 求出算术平均偏差 η_x；

e. 计算相对偏差 $E = \frac{\eta_x}{\overline{x}} \times 100\%$；

f. 写出实验结果 $\begin{cases} x = (\overline{x} \pm \eta_x) \text{ 单位}, \\ E = \frac{\eta_x}{\overline{x}} \times 100\%. \end{cases}$

注意：以上 a～e 最好能列表进行.

例如：将一物体长度测量五次数据如表 0－12 所示.

表 0－12　对物体长度 L 测量的原始数据及其处理

i	1	2	3	4	5
L(cm)	3.14	3.43	3.45	3.44	3.42
$\|d_i\|$(cm)	0.02	0.00	0.02	0.01	0.01

a. $n = 5$，数据见上表；

b. 算术平均值 $\overline{L} = \frac{1}{n}\sum_{i=1}^{n} L_i = 3.43$ cm；

c. 计算各次测量的残差的绝对值 $\mid d_i \mid = \mid L_i - \overline{L} \mid$，填于上表；

d. 求出算术平均偏差 $\eta_L = \frac{1}{n}\sum_{i=1}^{n} |d_i| = 0.01$ cm；

e. 计算相对偏差 $E = \frac{\eta_L}{\overline{L}} \times 100\% = 0.3\%$；

f. 写出实验结果 $\begin{cases} x = (3.43 \pm 0.01)\text{cm}, \\ E = 0.3\%. \end{cases}$

以上步骤可用列表法进行数据记录和处理，如下表 0－13 所示，简明得多，请同学们好好体会列表法处理数据.

表 0－13　对物体长度 L 测量的原始数据及其处理

i	1	2	3	4	5	平均
L(cm)	3.14	3.43	3.45	3.44	3.42	3.43
$\|d_i\|$(cm)	0.02	0.00	0.02	0.01	0.01	0.01

结果 $\begin{cases} x = (3.43 \pm 0.01)\text{cm}, \\ E = 0.3\%. \end{cases}$

十六、练习题

1. 指出由下列情况造成的误差的种类.

(1) 读数时的“视差”;

(2) 游标卡尺或千分尺的零点不准;

(3) 水银温度计的毛细管不均匀;

(4) 电表没有“调零”;

(5) 米尺的热胀冷缩;

(6) 机械锁零旋钮未松开的检流计判断电桥平衡;

(7) 三线摆发生微小倾斜,造成周期测量的变化;

(8) 测出单摆周期以推算重力加速度,因计算公式的近似而造成的误差;

(9) 用公式$V=\frac{\pi}{4}d^2h$测圆柱体积,在不同位置处测得直径d的数据因加工缺陷而离散.

2. 测某一物体的质量m 6次,得一列数据为(32.125,32.116,32.120,32.122,32.124,32.121) g.试求该测量列的算术平均值$\overline{m}$,算术平均偏差η_m、标准偏差σ_m及其算术平均值的标准偏差$\sigma_{\overline{m}}$和算术平均值的算术平均偏差$\eta_{\overline{m}}$.

3. 第2题中,用平均值的标准差作为绝对误差,写出测量的统计结果表达式.

4. 第2题中,用平均值的算术平均偏差作为绝对误差,写出测量的统计结果表达式.

5. 第2题中,写出近真值置信概率$P=0.683$和$P=0.575$的置信区间.

6. 下列记录的一些实验数据的写法,按照误差理论和有效数字运算法则改正其错误.

(1) $L=(13.25\pm0.0026)$ mm　　(2) $V=(7254\pm100)\text{mm}^3$

(3) 8.9 m = 890 cm = 0.008 9 km　　(4) $216.5-1.32=215.18$

(5) $12.0\times3.00=36$　　(6) $12.0\div3.00=4$

(7) $m=(104.52\pm1.34)$g　　(8) $E_L=\frac{\Delta L}{L}=1.25\%$

7. 两个测量结果如下,试比较哪个结果对应的测量精度高? 为什么?

(1) $L_1=(58.324\pm0.001)$cm　　(2) $L_2=(500.348\pm0.009)$cm

8. 指出下列各测量数值为几位有效数字,再将各值改取为三位有效数字,并写成标准式.

(1) 1.085 0　(2) 2 575.0　(3) 3.145 265 0　(4) 0.826 249

(5) 0.030 1　(6) 979.536　(7) 1.086 0　(8) 0.826 439 850 0

9. 用误差传递公式求N.已知$N=A-B$,$A=(231.2\pm0.2)$cm,$B=(121.5\pm0.5)$cm.

10. 用标准误差传递公式求N.已知$N=A-B$,$A=(231.2\pm0.2)$cm,$B=(121.5\pm0.5)$cm.

11. 用误差传递公式求N.已知$N=A\cdot B$,$A=(231.2\pm0.2)$cm,$B=(121.5\pm0.5)$cm.

12. 用标准误差传递公式求N.已知$N=A\cdot B$,$A=(231.2\pm0.2)$cm,$B=(121.5\pm0.5)$cm.

13. 固体起始温度$t_1=(99.5\pm0.2)$℃,放入冷水中稳定后$t_2=(26.24\pm0.05)$℃,试求温度降低的值$t=t_1-t_2$(要求用误差传递公式计算误差).

14. 一圆柱体,测得其直径、高、质量分别为$d=(2.04\pm0.02)$cm,$h=(4.12\pm0.02)$cm,

$m = (149.18 \pm 0.05)$g，求圆柱体的密度 ρ(要求用误差传递公式计算误差).

15. 分别用误差传递公式和标准误差传递公式写出下列函数的误差表示式.

(1) $y = x_1 + 2x_2 - 3x_3$　(2) $y = \ln x$　(3) $P = x^m y^n / z^k$ (m、n、k 都是常数)

(4) $n = \sin t / \sin r$　(5) $y = x_1 + 5\dfrac{x_2^2}{x_3}$　(6) $f = \dfrac{u \cdot v}{u + v}$

16. 把空气贮存在均匀的毛细管中，用长度表示空气的体积. 在压强不变的条件下，测量不同温度 t 下空气的体积(长度 L)，可以测定空气的膨胀系数，测量的数据如下表.

t(℃)	23.3	32.0	41.0	53.0	62.0	71.2	87.0	99.0
L(mm)	71.0	73.0	75.0	78.0	80.0	82.0	86.0	89.0

把温度与体积关系用图形表示出来(图示之). 设 t ℃时空气的体积(长度)为 L_t，L_t 和 L_0 (0 ℃时的长度)之间的关系为 $L_t = L_0(1 + \alpha t)$，从图形上推导出空气的膨胀系数 α.

17. 弹簧下端悬挂重物，在重物作用下弹簧伸长. 当重物质量 M 不同时，弹簧下端的指针在竖直刻度有不同的读数 L，实验中记录的数据如下表.

M(g)	191.0	239.5	288.0	336.5	385.0	433.5
L(mm)	310	276	243	210	178	145

试用作图法求出把弹簧伸长 10 mm，需要加多少牛顿的力？

18. 用一元线性回归法(最小二乘法)，利用题 16 中的数据，求出空气的膨胀系数.

19. 用一元线性回归法(最小二乘法)，利用题 17 中的数据求弹簧的倔强系数.

20. 用准确度为 0.02 mm 的游标卡尺单次测量某物长度，观察值为 49.88 mm，则长度的表达式 $L = (\bar{L} \pm \Delta L) =$？可估计米尺最小分度 1/10，用该米尺去测一长度 l，观测值为 39.85 cm，则长度的表达式 $l = (\bar{l} \pm \Delta l) =$？

21. 在实际工作中，有许多函数的形式可以经过适当变换成为线性关系，即把曲线变成直线，试将下列函数形式变换为线性函数，并指出变换后的斜率及截距(要指明什么图，下列函数中 a、b 为常量).

(1) $y = ax$　(2) $y = a\mathrm{e}^{-bx}$　(3) $y = ab^x$　(4) $xy = a$

(5) $y^2 = 2ax$　(6) $y = \dfrac{x}{a + bx}$　(7) $y = ax + \dfrac{1}{2}bx^2$　(8) $y = \dfrac{\sqrt{x^2 + a}}{b}$

22. 查知螺旋测微计的仪器误差为 0.004 mm，用它对一钢丝直径 D 测量 10 次，得一测量列数据：(2.053，2.055，2.059，2.057，2.055，2.050，2.056，2.051，2.053，2.051)mm，试计算直径 D 的近真值、A 类不确定度 $u_A(D)$、B 类不确定度 $u_B(D)$、总不确定度 $u_C(D)$、相对不确定度 $u_r(D)$，并用标准不确定度形式写出测量的结果.

23. 分别用间接测量的不确定度的传递公式写出 15 题各函数的不确定度公式.

24. 试求下列间接测量值的不确定度和相对不确定度，并把答案写成标准形式.

(1) $N = A - B$，$A = (231.2 \pm 0.2)$cm，$B = (121.5 \pm 0.5)$cm

(2) $N = A \cdot B$，$A = (231.2 \pm 0.2)$cm，$B = (121.5 \pm 0.5)$cm

25. 对圆柱体的测量见 14 题. 试用不确定度评定圆柱体的密度 ρ，并把结果写成标准形式.

第 3 节　力学和热学实验基本仪器

这部分内容我们主要介绍长度、时间、质量、温度、湿度、气压等基本物理量的测量用具和使用方法等.

一、游标卡尺　角游标　螺旋测微计

测量长度的量具、仪器和方法多种多样，通常需要根据待测量的长短和测量准确度要求来选择. 长度测量用具有米尺（钢直尺、钢卷尺）、游标卡尺、螺旋测微计（也称千分尺）、比长仪、电感式和电容式测长仪、干涉仪和光电测距仪等. 许多物理量（如温度、压力、电压和电流等）的测量往往可以转变为长度量的测量. 一些仪器如气压计、测高仪、球径计、测试计、分光计、干涉仪、摄谱仪和经纬仪等，它们的读数系统都装有游标或螺旋测微装置. 对于微小长度的测量可以借助光学放大的方法，如读数显微镜、测微显微镜和干涉仪等进行，然而这些光学仪器的读数系统也是以游标和螺旋测微装置为基础的. 因此游标卡尺和螺旋测微计是测长的基本测量用具.

(一) 游标卡尺

游标卡尺也叫游标尺，主要由主尺 T 和游标 L 组成，如图 0－6 所示. 在主尺上有两个固定量爪 A、A′，还有两个量爪 B、B′固定在游标上，游标可沿主尺平行移动. 另外还有一条测深尺 C 和游标连接在一起. 通常是用量爪 A、B 来测量外径或宽度；用量爪 A′、B′来测量内径或内空，用测深尺 C 来测筒或槽的深度. 在游标上还有一个固定螺丝 D，用于在反复测量某一长度时将游标固定在主尺上.

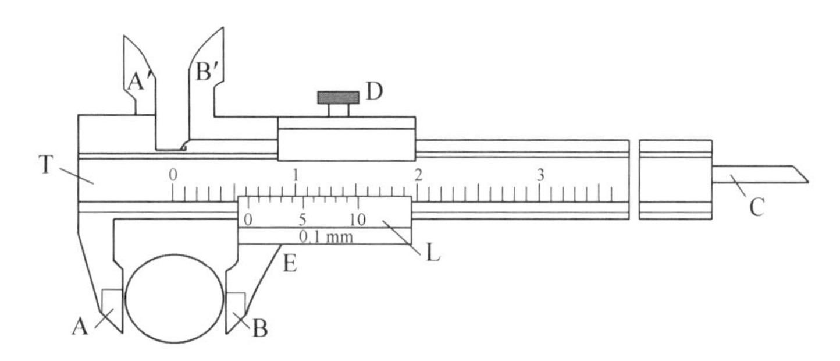

图 0－6　游标尺

为什么使用游标尺比用米尺测量长度更准确？要了解这一点，首先必须了解游标尺的读数原理. 主尺上的刻度尺与米尺是相同的，最小分度值是 1 mm. 游标上也有刻度尺，尺上有 n 个分度（n 可以是 10、20、50 等），即将刻度尺分成 n 个小格，设每一个小格的长度为 x.

游标上 n 个分度与主尺上($n-1$)个分度的长度相等.

设主尺上一个分度长为 y，则 $nx=(n-1)y$，所以

$$y-x=\frac{y}{n}=\delta,$$

即主尺上一个分度与游标上一个分度的差值为 $\delta=y-x=\dfrac{y}{n}$，称 δ 为游标尺的精确度或准

确度，一般游标尺的精确度会在游标上标出. 如图 0－6 中游标上刻的“0.1 mm”即表示这把游标尺的精确度 $\delta = 0.1$ mm.

现在以最简单的图 0－6 的游标尺（$n = 10$）为例加以说明. 其他的游标尺可以依此类推.

主尺上一个分度长为 1 mm，那么 $n = 10$ 的游标上 10 个分度的总长为$(n-1)$ 个主尺分度长，即 9 mm，也即游标上一个分度长为 0.9 mm，因此 $\delta = 0.1$ mm.

当量爪 A、B 合拢时，游标上的“0”线与主尺上的“0”线重合，这时游标上第一条刻度线位于主尺第一条刻度线左边 0.1 mm 处；游标上第二条刻度线在主尺第二条刻度线左边 0.2 mm 处；……依次类推，游标上第十条刻度线则与主尺第九条刻度线对齐，如图 0－7(a)所示.

假如我们放一块 $d = 0.5$ mm 厚的物体在量爪 A、B 之间，如图 0－7(b)所示，则游标被相应向右移动 0.5 mm，这时，游标上第五条刻度线就和主尺的第五条刻度线对齐了. 反之，如果在测量某一物体时，发现游标上第五条刻度和主尺的第五条刻度线对齐时，所测物体厚就是 0.5 mm 了.

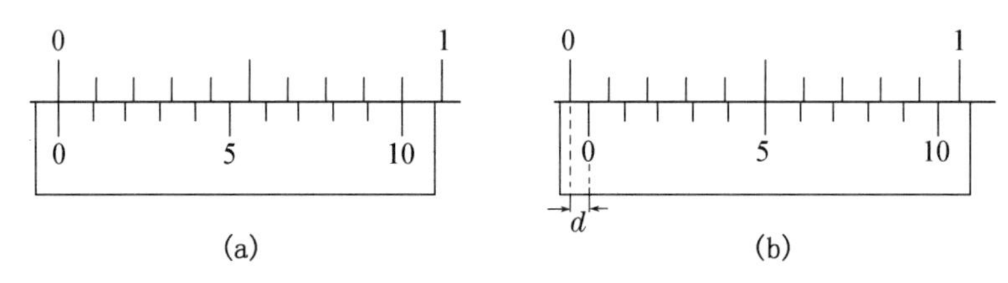

图 0－7 游标尺读数原理

对于 1 mm 以上长度的测量，则先根据游标“0”线位置定出长度的整数部分，再观察游标上哪一条刻度线与主尺刻度线对齐，从而得出小数部分，然后整数和小数部分相加，就是测量结果. 它可用一个普遍的表达式表示为

$$l = ky + p\delta,$$

式中，k 是游标的“0”刻度线位于主尺上的整毫米数；p 表明游标上第 p 条刻度线和主尺上某一条刻度线对齐；y 是主尺上每一分度长，这里 $y = 1$ mm；δ 为所用游标尺的精确度.

为了熟悉读数规律，下面对不同型号的游标卡尺进行读数举例.

如图 0－8(a)所示，游标上格数为 $n = 10$，可知 $\delta = 0.1$ mm，可以看出 $k = 32$，$p = 8$，所以读数为 $32 \times 1 + 8 \times 0.1 = 32.8$ mm. 如图 0－8(b) 所示，游标上格数为 $n = 20$，可知 $\delta = 0.05$ mm，可以看出 $k = 61$，$p = 6$，所以读数为 $61 \times 1 + 6 \times 0.05 = 61.30$ mm. 如图 0－8(c) 所示，游标上格数为 $n = 50$，可知 $\delta = 0.02$ mm，可以看出 $k = 53$，$p = 25$，所以读数为 $53 \times 1 + 25 \times 0.02 = 53.50$ mm.

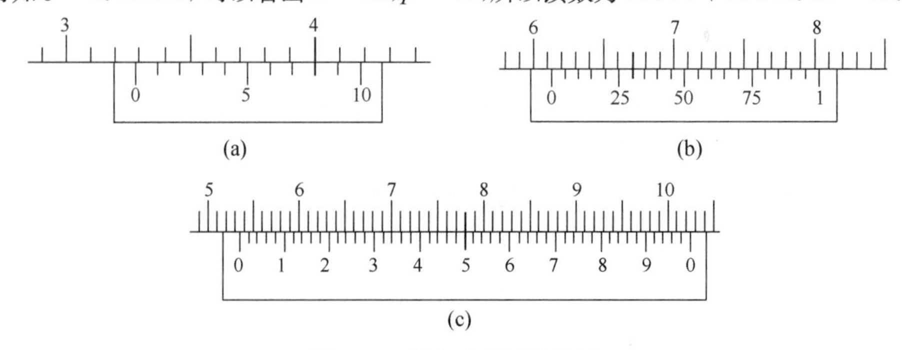

图 0－8 游标卡尺读数举例

使用游标卡尺时，还应注意以下几点：

1. 测量之前，先将量爪A、B合拢，观察零位是否对齐，如不对齐，则要作修正. 设零点读数为 l_0，测读数为 l_1，则修正后的读数应为 $l = l_1 - l_0$. l_0 可正可负，在修正时应注意.

2. 使用游标卡尺测量时，量爪与待测物轻微接触就可以了. 如果卡得太紧，游标卡尺会发生变形而测不准；卡得太松，量爪与待测物有间隙，读数也不准确.

3. 使用游标尺时，要把量爪摆正，对准要测量物体的尺寸方向，歪斜就测不准了.

4. 读数时眼睛应垂直对准尺面. 尺面斜了或光线的影响往往把并未对齐的刻度线看成对齐了，造成读数误差.

5. 精确度为0.02 mm的游标尺往往看上去好像有2～3条游标线都对齐了，因此要仔细分辨，向左右细看，一定可以在游标上找到两根和主尺不对齐的刻线，它们与主尺刻线的距离相等，而位置一左一右，这时就很容易判定这两根刻度线间最中间的一条游标刻线是真正与主尺刻线对齐了的.

在用游标尺测量一般小件物体时，可以一手持待测物体，一手持尺，如图0-9所示. 但应注意要保护量爪不被磨损，不可用游标尺去测量表面粗糙的物体.

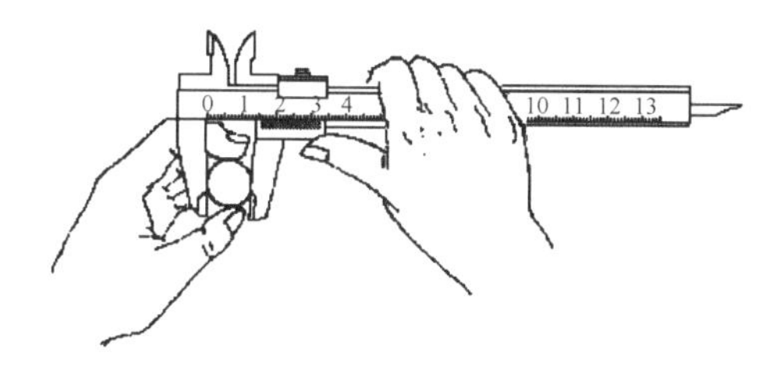

图0-9　游标卡尺测量小件物持物手势示意

（二）角游标

在测量角度的仪器中，例如分光计、经纬仪等采用的是角游标. 角游标是一个沿着圆刻度盘的小弧尺，并与圆刻度盘同轴转动，如图0-10所示.

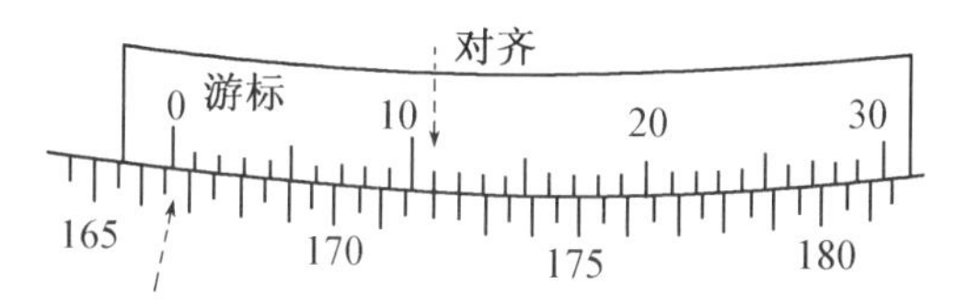

图0-10　角游标示意图

主尺上最小分度值 α 为0.5°(30分)，游标上有 N 个分度值(30个)，对应其总弧长与主尺上 $N-1$ 个(29个)分度的弧长相等，设游标上最小分度值为 β，有 $N\beta = (N-1)\alpha$ 因此这种角游标精度 δ 为

$$\delta = \alpha - \beta = \alpha - \frac{N-1}{N}\alpha = \frac{\alpha}{N} = \frac{0.5^\circ}{30} = \frac{30'}{30} = 1'.$$

读数方法与游标卡尺读数方法一样，整数位加小数位. 小数位由精度乘以游标上的对齐格数. 如图0-10所示的整数位为166.5°，角游标第11根线与主尺对齐，因此小数位为 $11\times\delta = 11'$，这样，角位置读数为 $166.5^\circ + 11' = 166^\circ 41'$.

(三) 螺旋测微计

螺旋测微计也称千分尺,是比游标尺更精密的长度测量仪器,其外形如图 0－11 所示. 主要部分是由一根精密的测微螺杆和套在螺杆上的固定螺母套管组成,螺母套管上主尺的最小分度值为 0.5 mm. 测微螺杆的后端连接着一个刻有 50 个分度的微分筒,当微分筒相对于螺母套管转动一周时,测微螺杆沿螺母套管的轴线方向前进或后退 0.5 mm;当微分筒转动一个分度时,测微螺杆便前进或后退 $0.5 \times 1/50 = 0.01$ mm,即微分筒上每个刻度的分度值 0.01 mm,并可估读到 0.001 mm,因此从微分筒旋转了多少个刻度就知道长度变化了多少个 0.01 mm,从而得到确定的读数. 这是采用机械放大的原理来提高测量的精度.

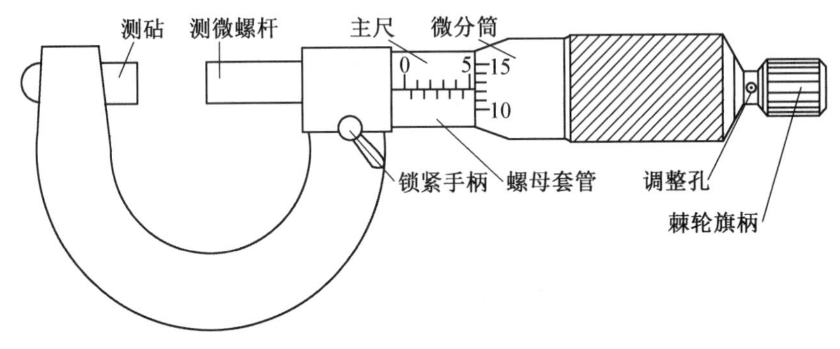

图 0－11 螺旋测微计

在测量物体尺寸时,首先应转动微分筒,使测微螺杆的端面和测砧分开适当的距离,然后将待测物体安放在测微螺杆和测砧之间,轻轻转动测微螺杆尾端的棘轮旋柄,当听见棘轮发出“嗒嗒”的声音时,即表明待测物体刚好被夹住了,这时便可以读数.

在读数时,应从螺母套管上的主尺上读出微分筒端线左边的整数部分(由于主尺的最小分度值是 0.5 mm,所以整数部分是以 0.5 mm 为单位的),螺母套筒上的横线称为准线,由准线对齐微分筒上的位置可读出小数部分(根据测量要求可估读到 0.001 mm),然后将两部分相加,便得到所需的读数.

如图 0－12(a)所示的读数为 6.438 mm,如图 0－12(b)所示的读数为 6.938 mm. 请注意 0－12 图(a)与图 0－12(b)的区别!

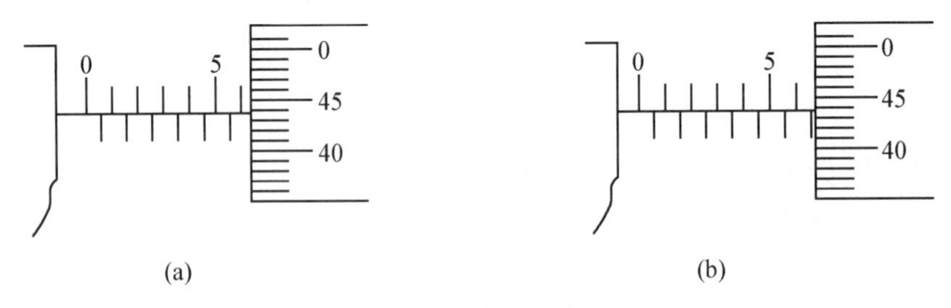

图 0－12 千分尺读数示例

使用千分尺时的注意事项:

1. 测量前应记下零点读数(如果微分筒零线位于准线上方,测量结果应加上零点修正值,反之则相减).

如果零点相差太多,可以进行调整,调整方法如下:转动棘轮手柄,使测砧和测微螺杆的端面相接触，利用锁紧手柄锁紧测微螺杆，用厂方配好的专用扳手装在调整孔上，用一手握紧微分筒，一手用专用扳手按右螺旋方向将微分筒螺母旋松，用手轻轻转动微分筒，使微分筒“0”线与螺母套管的准线对齐；然后再用一手握紧微分筒，一手用专用扳手将微分筒螺母旋紧，最后松开锁紧手柄，重复校核一遍，如果“0”线对齐就行了.

2. 千分尺在读数时要仔细，观察时往往忽略微分筒端面是压在大于 0.5 mm 还是小于 0.5 mm 的地方，像图 0－12 中的两种情况常容易混淆.

3. 测量时，不能手握着微分筒旋进测微螺杆，这样容易损坏千分尺.

4. 测量完毕，用软布擦干净千分尺，并在测砧与测微螺杆间留一点间隙，再放入盒内.

二、物理天平

(一) 物理天平的结构

物理天平是普通物理实验中经常用于测量物体质量的仪器，其结构如图 0－13 示意，图 0－14 简略标注了物理天平相关部件的名称或作用.

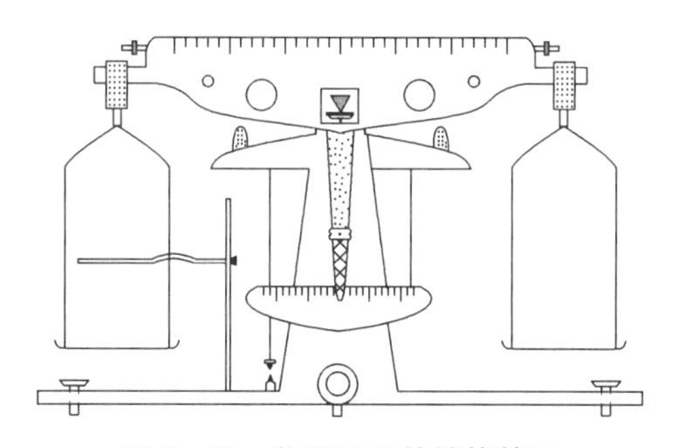

图 0－13　物理天平的结构简图

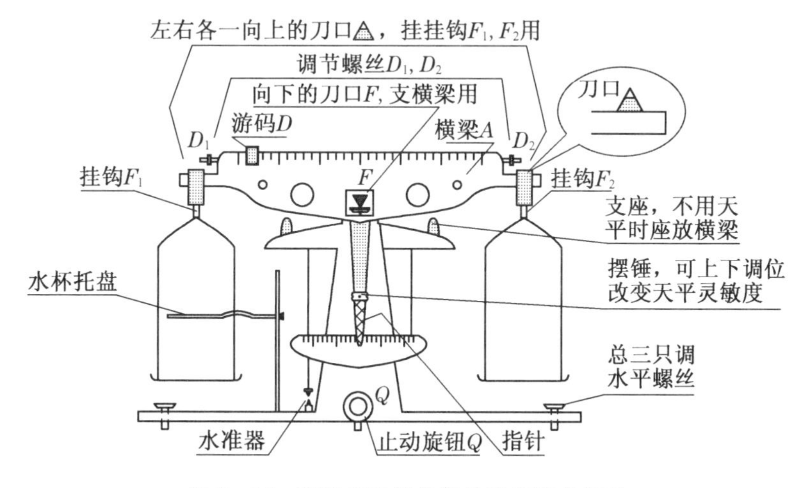

图 0－14　物理天平相关部件的名称或作用

天平有一个等臂的横梁 A，横梁的左右各有一个向上的刀口（图中被挂钩挡住了，在旁放大画了一只）用以挂挂钩 F_1 和 F_2. 左右挂钩各挂一只托盘（天平使用中，挂钩、托盘是不能左右互换的）. 横梁中间有一个向下的刀口 F，使用天平时，该刀口支在刀口下面的一个可活动的平台上. 该平台由止动旋钮 Q 控制，向上支起平台，则能把横梁支起，进行天平称衡.

降下平台，则横梁下落，落在横梁下面左右各一的支座上，使刀口不接触平台，以保护刀口. 指针用以判断天平是否平衡，指针上的摆锤是给指针配的一小重物，调节其上下位置可控制指针摆动幅度的大小，出厂时已调整好，不能随便变动，它的上下移位能改变横梁重心位置，因而影响天平称衡的灵敏度，是厂家调试所用.

调节螺丝 D_1、D_2是天平空载时调平衡用的.

每架天平都配有一套自己的砝码，物理天平通常最大称量为 500 g，1 g 以下的砝码太小使用起来很不方便，所以在横梁上附有游码 D，可以左右移动，用以实现称衡时加砝码微调. 当它在横梁最左端时，相当于没有给天平右托盘加砝码，当它在最右端时，就相当于给天平右盘托加了 1 g 的砝码. 因此，如果天平横梁上有 50 个刻度，则游码向右移动一格就相当于给右盘加了 0.02 g 的砝码(有的物理天平一格为 0.05 g 或 0.01 g，这只要按刻度格数简单算一下即可知道).

水杯托盘是用于放水杯的，用它可测水中的物体，它可以移开，可以上下移动. 水准器则是调天平水平用的.

(二) 物理天平的调整与使用

1. 水平调整

转动底座三只螺丝中的两只，靠水准器判断是否水平.

2. 零点调整

将横梁上的游码移到最左端，旋动止动旋钮 Q，将横梁慢慢支起，使之自由摆动，此时指针应该在标尺的中央附近摆动. 当摆动幅度左右相等时，则天平平衡，零点最后停在标尺的中点附近.

如某一边偏大，即不平衡，则必须旋回止动旋钮 Q 使横梁放下，才能调节左右调节螺丝 D_1、D_2，之后一直如上重复操作，直到抬起时，横梁左右摆动幅度相等为止.

判断天平平衡有一个好的技巧：慢慢抬起横梁，观察指针往哪边偏，从而立刻判断出左右两侧谁重谁轻，进而可明确调整砝码的方向. 后面称物时也是如此.

3. 称衡

称衡时通常物置左盘，码放右盘. 一定要用镊子取放砝码，不能直接用手拿.

选用砝码的次序是由大到小逐次逼近的原则. 直到 1 g 太重，拿掉 1 g 又太轻时，进行游码操作.

游码操作的技巧用二分法：如图 0－15 所示. 游码最初在最左 0 位置，先置最右 1 位置，如重，则置中间 2 位置，这时，如轻，则再置 3 位置，这时如重，则置 2、3 中间的 4 位置……如此很快即可到达目标位置.

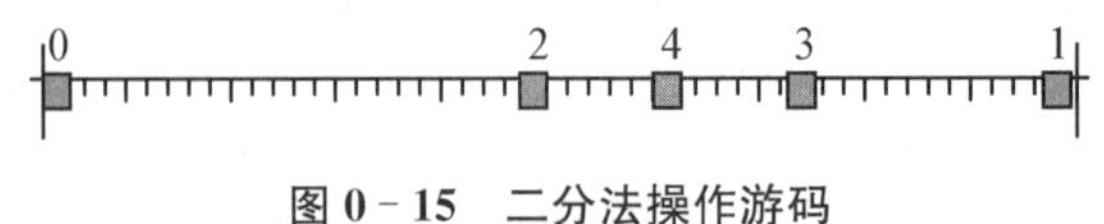

图 0－15 二分法操作游码

这里要强调：天平不使用时或天平不平衡要增减砝码时，应将横梁放下固定，以保护刀口，不能在横梁支起时增减砝码或移动游码，否则会损害刀口.

4. 操作天平时的注意事项

(1) 只有当要判断天平哪一侧较重时，才旋转 Q 支起横梁，并在判明后立即落下横梁，不允许在横梁支起时，加减砝码、拨动游码或取放物体.

(2) 要用镊子取放砝码，用过后的砝码要立即放回砝码盒中.

(3) 天平两侧重量相差较多时，不要把横梁完全支起，只要支到能由指针的偏转断定哪一侧质量较大就够了，并立即把横梁落下. 升起和止动横梁时要缓慢平稳，以防天平受冲击.

(4) 称衡时，先估计物体的重量，加一适当的砝码，经判明轻重后再调整. 把物体放到秤盘时，应尽量使它们的总重心靠近秤盘的中央.

(5) 如果要消除天平的不等臂性，可采用砝码与物左右互位各测一次取几何平均，以消除这种系统误差(参见 29 页的交换法消除系统误差).

(三) 物理天平的规格

物理天平的规格由下列两个参量给出：

1. 感量、灵敏度

指天平两端平衡时，使指针偏转一个最小分度时在一端秤盘中所加的最小质量，感量越小，天平灵敏度则越高.

一般感量与游码移动一小格的质量相当. 感量的倒数称为天平的灵敏度. 天平感量或灵敏度是与负载有关的，负载越大，灵敏度越低.

2. 最大称量

指天平允许称衡的最大质量. 在任何情况下都不允许负荷超过这一限度，以免使天平横梁弯曲而损坏.

三、气垫导轨

摩擦力的不可忽略给我们研究物体运动造成很大麻烦. 让物体在空气垫子上运动，由于空气的摩擦系数很小，空气摩擦几乎可以忽略. 气垫导轨便是提供空气垫的装置，它给我们研究物体运动规律提供了有力保障.

(一) 气垫导轨及其主要配套部件

气垫导轨的整体结构及部分主要配套部件如图 0-16 所示，图 0-17 简略表明了气垫导轨相关部件的名称.

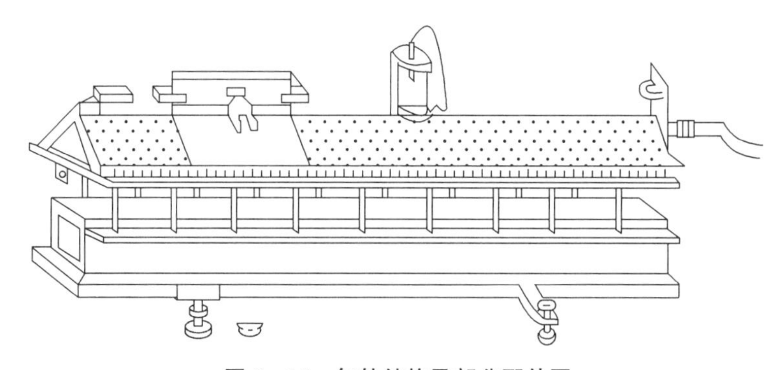

图 0-16　气轨结构及部分配件图

1. 导轨

导轨是由一根长 1 至 2 m 的方形或三角形的铝管做成，有特殊需要的还可以做得更长. 导轨要保持平直，其表面经过精密加工，打磨平滑.

导轨的一端用堵头封死，另一端装有进气嘴，可向管腔内送入压缩空气. 在铝管上侧的两个侧面上，钻有等距离并错开排列的喷气小孔，小孔之间的距离不能太大，以保证滑块(滑行

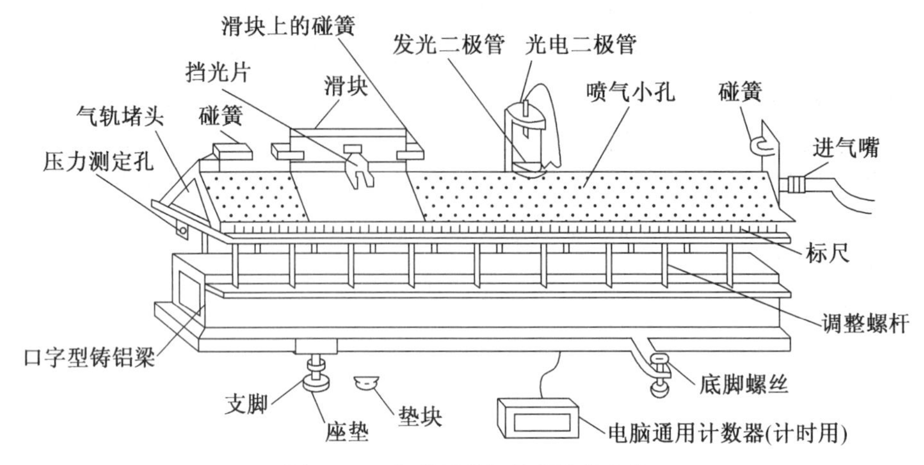

图 0-17 气垫导轨相关部件的名称

器)在任何位置都能覆盖一定数量的喷气孔. 压缩空气(由气泵产生)从进气嘴进入管腔后,就从喷气小孔喷出. 导轨两端内侧装有碰簧,导轨上还附有测量滑块在导轨上位置用的标尺. 管腔端部或底部有压力测定孔,平时堵死,需要时可以接上压力计测腔内气压.

整个导轨通过一系列直立的螺杆安装在口字或工字形铸铝梁上,这些螺杆是用来调整气轨各段的平直度的. 口字梁下面有支脚和用来调节导轨水平的底脚螺丝. 支脚和底脚都放在座垫上. 导轨的微小倾斜可以通过底脚螺丝来实现. 导轨的大的倾斜可用垫块垫在座垫上的办法来实现. 根据实验需要,导轨的各个部分还可以增加其他附件,如滑轮、弹簧挂钩、弹射器、磁铁底座、导电弦丝、火花或热敏记录纸等等.

2. 滑块(滑行器)

滑块由长 10 至 30 cm 的角铁或角铝制成,如图 0-18 所示. 滑块的角度经过校准,其内表面经过细磨,与导轨的两个侧面很好地吻合. 当导轨的喷气小孔喷气时,在滑块与导轨之间形成一个很薄的空气层——气垫,滑块就漂浮在气垫上,可沿着导轨自由地滑动. 滑块上可装上用来测量时间的挡光板(片). 根据实验需要,滑块上还可装上碰簧、接合器等各种附件. 滑块必须保持其纵向及横向的对称性,使其质心处于导轨的中心线上. 滑块的质量中心[包括增加附加质量(骑码)后的质量中心]以较低为好,至少不宜高于碰撞点(在做两个滑块的碰撞时或滑块与导轨两端的碰簧碰撞时).

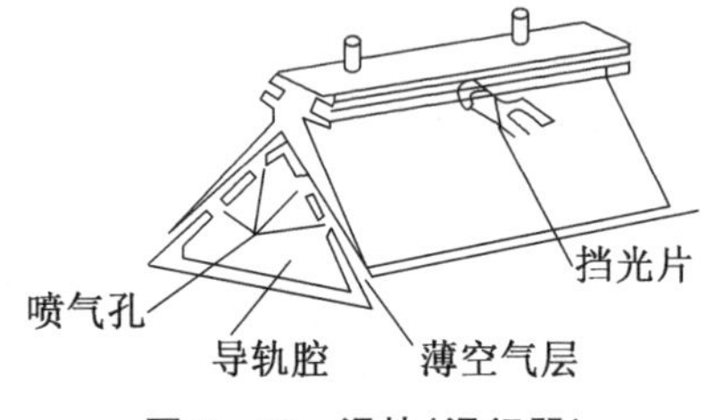

图 0-18 滑块(滑行器)

3. 供气系统

气轨的供气方式有两种. 一种是用小型的空气压缩机作为气源,通过缓冲罐及输气管道送气. 每一、二台空压机可带动一组气轨. 这种供气方式的优点是供气气压较高,较稳定;空压机宜放在通风良好、空气清洁干燥的单独机房内,以减少噪音对实验室的干扰,避免有害振动,增加安全性. 一台空压机可带动多台气轨,但投资、占地大,安装后不能移动. 气轨的另一种供气方式是每台气轨用一个小型气源,小型气源可以维持一定气流量,气压较低,但亦足以浮起滑块. 其优点是价格便宜,移动方便. 但噪音大,温升高,不宜长时间连续工作. 将小气源放在消声箱内可以降低噪音,但不利于散热.

4. 计时系统

气轨上计时系统有两种类型，即火花计时系统和光电计时系统，我们只介绍后者.

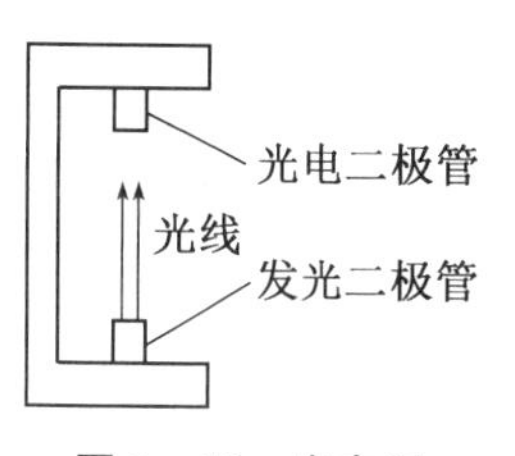

图 0－19　光电门

光电计时系统包括光电门、触发器和数字毫秒计(或频率计、计数器)，一般触发器已装在数字毫秒计壳内. 在导轨的一侧或两侧安装两个(或多个)可以移动的光电门，它们是计时装置的传感器. 每个光电门有一个光电二极管，被一个发光二极管照亮，如图 0－19 所示. 光电二极管宜装于上方，发光二极管宜装下方，以使光干扰较小. 光电二极管的引线与触发器相连. 触发器能产生合适的脉冲信号，让计时器开始计时或停止计时. 在通常情况下，光电二极管被照亮，这时触发器没有信号输出，光电门的工作状态通常有以下几种：

(1) 记录一个平板形挡光片经过光电门的挡光时间

平板形挡光片如图 0－20 所示. 当任一个光电门中发光管发出的光被挡住时，触发器即输出一个脉冲信号，计时器开始计时，这个发光管的光被挡结束时，触发器又输出一个脉冲，计时器停止计时，于是计时器上所显示的时间值就是这个平板形挡光片通过光电门的挡光时间. 由于发光管发出的光是一束，不是一条细的几何线，触发器对开始挡光与停止挡光的判别位置因光束宽度会有误差，因此，这样所测的挡光片通过光电门的挡光时间准确度较低.

(2) 记录两次挡光之间的时间

光电计时系统处于这种工作状态时，当任一个光电门的灯发的光被挡住时，触发器就输出一个脉冲信号，计时器开始计时. 此后，如果任一个光电门(可以是原来的，也可以是另一个光电门上的)的光又一次被挡住时，触发器就输出第二个脉冲信号，计时器停止计时. 计时器上所显示的时间值就是上述两次挡光之间的时间间隔. 这种计时方式在一定程度上可以消除或者减小因光束宽造成的计时误差，所以是一种较常用的工作状态.

如果两个光电门之间距离 S，用平板挡光计时，可以测出滑块行经距离 S 的时间 t. 如果用 U 形挡光片，如图 0－21 所示，则可测出滑块通过某一点附近的瞬时速度. 图 0－21 中，U 形挡光片有四条互相平行的边 $11'$、$22'$、$33'$、$44'$，将挡光片固定在滑块上并随滑块一起运动. 当挡光片随滑块自右向左运动并通过光电门时，挡光片的四条边依次经过发光管. $11'$边经过时，触发器输出信号，计时器开始计时，当第三条边 $33'$经过时，再次挡光，触发器又输出第二个信号，计时器停止计时.

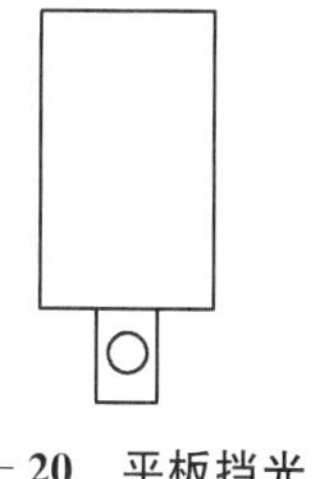
图 0－20　平板挡光片

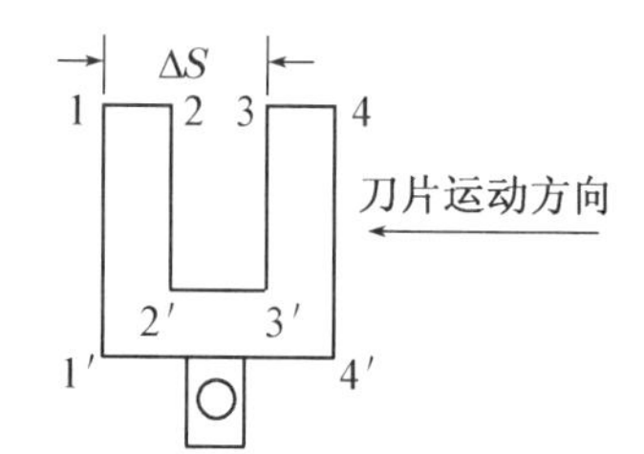

图 0－21　U 形挡光片

于是计时器显示的时间 Δt 就是滑块经过 ΔS 距离所用的时间，ΔS 是边 $11'$与 $33'$之间的距离，于是，滑块通过光电门附近的瞬时速度就近似为 $v=\Delta S/\Delta t$ (更精确地测定瞬时速度可采用极限法即作图外推法)，ΔS 的测量可用读数显微镜或游标卡尺.

(二) 气轨工作原理

1. 滑块的飘浮,气垫效应

滑块为何能在气轨上飘浮? 似乎是被气流吹起来的,其实并不这样简单. 通过计算可知,单靠导轨小孔中喷射气流的压力,只能举起很小质量的物体,不足以举起滑块.

滑块能够飘浮,是因为有"气垫效应". 其作用与水压机相似,滑块和导轨的相对表面经过精细加工,很好吻合. 当导轨小孔喷出空气流后,在滑块与导轨之间形成一个薄空气层——气垫. 在滑块的边缘,不断有空气逸出,同时喷气小孔又不断向气垫补充空气,使气垫得以维持存在. 这是一种简单的耗散结构,我们可以近似地把气垫看作密闭气体,在其中应用帕斯卡定律,喷气小孔中的压强等量地传递到气垫各处,由于滑块与气垫接触面很大,受到很大的压力(方向向上),所以被托浮起来. 因此,滑块不是被气流吹起来的,而是被气垫托起来的.

2. 滑块的稳定,毛细管节流作用

黏滞流体通过毛细管时,受到摩擦阻尼,使其压强降低. 根据泊萧叶公式,对不可压缩的流体,在层流的情况下,流体流经毛细管,在毛细管两端的压力降 $\Delta P = P_1 - P_2 = \dfrac{8\eta l Q}{\pi r^4}$,式中 η 是流体的黏滞系数,l 是毛细管长度,r 是毛细管半径,Q 是流量,即单位时间内流经毛细管的流体体积. 上式表明,当其他条件不变时,通过毛细管的流量越大,其压力降也越大,这就是毛细管的节流作用.

当导轨内部气压 P_1 恒定时,一定质量的滑块的飘浮高度也是基本一定的. 若某种偶然因素使滑块稍微降低,则气垫效应增强,更接近于密闭气体状态,使得喷气孔中流量减少,因毛细管节流作用,气垫管腔内外的压力降减少,亦即喷出气流的压力 P_2 增大,结果使滑块受到的总浮力超过其重力,将它向上托起;反之,若某偶然因素使滑块升高,则气垫效应迅速减弱,气孔中喷气量增加但喷出气流的压强降低,使整个滑块受到的浮力减少,于是滑块下降,恢复其平衡高度.

若某种偶然因素使滑块前后(或左右)倾斜,则在滑块与导轨靠近的部分气垫效应增强,喷出气流的压力增大,使这个局部受到的浮力增大,将其向上抬起;反之,在滑块离开导轨的部分,局部浮力减小,使其下沉. 这样,滑块就被自动扶正了.

(三) 气轨的安装与调整

气轨要安放在坚实的桌子上,少移动,移动后要重新调整. 导轨的平直度要用专门的仪器检验,气轨出厂时一般已调整好,所以不要无故拧动导轨下方的螺杆. 用底脚螺丝可以调节导轨水平.

检验导轨的水平可以把滑块放在各处,应该都能保持稳定不动,也可以观察滑块起动后,通过放置于不同位置的两个光电门的时间是否一样,或者是否均匀地递增,这样来判断导轨是否水平.

(四) 气轨的维护

1. 使用中,切忌碰撞、重压导轨和滑块,防止变形. 使用前轨面和滑块内表面要擦拭干净,不要用手抚摸涂拭. 使用时要先通气源,再将滑块放在导轨上,不能未通气时就将滑块放在轨面上拖动,以免擦伤表面. 使用完毕,先取下滑块,后关气源.

2. 喷气孔径仅 0.6 mm,应注意气源压缩空气中不能有灰尘、水滴、水汽和油滴,以免堵塞小孔. 如果小孔被堵,这时应及时发现,用 0.5 mm 孔径的钢丝将孔捅一下,同时应检查气泵过滤网是否完好,有问题应及时解决.

3. 实验完毕,将轨面擦净,用防尘罩盖好,导轨不宜用油擦,因为油易吸附灰尘.

4. 往滑块上安装附件时,用力要适当,实验时用手拨动滑块时,不可用力过猛.

5. 长期不使用气轨时,应恰当放置,以防导轨变形.

四、电脑通用计数器

实验室用于测时间的常用用具是机械秒表和电子秒表，机械秒表已趋淘汰．电子秒表精度可达到 0.01 s，且价格便宜，其使用方法简单，通常不看说明书即可知道使用方法．力学实验中，时间测量需高的测量精度，以计算其他物理量，比如速度、加速度等．有时靠人工手动方式测量时间，是完全不可能的事，比如气垫导轨上的力学实验．这里介绍一种 MUJ－Ⅱ型用光电计时方法实现计时的电脑通用计数器，它是一种在气垫导轨上做力学实验的较为先进的测量仪器，同时它还能在电学等实验中发挥极大作用．

本书结合该仪器的功能介绍，举例说明它在气垫导轨上做力学实验的相关应用（比如测速度、加速度等），并适当介绍该仪器在其他实验方面的应用．

（一）MUJ－Ⅱ型电脑通用计数器面板功能

本仪器是以单片机为核心的智能化数字测量仪表，它具有测频、测周期、计时、计数、时标输出等功能．本仪器采用薄膜面板和摸触开关，可使用摸触开关进行人机对话，另外还具有暂停功能，所有功能键上都设有指示灯以指示本机当前执行的功能，摸触有效时本机发声电路则发出短促的声响，在计量溢出时会发声提示．这里对本机的使用方法作一介绍，而对基本原理则不作介绍．本机面板如图 0－22 所示，面板图中有很多键有上下两排字，上排字的作用称为上位功能键，下排字的作用称为下位功能键，靠功能键④的选择而实现上、下位功能切换．现分述面板上各键的功能．

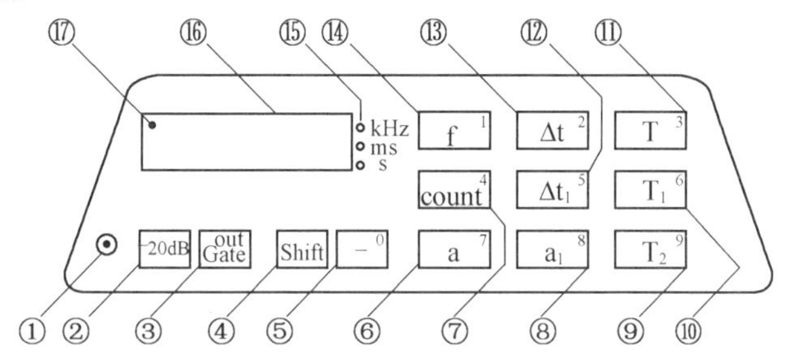

图 0－22　MUJ－Ⅱ型电脑通用计数器面板图

① **电信号输入插口**　MUJ－Ⅱ型电脑通用计数器能测电信号的频率、周期、电脉冲数等，测电信号时，由此输入口输入．

② **电信号衰减**　信号太强时，按下此键，键上灯亮，则被测信号被衰减 20 dB 后进入内部主机．再按一次灯熄，表示不衰减．

③ **时标选择/时标输出**　用设定要显示时间值的小数点位数，每按动本键一次，位数增或减一位．面板图⑮为指示灯，ms 旁指示灯亮则计时单位为 ms，s 旁灯亮则表示计时单位为 s．ms 或 s 旁的指示灯任一只亮时，这时如按键④，则从后面板（图 0－23）的时标输出口①会输出所选定的时标脉冲电信号．

④ **功能选择**　不按本键时，③及⑥～⑭各键执行下位功能；按下本键，本键的指示灯亮，③及⑥～⑭各键停止执行下位功能，而执行上位功能．

⑤ **数字"0"输入/光电门数输入**　按下④键（键上灯亮），再按本键，则可向主机送入数字"0"（实验中有需要告诉机器数字，便这样告诉，这叫人机对话）．单独按本键（④键上灯不亮），可预选光电门数和显示内容（使用方法后面还要详述）．

⑥ **数字“7”输入/加速度 a 测量** 按下④键(键上灯亮),再按本键,则可向主机送入数字“7”,单独按本键(④键上灯不亮),可通过 2～4 个光电门,测量各光电门处的挡光时间和滑块在相邻两个光电门之间的运动时间(用 U 型挡光板).

⑦ **数字“4”输入/计数** 按下④键再按本键,向主机送入数字“4”;单独按本键,则执行光电计数功能和电信号计数功能.光电计数时,光电门要接在后面板 P_1 插口(见图 0－23 所示),每挡一次光,计数器加 1 并显示;按本键第二次,则执行电信号计数(电信号由①插口输入),每到一个电脉冲,计数器加 1.

⑧ **数字“8”/加速度 a_1 测量** 按下④键再按本键,向主机送入数字“8”;单独按本键,则执行 a_1 测量功能,使用此功能时在后面板 P_1 插口(见图 0－23 所示)接上附件(光电门转换器),最多可以接 8 个光电门,测出 8 个光电门处的挡光时间和 7 个滑块在相邻光电门间的运动时间,共计 15 个数据.

⑨ **数字“9”/周期测量** 按下④键再按本键,数字“9”送入主机.单独按本键,主机测量光控周期(见后例 9).

⑩ **数字“6”/转速测量** 按下④键再按本键,数字“6”送入主机,单独按本键,主机测量转速(光控测速,见后例 8).

⑪ **数字“3”/测电信号周期** 按下④键再按本键,数字“3”送入主机,单独按本键,测电信号周期.

⑫ **数字“5”/双路计时** 按下④键再按本键,向主机送入“5”,单独按本键,主机执行双路计时功能(测量 P_1、P_2 口光电门挡光时间,见后例 4 讲述).

⑬ **数字“2”/P_1 口光电计时** 按下④键再按本键,送入“2”;单独按本键,测 P_1 口光电门挡光时间(见后例 3).

⑭ **数字“1”/测电信号频率** 按下④键后按之,送入“1”;单独按本键,测电信号频率.

⑮ **指示灯** 有三只发光管,用于指示测量值的单位(频率或时间,一次只有一个灯亮).

⑯ **显示屏** 由 6 位高亮度低功耗 LED 数码管构成,用以显示测量值.

⑰ **溢出指示** 当被测值超过量程,它就发光,并有声音发出,以提醒使用者.

本机后面板如图 0－23 所示:

① 频标输出插口 可输出 1～10^5 Hz 的电信号脉冲;

② 光电输入 P_2 插口 可接两个光电门;

③ 光电输入 P_1 插口 可接两个光电门,并可接附件(光电门转接器);

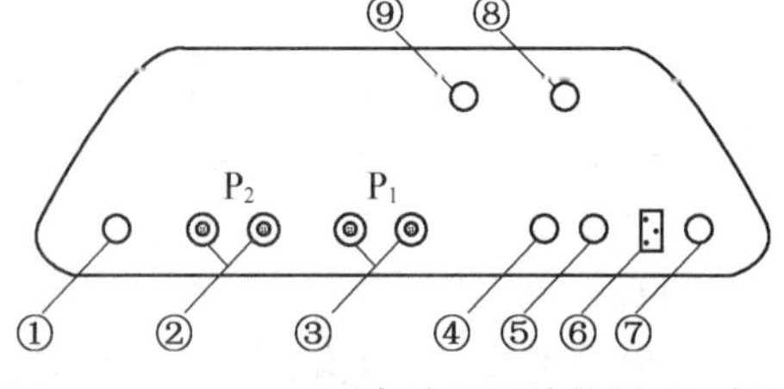

图 0－23 MUJ－Ⅱ型电脑通用计数器后面板图

④ 电源开关;

⑤ 电源保险丝(0.2 A);

⑥ 电源输入插口(220 V 50 Hz);

⑦ 大屏幕显示器插口(MUJ－ⅡA 型机设此插口);

⑧ 直流输出保险丝(1 A);

⑨ 直流输出插口(DC 6 V,1 A).

(二) MUJ－Ⅱ型电脑通用计数器的实验应用

为了熟知本仪器的使用方法,现列举一些例子作操作说明,同学们可据此例进行实际操作，以熟悉各键功能及操作方法.

例1　测量某电信号的频率 f.

(1) 将被测电信号送到本机前面板的电信号输入插口①上(注意：要用专用信号线传输电信号，如果有红、黑二夹子的线，要注意红端接信号输出端，黑端接地).

(2) 按键⑭ [f　1]，即自动开始测量电信号频率.

(3) 如果按下键④ [Shift]，即进入记忆状态，保持并显示按④键之前的测量值；再按④键，停止记忆，继续进行频率测量.

例2　测量某电信号周期 T.

(1) 信号接入同例1.

(2) 按键⑪ [T　3] 即自动测周期.

说明：当被测电信号 $f<8$ Hz时，主机自动转为周期测量；当被测电信号 $f>2$ Hz时，主机自动转为频率测量(此时显示屏数据单位会变，即⑮的频率单位 kHz 旁的指示灯亮，时间单位 ms 或 s 旁的指示灯灭).

例3　测光电门两次挡光的时间间隔(Δt).

(1) 将两个光电门插入 P_1 口(即后面板图③).

(2) 按键⑬ [Δt　2].

(3) 气轨通气，滑块装上 U 型挡光片在气轨上运动，挡光片通过光电门挡光，则主机自动测各次挡光时间 Δt.(如果用平板型挡光片，则测的时间是滑块在两光电门之间运动的时间)

说明：每次测量的结果在显示屏上保持到下一次测量结束、新数值显示之前.在更换显示数值之间看不到清“零”过程.

例4　双路计时(Δt_1).

(1) 两光电门分别接 P_1 和 P_2 口(后面板②、③，P_1、P_2 各接一个光电门).

(2) 按键⑫ [Δt₁　5]，即可挡光计时，注意，滑块上用 U 型挡光板.

a. 如果两等质量滑块从导轨两端向中部运动，各自通过一个光电门，碰撞后各自反方向运动，分别通过两个光电门后，一次计时过程结束，显示屏以下列顺序循环显示：

显示顺序	1	2	3	4
显示内容	P11××.××	P12××.××	P21××.×	P22××.××
含义	P_1 光电门第一次计时的值	P_1 光电门第二次计时的值	P_2 光电门第一次计时的值	P_2 光电门第二次计时的值

b. 如果两滑块质量一大一小，按动键⑫后，滑块从气轨两端向中部运动，各自通过一个光电门后相碰，小滑块反向第二次通过一个光电门 P_1，大滑块减速后继续向前运动，通过光电门 P_1(即 P_1 口光电门小滑块通过2次，大滑块通过一次，亦即 P_1 光电门一共有三次挡光；P_2 光电门只有大滑块挡光一次)，则挡光时间循环显示如下：P11××，P12××，P21××，P13××(含义同上表所解类似).

如果实验中 P_1 光电门挡光一次，P_2 光电门挡光三次，则显示顺序为

P11××，P23××，P21××，P22××.

例 5 测量加速度(a).

(1) 根据实验要求,将 2~4 个光电门分别任意接在光电门 P_1 及 P_2 口上.

(2) 按键⑥ [a 7],屏显示—4(是本机内设置的光电门数).

(3) 按键⑤ [- 0],再向主机输入光电门个数(如在气轨上装了三个光电门,则按键⑪ [T 3],即输入数字 3,此时屏上显示—3,即告知机器你用了三只光电门),即可开始实验,挡光时间在屏上可循环显示.以三个光电门为例,其显示顺序和含义如下表:

顺序	显示内容	含义	顺序	显示内容	含义
1	1	第一个光电门计时	6	××.××	计时值
2	××.××	计时值	7	1—2	第一和第二光电门间运动时间
3	2	第二个光电门计时	8	××.××	计时值
4	××.××	计时值	9	2—3	第二和第三光电门间运动时间
5	3	第三个光电门计时	10	××.××	计时值

根据测得的时间值,由光电门挡光片宽,便可求出各个光电门处的滑块运动速度 v_1、v_2、v_3,及相邻光电门间的速度增量 $\Delta v_A = v_1 - v_2$,$\Delta v_B = v_2 - v_3$.

由于相邻光电门间运动时间可测 $t_{1-2} = \Delta t_A$,$t_{2-3} = \Delta t_B$,则平均加速度便可求:$a_A = \Delta v_A / \Delta t_A$,$a_B = \Delta v_B / \Delta t_B$.

例 6 多数据进行加速度测量(a_1).

(1) 将光电门转接器用专用线联在 P_1 插口上,气轨上可加装 2~8 个光电门,将这 2~8 个光电门都接在光电门转接器上.

(2) 按键⑧ [a_1 8],显示屏显示—4(是本机内设置的光电门数).

(3) 按键⑤ [- 0],向主机送入光电门个数(如 7 光电门,则要输入数字 7,即按⑥输入;如 8 光电门,则要输入数字 8,即按⑧输入),即可开始实验.

八个光电门可一次测出十五个数据即八个光电门处的挡光时间,七个路段运动时间,即可算出八个瞬时速度和七个平均加速度.

例 7 光电输入周期测量(可有两功能:A. 测单周期;B. 测双周期).

A. 单周期测量:

(1) 将光电门接在 P_1 口上.

(2) 按键⑨,显示屏显示 10(是本机内设置的待测周期数).

(3) 输入待测周期数.

如只测 10 个周期时间,无需操作本步骤,因为机器默认数为 10.

输入周期数的方法:按键④执行上位数字输入功能.数字输入完后,要恢复下位功能.

(比如我们要设定测 65 个周期的时间,则要输入数字 65,即按键④后再按数字 6、5,即按⑩、⑫.显示 65,数字输入完毕,此时再按④,恢复下位功能.)

(4) 让简谐振动开始,用平板型挡光板,待振动平稳后,再次按键⑨,即开始测量.

(5) 在测量过程中,简谐运动每完成一个周期,显示屏示数自动减 1,待 65 个周期全部完成，即自动显示 65 个周期的总时间值.

B. 双周期测量（同时测两个谐振运动周期）：

（1）把两个光电门分别接 P_1、P_2 口.

（2）同 A 顺序 2，待测周期数的预置同 A 顺序 3，测量方法同 A 顺序 4.

（3）测量结束后依下列方式循环显示.

显示字符	含义
P1	P_1 口测得的周期
××.××	65 个周期总时间
P2	P_2 口测得的周期
××.××	65 个周期总时间

例 8　转速测量（非接触测 1～99 转的平均转速）.

（1）将附件光电笔接 P_1 口上，在转动体上贴一条白纸或黑纸.

（2）把光电笔对着转动体（距离约 5 mm）.

（3）按⑩ $\boxed{T_1 \quad ^6}$ 显示 10（是本机内设置的周期测量数）.

（4）输入待测转数（方法同上例）.

（5）使转体运动，转动平稳后再按⑩键即开始测量，在测量过程中，每转一转显示数减 1，到待测转数结束即显示总时间值.

例 9　光电输入计数和电脉冲计数（见面板说明⑦）.

例 10　频标输出（后面板高频插口①可输出 1～10^5 Hz 的电信号脉冲）.

（1）按键⑬ $\boxed{\Delta t \quad ^2}$ 或⑪ $\boxed{T \quad ^3}$.

（2）选择输出频标：本机开机后频标自动置为 0.01 ms，即 10 μs，显示屏显示[.00]ms，若要选用 10 ms 频标，显示屏应显示[.00]s. 我们可按键③ Gate，显示[.0]ms；再按③显示[.]ms；再按③显示[.00]s.

（3）按下键④ $\boxed{\text{Shift}}$，即从后面板①送出周期为 10 ms 的脉冲了.

例 11　选择显示内容.

A. 暂停循环　在循环显示过程中，某个数据需要记录，可按下④键 $\boxed{\text{Shift}}$，显示屏即只显示用户需要的一个数据，待记下该数据后再按④键，即继续显示循环中的下一个数据.

B. 人工搜索　用八个光电门，将循环显示 15 个数据，如果想要读取某一个数据，可用人工搜索方式.

操作方法：在测量结束后，开始自动循环显示，这时按住④键 $\boxed{\text{Shift}}$，手不抬起，显示屏上不显示测量值，依次显示提示字符. 待所需要提示符显出时，即抬手放开按键，这时屏上只显示搜索到的提示符及数据.

C. 设定显示区　除人工搜索方法外，还可以直接设定所需显示提示符及数据，如果指定显示第四个光电门计时值，这样操作：

按④键 $\boxed{\text{Shift}}$，按⑦ $\boxed{\text{count} \ ^4}$（即输入数字 4），显示“4××.××”（表示第四个门的计时值）.

如果指定显示第五到第六个光电门之间的运动时间，则如下操作：

按④键 $\boxed{\text{Shift}}$，按⑫再按⑤（即输入数字 5 和 6），显示“5—6××.××”.

五、温度计　气压计　湿度计

(一) 温度计

测量物体温度的方法和仪表多种多样，通常是利用被测对象温度的变化促使测量仪表敏感体的物理量(如压力、体积、电阻等)发生改变来进行测温的. 测温仪表的敏感体与待测物直接接触，进行热交换，达到平衡时显示被测温度，这种测温仪表称为接触式测温仪表；另一种则无需与被测物相接触便可测得温度，称为非接触式测温仪表.

常见的温度计及其测温范围如表 0－14 所示.

表 0－14　常见的温度计及其测温范围

类别	温度计名称	常用测温范围(℃)	类别	温度计名称	常用测温范围(℃)
接触式	1. 热膨胀式		接触式	4. 热电偶温度计	
	水银温度计	－35～500		铂铑$_{10}$-铂	0～1 600
	酒精温度计	－80～80		镍铬-康铜	－200～880
	双金属温度计	－80～300		铜-康铜	0～350
	2. 压力式温度计	－80～400	非接触式	5. 辐射温度计	100～200
	3. 电阻温度计			6. 光测高温计	700～3 200
	铂电阻	－200～850			
	铜电阻	－50～150			
	半导体热敏电阻	－40～150			

1. 液体温度计

液体温度计的构造如图 0－24 所示，一玻璃管下端连接一盛有如水银、加色酒精、煤油等液体的球泡，玻璃管中央连接球泡的是一内径均匀的毛细管. 液体受热后，在毛细管中升高. 其升高与降低的距离与冷热程度成正比，则从管壁的标度就可以读出相应的温度值.

2. 半导体温度计

半导体热敏电阻在温度升高时，它的阻值下降. 如果已知其温度阻值变化曲线(一般是按指数规律变化的)，以后只要测出它的阻值，便可查出相应的温度. 图 0－25 是半导体温度计原理图，它是利用非平衡惠斯登电桥测量温度的，利用检流计指针的偏转与热敏电阻 R_t 值变化的一一对应关系来测定温度的.

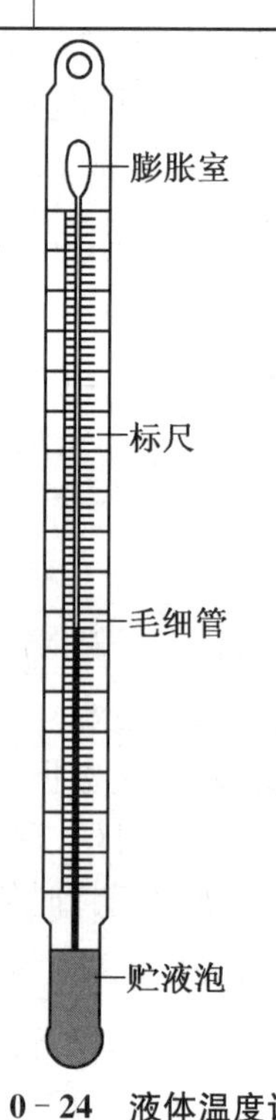

图 0－24　液体温度计

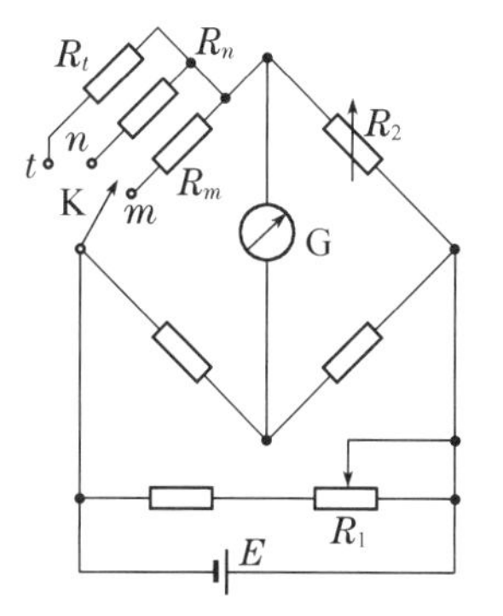

图 0-25　半导体温度计原理图

热敏电阻温度计每次使用之前都要校正. 图 0-25 中两只电阻 R_m、R_n 就是用来校正的. 设该温度计测温范围为 $t_1 \sim t_2$，校正下限温度 t_1 时，将电键 K 拨向 n，调桥臂电阻 R_2 使电桥平衡. 校正上限温度 t_2 时，将电键 K 拨向 m，调电源分压器 R_1 使电桥电流计指针满偏. 校正完毕，再把电键拨向 t，R_t 接入桥路便可用来测量温度.

3. 热电偶温度计

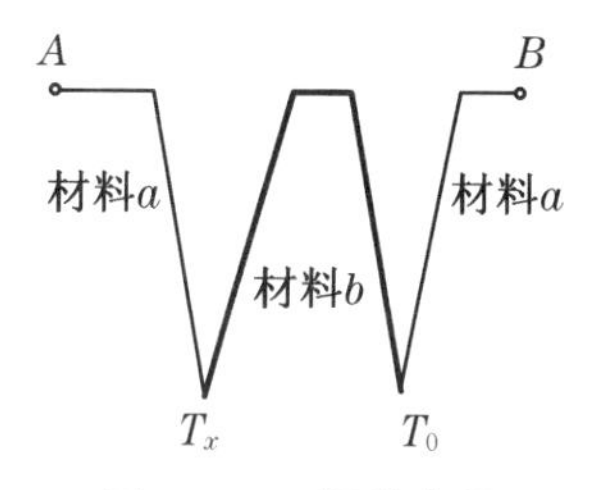

图 0-26　温差电偶

热电偶温度计也称温差电偶温度计，它由两种不同材料的金属丝所组成，如图 0-26 所示. 两不同材料的接触点处温度不同，则在 A、B 两点产生温差电动势，电动势大小与两材料接触温度差（$T_x - T_0$）有关. 参考点温度 T_0 通常选用冰水混合物温度（0 ℃），温差电动势由电位差计或数字毫伏表测. 温差电动势与温度差的关系由手册可查.

热电偶具有结构简单、体积小、热容量小、测量温度范围宽等特点，广泛应用于温度精密测量、高温测量中，由于它是把温度量转化为电量，因此在自动控制中用途很广.

（二）气压计

福廷式气压计是常用的水银气压计，如图 0-27 所示. 它有一长约 80 cm 的玻璃管，上端封口下端开口，开口的下端垂直插在下端的水银杯中，管内水银柱的上端则是真空. 这样，大气压作用在玻璃管外杯内水银面时，玻璃管内水银便上升，上升高度与环境大气压成正比. 气压计中部有一只温度计以读测温度. 水银杯底由可渗透空气但不渗透水银的鹿皮革密封，鹿皮革底部有上下可调的调零旋钮支托，如图 0-28 所示.

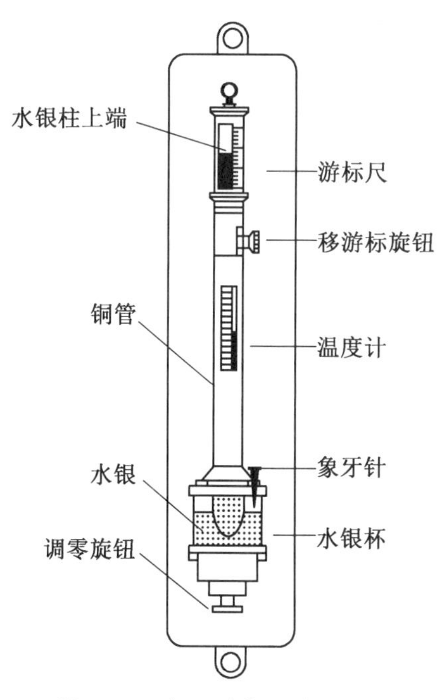

图 0-27　福廷式气压计结构图

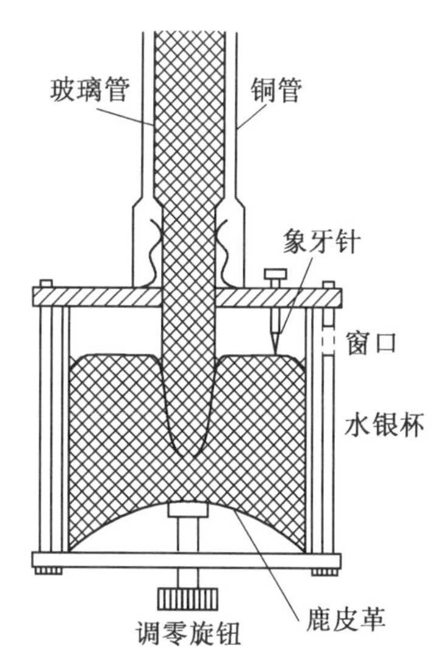

图 0-28　福廷式气压计调零机构

调零旋钮的作用是每次读数时用它来调节水银杯内水银面的位置，使水银面位置与气压计标尺起点（零点），即象牙针的针尖相接触. 水银杯的上部也是用鹿皮革密封，这样，空气可以进入水银杯，保证水银杯水银面就是空气大气压，同时保证水银不外流.

玻璃管有铜管套住以作保护，铜管上开有观察窗口以观测水银面，铜管上有游标尺测读气压水银高，有移游标旋钮精读水银高度位置，可直接读出大气压值.

欲求大气压精确值，应对标尺、水银密度等随温度的变化以及表面张力的影响进行校正.

设铜管和水银的膨胀系数分别为 α 和 β，内径为 6 mm 的玻璃管，因表面张力作用使水银面下降量约为 0.91 mm. 以上三方面矫正后，气压值等于

$$P_t = (1+\beta)(h+0.91)(1+\alpha t),$$

式中 P_t 为大气压，单位为 mmHg；t 为温度；h 为 0 ℃时水银柱高度，单位为 mmHg.

（三）湿度计

如图 0－29 所示，设一密闭容器内盛有一定质量、一定温度的水，则水要蒸发，水面上层的空气中便会充满水蒸气. 空气中的水分子要返回到水中，水中的水分子又不断蒸发，由于容器密闭，最终会达到动态平衡，即达到水蒸气饱和状态（即空气中水分子密度达到一定值）. 显然，容器内水温越高，饱和蒸气压越高（即水蒸气分子数越多）.

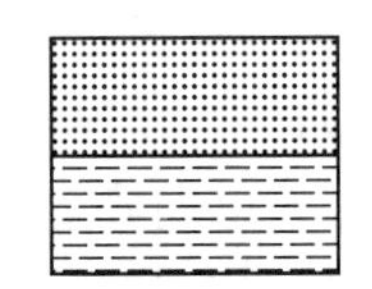

图 0－29 密闭容器的水蒸气

表征空气中水蒸气多少的一个指标就是湿度. 把空气中单位体积内水蒸气的质量称为空气的绝对湿度，把空气中所含水蒸气密度与同温度下饱和水蒸气密度的百分比称为空气的相对湿度. 例如，如图 0－29 所示，在 20 ℃时，在水蒸气饱和时测得每立方米的空气中有 17.3 g 水蒸气，则称绝对湿度为 17.3 g/m^3，相对湿度当然为 100%. 当打开容器的上盖，则水面上水蒸气就不再处于饱和状态了，由于扩散梯度不同，在水面的下方与上方，水蒸气密度也不会相同.

大气中水蒸气的多与少，用湿度计来测量. 湿度计种类很多，通常是利用某些对湿度敏感的物质或元件制作（如毛发、电容）. 这里我们仅介绍日常生活中和物理实验室常用的干湿球湿度计. 它是由两只相同的温度计组成，如图 0－30 所示.

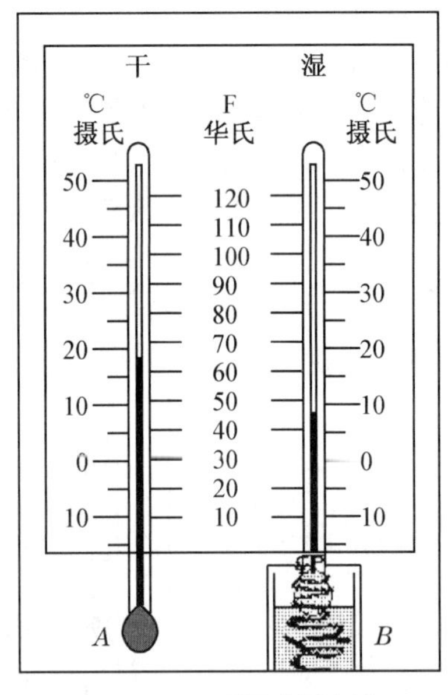

图 0－30 干湿球湿度计

温度计 A 指示室温，温度计 B 的测温球上绕有细纱布，布的下端浸在水槽中，故称为湿温度计. 湿温度计由于水蒸发吸热，故它的温度低于温度计 A 的温度. 环境空气的湿度越小，蒸发就越快，两支温度计温差就越大. 干湿球湿度计就是根据两支温度计温差值来表示湿度大小的. 其温差大小代表的相对湿度值，不同的干湿球湿度计有不同的对照表.

典型的干湿球湿度计相对湿度值对照如表 0－15 所示.

表0-15　干湿球湿度计相对湿度值表

室温(℃)	干湿温度差(℃)										
	0	1	2	3	4	5	6	7	8	9	10
0	100	81	63	45	28	11					
2	100	84	68	51	35	20					
4	100	85	70	58	42	28	14				
6	100	86	73	60	47	35	23				
8	100	87	75	63	51	40	28	7			
10	100	88	76	65	54	44	24	14	14	4	
12	100	89	78	68	57	48	28	20	20	11	
14	100	90	79	70	60	51	32	25	25	17	9
16	100	90	81	71	62	54	35	30	30	22	15
18	100	91	82	73	64	56	48	34	34	26	20
20	100	91	83	74	66	59	51	37	37	30	24
22	100	92	83	76	68	61	54	40	40	34	28
24	100	92	84	77	69	62	56	43	43	37	31
25	100	92	85	78	71	64	58	45	45	40	34
28	100	93	85	78	72	65	59	48	48	42	37
30	100	93	86	79	73	67	61	50	50	44	39

六、思考题

1. 游标卡尺为什么不宜测表面粗糙物体的长度？

2. 有一角游标，主尺上最小分度值为0.5°，游标上共有30个分度，其弧长与主尺上29个分度的弧长相等，则该角游标的精度是多少？

3. 游标卡尺与千分尺在使用中如何进行零点修正？

4. 螺旋测微计为什么又叫千分尺？

5. 物理天平在称衡中，为什么要把横梁放下后才可以增减砝码或移动游码？

6. 图0-14中，调节螺丝D_1、D_2是在空载时调节还是在称衡物体时调节？

7. 如何测天平的感量？

8. 天平称衡时，移动游码有何技巧？

9. 气垫导轨内气压越高越好吗？过高了有何后果？

10. 如果气轨上的小孔堵塞了，应如何处理？堵塞的主要原因是什么？是室内落下的尘土还是气轨内的污垢？如果气轨出厂时，气轨内部的污垢已经清除干净，那么污垢又是怎样产生的？

11. 怎样调整和检验气轨的平直度？气轨不平直会对哪些实验带来什么影响？

12. 如气轨已调水平，把滑块静置于其上，滑块应当不动.用这种方法调整和检查气轨水平，有什么问题？例如气轨已经调平后，把滑块转 180°再静置于气轨上，滑块往往会以一个明显的速度滑动.

13. 用上题中所说的方法调节气轨水平时，很难把滑块放在各处都保持静止不动，这说明什么问题？应如何处理？

14. 气轨调至水平后，滑块会做匀速运动吗？当调整气轨，使滑块以某一速度 v 运动时能基本上做匀速运动，以大于 v 或小于 v 的速度推动滑块，滑块就不易保持匀速运动，这是什么原因？

15. MUJ－Ⅱ型电脑通用计数器上下位功能的切换是靠什么键实现的，如何操作？如何用该计数器借助平板挡光片与 U 型挡光片实现光电计时？

16. 使用半导体温度计前要进行校正，如何校正？

17. 福廷式气压计象牙针起什么作用？

18. 干湿球湿度计为何用两只相同的温度计？各起什么作用？

第 4 节　电磁学实验基本仪器

电磁学实验中的测量，大多是借助于某些电学仪器、仪表来进行的，因此，电学仪器、仪表是否使用得当，读数是否准确，仪表本身性能如何，都直接与测量的结果密切联系着. 要使实验结果合乎要求，就要掌握好电学仪器、仪表的性能，并在实验过程中正确操作，这对保护电学仪器、仪表不致损坏，也是很重要的. 因此，在开始电磁学实验前，我们有必要对基本电学仪器、仪表的原理、性能和使用方法及其仪器布线等有初步了解.

一、实验室常用电源

电源有直流电源和交流电源两种. 常用的直流电源有干电池、蓄电池、晶体管稳压电源和稳流电源等.

干电池电动势通常为 1.5 V，输出电压瞬时稳定性好，长期稳定性差，长期使用电压降低，内阻增大. 实验室常用铅蓄电池和镍镉蓄电池两种，每单瓶的电动势分别为 2 V 和 1.25 V. 实验室用得较多的是晶体管电源. 晶体管稳压电源内阻小，输出电压长期稳定性好，瞬时稳定性较差，可连续调节输出，功率比较大，使用时要注意它能输出的最大电压和电流. 如 JDY2000－A 型直流稳定电源最大输出电压为 30 V，最大输出电流为 3 A. 晶体管稳压电源面板上通常有输出电压和输出电流指示表，有的是电压与电流共用一只表指示，靠一只转换开关切换指示.

直流稳流电源是指能在一定负载条件下输出稳定电流的电源，带负载能力强，它的内阻很大. 根据用户需要可调节稳定的输出电流值.

常用的电网电源是交流电源，交流电的电压可通过变压器来调节. 交流仪表的读数一般指有效值. 例交流 220 V 就是有效值，其峰值为 $\sqrt{2} \times 220\ \text{V} = 310\ \text{V}$.

用符号“AC”或“～”表示交流电，用符号“—(~)—”表示交流电源；

用符号“DC”或“－”表示直流电，用符号“—|├—”表示直流电源.

使用电源时必须注意以下几点：

1. 严防电源短路，即不能将电源两极直接接通，使外电路电阻等于零.

2. 使用电流不得超过电源的额定电流.

3. 使用直流电源时要注意正、负极性.

二、电阻

物理实验室常用的电阻有：滑线变阻器和旋转式电阻箱，现介绍其结构及其用法.

(一) 滑线变阻器

滑线变阻器的外形示意如图 0－31 所示. A、B 和 C 都是接线柱，滑动头 D 与接线端 C 是相连的. 移动滑动头 D 可改变 AC 和 BC 之间的电阻，滑线变阻器在电路中用图 0－32 符号表示. 滑线变阻器铭牌上标明的规格有：

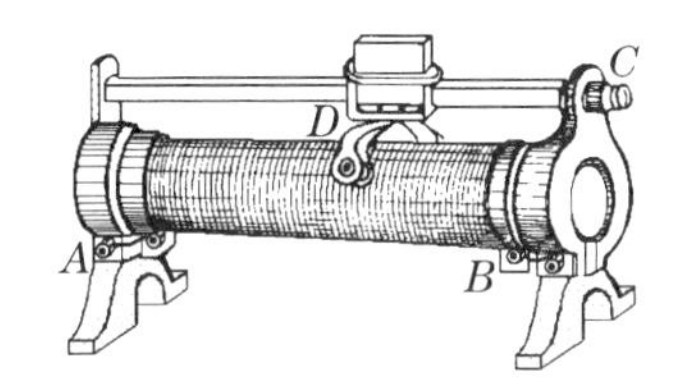

图 0－31　滑线变阻器的外形示意图

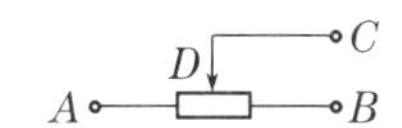

图 0－32　滑线变阻器的符号

1. 全电阻

即 AB 之间的电阻.

2. 额定电流

即变阻器允许通过的最大电流.

滑线变阻器在电路中有两种接法：

(1) 限流电路：如图 0－33(a)所示. 将变阻器中的任一个固定端 A(或 B)与滑动端 D 串联在电路中. 当滑动头 D 向 A 移动时，A、D 间的电阻减小；D 向 B 移动时，A、D 间电阻增大. 可见，移动滑动头 D 就改变了 A、D 间的电阻，也就改变了电路中的总电阻，从而使电路中的电流发生变化.

(2) 分压电路：如图 0－33(b)所示. 当滑动头 D 向 A 移动时，D、B 间电压 V_{DB} 增大；当 D 向 B 移动时，V_{DB} 减小. 可见，改变滑动头 D 的位置，就改变了 D、B(或 D、A)间电压.

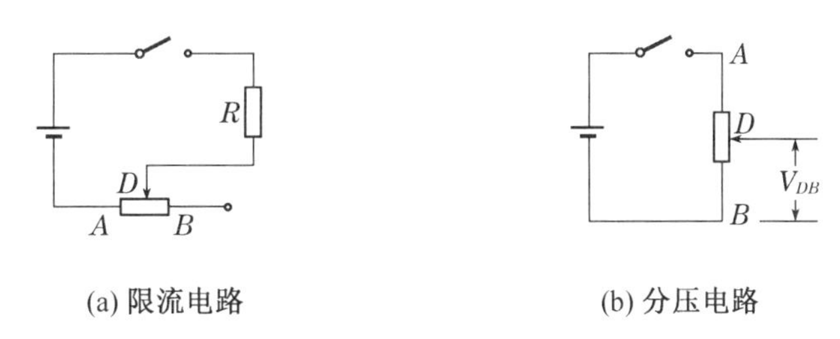

(a) 限流电路　　(b) 分压电路

图 0－33　滑线变阻器的两种接法

应当注意的是，分压电路与限流电路接法是不相同的，一定不能弄混！同时还应注意，开始实验前，限流电路中，变阻器的滑动头应放在电阻最大的位置；分压电路中，滑动头应放在分出电压最小的位置(请同学们思考这是为什么).

(二) 旋转式电阻箱

电阻箱是由若干个准确的固定电阻元件,按照一定的组合方式接在特殊的变换开关装置上构成的,利用电阻箱可以在电路中准确调节电阻值,图 0－34(a)表示某电阻箱的面板示意图,图 0－34(b)表示其内部线路图.

电阻箱的面板上有六个旋钮和四个接线柱,每个旋钮的边缘上都标有 0、1、2、3、…、9 等数字,靠旋钮边缘的面板上刻有×0.1、×1、…、×10 000 等字样,也称倍率.

当某个旋钮上的数字旋到对准其所示的倍率时,用倍率乘上旋钮上的数字,即所对应的电阻. 图 0－34(a)中电阻箱面上每个旋钮所对应的电阻分别为 3×0.1,4×1,5×10,6×100,7×1 000,8×10 000,总电阻为各旋钮阻值之和,即 $3\times0.1+4\times1+5\times10+6\times100+7\times1\,000+8\times10\,000=87\,654.3(\Omega)$.

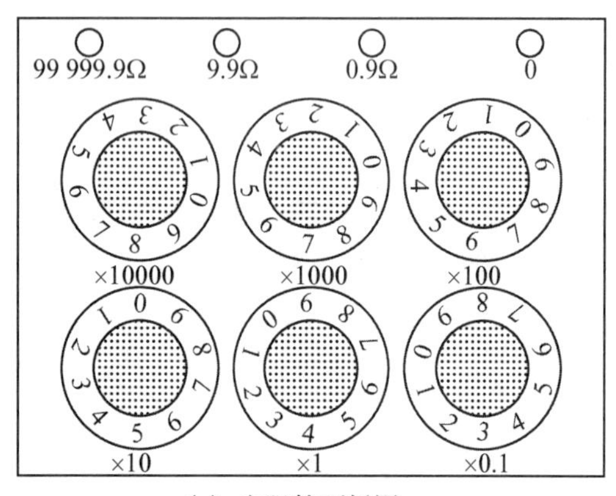

(a) 电阻箱面板图

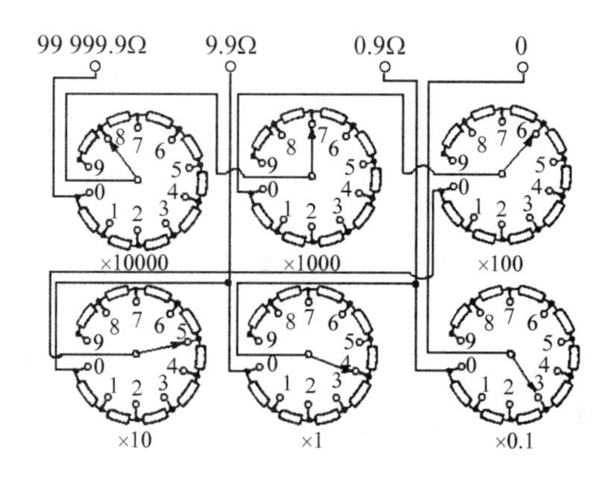

(b) 电阻箱内部线路示意图

图 0－34 旋转式电阻箱

四个接线柱上标有 0、0.9 Ω、9.9 Ω、99 999.9 Ω 等字样,表示 0 与 0.9 Ω 两接线柱的电阻调整范围为 0～0.9 Ω;0 与 9.9 Ω 两接线柱的阻值调整范围为 0～9.9 Ω;0 与 99 999.9 Ω 两接线柱的阻值调整范围为 0～99 999.9 Ω.

电阻箱各旋钮容许通过的电流是不同的,电阻值越大,允许通过的电流越小. 有时我们还可以在接线柱 0.9 Ω、9.9 Ω 与 99 999.9 Ω 间、0.9 Ω 与 9.9 Ω 间选用电阻.

电阻箱的规格有:

1. 总电阻

即最大电阻. 如图 0－34 所示的电阻箱总电阻为 99 999.9 Ω.

2. 额定功率

指电阻箱中各电阻的额定功率. 通常同倍率的 9 只电阻相同,因而具有相同的功率;而不同倍率的电阻值不同,有不同的额定功率.

由于电阻箱不同倍率下的电阻丝粗细不同,因此倍率不同的电阻,其额定电流值不同. 倍率大的电阻丝细,倍率小的电阻丝粗,因此倍率大的额定电流小. 电阻箱在使用中大多是几个倍率的电阻联用,因此我们计算电阻箱允许经过的电流时,通常选大倍率电阻的额定功率计算.

例如取值电阻为 684.7 Ω 时,最大倍率为×100,因此依该倍率的额定功率计算允许电流. 可以推知,该倍率中每挡电阻值是 100 Ω,如果从电阻箱铭牌上找到×100 倍率的额定功率是

0.25 W(通常就是此值),则可算出允许的最大电流为

$$I=\sqrt{W/R}=\sqrt{0.25/100}\ \text{A}=0.05\ \text{A}.$$

过大电流会使电阻发热,从而使电阻值不准确,甚至烧毁.

3. 电阻箱的准确度等级

用以表示取值电阻相对误差的百分数.

电阻箱电阻阻值根据其误差的大小分成若干个准确度等级,一般分为0.02,0.05,0.1级等.由于各倍率电阻丝规格不同,因此,各倍率准确度等级一般不同,它们标在铭牌上.

设各倍率的等级分别为a_1、a_2、…,则电阻箱的基本误差为

$$\Delta(仪_1)=\sum[a_i\%\cdot R_i].(R_i\ 为各倍率下的总示值)$$

4. 电阻箱的残余误差(或零误差)

指电阻箱本身的接线、焊接、接触等产生的电阻值,用R_0表示.

因此,电阻箱的仪器误差Δ(仪)包含两个部分:电阻箱的基本误差Δ(仪$_1$)和残余误差R_0

$$\Delta(仪)=\Delta(仪_1)+R_0=\sum[a_i\%\cdot R_i]+R_0. \tag{0-53}$$

电阻箱的仪器误差Δ(仪)来源于电阻箱本身的,但实际应用中,我们接到接线柱的接触电阻也是形成误差的一个因素.因此,高精度的电阻箱通常为了减少接触电阻而设置一专用的低电阻接线柱.

三、电表

物理实验中常用的电表是磁电系仪表,这种仪表只适用于直流,具有灵敏度高的特点.其读数靠指针在标尺上的偏转来显示.磁电系电表由表头和电阻元件组装而成.

(一) 电流计(表头)

磁电系表头的结构示意如图0-35所示.与游丝连接的可动线圈置于磁场中,线圈通电后受电磁力矩作用便带动指针一起偏转,直到电磁力矩与游丝的扭转矩平衡时停止转动.这时指针偏转角度与通电电流成正比,所以可以在刻度盘上将指针偏转的角度显示为电流的大小.表头实际上是一个小量程的电流表,它可以测微小电流.

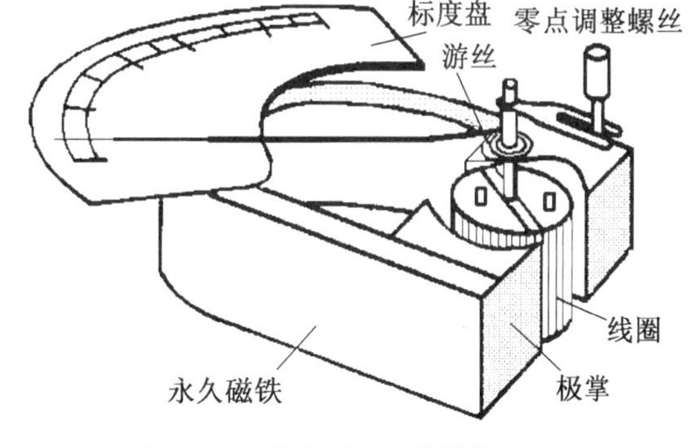

图0-35　磁电系表头的结构示意图

(二) 检流计(灵敏电流计)

专门用来判别电路中两点电位是否相等或检查电路中有无微弱电流通过的电流计称为检流计,它分为指针式和光点反射式两类.

检流计检测的电流是非常小的,以AC5系列指针式检流计为例,有10^{-7} A电流流过检流计,指针就有偏转了,光点式检流计检流灵敏度更高.因此,检流计使用中,特别强调的是要**保护检流计**!不能让过大的电流损坏它.现就指针式检流计使用知识做如下介绍.

假如我们要调试某电路,使电路中某两点A和B的电位相等.如果不等,必须调电路相关元件使它们电位相等.这可用检流计接到A与B之间.

如果电位不等,则检流计指针偏转.现在就这个工作,介绍一下如何正确使用检流计.

我们以图 0-36(a)所示的Ⓖ表示检流计的表头.如果按图 0-36(b)所示把检流计接入 A、B 两点,很有可能严重损坏检流计.因为两点的电位差可能较大,足以打弯检流计指针或烧坏检流计线圈.图 0-36(b)所示电路连电键开关都没有,是极其错误的.如果按图 0-37 所示加进一只按键开关,是否就完美了呢?如果 A、B 两点电位差比较大,则按下电键 K,检流计也将受到一个极大冲击,还很有可能损坏检流计.

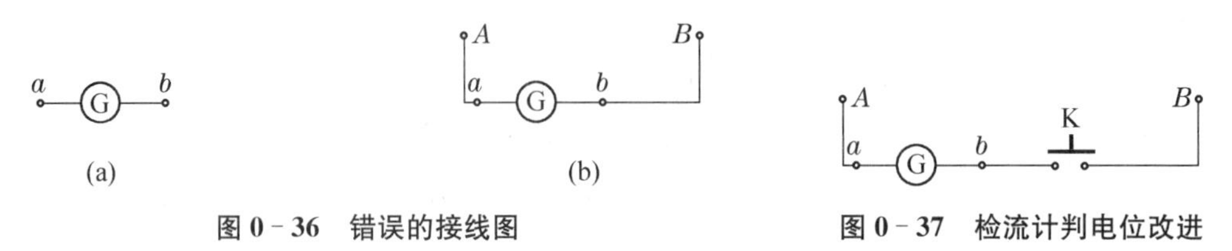

图 0-36 错误的接线图　　图 0-37 检流计判电位改进

因此,为了检流计的安全,我们可以采用如图 0-38 所示的接线.图中加一只大电阻 R,用了两只常开按键.

开始测判 A、B 两点电位是否相等时,先按电键 $K_{粗}$,这时,即使 A、B 两点电位差较大,由于大电阻 R 起限流作用,使流过检流计的电流不致过大.大电阻 R 起到限流保护检流计的作用.

在操作上要注意的是,**在打算按下电键时就要做好立即断开电键的准备**.因为电流还是有可能过大而损坏检流计.

按图 0-38 所示电路的操作方法:先按电键 $K_{粗}$,判检流计指针动还是不动,如果动,应立即松开 $K_{粗}$,调电路相关元器件后,再判之.重复判、调、判数次,直到按下电键 $K_{粗}$ 检流计指针几乎不动为止,这说明两点电位基本相等了.

之后,用电键 $K_{细}$ 进行精细判断 A、B 两点电位是否相等,方法同上.

图 0-38 所示电路在操作上还有一个不便,那就是判到 A、B 两点电位不等而松开电键后,检流计指针左右摆动不停,必须等很长时间指针才能停下来.为此,我们在检流计表头两端再增加一只常开按键开关 $K_{短路}$,如图 0-39 所示.按下 $K_{短路}$,表头线圈便形成闭合回路,线圈的摆动便能产生感生电流,磁场对感生电流的作用将阻碍线圈振荡,于是检流计指针能很快停下来.

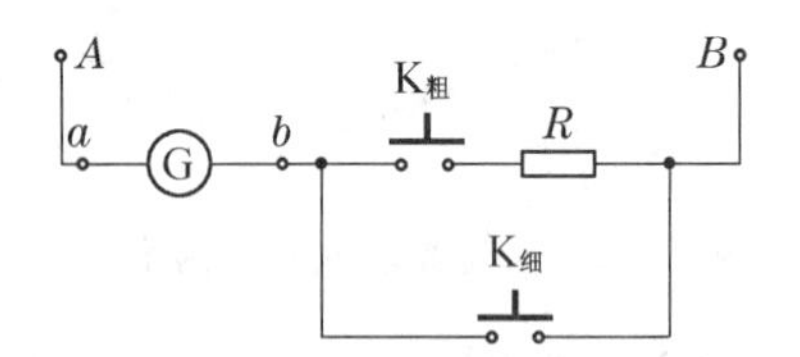

图 0-38 检流计判电位正确图

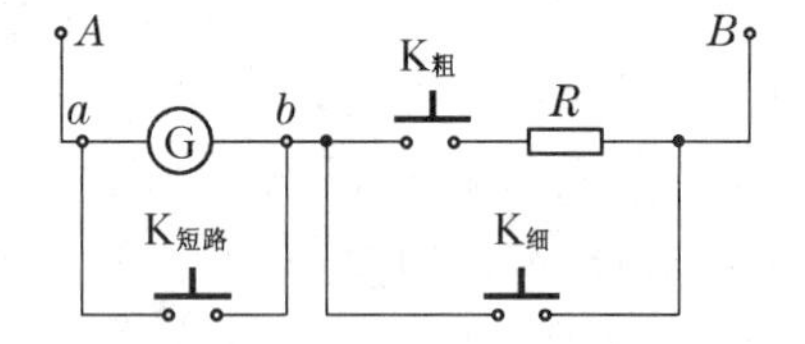

图 0-39 检流计判电位改进图

指针式检流计主要规格如下:

(1) 电计常数:指针偏转一小分格所对应的电流值.通常数量级为 $10^{-7} \sim 10^{-6}$ A/格.

(2) 内阻:检流计两端的电阻.从几十欧到几千欧不等.

1. AC5/4 型指针式检流计

AC5/4 指针式检流计外形如图 0-40 所示,内部等效电路如图所示 0-41 所示.检流计指针零点在刻度的中央,便于检测不同方向的电流.

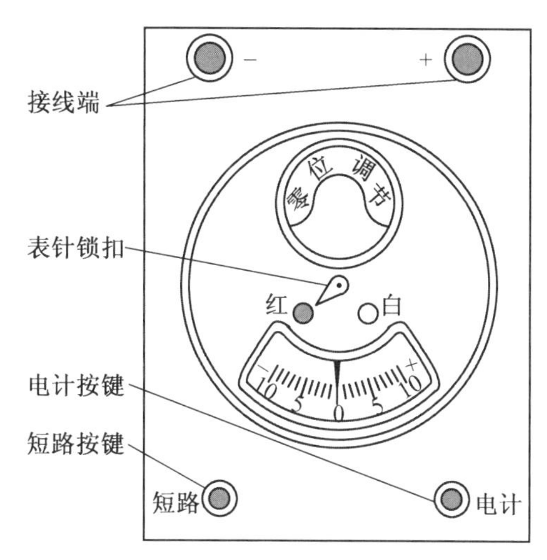

图 0-40 AC5/4 指针式检流计外形

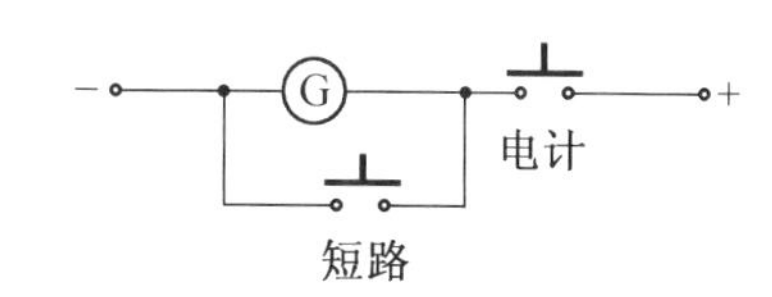

图 0-41 AC5/4 指针式检流计等效电路

使用方法如下：

(1) 在使用中总要串联一个大电阻，以保护检流计.

(2) 将面板中间的表针锁扣由红色圆点拨向白色圆点.

表针锁扣置红色圆点位置时，可以把指针锁住. 这在搬动检流计或不用检流计时，保护检流计扭丝.

(3) 按下“电计”按键，则接通了检流计电路. 如果发现指针已经动了，要立即松开“电计”按键.

(4) 松开“电计”按键后，指针可能会左右晃动不停，此时可按下“短路”按键止动.

注意：按住“电计”按键或“短路”按键右旋，可将这两只常开按键变为常闭. 要想恢复常开，则按住它们左旋一下弹出即可.

2. AC15/4 型直流光点检流计

AC15/4 型直流光点检流计主要由磁场部分、偏转部分和读数部分组成，如图 0-42(a)所示. 读数部分则采用光线多次反射的光学系统替代普通电表的指针式示数方法，实现了线圈偏转角度的光放大，大大提高了检流灵敏度.

在永久磁极与软铁柱间的磁场分布大致呈均匀辐射状，如图 0-42(b)所示. 一个由细导线绕制的矩形线圈悬挂于磁隙之间，并能以悬丝为轴转动. 悬丝有良好的扭转弹性，且与线圈的导线两端接通. 一极轻的小反射镜 P 紧固在悬丝前.

以一束平行光照射小镜，当线圈有电流时，磁场作用于导线的力使线圈转动，小镜的反射光束随之改变方向.

设有电流通过线圈，反射光的光标位于弧形标尺的“0”点上. 当线圈通电流 I_g 后受到磁力矩与悬丝的反向扭力矩相等时，线圈将不再转动，则反射光标将固定在标尺刻度的一定位置上，如图 0-43 所示. 电流 I_g 的大小与光标的位移 d 成正比.

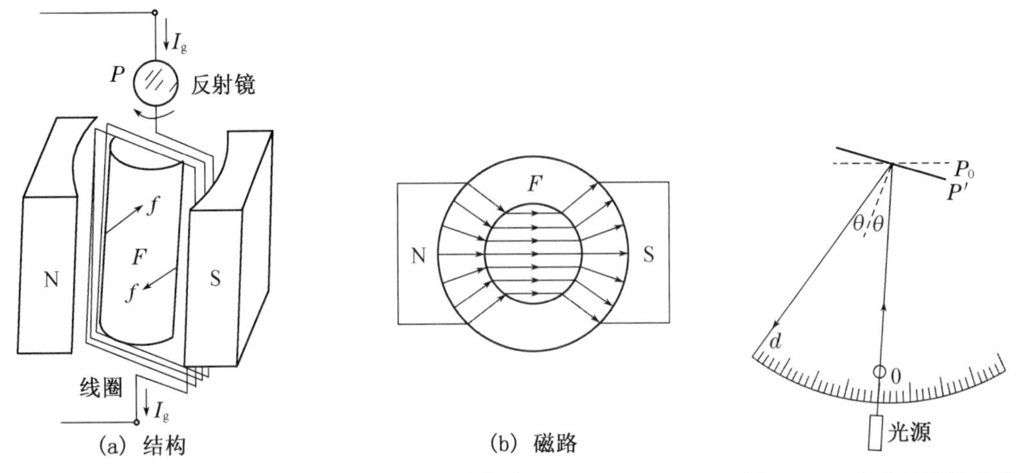

图 0－42 光点检流计主要组成部分

图 0－43 光点检流计光路

AC15/4 型直流光点检流计的每个分度的电流小于 10^{-9} A，是一种灵敏度很高的检流计．它的面板如图 0－44 所示．面板上各个开关和旋钮的功能如下：

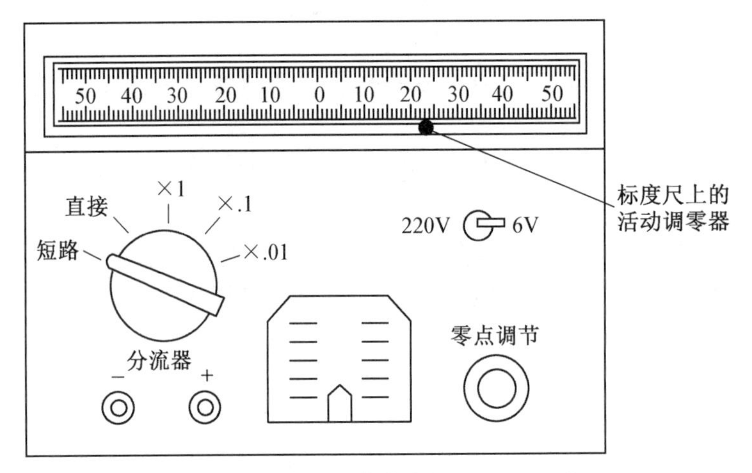

图 0－44 AC15/4 型直流光点检流计的面板图

(1) 电源选择开关“220 V，6 V”

当 220 V 电源插座接上 220 V 交流电时，开关置于“220 V”处，电源接通，光点照明灯泡亮；当“6 V”电源插座接上 6 V 电压时，开关置于“6 V”处，照明器接通 6 V 电源．

(2) “零点调节”旋钮

此旋钮作为光标零点粗调．标度尺上有活动调零器，用作光标零点的细调．

(3) “＋”和“－”接线柱

用来接通测量电路．电流从“＋”端流入，“－”端流出，检流计光标向右偏转；反之，向左偏转．

(4) 分流器选择开关：AC15/4 型检流计分流器电路如图 0－45 所示．

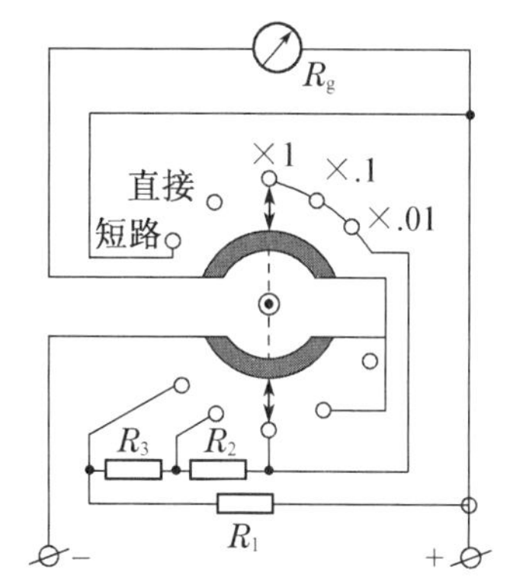

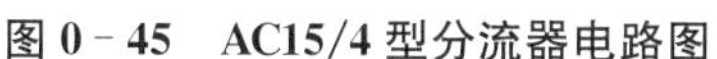
图 0-45　AC15/4 型分流器电路图

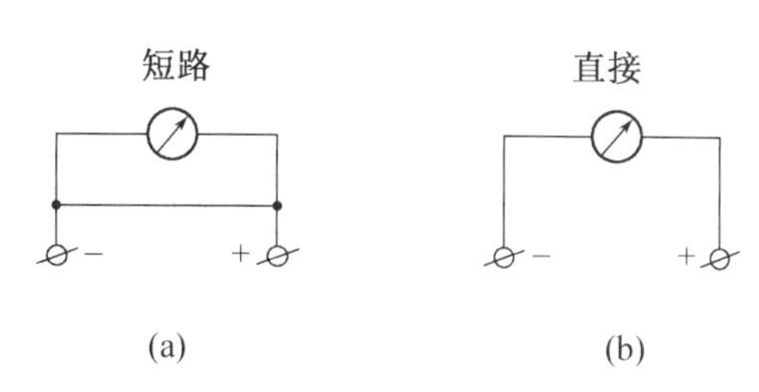

图 0-46　短路与直接的等效电路图

“短路”挡:置于此挡,使检流计线圈短路,以防止检流计拉丝因振荡而损坏. 等效电路如图 0-46(a)所示. 在测量中当光标不断摇晃时,可用此“短路”挡,使检流计线圈因阻尼而停下来. 在改变电路、移动检流计或测量完毕时,均应将检流计置于“短路”挡.

“直接”挡:此时接入检流计的电流全部经过检流计线圈,没有分流. 等效电路如图 0-46(b)所示. 如标尺找不到光标,注意在不给检流计通电的情况下,可将分流器选择开关置于“直接”挡,并将检流计轻微摆动,如有光标扫掠,则可调节“零点调节”旋钮将光标调至标度尺内. 如果轻微摇动时无光标扫掠,应检查照明器灯泡是否损坏,或对光不准.

“×1”挡:输入检流计的电流有一部分从 R_1、R_2、R_3 相串联的支路分流,另一部分由检流计线圈经过. 两部分比例差不多为 1(相等). 等效电路如图 0-47(a)所示.

“×.1”挡:输入检流计的电流有一部分从 R_1、R_3 相串联的支路分流,另一部分由检流计线圈与 R_2 相串联的支路经过. 经过检流计线圈的电流差不多是总输入电流的 0.1 倍. 等效电路如图 0-47(b)所示.

“×.01”挡:输入检流计的电流有一部分从 R_1 的支路分流,另一部分由检流计线圈与 R_3、R_2 相串联的支路经过. 经过检流计线圈的电流差不多是总输入电流的 0.01 倍. 等效电路如图 0-47(c)所示.

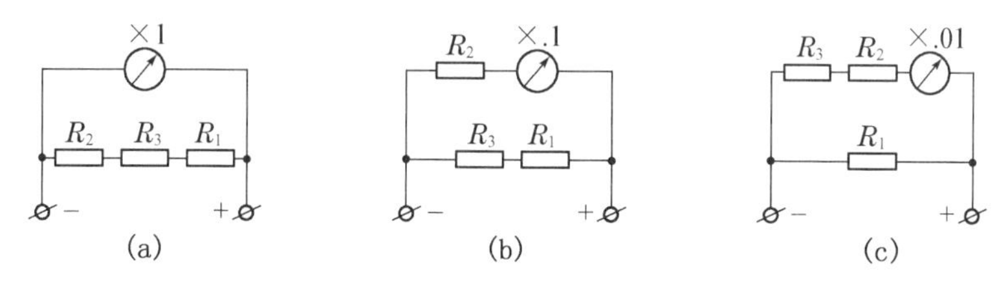

图 0-47　不同分流的等效电路图

测量时应该先从“×.01”挡开始,这样只有 1%的电流流经检流计线圈,其余 99%的电流被分流掉. 当偏转不大时,方可逐步转到高灵敏度挡进行测量.

(三) 直流电流表(安培表)

直流电流表的用途是测量电路中直流电流的大小,它是在表头线圈上并联一个阻值较小的分流电阻构成毫安表或微安表等,如图 0-48 所示. 表头并联不同的分流电阻便形成不同量程的电流表,并联的分流电阻越小,电流表的量程就越大.

主要规格：

1. 量程：指针满偏时的电流值. 实验室使用的电流表通常有多种量程.

2. 内阻：电流表两端的电阻. 量程越大，内阻越小.

一般安培表内阻在 0.1 Ω 以下，毫安表、微安表的内阻可达几百欧到几千欧.

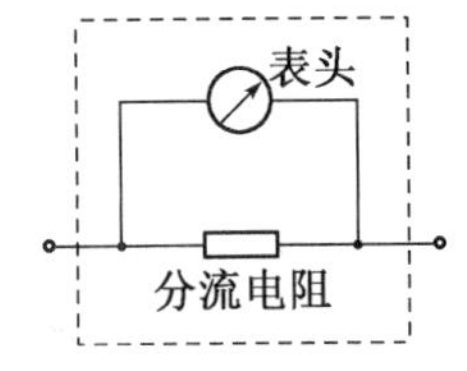

图 0-48 电流表的构造

(四) 电压表(伏特表)

如图 0-49 所示，在表头线圈上串联一个附加的高电阻，就成了电压表. 附加高电阻起分压和限流作用，并使绝大部分的电压降落在附加电阻上. 电压表的用途是测量电路中两点间的电压大小.

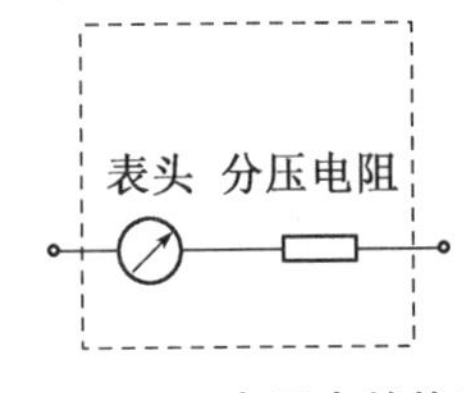

图 0-49 电压表的构造

主要规格：

1. 量程：指针偏转满度时的电压值. 实验室使用的电压表通常有多种量程.

2. 内阻：电压表两端的电阻. 同一伏特表的不同量程，其内阻不同.

例如某 0-3 V-6 V 的电压表，它的两个量程的内阻分别为 3 000 Ω 和 6 000 Ω，但是，由于各量程的每伏欧姆数都是 1 000 Ω/V，所以伏特表的内阻一般用 Ω/V 统一表示. 量程的内阻可用下式计算：

$$内阻 = 量程 \times 每伏欧姆数. \tag{0-54}$$

(五) 电气仪表的符号标记

一般电气仪表的面板上都有符号标记，其意义如下表 0-16 所示.

表 0-16 常用电气仪表面板上的符号标记

符号	符号意义	符号	符号意义	符号	符号意义
⋂	磁电式仪表	⊥	电表垂直放置	1.5	以量限百分数表示的准确度等级为 1.5
 [电磁式符号]	电磁式仪表	∠45°	与水平成 45°放置	⑴.5 (1.5 外加圆圈)	以示值百分数表示的准确度等级为 1.5
[电动式符号]	电动式仪表	—	直流表	 [Ⅱ] [Ⅱ]	Ⅱ级防外磁场和电场
 [静电式符号]	静电式仪表	～	交流表	 ☆2 (五角星内标 2)	绝缘强度试验电压为 2 kV
⊓	电表水平放置	≃	交直流两用表	*	多量限表的公共端

某电表面板上有如图 0-50 所示符号标记，则可知：该电表属磁电系直流电表，0.5 级，Ⅱ级防外磁场，绝缘强度试验电压是 2 kV，电表应水平放置使用.

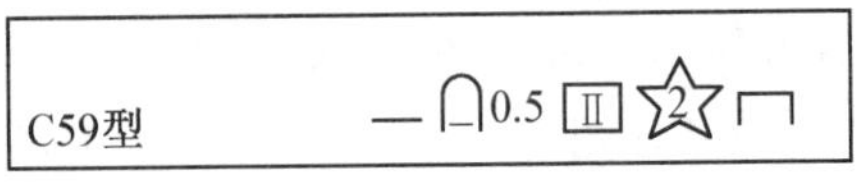

C59型　— ⋂ 0.5 [Ⅱ] ☆2 ⊓

图 0-50 某电表面板上的符号标记

（六）电表的误差、级别和不确定度

1. 固有误差和附加误差

由于本身结构的缺陷，电表在正常工作条件下进行测量而造成的误差称为固有误差. 固有误差也称为基本误差. 正常工作条件通常指电表已经校零，按要求置于水平、垂直或是倾斜位置使用，按要求的温、湿度下工作，避免了外场干扰和震动干扰，符合负载要求等.

而附加误差是指电表偏离正常工作条件或在某一因素作用下产生的误差. 比如外场影响、接触电阻影响，温度影响等. 因此阐述附加误差，必须同时冠以附加误差因素名称，例如接触误差，温度误差等.

2. 电表误差的几种表示法

（1）绝对误差：电表示值 x_i 与被测量实际值 x_0 的差别. 我们用 Δ_i 表示：

$$\Delta_i = | x_i - x_0 |. \tag{0-55}$$

（2）相对误差：绝对误差 Δ_i 与被测量的实际值 x_0 的比值. 通常用百分数 E 表示：

$$E = \frac{\Delta_i}{x_0} \times 100\%. \tag{0-56}$$

（3）引用误差：绝对误差 Δ_i 与电表的量限 A_M 的比值. 我们用百分数 E_M 表示：

$$E_M = \frac{\Delta_i}{A_M} \times 100\%. \tag{0-57}$$

电表的绝对误差在度盘上各点会有所不同，即同一量限内测量不同值电量时，引用误差有所不同. 也即度盘上各点的引用误差不同. 为了表示电表准确度，引入最大引用误差的概念.

（4）最大引用误差：最大绝对误差 $\Delta_{\max}$与仪表量限 A_M 的比值. 我们用百分数 $E_{\max}$表示：

$$E_{\max} = \frac{\Delta_{\max}}{A_M} \times 100\%. \tag{0-58}$$

这里从一个实例说明一下什么是最大的绝对误差. 比如一个量限是 100 mA 的电流表，它可以测 0～100 mA 内的所有电流值. 每个电流值的测量都有误差，比较一下这些误差谁最大，这个最大值就是最大绝对误差，或称为量限内的最大绝对误差.

（5）电表的级别：最大引用误差乘以 100. 我们用百分数 k 表示：

$$k = E_{\max} \times 100. \tag{0-59}$$

由上可推知，电表指针指示任一测量值所包含的最大基本误差为

$$\Delta_{\max} = E_{\max} \cdot A_M = A_M \times k\%, \tag{0-60}$$

即级别数的百分数乘以量限等于最大基本误差.

《GB776－76 电气测量指标仪表通用技术条件》规定电表的准确度等级分为 0.1，0.2，0.5，1.0，1.5，2.5 和 5.0 七级，最大引用误差不随量限或测量大小而改变. 因此，等级数为 k 的电表其最大引用误差为 $k\%$. 例如，由(0－60)式可知，1.5 级的电流表选量程为1 000 mA 时的最大基本误差为 $1\,000 \times 1.5\% = 15(\text{mA})$.

（6）电表测量值的不确定度：按(0－42)式 $u_B(x) = \Delta/\sqrt{3}$ 计算，式中 Δ 是仪器误差.

对电表而言，Δ 就是最大基本误差 $\Delta_{\max}$(= 量限 × 级别数 %).

电表测量值的相对不确定度则为 $u_r(x) = u_B(x)/x$.

（七）电表量程的选择

当使用某一量限测量出测量值为 x，则由(0－56)、(0－60)式知，被测量的最大相对误

差为

$$E=\frac{\Delta_{\max}}{x_0}\times 100\%\approx\frac{\Delta_{\max}}{x}=\frac{A_M}{x}\cdot k\%.$$

可见,被测量 x 越接近满量程值 A_M,则其相对误差越小. 因此,**使用电表测量时,应尽可能使指针指在仪表满刻度值 2/3 以上**. 不过要强调指出,这只是指按电表所规定的条件下使用时,电表本身所能达到的准确度. 如果你一味追求要让指针尽可能满偏,有时反而会造成更大误差的. 比如,测大电阻两端的低电压,由于电压表内阻随量程变大而增大,选量程大的测之反而误差小,因为量程大的分流小.

(八) 电表读数的有效数字位数

已知电表级别 k 和量程 A_M,则由式(0-60)知,电表的最大绝对误差为

$$\Delta_{\max}=A_M\times k\%,$$

它表示该表一次测量的可靠程度. 测量结果的有效位数由最大绝对误差决定.

例如,量程 100 mA 的 1.0 级的电流表共分 100 个小格,仪表示值为 80.0,应如何记数?

由电表级别与量程先求出最大绝对误差为 $\Delta_{\max}=100\times 1\%=1\text{ mA}$,故读数 80.0 的个位上已经欠准了. 如果严格按直接测量读数只保留一位欠准数字的原则,则应该记测的数据是 80 mA 而不是 80.0 mA. 如果不是 1.0 级而是 0.5 级的电流表,则应该记读的数为 80.0 mA.

(九) 使用电表的注意事项

(1) 选择量程:如果选择量程小于被测量,会使电表损坏;选择量程太大,指针偏转太小,测量误差大. 使用时应事先估计待测量的大小,选择稍大量程,试测一下,再选用合适的量程.

(2) 电流方向:直流电表接线一定要特别注意+、-极性,搞错了就极易出事故,打弯指针.

(3) 电表连接:电流表必须串入电路,电压表则应与被测电压端并联.

(4) 视差问题:读数时,视线必须垂直于刻度表面. 对有镜子的电表,必须让眼睛放在能看到指针与指针在镜中的像重合的位置读数(三线对齐).

四、万用表

万用表主要由表头和转换开关控制的测量电路组成. 实际上它是根据改装电表的原理,将一个表头分别连接各种测量电路而改成多量程电流表、电压表及欧姆表,是既能测量直流还能测量交流的复合表. 它们合用一个表头,表盘上有相应的测量各种量的几条标度尺,如图 0-51 所示为 500 型万用表的表盘示意图.

表头用以指示被测量的数值,测量线路的作用是将各种被测量转换到适合表头测量的直流微小电流. 转换开关实现对不同测量线路的选择,以适应各种测量的要求. 如图 0-52 所示为 MF 型万用表的转换开关示意图.

依据表的功能,表盘上有各种不同的刻度,以指示相应的值,如电流值,电压值(有交、直流之分)及电阻值等.

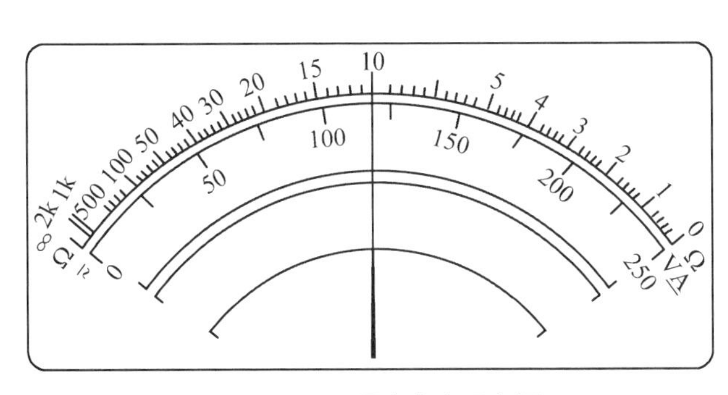

图 0-51　万用表表盘示意图

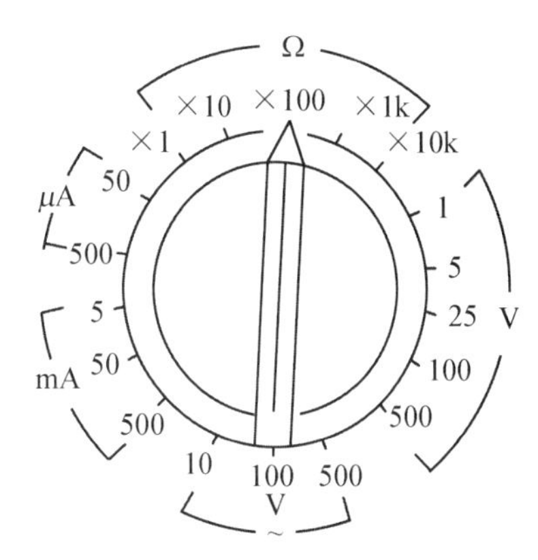

图 0-52　转换开关示意图

对于某一测量的内容一般分成大小不同的几挡，在测量电压和电流时，每挡标明的是它相应的量限，即使用该挡测量时所允许的最大值，并且表盘的刻度均匀. 而测量电阻时每挡标明的是不同的倍率而不是量限，并且表盘的刻度不均匀.

用万用表测电压和电流的使用方法同电压表和电流表的使用方法一样，这里我们仅介绍万用表作为欧姆表使用时，测量电阻的一般知识.

欧姆表测电阻的原理如图 0-53 所示. 表头、干电池 E、可变电阻 R_0 及待测电阻 R_x 串联构成回路，电流 I 通过表头即可使表头指针偏转，其值大小为

$$I = \frac{E}{R_g + R_0 + R_x}. \tag{0-61}$$

由上式可知当电池电压一定，指针偏转大小与总电阻成反比. 当被测电阻 R_x 改变时，指针位置相应变化. 可见表头指针位置与被测电阻的大小是一一对应的，如果表头的标度尺按电阻值刻度，这就可以直接用来测量电阻了. 但是电流与被测电阻不成比例，故刻度是不均匀的.

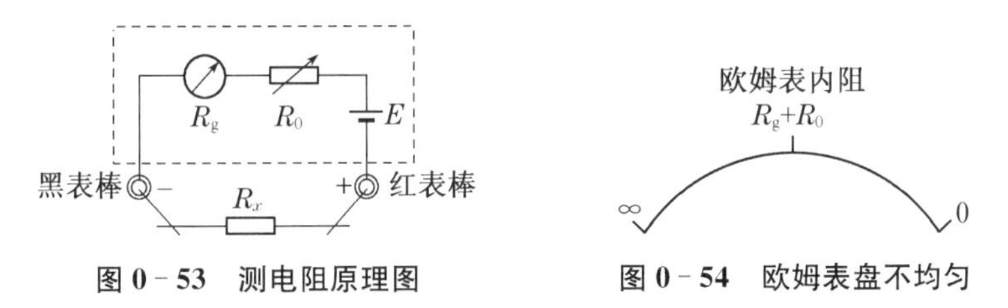

图 0-53　测电阻原理图　　图 0-54　欧姆表盘不均匀

被测电阻无穷大(两表棒断开)，则电流值为 $I = 0$，指针指在最左端；被测电阻为零(两表棒短接)，则应该是电流值为最大 $I = I_{max}$，指针指在最右端. 如果被测电阻与内阻相等($R_x = R_g + R_0$)，则电流值等于最大值电流的一半，$I = I_{max}/2$，指针指在表盘中间刻度位置. 可见，欧姆表表盘刻度不均匀(如图 0-54、0-51 所示). 而且表盘中间刻度值就是欧姆表的内阻，我们称它为**中值电阻**.

两表棒直接接触，即被测电阻为零，指针应该满偏. 如果电池使用时间长了，电流就会下降，从而达不到满偏，此时可调整电阻 R_0 的值使它满偏. 这个过程我们称为**欧姆表调零**.

欧姆表读值方法：被测电阻值等于表盘指针读数乘以转换开关指示的倍率. 显然，不同倍率，欧姆表内阻不同.

使用万用表的基本方法及注意事项：

1. 使用万用表前，必须熟悉每个转换开关、旋钮、插孔或接线柱的作用，了解表盘上每条刻度线所对应的被测电量.

测量前必须明确要测什么和怎样测，然后拨到相应的测量种类和量程挡上. 如预先无法估计被测量的大小，应先拨到最大量程挡，再逐渐减小量程到合适的位置. 每一次拿起表笔准备测量时，务必再核对一下测量种类及量程选择开关是否拨对位置.

2. 使用时，万用表一般应水平放置.

3. 测量完毕，量程选择拨到最高交流电压挡，或置“关”的位置.

4. 测直流时，应注意正负极性，以防碰弯表针.

5. 测电流时，因电流表串联在电路中，会分掉部分电路电压. 如被测电路的电源内阻和负载电阻都很小，应尽量选择较大的电流量程.

6. 测电压时，如误用直流挡去测交流电压，表针就不动或略微抖动，误用交流挡测直流，读数可能偏高，也可能读数为零. 选取的电压量程，应尽量使指针偏转到满刻度的 1/3～1/2 以上.

7. 严禁在测高压或大电流(220 V 或 0.5 A 以上)的同时去拨动量程开关. 当交流电压上叠加有直流电压时，交、直流电压之和不得超过转换开关的耐压值，必要时需串联隔直电容(如 0.1 μF/450 V 电容).

8. 被测电压大于 100 V 时必须注意安全，应养成单手执双笔测量的操作习惯.

9. 测高电阻电源电压时，应尽量选较大的电压量程. 因为量程越大，内阻也越高.

10. 不能直接用万用表测非正弦电压，要测非正弦电压，需对万用表进行改装.

11. 不允许测带电体的电阻，包括电池的内阻.

12. 每次更换电阻挡时，应重新调欧姆零点.

13. 测电阻时应选择合适的倍率，使表针尽量指在表盘中心位置附近范围内.

14. 测高阻值电阻，要防止引入人体电阻，双手不能捏住表笔金属部分.

15. 测有极性元件的等效电阻时(如二极管)，应注意黑表笔是万用表内电池正极(系指指针式万用表).

16. $R\times 10$ K 电池电压较高，不能检测耐压很低的元件(如小于 6 V 的电解电容).

17. 不能用电阻挡直接测高灵敏度表头的内阻.

18. 测量有感抗的电路中的电压时，须切断电源前先断开万用表.

19. 长期不用的万用表，应取出内部电池.

五、仪器布置和线路连接

要获得正确的实验测量结果，实验仪器的布置和线路的正确连接是十分重要的，仪器布置不恰当，实验时就不顺手，而且造成接线混乱，不便于检查线路，容易出错，损坏仪器. 因此，需要学习和训练仪器布置和接线方面的技能.

1. 仪器设备不一定要完全按照实验电路中的位置一一对应，而是将要读数的仪器放在近处，其他仪器放远处；使用高压时，高压电源要远离人身.

2. 从电源正极开始接回路对点接线. 当电路复杂时，可将之分成几个小回路，逐个回路接线. 接线时应充分利用电路中的等位点，避免在一个接线柱上集中过多的导线连接片(一般不允许超过三个).

3. 实验使用的电源多半是可调稳压电源,实验开始前先把稳压电源开关打开,电源通电,观察稳压电源输出电压的调节方法. 之后把稳压电源输出电压调为零,并关闭稳压电源开关后再做接线路的工作.

接线规则是先接线路,后接电源;实验完毕的拆线规则是先断电源,后拆线路. 按图接好线路后,要自行仔细检查一遍,再请教师复查后,才能接通电源.

4. 调试电路保护仪表的技巧.

实验线路接好后,不一定正确. 如果线路有错误,则通上电后很可能烧坏电路元件和测量仪表. 因此,判断电路接得正确与否是特别重要的. 这里介绍一个调试电路的基本技巧,以保护仪表的安全.

实验前你已经把稳压电源输出电压调成了零,这时你稍微上调一点点电压(注意动作一定要轻,只给加一点点电压,即电压表或电流表能有偏转方向的反应),同时观察电路中电表指针变化情况. 如果电路正确,电表指针偏转方向正确;反之,则需检查电路.

5. 在实验中,必须全局观察整个线路上的所有仪器和元器件,如发现有异常(如指针超出量限、指针反转、焦臭味等),应立即切断电源,重新检查,找出原因. 若电路正常,可用较小的电源输出定性观察实验现象,如果正常,再正常加电压进行定量实验操作.

6. 操作过程可概括为四句话:**"手合电源,眼观全局,先看现象,再读数据."**

7. 测得数据后,应当用理论知识判断数据是否合理,有无遗漏,是否达到了预期目的,在自己确认无疑又经教师复核后,方可拆除线路,并整理好仪器用具.

六、标准电池及标准器

标准器就是准确度等级较高的,可以作为标准的器件物品. 电磁学实验中,常用的标准器有标准电阻、标准电容、标准电感和标准电池.

(一) 标准电阻

标准电阻用锰铜线或锰铜条制成,这种合金电阻温度系数很小(约 0.000 01/ ℃). 低值标准电阻为了减小接线电阻和接触电阻,设有 4 个端钮. 使用标准电阻时应注意使用温度,在小于额定功率下使用,应放置在温度变化小的环境中.

(二) 标准电容

标准电容有气体介质(空气、氮、真空)电容器和固体介质(熔融石英、白云母)电容器,常用的有空气电容器和云母电容器. 云母电容器除做成固定式以外,还可以做成十进式电容箱. 标准电容器的准确度等级有 0.01,0.02,0.05,0.1 和 0.2 五级,电容箱的等级较低,有 0.05,0.1,0.2,0.5 和 1 五个等级. 标准电容工作条件指标有额定电压、最大电压、工作频率范围. 标准电容器一般有三个端钮,即两个测量电极(常记为"1"、"2")和一个绝缘的屏蔽外壳端钮(常记为"0"). 一般使用时,屏蔽外壳端钮和一测量电极相接. 使用标准电容时应注意周围电场对电容值的影响. 标准电容技术指标包含额定值,损耗角正切值,测试系数和准确度等级以及工作条件.

(三) 标准电感

标准电感分标准自感器和标准互感器两大类. 每类又分为定值和可变两种形式. 准确度等级分为 0.01,0.02,0.05,0.1 和 0.2 五种. 标准电感技术指标包含额定值,直流电阻,工作频率范围及基本误差(或等级).

(四) 标准电池

国际上规定以标准电池的电动势作为电动势的国际标准，在电位差计实验中，标准电池作为校正电位差计工作电流标准化之用.

标准电池有国际标准电池(也称为饱和标准电池)和非饱和标准电池两种，其外形与内部结构如图 0 - 55 所示.

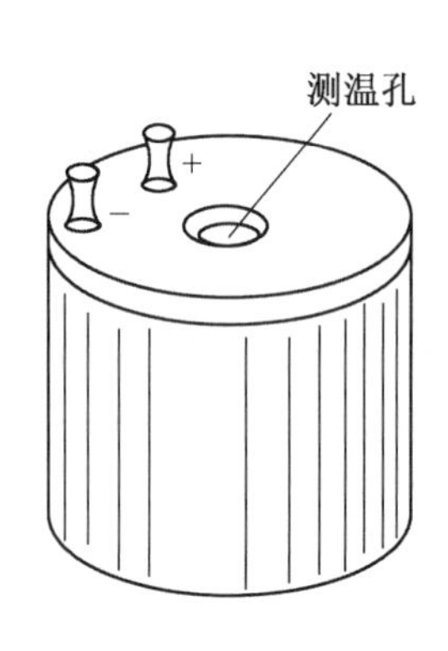

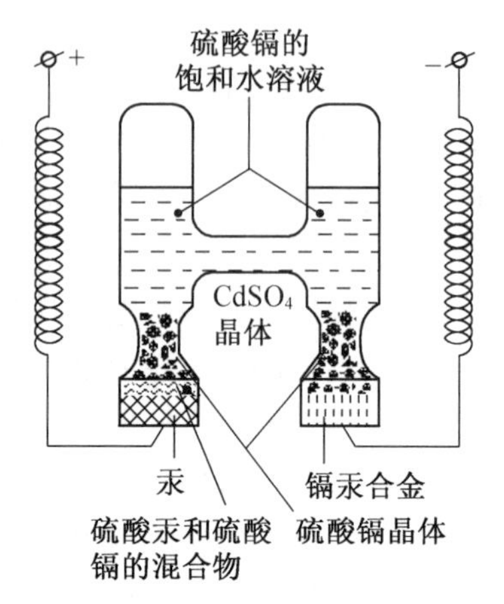

图 0 - 55 标准电池外形与内部结构

1. 饱和标准电池

标准电池用纯汞作阳极，镉汞合金 (12. 5%Cd＋87. 5%Hg) 作阴极，用硫酸镉($CdSO_4$)的饱和水溶液作电解液，硫酸汞作去极剂.

正极水银(Hg)上面是硫酸汞($HgSO_4$)和碎硫酸镉晶体 $\left(CdSO_4+\frac{8}{3}H_2O\right)$ 所混成的糊状物，再上面是硫酸镉晶体，晶体上面是硫酸镉的饱和水溶液，作电解液.

负极镉汞合金上面是硫酸镉晶体，再上面是硫酸镉的饱和水溶液. 容器的连接部分充满电解液. 由于在电池正负极上沉有硫酸镉晶体，因此，在任何温度下硫酸镉溶液总是饱和的，电池容器在上端封口.

标准电池是实验室常用的电动势标准器，在正确使用的情况下，这种电池的电动势极其稳定，不产生化学副反应，几乎没有极化作用，并且它的内阻在相当大的程度上不随时间而变化，电动势与温度的关系可以准确地掌握，国际上各国采用的修正公式略有不同，我国经过大量科学实验与现场使用，总结出温度为 t ℃时的电动势ε_t 与温度为 20 ℃的电动势ε_{20} 的关系式(即修正公式)如下：

$$\varepsilon_t=\varepsilon_{20}-[39.9(t-20)+0.929\,(t-20)^2-0.009\,(t-20)^3+0.000\,006\,(t-20)^4]\times10^{-6}\ \text{V}. \tag{0-61}$$

我国生产的标准电池的稳定度及使用时的偏差均达到了国际上的先进水平. 饱和标准电池按准确度可分为Ⅰ、Ⅱ、Ⅲ三个等级.

Ⅰ级，最大允许电流为 1 μA，内阻不大于 1 000 Ω，$E=0.000\,5\%$；

Ⅱ级，最大允许电流为 1 μA，内阻不大于 1 000 Ω，$E=0.001\%$；

Ⅲ级，最大允许电流为 10 μA，内阻不大于 600 Ω，$E=0.05\%$.

使用标准电池时必须注意以下几点：

(1) 使用过程中，其输出或输入的最大瞬时电流不宜超过 5～10 μA，否则电极上发生的化学反应将改变其成分和组成，失去电动势的标准性质.

(2) 不能使电池短路，也不允许用伏特计去测标准电池两端的电压值，更不能将它作为电源使用. 在任何时候，标准电池都不能经受振动摇晃、倒置和倾斜等.

(3) 标准电池的电动势随室温不同将发生较小的变化，故使用前需测出室温，利用修正公式进行电动势的校正，使用温度范围为 0～40 ℃.

(4) 20 ℃时，$\varepsilon_{20} = 1.018\,59$ V.

2. 非饱和标准电池

其结构与饱和标准电池基本相同，只是电池内没有硫酸镉晶体. 在温度高于 4 ℃时，用作电解液的硫酸镉溶液就不饱和了. 由于电流作用，电解液浓度要发生变化，因此这种电池的稳定性比饱和标准电池电动势的稳定性要低得多.

但它的优点是内阻较小(不大于 600 欧)，温度系数小，在 10～40 ℃范围内，每变化 1 ℃电动势变化不会超过 15 μV，故一般应用时可以不作温度修正. 饱和标准电池比非饱和标准电池的温度系数要大 4 倍以上.

七、通用信号发生器

信号发生器是专门产生各种频率、多种波形的专用“电源”，提供实验测试所需的标准信号. 本课程实验中，有很多实验项目要用到信号发生器. 这里对通用信号发生器的一般知识和使用规范作一介绍.

(一) 通用信号发生器概述

1. 基本功能

信号发生器又称为函数信号发生器或函数发生器，通用信号发生器都能产生频率和幅度都可调的正弦波、三角波和方波三种基本信号，以提供实验实时测试所需的标准信号. 并且输出信号的幅度和频率都能实时显示，对频率的显示要达到较高的精度，而对输出信号的幅度的显示则精度要求不高. 频率调节通常分挡调整，有粗调和细调旋钮.

2. 通用信号发生器面板的基本组成

根据信号发生器的基本功能，面板必然有如下几个基本部分：

(1) 信号输出口；(2) 波形选择开关(如果不同波形的输出有不同的输出口，则没有这选择开关，现在新产品大多用同一个输出口)；(3) 输出信号幅度指示和频率指示器(用表针或数码管显示)；(4) 幅度调节和频率调节器；(5) 电源开关.

3. 使用信号发生器的注意点

(1) 信号发生器本质上就是一只“电源”，使用中应严防短路和超过额定功率，并且要防止外来信号由信号发生器的输出口回输入给信号发生器.

(2) 与其他仪器相连时，各仪器的“⊥”线应该连在一起，一是为了防止干扰，二是可以防止由仪器间的交叉而造成短路事故.

(二) LM1620P 型函数信号发生器

任何信号发生器都应该包含通用信号发生器的基本功能，但不同信号发生器能输出信号的频率范围各不相同，输出的函数信号也不同(超过三种). 我们以 LM1620P 型函数信号发生器为例阐述信号发生器的基本功能和使用方法,并由此了解通用仪器的一般规律. LM1620P型函数信号发生器面板布置如图 0-56 所示(注:图上带虚线部分是仪器本身的使用说明提示语,对按钮或旋钮较多的比较复杂的仪器,一般有这种提示语或通用的标记,并且用比较醒目的颜色进行标记,这能帮助用户较快在仪器面板上找到想要的旋钮或按键等).

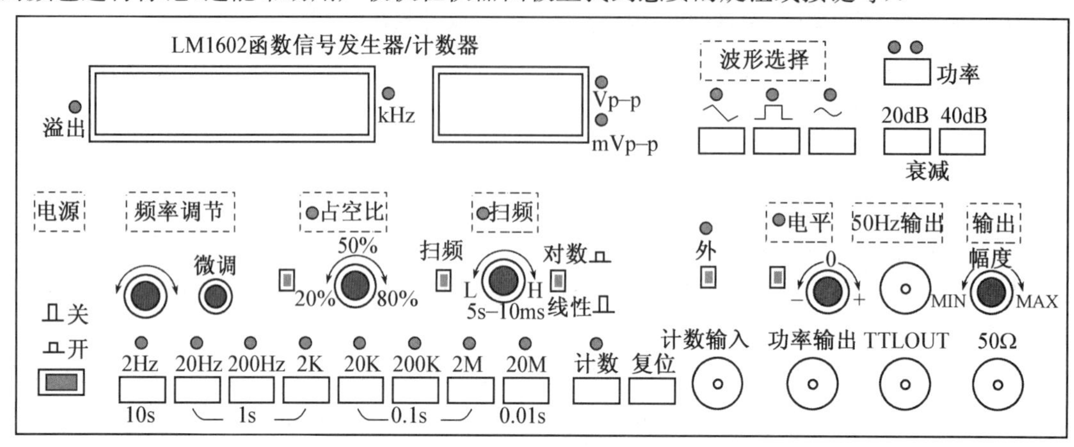

图 0-56 LM1620P 型函数信号发生器面板图

对面板的解释说明请参见图 0-57. 为方便,我们在图上用粗线框划分为 7 个区,以便分区分别解释.

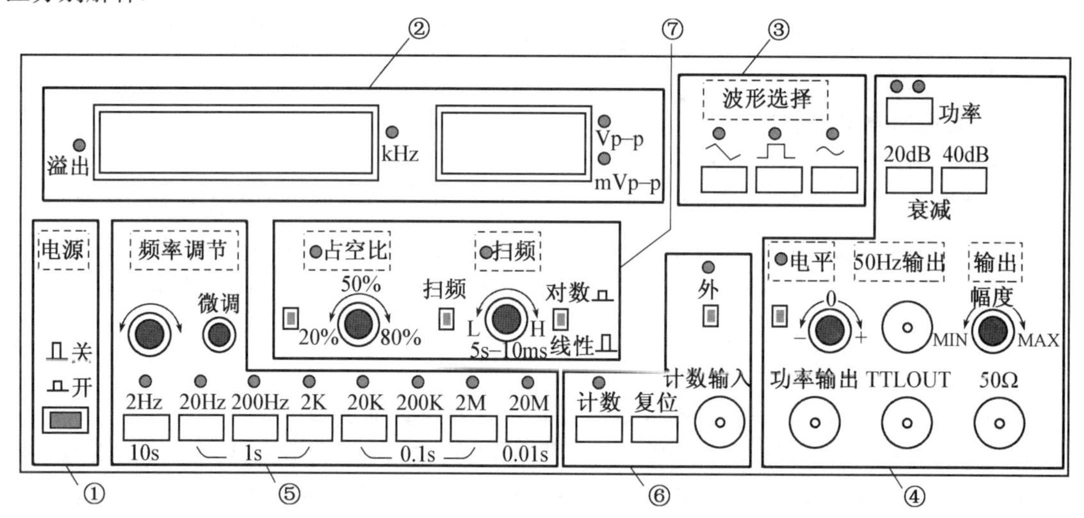

图 0-57 信号发生器面板解释说明图

1. 信号发生器电源开关——①区

①区中,“▭”是一只按钮开关,符号“⊔关 ⊓开”是按钮开关的解释符号,弹出表示电源关,按入表示电源开. 按钮开关的开与关,一般用这种符号表示.

2. 输出频率和幅度的显示——②区(显示区)

这是两个显示窗口,左窗口显示频率,右窗口显示电压.

左窗口右边“ ● ”是一只发光二极管,它下面“kHz”是窗口显示数字的单位. 左窗口左边“ ● ”也是一只发光二极管,下面有“溢出”两字,它发亮表示显示数已经超“量限”.

右窗口右边两个“●”是两只发光二极管，其下是窗口显示数字的单位．一个是V，另一个是mV，p－p表示峰-峰值，V_{p-p}是以伏为单位的峰-峰值，mV_{p-p}是以毫伏为单位的峰-峰值．显然，这两只发光二极管只会亮一只．

3．输出波形的选择——③区

这里有三只按键，每只按键上方标有波形形状．任按一只按键，键上方的发光二极管亮，表示输出口有此波形输出了．

4．信号的输出——④区

④区的各部件名称如图0－58所示(说明：④区和下述的⑤区用黑体字表示各部件名称)．

功率输出按钮按下，则上方左灯亮，此时**功率输出口**能功率输出(即可带负载)．如果上方右灯亮，则输出功率超载，此时应该停止功率输出并检查负载电路．

信号输出衰减按钮有两只，只按下20 dB键，则输出信号衰减20 dB；只按下40 dB键，则输出信号衰减40 dB；两只都按下，则输出信号衰减60 dB．

功率输出口能带负载，比如可以给扬声器加信号而发声音．

电压输出口实现电压输出，接上的负载电阻一般要大于50 Ω．比如不可以从此输出口给扬声器加信号的(称为带不动负载，即输出功率不够)．

TTL输出口实现标准*TTL*(方波)信号的输出，幅度大小一定，但频率可调．

50 Hz信号输出口实现幅度一定，频率为50 Hz的正弦波标准信号．

电平按钮按下后，电平指示灯亮，此时**电平调节旋钮**才起作用，即可调节电平．意思是给功率输出口和电压输出口的信号叠加一个直流电平．在示波器上观看信号，则可见到随着**电平调节旋钮**的转动波形整体上移或下移．

输出幅度调节旋钮可以微调**功率输出口**和**电压输出口**输出信号的幅度．

5．调节信号输出频率——⑤区

⑤区的各部件名称如图0－59所示．

频段选择按钮可选择信号发生器输出频率的频率段，比如按下2K按钮，表示输出信号频率的数量级在2 kHz左右．具体多少靠**频率调节旋钮**粗调，**频率调节微调旋钮**细调．

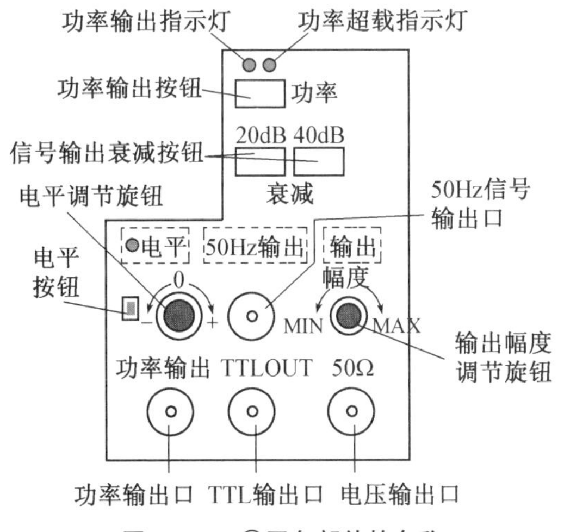

图0－58　④区各部件的名称

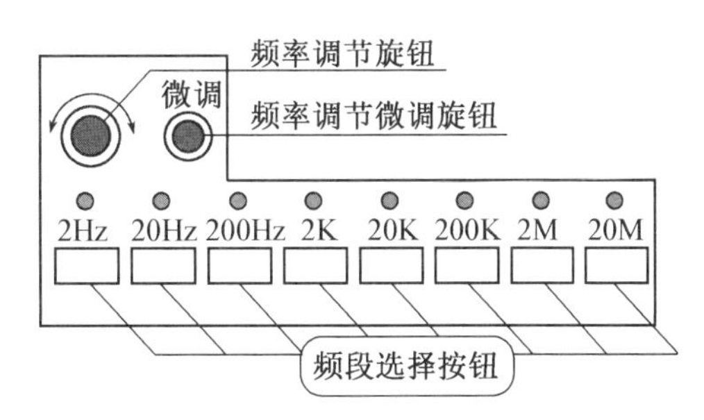

图0－59　⑤区各部件的名称

6. 当频率计和计数器使用——⑥区

该型号信号发生器可当频率计测其他信号的频率，可当计数器记录电脉冲数.

被测信号由“计数输入”口输入，按“外”按钮键，此时按钮上方的指示灯亮，这时候显示区②区左窗口内显示的是外加被测信号的频率；如果再按“计数”按钮，则显示区显示输入的脉冲数而不是频率数了. 按“复位”按钮，则显示区清零，重新计数.

7. 其他功能——⑦区

该信号发生器有扫频功能和调占空比功能. 这是专业课程所需的，这里不做介绍了.

八、BS－Ⅱ型双频调相信号仪

该信号仪是我们根据实验需要自己研发的仪器，主要为谐运动合成实验提供振动源，同时也为示波器使用实验和有关偏振光原理等实验提供相关信号源. 它是由微处理器产生的正弦波信号，其面板布置如图 0－60 所示.

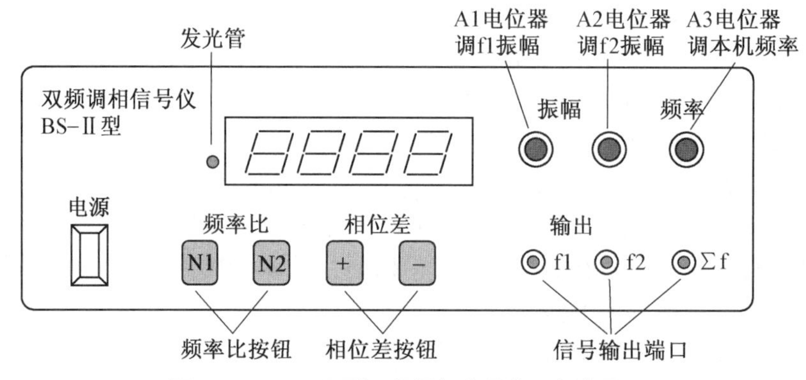

图 0－60 BS－Ⅱ型双频调相信号仪面板布置图

(一) 功能

该信号仪双频输出端口为“f1”和“f2”，它们输出的都是正弦波信号，“Σf”端口输出的则是“f1”和“f2”两端口信号的叠加. 即如设“f1”和“f2”端口的正弦波电信号分别为 $u_1 = U_1\cos 2\pi f_1(t+\varphi_1)$，$u_2 = U_2\cos 2\pi f_2(t+\varphi_2)$，则“$\sum f$”端口输出的电信号为

$$u = u_1 + u_2 = U_1\cos 2\pi f_1(t+\varphi_1) + U_2\cos 2\pi f_2(t+\varphi_2).$$

这里，两信号频率 f_1、f_2 可调，幅度 U_1、U_2 可调，初相位差 $\varphi_2 - \varphi_1$ 可调.

仪器可以显示的内容有：两信号的频率比 $f_1 : f_2$、初相位差 $\varphi_2 - \varphi_1$、本机频率 f_0、分频数 N_1 和 N_2.

本机频率 f_0 与两信号频率 f_1 与 f_2 的关系为 $f_0 = N_1 f_1 = N_2 f_2$，具体读数方法参阅下述使用说明的相关部分.

(二) 使用说明

1. 电源

接通电源，数码管即显示本机频率 f_0.

2. 显示屏(数码管)

用以显示本机频率(f_0)、“f1 输出端口”和“f2 输出端口”两信号的频率比 $f_1 : f_2$，两信号的初相位差 $\varphi_2 - \varphi_1$，以及分频数 N_1 和 N_2.

3. 指示灯(发光管)

用以指示显示屏显示数据的内容.

当显示本机频率 f_0 时,不亮;当显示两信号的频率比 $f_1:f_2$ 时,亮红色;当显示两信号的相位差 $\varphi_2-\varphi_1$ 时,亮绿色.

4. 频率比按钮("N1"和"N2"按钮)

(1) 要读测两输出信号频率比 $f_1:f_2$,按一下"N1 按钮"或"N2 按钮"并立即松手即可.此时指示灯亮红色,数码管显示这两输出信号的频率比.

读数方法:两输出信号的频率比=显示屏的左两位与右两位数值比.

例如显示"0304",表示 $f_1:f_2=03:04=3:4$;如显示"0505",表示 $f_1:f_2=05:05=1:1$.

显示时间为3秒,3秒后,仪器自动恢复显示本机频率 f_0,指示灯熄灭.

注意:前面提到分频数 N_1 和 N_2,这里显示的左两位即分频数 N_1,右两位即分频数 N_2.比如显示"0304",则 $N_1=3,N_2=4$,由此可由 $f_0=N_1f_1=N_2f_2$ 算出两信号的输出频率.

(2) 要改变两输出信号频率比 $f_1:f_2$,再按"N1 按钮"或"N2 按钮"即可.

不断按或按住"N1",数码管左两位实现02～09的循环变化.不断按或按住"N2",数码管右两位实现02～09的循环变化.

5. 相位差按钮("+"和"-"按钮)

(1) 要读测两输出信号相位差 $\varphi_2-\varphi_1$,按一下"+"或"-"并立即松手即可.

此时指示灯亮绿色,显示屏显示两信号的相位差(f2输出信号与f1输出信号的相位差,单位为度).显示时间为3秒,3秒后,仪器自动恢复显示本机频率,指示灯熄灭.

(2) 要改变两输出信号相位差 $\varphi_2-\varphi_1$,再按"+"或"-"即可.

不断按或按住"+",相位差增加;不断按或按住"-",相位差减小,直到零.每按一次,相位差改变量为5°.

6. 信号输出端口

"f1"和"f2"为两个正弦信号输出端口,"∑f"为前两信号叠加后的信号输出端口.两正弦信号的输出频率数值:$f_1=f_0/N_1$,$f_2=f_0/N_2$(f_0 为本机频率,N_1 和 N_2 为分频数,见"4. 频率比按钮"的相关说明).

7. 振幅调节

有两个位器分别调节两输出信号的振幅.

调"A1"电位器,改变"f1"输出信号的振幅;调"A2"电位器,改变"f2"输出信号的振幅.

8. 本机频率调节

调"A3"电位器,改变本机频率 f_0,显示屏常显的是本机频率 f_0,单位为Hz.

9. 其他说明(注意点)

(1) 开机后,输出端没信号输出,需按"N1"、"N2"、"+"或"-"的任意一按钮后,才有信号输出.

(2) 用于观测稳定的利萨如图形时,基频 f_0 宜选在400 Hz～2 kHz范围.如果要观察转动的利萨如图形,基频 f_0 宜选>2 kHz,并且频率越高,利萨如图形转动越快.

(3) 用于观察两振动的叠加,并且要让叠加振动图稳定,则基频 f_0 宜选在400 Hz～2 kHz范围.如果要观测察不稳定的振动图,基频 f_0 宜选>2 kHz.

(4) 用于观测相位差变化而引起两同频率振动图形的变化特征，基频范围宜选在 400 Hz～2 kHz 范围.

(三) 主要技术参数

1. 频率范围

基 频 $f_0 = 400$ Hz ～ 2.8 kHz，连续可调；

输出频率 $f_1 = f_0/N_1(N_1 = 2 \sim 9)$；

输出频率 $f_2 = f_0/N_2(N_2 = 2 \sim 9)$.

2. 相位差

最小改变量 ±5°；

改变范围 $0 \sim K \times 360°$(建议值 $K = 5$).

3. 电压输出范围

0～12 V 连续可调.

4. 误差

频率误差＜1%；相位差误差＜0.5%.

5. 工作电源

交流，220 V±10%，50 Hz±5%.

6. 功率

30 W.

7. 工作环境

温度：－10°～40 ℃；湿度：≤85%RH.

8. 电源保险丝

500 mA.

九、双通道函数/任意波形信号发生器

智能、数字合成等技术，促生了智能化信号发生器. 其功能强大，性能优良，对实验项目的设计、开发及应用有极大的推进作用. 这里以 DG1022 型双通道函数/任意波形信号发生器为例，对智能信号发生器做一通识性介绍.

(一) 功能简介及面板说明

DG1022 双通道函数/任意波形信号发生器，能够输出基本信号和其他多种信号. 基本信号有 5 种，分别是正弦波、方波、锯齿波、脉冲波和噪声波；其他多种信号系指调制波(有幅度调制 AM、频率调制 FM、频移键控 FSK 和相位调制 PM 这 4 种)、扫频波以及脉冲串波形. 另外，本信号发生器还具有用户自定义任意波形，存储波形等强大功能.

由于采用直接数字合成(DDS)技术，所以本信号发生器可生成稳定、精确、纯净和低失真的正弦信号以及能提供 5MHz 具有快速上升和下降沿的方波，另外具有高精度、宽频带的频率测量功能.

本信号发生器采用人性化的键盘布局和指示以及丰富的接口，直观的图形用户操作界面，内置的提示和上下文帮助系统，简化了复杂的操作过程，用户不必花大量的时间去学习和熟悉信号发生器的操作即可熟练使用. 内部 AM、FM、PM、FSK 调制功能使仪器能够方便地调制波形，而无需单独的调制源.

DG1022 双通道函数/任意波形信号发生器的面板实物如图 0－61 所示.

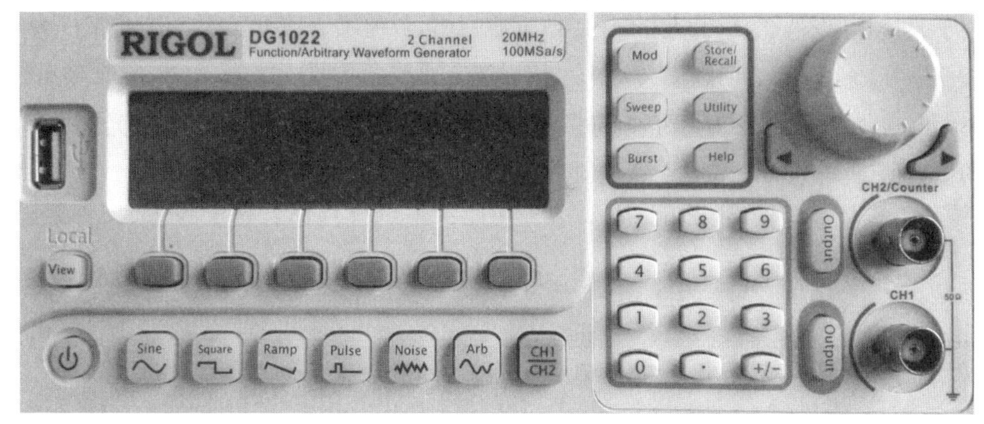

图 0－61　DG1022 函数/任意波形信号发生器面板实物图

DG1022 双通道函数/任意波形信号发生器的面板示意如图 0－62 所示.

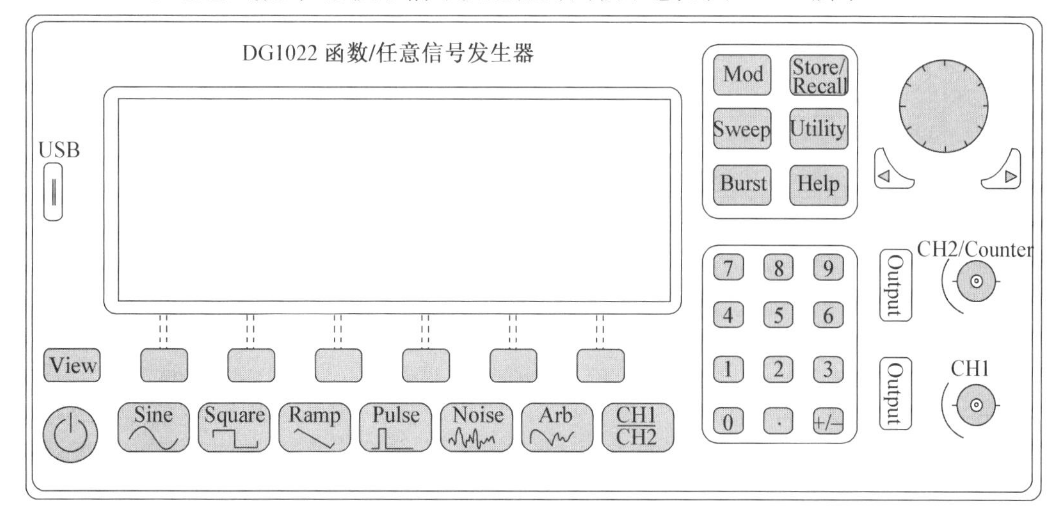

图 0－62　DG1022 函数/任意波形信号发生器面板示意图

下面对面板各部分按钮、旋钮功能及使用方法等做相关说明，如图 0－63 所示.

1. 电源开关

用以启动和关闭信号发生器.

2. LCD 显示屏

用以显示各种需要的信息，提供用户设置界面等.

信号发生器的主要功能是输出用户想要的各种信号，各信号都有各自的参数，比如电平、频率、相位、波形形状等. 这些参数值都将由此显示屏显示. 利用相关切换按钮或旋钮等，实现不同参数的显示、更改，达到用户所需的参数值(称之为对信号发生器进行“设置”).

3. 数字键盘

信号幅度、频率、相位等特征量想取多大，可直接通过键盘输入相应数字实现.

4. 调节旋钮

用于改变相应参数的数值大小. 正旋或反旋一格,数值增 1 或减 1. 数值变化范围为 0～9. 调节旋钮下方两个左右方向按键 ,用以选定要改变数值的位数. 例如,要把输出频率值由 1 080 Hz 变为 1 090 Hz(显示屏上有显示),可利用左右方向按键 把光标先移到“8”所在的位数上(此时选中的位数会反色显示),右旋 1 格就可把“8”变为“9”.

“调节旋钮”还具有其他功能,比如结合功能菜单选择存储文件的位置、文件名输入字符等.

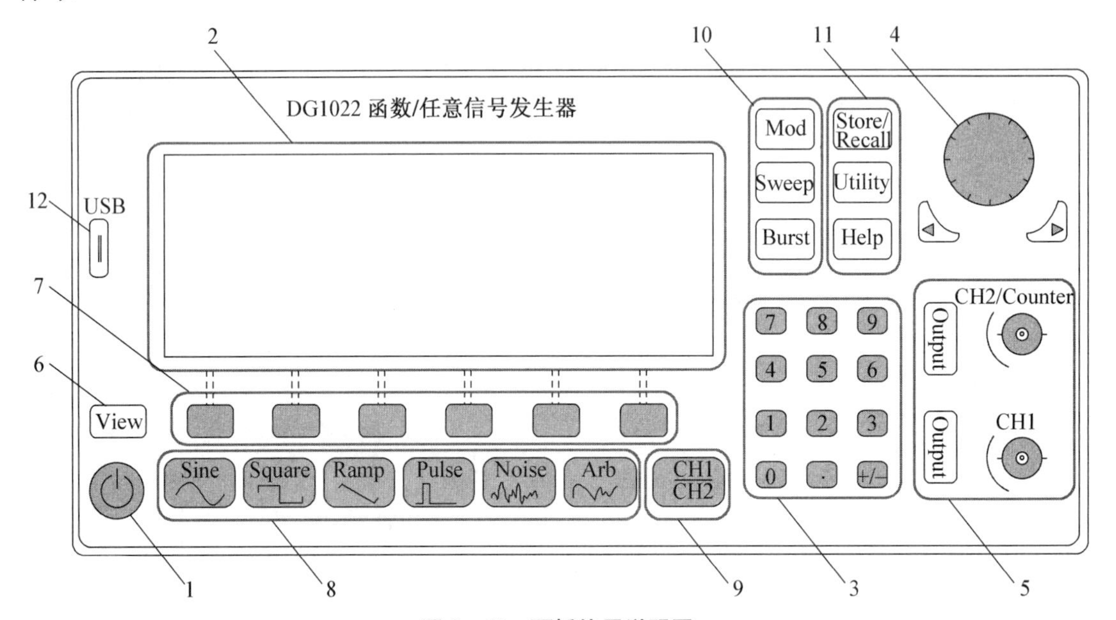

图 0 - 63　面板使用说明图

1—电源开关　2—LCD 显示屏　3—数字键盘　4—调节旋钮　5—信号输出端口、输入端口与控制按钮　6—显示屏视图切换按钮　7—菜单选择按钮　8—波形选择键　9—通道切换按键　10—调制、扫频、脉冲串按键　11—存储、辅助系统功能、帮助按键　12—USB 接口

5. 信号输出端口、输入端口与控制按钮

该信号发生器可同时输出两组信号,分别由 CH1 和 CH2 端口输出. CH1 端口只有输出信号的功能,但 CH2 端口既可输出信号,也可作为频率计的输入端,即本信号发生器也可作为频率计使用,可以测量其他信号的频率、占空比等参数.

CH1 和 CH2 左侧的“Output 按键”的作用是启用或禁用信号输出. 按下“Output 按键”,按键点亮,此时表明信号发生器的信号可以从端口输出(此时显示屏上相应通道标志符右侧由“OFF”字样变为“ON”);如果“Output 按键”不亮,则表明该端口没有信号输出(此时显示屏上相应通道标志符右侧为“OFF”字样).

如果信号发生器设置为频率计模式(即按亮图 0 - 63 所示的“Utility”键),测量其他信号的频率、占空比等参数,则 CH2 端口就作为频率计的信号输入端了. 频率计模式下,CH2 端口将自动禁止信号发生器的信号输出.

6. 显示屏视图切换按钮 View

需要信号发生器产生什么类型的信号(正弦波还是方波等),信号幅值、频率等要多大,诸如此类的参数设置，都在屏幕上有菜单，由用户选取并设定．显示屏上需对各种类型的数据进行显示，而显示屏大小有限，所以对不同类型的数据（包括图形）只能分屏显示，故而设计这 View 按钮，用以对不同类型的信息做切换显示（即出现不同的界面视图）．

反复按 View 按钮，可循环出现 3 种界面视图：单通道常规数据显示、单通道图形数据显示及双通道常规数据显示．如图 0－64、图 0－65、图 0－66 所示．用户可根据界面视图做具体菜单选择与参数设置．

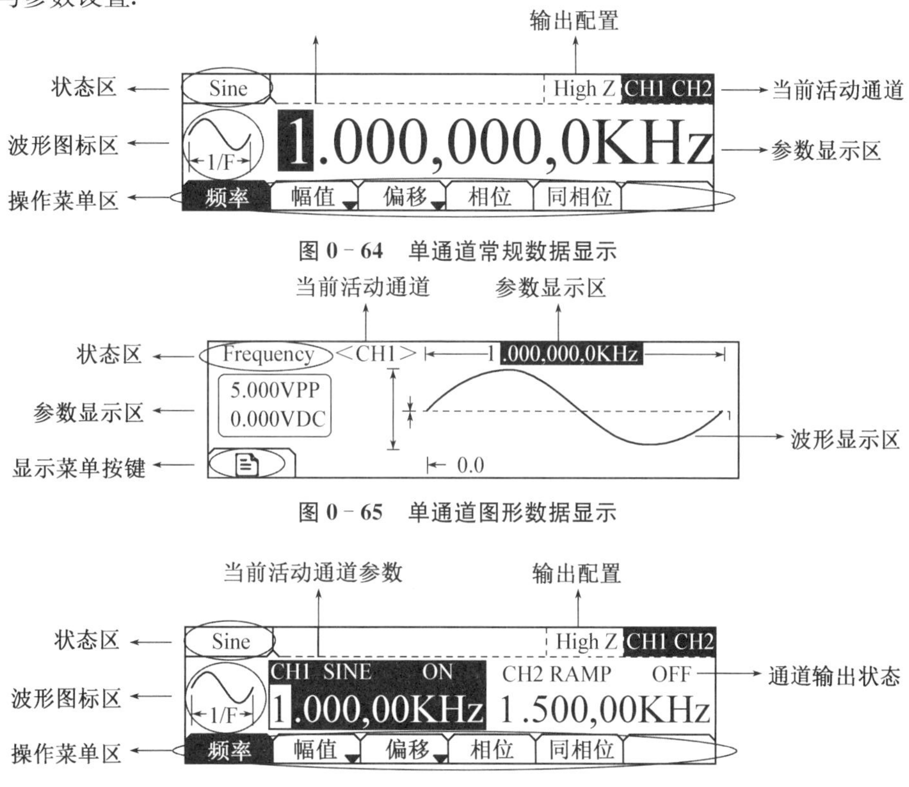

图 0－64　单通道常规数据显示

图 0－65　单通道图形数据显示

图 0－66　双通道常规数据显示

7．菜单选择按钮

共有 6 个，用以选择需要设定参数的菜单．现举例说明其使用方法：

假设按视图切换按钮 View 后，显示屏上出现图 0－67 界面视图，则可按相应的菜单选择按钮 A、B、C、D、E、F 选择视图中的菜单（图中视图界面最下面一排的“频率”、“幅值”、“偏移”等，都是菜单名称）．选择好菜单后，就可应用“3 数字键盘”或“4 调节旋钮”对相应菜单的参数进行设置．

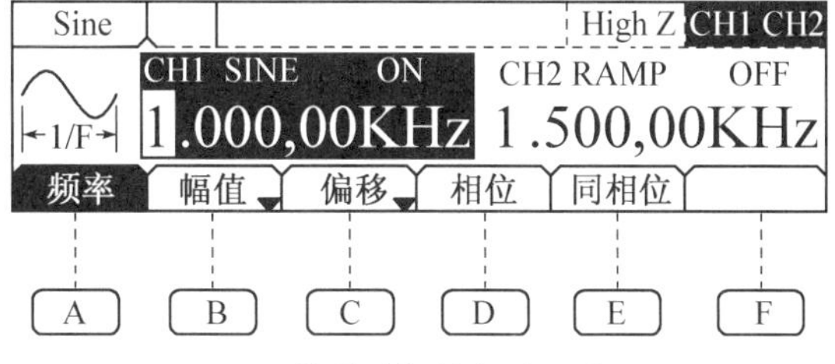

图 0－67　菜单选择按钮使用举例用图

图 0－67 是按下“菜单选择按钮”A 后的情况，“界面视图”的“频率”菜单出现反色显示，表示此菜单“频率“已被选中，这时，应用“3 数字键盘”或“4 调节旋钮”就可设置信号发生器的输出频率值.

如果要分别对“幅值”、“偏移”、“相位”值进行设置，只要分别按下“菜单选择按钮”B、C、D 即可. 按 E 时，表示设置信号发生器的两个输出信号相位相同. 本界面视图中，按 F 时为空菜单(F 按钮上面没有菜单项).

8. 波形选择键

共有 6 个，Sine Square Ramp Pulse Noise Arb，用以设置信号发生器产生的波形类型. 从左到右分别为 Sine 正弦波，Square 方波，Ramp 锯齿波，Pulse 脉冲波，Noise 噪声波，Arb 任意波.

9. 通道切换按键 CH1/CH2

信号发生器可同时提供两路输出信号(即双通道输出)，每个输出通道信号参数的设置，都需让该通道的菜单在界面视图中出现(即处于可设置状态，称之为活动通道). 通过 CH1/CH2 通道切换按键，可以切换活动通道，以便于选择各通道的菜单并进行参数设置.

10. 调制、扫频、脉冲串按键

(1) **Mod 键** 调制按键. 使用该键，可在 CH1 端口输出经过调制的波形. 本信号发生器可使用幅度调制(AM)、频率调制(FM)、频移键控(FSK)和相位调制(PM). 可调制正弦波、方波、锯齿波或任意波形.

操作方法：按 Mod → 类型 (意思是：按 Mod 键，屏幕视图中选择“类型”菜单，下文意思类同，阴影部分表示屏幕视图菜单选项)，再选择需要设置的调制类型(AM/FM/FSK/PM)，进入相应的设置界面.

可以通过改变类型、内调制/外调制、深度、频率、调制波等参数，来改变输出信号的波形.

幅度调制(AM)方法：按 Mod → 类型 → AM，可调制振幅变化深度(0%～120%)；频率调制(FM)方法：按 Mod → 类型 → FM，调制波形的频率(20 kHz～2 MHz)，其中设置的频偏必须小于或等于载波频率；频移键控(FSK)方法：按 Mod → 类型 → FSK，可进行跳频，内调制时设置跳跃频率范围不超过载波的频率范围；相位调制(PM)方法：按 Mod → 类型 → PM，进行相位调制(0°～360°). 四种调制波形都可以按“View 键”切换为图形显示模式，查看波形参数.

本信号发生器只能调制正弦波、方波、锯齿波或任意波形，不能调制脉冲、噪声和 DC.

(2) **Sweep 键** 扫频按键. 该信号发生器的 CH1 可输出扫频信号. 可在指定扫描时间内从开始频率到终止频率输出扫频波形. 能够用于扫频的波形包括：正弦波、方波、锯齿波或任意波(除 DC)，不允许扫荡脉冲和噪声. 按“Sweep 键”即可进入设置界面，可以设置的参数有：线性/对数，开始/中心，终止/范围，时间/触发.

(3) **Burst 键** 脉冲串按键. 该信号发生器的 CH1 可输出多种波形的脉冲串[说明：输出具有指定循环数目的波形，称为脉冲串. 脉冲串可持续特定数目的波形循环(N 循环脉冲串)]. 按“Burst 键”进入脉冲串波形设置界面. N 循环模式下可设置循环环数，相位，周期，延迟，触发；门控模式下可设置极性，相位.

可以产生正弦波、方波、锯齿波、脉冲波或任意波形的脉冲串波形输出，可持续特定数目的波形循环（N循环脉冲串），可使用任何波形函数，但是噪声只能用于门控脉冲串. 按“View键”切换为图形显示模式，查看波形参数.

11. 存储、辅助系统功能、帮助按键

(1) **Store/Recall键** 该按键用于存储或调出波形数据和配置信息.

(2) **Utility键** 该按键用于设置同步输出开/关、输出参数、通道耦合、通道复制、频率计测量；查看接口设置、系统设置信息；执行仪器自检和校准等操作.

(3) **Help键** 该按键用于查看帮助信息列表.

说明：本信号发生器面板上任何按键或菜单按键，长按2～3秒，即可显示相关帮助信息.

12. USB接口

用于命令集控制和任意波编辑软件.

(二) 信号发生器基本设置举例

目标：让信号发生器产生一正弦波信号，并可从端口1输出(CH1). 参数设置要求：信号频率10 KHz，幅值$2V_{pp}$，偏移量200 mVDC，初始相位20°.

操作步骤：

1. 使CH1通道处于活动状态. 方法：按“9通道切换按键”实现.

2. 选择正弦波波形. 方法：在“8波形选择键”中，选“Sine”.

3. 设置频率值. 方法：在“7菜单选择键”中，按屏幕菜单的“频率”菜单下面的按钮即可. 之后，用数字键盘输入“10”，在屏幕菜单上再选择单位“kHz”，即完成频率为10 kHz的设置. 通过方向键和调节旋钮也可进行设置.

4. 设置幅值. 选择“幅值”菜单，用数字键盘输入“2”，在屏幕菜单上再选择单位“V_{pp}”，即完成幅值为$2V_{pp}$的设置. 通过方向键和调节旋钮也可进行设置.

5. 设置偏移量. 选择“偏移”菜单，用数字键盘输入“200”，在屏幕菜单上再选择单位“mVDC”，即完成偏移量为200 mVDC的设置. 通过方向键和调节旋钮也可进行设置.

6. 设置相位. 选择“相位”菜单，使用数字键盘输入“20”，在屏幕菜单上再选择单位“°”，即完成初始相位为20°的设置. 通过方向键和调节旋钮也可进行设置.

7. 按一下端口CH1左侧的“Output按钮”（此时按钮点亮，显示屏上通道标志CH1符右侧由“OFF”字样变为“ON”），则此时该端口就可以输出相应的正弦波信号了.

按View键，可进行常规显示模式和图形显示模式的切换，查看不同界面视图中参数值或图形情况等. 其他形状的信号设置方法与上例相同，不再举例说明了.

(三) 信号的创建、编辑与调用

本信号发生器功能强大，有内建波形，可以读取和编辑，也可创建新波形并存储，当然也可调用和再编辑. 本信号发生器内建有48种任意波，可提供10个非易失性存储位置以存储用户自定义的任意波形. 用户可以直接调用内建的任意波，也可以自定义任意波形，还可编辑已存储波形、调用常用函数波形等.

编辑任意波形的操作如下：

按Arb键，出现菜单界面，选择“编辑”菜单后，会出现图0-68所示的操作菜单.

这操作菜单中,“创建”,是创建新的任意波形,并覆盖易失性存储器中的波形.“已存”,是编辑存储在非易失存储器中的任意波形.“易失波”,是编辑存储在易失性存储器中的任意波形.“删除”,是删除存储在10个非易失性存储器中的一个任意波形.“↑”,是取消当前操作,返回上层菜单.这里注意,这些菜单不是每次都会显示,当非易失存储器中没有存储波形时,“已存”和“删除”菜单不出现;当易失存储器中没有存储波形时,“易失波”菜单不出现.

1. 创建新波形

按 Arb → 编辑 → 创建 ,进入新的视图界面,如图0-69所示.可对需要创建的新波形的相关参数进行设置.图中的五个功能菜单的相关说明如下:

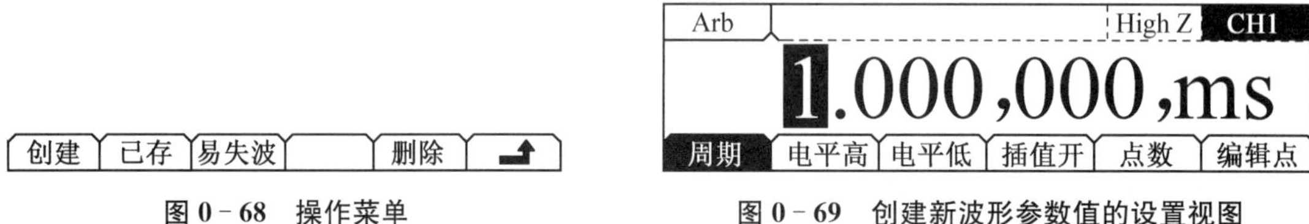

图0-68 操作菜单　　图0-69 创建新波形参数值的设置视图

周期:设置任意波形的周期;电平高:设置最高电压电平;电平低:设置最低电压电平;插值开:启用在波形的定义点之间的线性内插;插值关:(按一下插值开菜单选择键后会出现)禁用在波形的定义点之间的线性内插;点数:设置任意波形初始化点数;编辑点:启动波形编辑器.

(1) 设置点数.当创建新波形时,波形编辑器最初建立一个具有2个点的波形.波形编辑器自动地将波形的最后一个点连接到点1的电压电平,以创建一个连续波形.可创建最多4K个点的任意波形.在默认情况下,点1设置为高电平,固定在0秒;点2设置为低电平,设置为指定循环周期的一半.

(2) 设置插值.选择“插值开”,启用在波形点之间进行线性内插.选择“插值关”,这时在波形点之间维持不变的电压电平,并创建一个类似的数字波形.

(3) 编辑波形点.需对每个点进行编辑(给每个点指定时间和电压)来定义波形,即通过为每个波形点指定时间和电压值来定义波形.编辑波形点的方法:选择图0-69的“编辑点”菜单,对各点进行逐一编辑.图0-69中,选择“编辑点”后,出现新的视图界面,如图0-70所示.

首先编辑第1个点,按图0-70的“点”菜单,会自动出现点的序号“1”.之后就可对其电压值设置;编辑完第1个点的电压值后,再按“点”菜单,编辑第2个点.从第2个点开始,需指定时间.会出现图0-71所示的视图界面,与图0-70不同处是,多了一个“时间”菜单.

图0-70 编辑点界面

图0-71中相关功能菜单的说明:“点”:选择不同的波形点,可对各点的时间和电压参数进行设置.时间:设置当前点的时间值;电压:设置当前点的电压电平;插入:在当前点和下一个定义点的中间插入一个新的波形点,使用“时间”和“电压”定义新点;删除:删除当前的波形点;保存:将已创建波形存至非易失性存储器.

在波形中，最后一个可定义点的时间必须小于指定的循环周期.

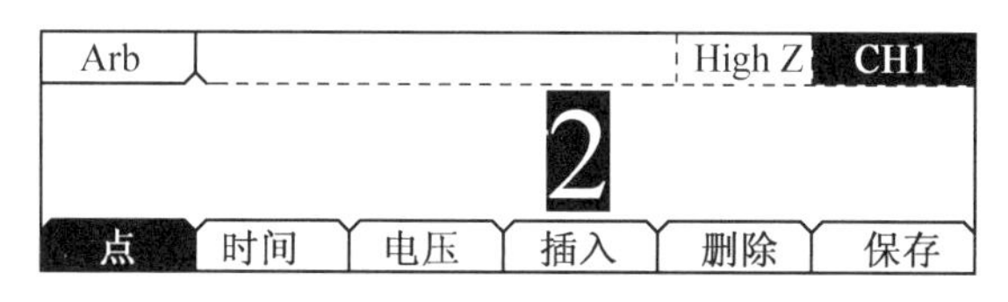

图 0－71　编辑波形点

(4) 存储波形至非易失存储器. 波形创建完毕后，按“保存”，进入 Store/Recall 功能界面，如图 0－72 所示，对波形文件进行命名等相关操作，即可将波形保存到非易失性存储器或外部存储器中. 这里要注意，在非易失存储器中，每个波形存储的位置，只能存储一个波形. 如果有新波形存储进来，旧的波形将被覆盖.

波形存储完毕后，按 View 键切换为图形模式，即可查看创建的波形.

图 0－72　保存用户定义的任意波

2. 编辑已存储波形

按 Arb → 编辑 → 已存，进入图 0－73 所示界面. 选中需要编辑的波形文件，使其反色显示.

按 读取，将其读入易失存储器中进行编辑，用户可以重新编辑已存波形的频率/周期，幅值/高电平，偏移/低电平，相位参数.

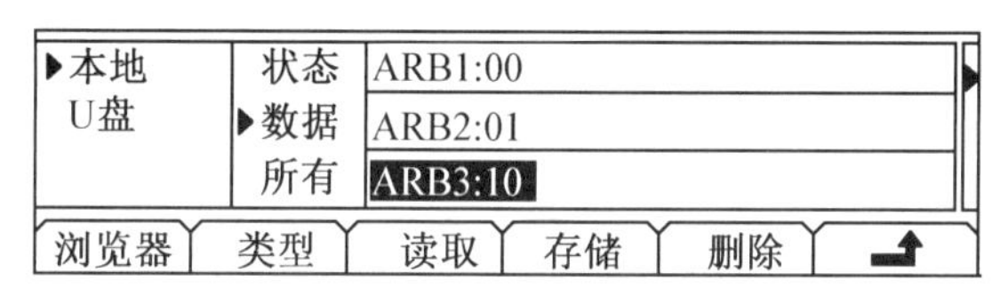

图 0－73　读取已存储波形

3. 调用信号发生器内建的波形

信号发生器内部自带有常用波形、常用数学函数、常用工程波形、常用窗函数等. 可根据用户需要选择调用. 调用方法：按 Arb → 装载 → 内建，进入图 0－74 所示界面. 选择所需的波形类型后，按菜单 选择，信号发生器即会输出所选波形. 此时按 View 键切换为图形显示模式即可查看波形.

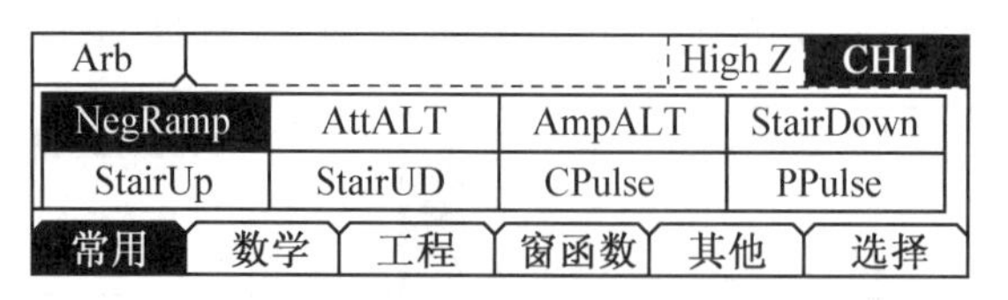

图 0－74　调用内建波形

4. 调用已存任意波形

按 Arb → 装载 → 已存 ，进入相应的界面. 选择所需读取的波形文件，使其反色显示，之后菜单读取，即将其读出. 信号发生器即会输出所选波形. 此时按 View 键切换为图形显示模式即可查看波形.

本信号发生器功能强大，其他的强大功能，这里不具体介绍了.

十、思考题

1. 图 0－75 电路有无问题，为什么？

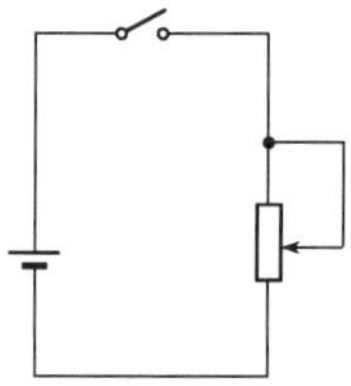

2. 检流计接入电路以判断电路中某两点电位是否相等时，检流计指针不指零有没有关系？检流计开关接通的时候，要注意些什么？如何阻止检流计指针振荡不停？检流计有哪些用途？

3. 由同一规格型号的表头制作的两只电流表，一只是量程为 1 000 μA，另一只是量程为 50 mA，试问，哪只表的内阻大？为什么？

图 0－75

4. 电压表每伏欧姆数是什么意思？

5. 解释下列概念：

(1) 电表的准确度等级；(2) 电表的引用误差；(3) 电表的最大引用误差.

6. 实验中不知待测量大小，如何选取电表的量程？

7. 假如某万用表欧姆刻度盘中间数值是 15，则用该表测某电阻时，倍率放在×100，则此时欧姆表内阻多大？用万用表不同欧姆挡测同一只二极管正向电阻时，读测值会有差异吗，为什么？

8. 万用表测电阻时应注意些什么？测高压时又应注意什么？使用万用表时，如何能保证万用表不受损坏？

9. 电路接线错误会损坏仪表或烧毁电源，作为一个初学者，如何检查和调试你连接的电路？

10. 要用到直流稳压电源的电学实验中，为什么提倡实验前先把电源输出调为零？

11. 检流计、标准电池等在搬动过程中应该注意些什么？标准电池能否作为电源输出功率？检流计如果要作为电流表测量电流，应该注意些什么？

12. 信号发生器功率输出与电压输出有何区别？

13. 什么是两个电信号的相位差？

14. 某量程为 1.5 V、0.5 级的电压表，仪器误差为多大？由它引入的 B 类不确定度是多少？用它测电压时，示值为 1.006 V，试写出电压值的结果表示式.

15. 用量程为 1 000 mA、等级度级别为 0.1 级的电流表测某一电流示值是 983.43 mA，测量所包含的最大基本误差为多大？被测量的相对误差为多大？如果测另一电流，示值为

453.48 mA，上述所问又是如何？根据两个测量值相对误差的对比，你对量程的选取上能发现有什么讲究吗？如果该表有 500 mA 的量程挡，测示值为 453.48 mA 的电流时，为什么选 500 mA 挡量程较好？

16. 万用表测电阻时应注意些什么？测高压时又应注意什么？使用万用表时，如何能保证万用表不要损坏？

17. 如何理解电学实验操作过程所概括的四句话"手合电源，眼观全局，先看现象，再读数据"？

第 5 节　光学仪器的使用和维护规则

光学仪器一般比较精密，其核心部件是它的光学元件，如各种透镜、棱镜、反射镜、分划板等，对它们的光学性能（如表面光洁度、平行度、透过率等）都有相当要求. 光学元件极易损坏. 最常见的损坏有下列几种：破损、磨损、污损、发霉、腐蚀等. 在使用和维护光学仪器时，必须遵守下列规则：

1. 必须在了解仪器的使用方法和操作要求后才能使用仪器.
2. 仪器应轻拿、轻放、勿受震动.
3. 不准用手触摸仪器的光学表面. 如果必须用手拿某些光学元件（如透镜、棱镜等）时，只能接触非光学表面部分，即磨砂面，例如透镜的边缘、棱镜的底面等.
4. 光学表面若有轻微的污痕或指印，可用特别的镜头纸轻轻地拂去，不能加压力擦拭，更不准用手、手帕、衣服或其他纸片擦拭. 使用的镜头纸应保持清洁（尤其不能粘有尘土）. 若表面有较严重的污痕、指印等，一般应由实验室管理人员用乙醚、丙酮或酒精等清洗（镀膜面不宜清洗）.
5. 光学表面如有灰尘，可用实验室专备的干燥脱脂软毛笔轻轻掸去，或用橡皮球将灰尘吹去，切不可用其他物品揩拭.
6. 除实验规定外，不允许任何溶液接触光学表面.
7. 在暗室中应先熟悉各种仪器用具安放的位置. 在黑暗的环境下摸索仪器时，手应贴着桌面，动作要轻缓，以免碰倒或带落仪器.
8. 仪器用毕，应放回箱内或加罩，防止尘土沾污.
9. 光学仪器装配精密，拆卸后很难复原，因此，严禁私自拆卸仪器.

第 6 节　物理实验课的基本要求

实验课与常规理论课的教学过程不同，它是学生在教师的指导下自己动手，独立完成实验的教学过程. 因此要求同学在每次实验时认真把握三个环节：(1) 有充分的实验前准备；(2) 严肃认真地实验操作和测试；(3) 实验后及时完成实验报告.

实验课时间有限，不预习进实验室，只能是目瞪口呆，束手无策，操作实验必然盲目，损坏仪器设备的几率必然增加. 发现同学实验前没预习，教师有权不允许其进入实验室，取消其实验资格，请同学们谨记！

（一）物理实验课基本要求的具体内容

1. 每人准备一本专用的物理实验原始数据记录本，记录如下内容.

（1）进实验室前要记录的内容：实验日期、同组实验者、实验项目名称、实验目的、必要的实验依据、主要的实验方法；设计好记录数据的表格；在实验预习中的发现、疑问.

（2）实验过程中要记录的内容：实验中的原始数据（要求一律用列表法记录数据，物理量、单位、有效数字都得正确无误记录，所用的实验仪器、型号规格和数量一并记载）.

（3）实验完成后要记录的内容：实验数据处理草稿和实验后的心得等.

实验前，教师要检查原始数据记录本；操作完毕，教师要审阅数据，合格者给予签字.

2. 进入实验室实验后，先根据仪器清单核对自己使用的仪器有无缺少或损坏.

如果发现问题，应立即向老师提出. 如没有问题，则在实验登记表上登记你的姓名，班级，学号，实验时间等相关信息.

3. 实验完毕，请老师审阅数据. 审阅通过后，整理好一切仪器，并搞好实验桌附近的环境卫生后，才能离开实验室.

4. 各次实验后在实验室或回到教室根据实验原始数据撰写一份完整的实验报告.

在实验操作时，不允许做旁观者：自己不动手、抄袭人家的数据！实验室力求一人一组实验仪器操作，偶尔两人或多人合作实验时，要求协调分工，充分合作，使实验共同达到预期的要求. 实验以及撰写实验报告的过程中，要求尊重事实，不允许随意修改实验数据.

5. 下次做实验时，将前次的实验报告交送至实验教师处，不得拖延作业.

（二）写实验报告的基本要求

1. 要求文字通顺，字迹端正，图表规格，讨论规范，完成实验操作后，要及时写好实验报告.

2. 实验报告内容要写清如下几部分

（1）**实验报告题目**. 包括：实验名称、实验时间、同组实验者姓名.

（2）**实验目的**. 提纲式写出做本实验项目要达到的目标（作为学生，应包括学会的内容）.

（3）**实验仪器和装置**. 记下实验仪器名称、型号和编号以及被测物体的名称与编号，目的是为了便于核对数据和复查. 在实验中往往仪器会发生一些不易觉察的问题，实验后在数据处理时便会暴露出来. 记下实验仪器等编号，便于找到用过的仪器进行复核，找出问题的原因. 请同学们养成这种习惯.

（4）**实验原理**. 对实验原理和使用的实验仪器作一简要叙述，如有必要，可用图、表配合说明. 对实验中所用的计算公式要写出，并用文字说明它表示什么物理量、单位以及采用公式时的实验条件等. 这里要注意，用简明扼要的语言（指文字、公式、图表等）阐述结论性的实验原理，不要大片抄录教材内容. 因为为了让学生自学，教材在原理方面的叙述是比较详细的，有时还给出了推导过程.

（5）**实验步骤**. 写出关键性步骤或实验方法.

（6）**数据记录及处理，给出实验结果并进行误差分析**. 要求尽量用列表法记录和处理数据（包括图形数据），数据处理包括数据表格、主要计算过程、图示、图解和误差分析.

作图中要按图示图解法要求绘制图线，计算中先将文字公式化简，再代入数值运算，误差估算要先写出误差公式.

对误差分析我们做下面要求：对验证性实验，我们要求给出近真值，测量不确定度或标准偏差和相对偏差，并且要求写清主要的计算方法、置信概率及测量次数，以掌握误差分析、不确定度及数据处理等基础知识，在必要时应该说明测量所处的条件、找出影响实验结果的主要因素等. 并且根据误差分析判断实验结果是否验证了理论，结果按标准形式给出.

对其他实验，可简单用算术平均偏差表示绝对偏差，对不确定度不作过多要求.

(7) **问题讨论及心得**. 完成教师指定的作业题；写出实验中出现的异常现象的可能解释，对实验仪器装置和实验方法的改进建议，写出实验心得等.

在295页的附录1中，给出了写实验报告的范例(问题讨论及心得没写)，请同学们好好体会如何撰写完整的实验报告.

预备实验

这部分实验是正式实验前开设的.物理实验课开始时,我们要先用 2～3 周时间讲实验理论或绪论等,这期间,物理实验室将采用开放实验室的形式有次序地组织学生进行预备实验训练,让学生能熟悉、理解测量与数据记录等基本实验规范,学生要重点掌握基本仪器的使用方法,为后面正式实验打下基础.学生要根据相关实验内容和知识准备,实验前充分自学相关内容,实验中要求掌握实验内容提出的各项要求.

实验室开放期间,要求学生自觉遵守纪律,每次做实验一定要登记,听从老师的安排.

这部分实验对写实验报告不作要求.

实验 1　游标卡尺、螺旋测微计和物理天平的使用

一、实验目的

1. 掌握游标卡尺和螺旋测微计的原理并学会使用;
2. 掌握物理天平的使用方法;
3. 学习列表记录和处理实验数据;
4. 学习直接测量和间接测量的实验结果表示方法.

二、仪器和用具

米尺;游标尺;螺旋测微计;物理天平;待测铝板、空心圆柱体.

三、知识准备

1. 阅读 45～51 页有关游标卡尺、螺旋测微计、物理天平的原理或使用方法.
2. 阅读 1～42 页绪论第 2 节有关误差分析与数据处理基础知识和不确定度的相关内容.

四、实验内容

1. 测量长方体铝板的体积,并报道测量结果.要求:用米尺、游标卡尺、螺旋测微计分别测量铝板的长度 a,宽度 b 和厚度 d 各 5 次.

要求:列表记录数据,计算铝板的体积及其不确定度,并写出测量结果的标准形式.

2. 用游标卡尺测量空心圆柱体不同部分的外径、内径、高度和深度,各测量 5 次.

要求:列表记录数据,但不要求处理数据,主要是学会用游标卡尺正确测读,并学会自己设

计表格记录测量数据.

3. 调整物理天平并称空心圆柱体质量两次.

要求:不要求记录数据,主要是学会天平调整与称衡.

五、数据记录和处理

(一) 测铝板的体积

1. 用米尺测铝板长度 a,数据记录和处理见表 1-1(米尺的仪器误差取最小刻度的 1/2).

表 1-1　米尺测铝板长度 a 的数据记录和处理

i	1	2	3	4	5	平均
a(cm)						
$\lvert a_i-\bar{a}\rvert$(cm)						
$\lvert a_i-\bar{a}\rvert^2$($cm^2$)						

平均值的标准差 $\sigma_{\bar{a}}=$　　　　,相对偏差 $E_a=$　　　　%,　　　　置信概率 $P=0.683$.

A 类不确定度 $u_A(a)=$　　　　,B 类不确定度 $u_B(a)=0.03$ cm.

测量结果:$\begin{cases} a=(\qquad\pm\qquad)\text{cm}, \\ u_r(a)=\qquad\%. \end{cases}$

注:(1) $\sigma_{\bar{a}}=\sqrt{\dfrac{1}{n(n-1)}\sum\limits_{i=1}^{n}(a_i-\bar{a})^2}=\dfrac{1}{\sqrt{n-1}}\cdot\sqrt{\dfrac{1}{n}\sum\limits_{i=1}^{n}(a_i-\bar{a})^2}=\dfrac{\overline{\lvert a_i-\bar{a}\rvert^2}}{\sqrt{n-1}}=\sqrt{\dfrac{1}{5\times4}\sum\limits_{i=1}^{5}(a_i-\bar{a})^2}$.

(2) 米尺的仪器误差取最小刻度的 1/2,即 Δ(米尺)$=0.05$ cm.

(3) A 类不确定度 $u_A(a)=\sigma_{\bar{a}}$,B 类不确定度 $u_B(a)=\Delta(\text{米尺})/\sqrt{3}=0.05/\sqrt{3}\ \text{cm}=0.03\ \text{cm}$.

(4) 总不确定度 $u_C(a)=\sqrt{u_A^2(a)+u_B^2(a)}$.

(5) 长度 a 测量的统计结果:$\begin{cases} a=(\bar{a}\pm\sigma_{\bar{a}})\text{cm} \qquad P=0.683(\text{可省略}), \\ E_a=\dfrac{\sigma_{\bar{a}}}{\bar{a}}\times100\%. \end{cases}$

(6) 长度 a 测量的不确定度表示的标准形式:$\begin{cases} a=(\bar{a}\pm u_C(a))\text{cm}, \\ u_r(a)=\dfrac{u_C(a)}{\bar{a}}\times100\%. \end{cases}$

2. 用游标卡尺测量铝板宽度 b,数据记录和处理见表 1-2(游标卡尺的仪器误差取最小刻度).

表 1-2　米尺测铝板宽度 b 的数据记录和处理

i	1	2	3	4	5	平均
b(cm)						
$\lvert b_i-\bar{b}\rvert$(cm)						
$\lvert b_i-b\rvert^2$(cm^2)						

平均值的标准差 $\sigma_{\bar{b}}=$　　　　,相对偏差 $E_b=$　　　　%,置信概率 $P=0.683$.

A 类不确定度 $u_A(b)=$　　　　,B 类不确定度 $u_B(b)=$　　　　cm.

测量结果:$\begin{cases} b=(\qquad\pm\qquad)\text{cm}, \\ u_r(b)=\qquad\%. \end{cases}$

3. 用螺旋测微计测量铝板厚度 d,数据记录和处理见表 1-3(螺旋测微计仪器误差取技术指标 Δ(螺) = 0.004 cm).

表 1-3 米尺测铝板厚度 d 的数据记录和处理

i	1	2	3	4	5	平均
d(cm)						
$\lvert d_i-\overline{d}\rvert$ (cm)						
$\lvert d_i-\overline{d}\rvert^2$ (cm^2)						
平均值的标准差 $\sigma_{\overline{d}}=$,相对偏差 $E_d=$ %,置信概率 $P=0.683$.						
A类不确定度 $u_A(d)=$,B类不确定度 $u_B(d)=$ cm.						
测量结果:$\begin{cases} d=(\quad \pm \quad)\text{cm}, \\ u_r(d)= \quad \%. \end{cases}$						

4. 计算铝板体积 $V=abd$. 体积的近真值 $\overline{V}=\overline{a}\cdot\overline{b}\cdot\overline{d}=$ ________.

体积相对不确定度 $u_r(V)=\sqrt{u_r^2(a)+u_r^2(b)+u_r^2(d)}=$ ________.

体积总不确定度 $u(V)=\overline{V}\cdot u_r(V)=$ ________.

体积的测量结果 $\begin{cases} V=(\overline{V}\pm u(V))\text{cm}^3, \\ u_r(V)= \quad \%. \end{cases}$

以上数据可以用一个表格进行记录和处理,参考表格如表 1-4 所示.

表 1-4 铝板体积 $V=abd$ 测量的数据记录和处理

i	1	2	3	4	5	平均
a/cm						
$\lvert a_i-\overline{a}\rvert^2$/cm^2						
b/cm						
$\lvert b_i-\overline{b}\rvert^2$/cm^2						
d/cm						
$\lvert d_i-\overline{d}\rvert^2$/cm^2						
V/cm^3	—	—	—	—	—	
平均值的标准差/cm	$\sigma_{\overline{a}}$		$\sigma_{\overline{b}}$		$\sigma_{\overline{d}}$	
A类不确定度/cm	$u_A(a)$		$u_A(b)$		$u_A(d)$	
B类不确定度/cm	$u_B(a)$		$u_B(b)$		$u_B(d)$	

（续表）

总不确定度/cm	$u_C(a)$	$u_C(b)$	$u_C(d)$
相对不确定度	$u_r(a)$	$u_r(b)$	$u_r(d)$
体积的相对不确定度 $u_r(V)=$ 　　%；		体积的总不确定度 $u(V)=$ 　　cm^3.	
铝板体积 V 的测量结果 $\begin{cases} V=(\quad\pm\quad)cm^3, \\ u_r(V)=\quad\%. \end{cases}$			

表注：(1) 米尺的仪器误差取最小刻度的 1/2，游标卡尺的仪器误差取最小刻度，螺旋测微计的仪器误差取技术指标 Δ(螺)＝0.004 cm；

(2) 平均值的标准偏差利用公式 $\sigma_{\bar{x}}=\sqrt{\frac{1}{n(n-1)}\sum_{i=1}^{n}(x_i-\bar{x})^2}$ 计算；

(3) A 类、B 类不确定度分别取平均值的标准偏差，即 $u_A(x)=\sigma_{\bar{x}}$ 和仪器误差 $/\sqrt{3}$ 即 $u_B(x)=\Delta/\sqrt{3}$；

(4) 直接测量量的总不确定度取 $u_C(x)=\sqrt{u_A^2(x)+u_B^2(x)}$；

(5) 体积测量结果的标准形式 $\begin{cases} V=(\bar{V}\pm u(V))cm^3, \\ u_r(V)=\frac{u(V)}{\bar{V}}\times\%. \end{cases}$

（二）测量空心圆柱体不同部分的外径、内径、高度和深度的原始数据

自己设计表格记录测量数据.

六、思考题

1. 为何选用三种不同的量具测量铝板的长、宽、厚？
2. 如何确定不同游标卡尺的游标精度值？
3. 使用天平和千分尺时应当注意什么？

实验 2　电学实验基本训练

一、实验目的

1. 学习稳压电源、滑线变阻器、电阻箱、电流表、电压表、万用表等的使用；
2. 学习仪器布置和简单线路的连接方法，学习电路简单故障的诊断方法.

二、仪器和用具

稳压电源；滑线变阻器；电阻箱；固定电阻；电流表；电压表；万用表；二极管；单刀双掷开关；双刀双掷开关；导线等.

三、知识准备

阅读 64～92 页绪论第 4 节有关电磁学基本仪器的使用方法.

四、实验内容

1. 练习稳压电源的使用

要求1:弄懂面板上指示表盘的含义,能熟练调节电压输出(让输出电压缓慢升高和降低),并会读电压输出值.练习完后,把输出电压调为零.

要求2:有输出电流指示时,能知道如何读输出电流值.

可按电路图2-1接线路,注意接线规则.接线前把滑线变阻器R_1滑动头置最右端,电阻箱R_2取30 Ω,开关K断开,稳压电源输出电压调到零.

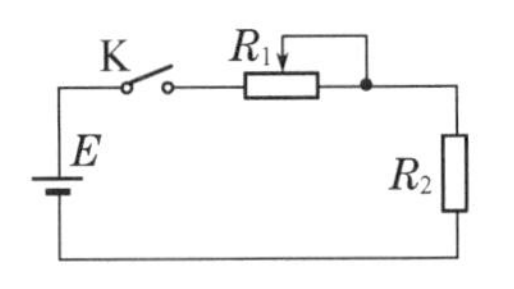

图2-1 读输出电流

线路接好后合上K,把电源输出电压慢慢调到4 V左右(不超过5 V),在逐渐升高输出电压的同时,观测稳压电源输出电流指示值的变化(有的稳压电源输出电压和输出电流用同一只指示表显示,要注意转换开关的使用).把R_1的滑动头逐渐向左移,观察输出电流的变化.

2. 学习电路连接并掌握电表、开关、滑线变阻器、电阻箱和万用表等的使用

要求:掌握电压表和电流表不同量程的读数方法、正负接线柱、级别;单刀双掷开关的使用方法;双刀双掷开关的使用方法;双刀双掷开关接成换向开关的方法;电路连接技巧和会诊断电路故障;学习使用万用表.

可按电路图2-2接线路(注意接线规则和电表正负极).

(1) 接线前各开关全部断开,把滑线变阻器R_1滑动头置最下端,稳压电源输出电压调到零.

(2) 诊断电流表极性是否接对.方法:合上K_1,K_2合向“2”位置,把电源输出电压从零慢慢地调高一点点,同时注意观察电压表和电流表指针是否有异常.因为R_1的滑头置最下,而电压表没接到电路中,此时两表都应该没有指示.如果不是这样,请按(1)的要求重做.之后,电源输出慢慢调到5 V左右(不要超过8 V),把R_1的滑动头向上很慢很慢地移动一点点,同时观察电流表指针的变化.如果反偏,说明正负极接错,请改正电流表极性.如果正常,做下面的工作.

(3) 诊断电压表极性是否接对.这里要注意,两只换向开关要同时合向某一方向时,电压表极性才对.图2-2中如果电压表上端是正接线柱,则K_3和K_4都合向左或都合向右时,电压表极性才对.

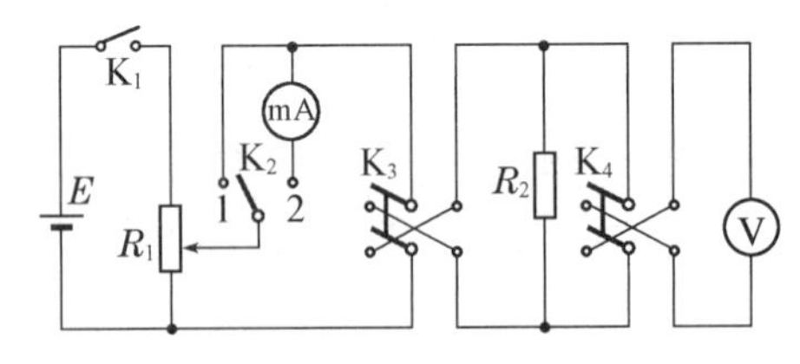

图2-2 练习接线用电路图

R_1-滑线变阻器 R_2-定值电阻(30 Ω左右)

K_2-单刀双掷开关 K_3、K_4-换向开关

诊断方法:再把R_1的滑动头置最下端,合上K_3和K_4,把R_1的滑动头向上很慢很慢地移动一点点,同时观察电压表指针的变化.如果反偏,说明正负极接错,这时只要把K_3和K_4中任一只换一方向合上即可.

(4) 练习电压表和电流表读数. 改变 R_1 滑动头位置，选电表合适量程分别读电压值和电流值.

(5) 学习计算电表示值误差. 根据电表级别，任读几组电压和电流数据以确定示值的最大误差和相对误差，并理解电表量程选取的原则.

(6) 练习用万用表测电压和电流. 用万用表测电阻 R_2 两端的直流电压和电源的输出电压；测 R_2 中的直流电流.

(7) 理解换向开关的作用. 注意，K_3 和 K_4 要同时换向，并且要先断 K_4 后，才能换 K_3 方向，否则电压表极性会反，打坏指针. 请一定要理解换向开关原理后再做换向操作，为了安全起见，R_1 滑动头向下滑点，使 R_2 两端电压小点.

(8) 练习用万用表测电阻（注意不能测带电元件的电阻）. 任选测几只电阻，练习读测方法，并选不同倍率对同一只电阻进行测量，比较数据上的变化，由此理解倍率的合理选取.

用万用表判断二极管的正负极性，并用不同倍率挡测量二极管的正向电阻，看看差异大否，理解二极管的非线性特性（注意，不要用×10 K 挡测二极管正向电阻）.

五、数据记录和处理

这部分内容对数据记录和处理不作要求.

六、思考题

1. 图 2 - 3 是半值法测电流表内阻的电路图. 图中 R_1 选用较大的可变电阻（选 20 kΩ 以上），R_2 是电阻箱. 断开 K_2，合上 K_1，调稳压电源输出电压、R 和 R_1 使电表满偏. 此后保持 R_1 不变，合上 K_2，调 R_2 使电流表半偏，则电流表内阻近似为此时 R_2 的阻值，为什么？搭电路实验之.

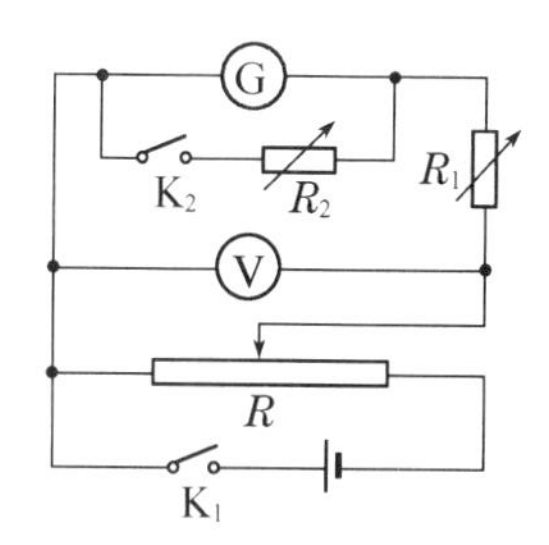

图 2 - 3　半值法测电表内阻

2. 初学者接电路图往往不能保证完全正确，因此要学会诊断电路故障. 接通电路前先把稳压电源输出电压调为零，之后慢慢升压并注意观察电表变化，为什么就可诊断出电表极性是否接错？这样做又是如何保护电表的？

3. 图 2 - 1 电阻 R_2 起什么作用？如果把它去掉，在实验中千万要注意什么？

4. 为什么用万用表欧姆挡测二极管正向电阻时，不宜用×10 K 倍率挡？不同倍率挡测同一只二极管正向电阻，为什么测出值差异很大？分别用倍率为×10 和×100 测同一只二极管正向电阻时，谁的电阻值大，为什么？

5. 向老师要一只容量较大的电容，用万用表测一下它的电阻，观察指针变化情况，并做出解释.

6. 向老师要一只小电阻，按图 2 - 4 接. 把稳压电源从零慢慢升高，观察稳压电源输出电流指示的变化. 慢慢加压，直到电阻烧掉为止，记下此时电流表读数和电源电压读数，估算这只电阻最大承受功率，并观察烧掉电阻的外观特点.

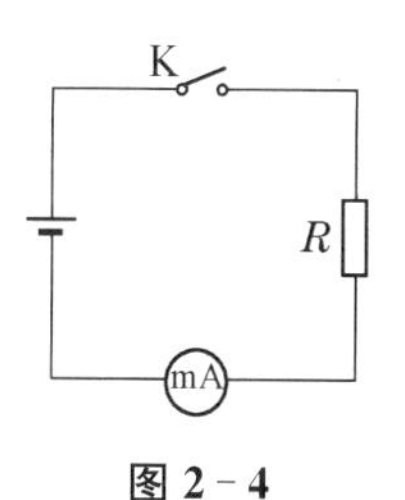

图 2 - 4

实验3　指针式检流计的使用

一、实验目的

1. 掌握检流计的使用方法；
2. 学习简单线路的连接方法.

二、仪器和用具

稳压电源；滑线变阻器；电阻箱；元件电阻；检流计；开关；导线等.

三、知识准备

阅读67～69页有关检流计的使用方法.

四、实验内容

1. 练习用检流计判电桥电路中某两点电位是否相等

要求1：弄懂检流计面板上各部件的作用(参见69页图0-40)，并掌握其操作方法.

(1) 分别将表针锁扣置红色圆点和白色圆点，轻轻晃动检流计，对比指针晃动情况.

(2) 表针锁扣置白色圆点位，轻轻晃动检流计，观察指针要多久才能停下来.

(3) 重复(2)，指针晃动后，立即按“短路”按钮，观察指针多久停下.

(4) 熟悉其他各部件作用(零位调节、电计按钮等).

要求2：理解限流电阻保护检流计的原理和掌握怎样操作可保护检流计.

可按电路图3-1接电桥电路(注意接线规则).

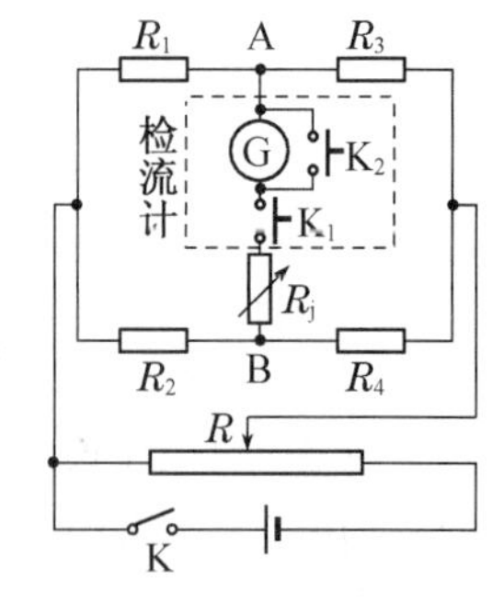

图3-1　电桥电路

(1) 接线前把滑线变阻器R的滑动头置最左端，四只电阻箱取值分别为$R_1=R_2=500\ \Omega$、$R_3=R_4=300\ \Omega$，所有开关断开，稳压电源输出电压调到零，限流用滑线变阻器R_j置最大值.

(2) 线路接好后，合上K，把稳压电源输出电压慢慢调到4 V左右(为仪器安全，不要超过5 V). 之后把R的滑动头逐渐向右移到中间.

(3) 按检流计“电计”按键K_1. **强调：密切注意检流计指针的动静，随时准备松开按键K_1.** (由于四只电阻箱取值$R_1:R_2=R_3:R_4$，故A、B两点电势应该相等，此时合上检流计“电计”按钮K_1时，检流计指针应该不偏转或只偏转一点点. 但是实验中很有可能存在故障，比如接线松动或某线断，或你把线路接错了等等，这样，A、B两点电势就不等，指针会打得很厉害，应该立即松开按键.) 如果指针打得很厉害，请排除故障后再做下面的工作.

(4) 保持电阻箱R_1、R_2、R_3阻值不变，让R_4增加1 Ω，检验A、B两点电势差的变化情况，即按下K_1，观察指针偏转情况. 如果指针偏转很不明显，再增加R_4，每次1 Ω地增，直到指针有三小格左右的偏转即可. 此时把“电计”按键压下后右转一下，让它常闭.

(5) 将检流计限流电阻 R_j变小，观察检流计指针变化情况. 再把分压电阻 R 的滑动头右移，继续观察检流计指针变化情况. 自己分析指针偏转变化的原因.

(6) 松开“电计”按键 K_1，R_4恢复为原值 300 Ω，合上 K_1，此时检流计指针偏转方向与上面的有何变化，为什么?

2. 练习用检流计调试电桥，使电路中某两点的电位相等

要求:保障检流计安全. **谨记:只有当判两点电位是否相等时才可按“电计”按键，判完后立即松开按键;开始判时需加限流保护电阻.**

仍用图 3-1 电桥电路，只是把一只未知阻值的元件电阻替换电阻箱 R_3. 断开所有开关，R_1、R_2阻值不变，仍取 500 Ω. 把 R 的滑动头调到中间，限流电阻 R_j调到最大.

(1) 取 R_4为一较大的值 r_1，按下 K_1并立即松手，记住检流计指针往哪个方向偏转的.

(2) 再取 R_4为一较小的值 r_2，使按下 K_1后检流计指针与上一步方向相反方向偏. 这样可以判断，要想让指针不偏转，R_4的取值应该在 r_1与 r_2之间.

如此反复调节 R_4，直到按下 K_1指针不偏，再做下面的细调工作.

(3) 把限流电阻 R_j调为最小，再判. 如指针有偏转，则继续精细调节 R_4. 这样，未知电阻就可以测出来了.

五、数据记录和处理

这部分内容对数据记录和处理不作要求.

六、思考题

1. 图 3-1 电桥电路按下 K_1 键，检流计指针不偏转了，这时，加大电源电压或把分压电阻 R 的滑动头往右移，结果发现检流计指针又有偏转了，这是为什么?

2. 图 3-1 电桥电路 R_3 替换为一只未知电阻后，不论如何调 R_4，按下 K_1 后发现检流计指针总往一个方向偏，请分析原因.

实验 4　气垫导轨和电脑通用计数器的使用

一、实验目的

1. 学习气垫导轨的调整;
2. 学习电脑通用计数器的使用;
3. 理解滑块在气轨上运动，测量速度的办法.

二、仪器和用具

气垫导轨及其配件(光电门、滑块、挡光板等);气源;电脑通用计数器;游标卡尺;起子等工具.

三、知识准备

1. 阅读 51～54 页有关气垫导轨的工作原理和使用方法.

2. 阅读 55～59 页有关电脑通用计数器的面板功能和使用举例.

3. 瞬时速度是平均速度的极限.

设 A、B 两点的距离为 S_{AB}，物体从 A 运动到 B 的时间为 t_{AB}，则物体在 A、B 之间运动的平均速度 $\bar{v}_{AB}=\frac{S_{AB}}{t_{AB}}$. 如果 S_{AB} 取得很小，$S_{AB}=\Delta S$，则 t_{AB} 也很小，$t_{AB}=\Delta t$，于是可把 $\bar{v}_{AB}$ 看成 A 点的瞬时速度，即 $v_A=\lim\limits_{\substack{\Delta S\to 0\\ \Delta t\to 0}}\frac{\Delta S}{\Delta t}$.

四、实验内容

1. 认识气垫导轨

注意：在没给气轨送气时绝不允许让滑块在导轨上移动，以防划伤轨面和滑块内表面.

(1) 观察气垫导轨、滑块、光电门、挡光板等结构特征.

(2) 在教师指导下在滑块上安装一块 U 型挡光板，把光电门安装在导轨上.

(3) 打开气源给气轨送气，把滑块放在导轨，调整 U 型挡光板与光电门的位置，使滑块运动时，挡光板能自由挡光而不碰光电门.

(4) 轻推滑块，观察滑块的运动情况.

(5) 取下滑块，关闭气源.

2. 学习电脑通用计数器的使用

阅读 55～56 页 MUJ－Ⅱ型电脑通用计数器面板功能说明后做如下实验内容.

(1) 学习测量两次挡光的时间间隔. 按 57 页例 3 操作.

思考：用游标卡尺测出 U 型挡光板挡光宽度 ΔS(如 53 页图 0－21 所示)，如何求光电门处滑块运动的速度(平均速度的极限是瞬时速度)，选用的挡光板宽些好还是窄些好，为什么？如果把 U 型挡光板改成平板型挡光板(如 53 页图 0－20 所示)，如何测滑块在两个光电门之间运动的时间？

(2) 学习测量滑块在不同位置处的运动速度. 按 57 页例 4 操作. 思考，测出的是时间，如何求速度？

(3) 学习测量滑块运动的平均加速度. 将导轨一支脚用垫块垫高，使导轨倾斜，这样滑块在导轨上运动便有加速度了. 之后，按 58 页例 5 操作.

(4) 练习挡光计数. 按 59 页例 9 操作.

(5) 练习挡光测量周期. 按 58 页例 7 操作.

五、数据记录和处理

这部分内容对数据记录和处理不作要求，但有关速度和加速度测量的数据还是要在原始数据记录本上列表记录，并做一粗算，以做到心中有数.

六、思考题

1. 想要测量滑块在某光电门处运动的瞬时速度，用什么挡光板？用电脑通用计数器的什么键，如何操作，挡光板宽度上有何要求？

2. 想要测量滑块在两个光电门之间运动的时间，用什么挡光板？用电脑通用计数器的什么键，如何操作，挡光板宽度上有何要求？

3. 如何在实验中保护气轨不受损害？

4. 电脑通用计数器后面板 P_1 口有两个插座，你从实验中体会一下，P_1 口接上的两个光电门，计数器能辨别这两个光电门吗？

实验 5　薄透镜焦距的测定

一、实验目的

1. 学习测量薄透镜焦距的几种方法；
2. 掌握简单光路的分析和调整方法；
3. 熟悉透镜成像的规律，观察透镜成像的像差.

二、仪器和用具

光具座；凸透镜；凹透镜；物屏；像屏；滤色镜；光栏；毛玻璃；光源；反射镜等.

三、知识准备

1. 薄透镜成像公式

薄透镜是指透镜厚度与焦距相比甚小的透镜. 如图 5 - 1 所示，设物距、像距、焦距分别为 u、v、f，则在近轴光线的条件下，薄透镜(包括凸透镜和凹透镜)成像的规律为

$$\frac{1}{u}+\frac{1}{v}=\frac{1}{f}. \tag{5-1}$$

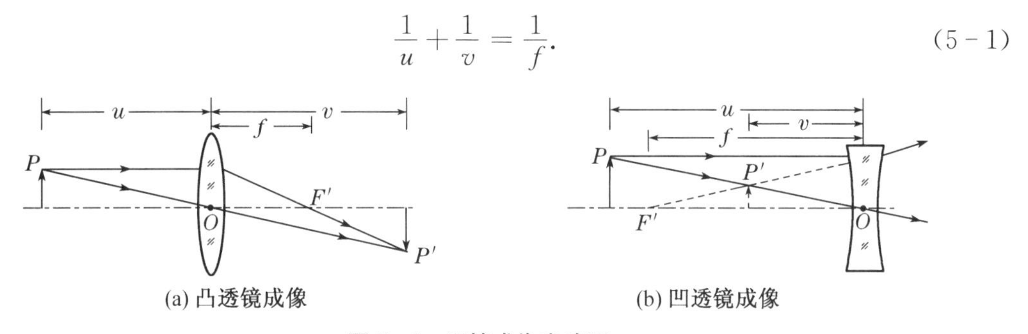

(a) 凸透镜成像　　(b) 凹透镜成像

图 5 - 1　透镜成像光路图

本书规定：物距 u 恒取正值，像距 v 的正负由像的虚实来确定，实像时，v 为正；虚像时，v 为负. 凸透镜的 f 取正值；凹透镜的 f 取负值.

要注意，只有在透镜是薄透镜和光线是近轴光线的条件下，(5 - 1)式才成立. 所谓近轴光线，是指通过透镜中心部分并与主光轴夹角很小的那一部分光线. 为了满足这一条件，常常在透镜前加一光栏以挡住边缘光线，或者选用一小物体作为物，并把它的中心调到透镜的主轴上，使入射到透镜的光线与主光轴夹角很小. 让小物体中心能处于主光轴的调整常称为"调同轴等高". 我们以凸透镜为例介绍调整方法：

如图 5 - 2 所示，当 L(物距＋像距) $>4f$ 时，凸透镜沿光轴方向移动，其光心处在位置 O_1 和 O_2 时都能在屏上获得清晰的像，并且在 O_1 处成大像，在 O_2 处成小像. 如果小物体 AB 的中

心在主轴上，那么所成的大像和小像的中心应重合，否则需调物或透镜的位置.调节的技巧是“大像追小像”，即把大像中心调向小像中心.

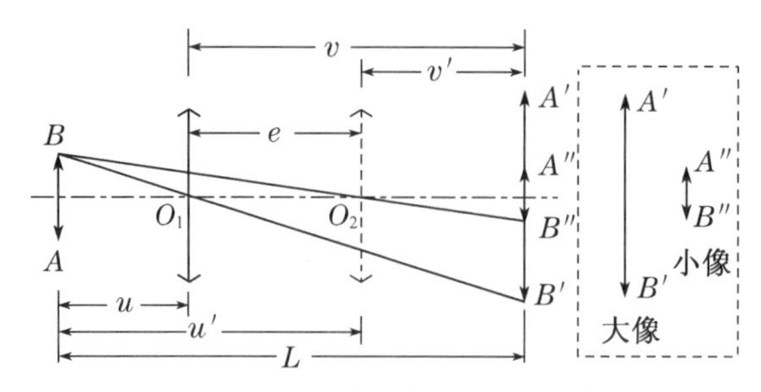

图 5－2　调同轴等高；共轭法测焦距

2. 凸透镜焦距的测量方法

(1) 自准法：如图 5－3 所示，物 P 在透镜焦平面上时，透镜后的一平面镜把出射的一束平行光反射回去，结果又在物 P 所处的焦平面上形成倒立的大小相等的像 P'. 因此，调节物 P 的位置，使像 P' 大小相等时，物与透镜的距离就是焦距.

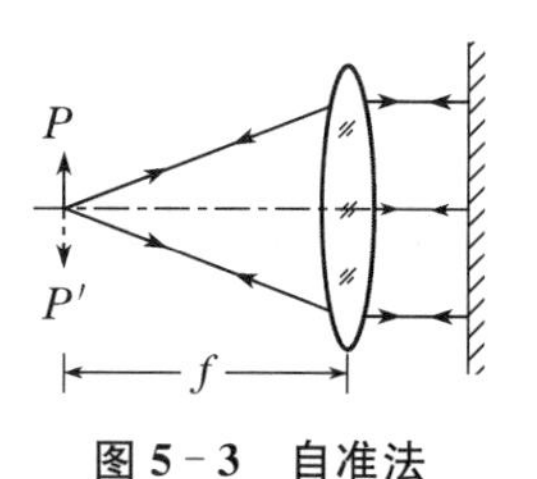

图 5－3　自准法

(2) 物距像距法：如图 5－1(a)所示，只要测得物距 u 和像距 v，结合(5－1)式便可算出透镜的焦距 f，即

$$f=\frac{uv}{u+v}. \tag{5-2}$$

(3) 共轭法：如图 5－2 所示，让物和像屏的距离 $L>4f$ 并保持不变，移动透镜，当透镜在 O_1 处时，屏上出现一个放大的清晰像(设此时物距为 u，像距为 v)；当在 O_2 处时，在像屏上得到一个缩小的清晰像(设此时物距为 u'，像距为 v')，并设 O_1、O_2 间距为 e. 则由透镜成像公式(5－1)式可知，透镜在 O_1 处时有 $\frac{1}{u}+\frac{1}{L-u}=\frac{1}{f}$，透镜在 O_2 处时有 $\frac{1}{u+e}+\frac{1}{u-e}=\frac{1}{f}$，而 $v=L-u$，因此有

$$f=\frac{L^2-e^2}{4L}. \tag{5-3}$$

根据(5－3)式，只要测出图 5－2 所示的 L 和 e 即可求出焦距 f.

根据成像公式，可总结出凸透镜物距变化时，相应的像距变化规律和成像规律：

① 物距由无穷大变到 $2f$，则像距由 f 变到 $2f$. 在这段范围内成倒立缩小的实像，而且物距变化很大，像距变化很小.

② 物距由 $2f$ 变到 f，像距由 $2f$ 变到无穷大. 在这段范围内成倒立放大的实像，而且物距变化很小，像距变化很大.

③ 物距由 f 变到 0 时，像距由无穷大变到 0. 在这段范围内，像与物在同一侧，成正立放大的虚像，物距变化小，像距变化很大.

④ 物与像的大小之比等于物距与像距之比.

⑤ 在焦距以外的一点发出的光通过凸透镜后变成一束会聚光. 在焦平面上一点发出的光通过凸透镜之后变成平行光. 在焦距以内的一点发出的光通过凸透镜之后仍然是发散光.

3. 凹透镜焦距的测量方法

(1) 物距像距法:如图5-4所示,从物点A发出的光经过凸透镜L_1后会聚于B.假如在凸透镜L_1和B之间插入一凹透镜L_2,然后调整L_2与L_1的间距,则由于凹透镜的发散作用,光线的实际会聚点将移到B'点.根据光传播的可逆性,如果将物置于B'处,则由物点发出的光经透镜L_2所成的虚像将落在B点.这样,长度O_2B'相当于物距,O_2B则为像距大小.由于公式(5-1)中,对凹透镜的焦距和像距都为负值,因此$\frac{1}{O_2B'}+\frac{1}{-O_2B}=\frac{1}{-|f|}$,即凹透镜$L_2$焦距大小为

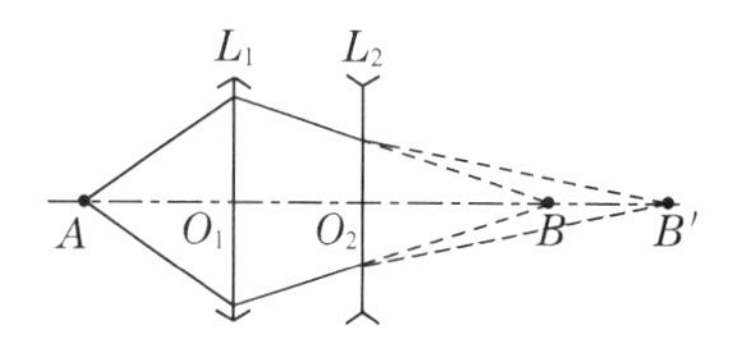

图5-4　物距像距法测凹透镜焦距

$$|f|=\frac{O_2B'\cdot O_2B}{O_2B'-O_2B}. \tag{5-4}$$

可见,只要测出O_2B',O_2B的长,代入(5-4)式即可求焦距大小.

(2) 自准法:如图5-5所示,将物点A安放在凸透镜L_1的主光轴上,测出它的成像位置F,固定L_1位置,并在L_1和像点F之间插入待测凹透镜L_2和一平面反射镜M,使L_2与L_1的光心O_1、O_2在同一轴上.移动L_2,可使由平面镜M反射回去的光线经L_2、L_1后,仍成像于A点.此时,从凹透镜射到平面镜上的光将是一束平行光,F点就成为由平面镜反射回去的平行光束的虚像点,这就是凹透镜L_2的焦点.测出L_2的位置,则间距O_2F为该凹透镜的焦距大小.

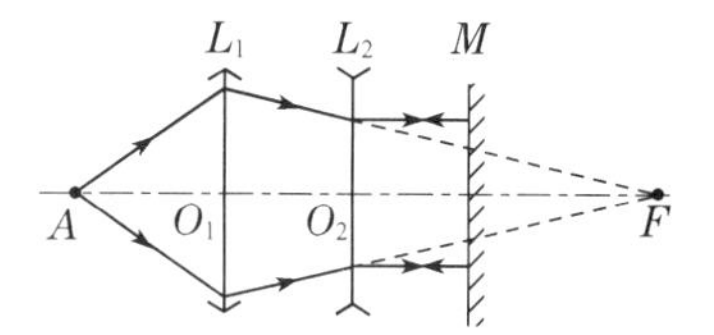

图5-5　自准法测凹透镜焦距

4. 透镜成像的像差

前面叙述的都是近轴光线成像.在近轴光线范围内,一个物体发出的光线,经过透镜折射后,可得到一个不失原样的像.在实际的一般光学系统中,由于光源的非单色性和未能满足近轴光线的要求(如为了增大像的亮度不恰当地扩大透镜的通光孔径等),使得实际成像的质量下降.实际成像情形与单色近轴光线成像情形之间的差异,称为像差.像差的类型很多,下面只介绍其中常见的两种,并要求在实验中进行观察.

(1) 球差:如果光轴上物点A发出的大孔径单色光束,经过透镜的不同部分折射后成像不在一点,就称该透镜成的像有球差(如图5-6所示).为观察此现象,在透镜前分别置不同半径的圆环形光栏,使光束通过透镜的不同部位,测出对应的像距.以B_1表示近轴光的像点,则其他各像点与B_1之间的距离表示透镜对应不同光栏时的球差.

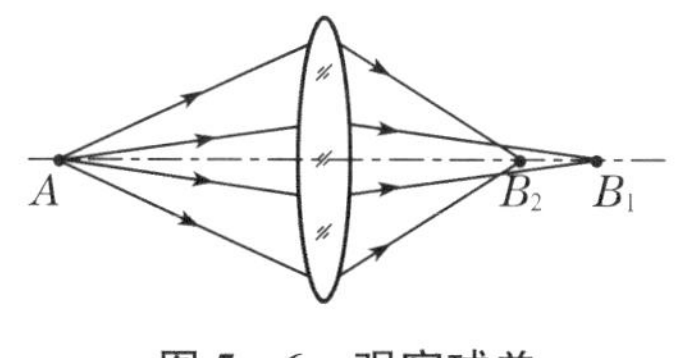

图5-6　观察球差

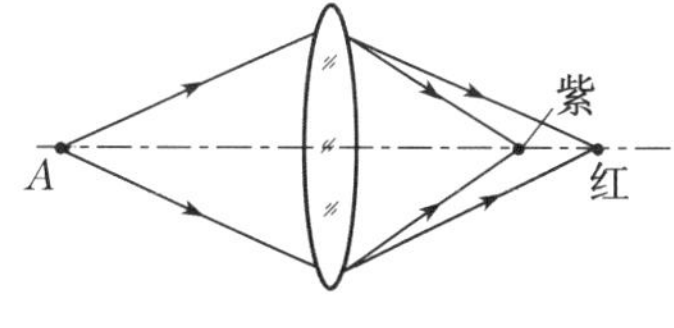

图5-7　观察色差

实验中可以观察到:不同的光栏,成像清晰的范围不同;光栏愈小,成像清晰范围愈大.在照相技术中,把底片上能够获得清晰像的最远与最近的物体之间的距离称为景深.换句话说,我们观察到光栏愈小,景深愈大.

(2) 色差:由于玻璃折射率随波长不同而略有差异,即使入射光满足近轴要求,对同一物点,不同波长的光在轴上的像点也不重合,这种现象称为色差,如图 5-7 所示.

在透镜前置一小孔光栏,再在光源附近分别加上红光和紫光滤色片,测出对应红光和紫光的像点位置.此两位置读数的差值即透镜对红光和蓝光的色差.

取下滤色片,观察白光下的成像情形.开始移动像屏,可看到光斑由模糊变为带有彩边的较清晰的像;继续移动像屏又变为模糊光斑.在上述过程中还伴有颜色的变化.

为了改善透镜成像的质量,尽量减小各种像差,在光学仪器中很少使用单透镜,而是采用多个透镜组成的复合透镜.

5. 实验技巧

(1) 用“**左右逼近法**”减小人眼对像清晰度判断而引入的误差.

实验中,人眼对物体成像清晰度的分辨能力是不强的.假设 5-1(a)图中透镜位置正好使屏上像达到了理论上的清晰,这时把透镜左移一点或右移一点,人眼对屏上像的清晰度感觉并没有明显的变化.这样,实验中因像清晰度判断的误差会引起物距、像距的测量误差.为此,我们可用“左右逼近法”确定透镜位置:将透镜从左边向右移动,使像正好清晰时,记下透镜坐标位置;然后将透镜继续右移直到像明显不清晰后,再从右向左移动透镜使像正好清晰,记下此时透镜的坐标位置.取这两个位置坐标的平均值作为透镜实际成像清晰的位置.

(2) 用 T 型辅助棒定透镜、物屏、像屏的坐标位置.

物屏是实验中使用的“平面物”,即在金属屏上开孔留物,如图 5-8 所示是“1”字型物屏.透镜、物屏、像屏都是用滑块支起,如图 5-10 所示,对它们坐标位置的测读因滑块上的准线和被测平面不能保证重合,因而会造成一定误差.为此,我们可用图 5-9 所示的 T 字型辅助棒去测,将 T 型辅助棒的同一侧的一端轻靠被测平面,位置统一由辅助棒所在滑块的准线去读,如图 5-11 所示,这样可防止上述不一致引入的误差.

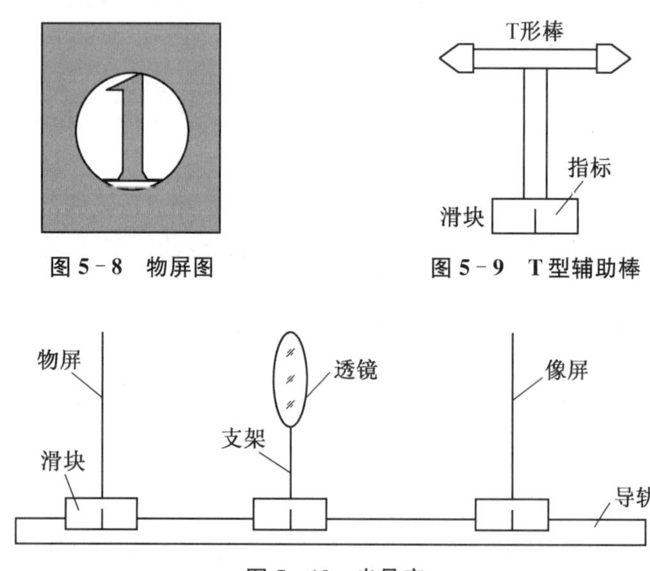

图 5-8 物屏图

图 5-9 T 型辅助棒

图 5-10 光具座

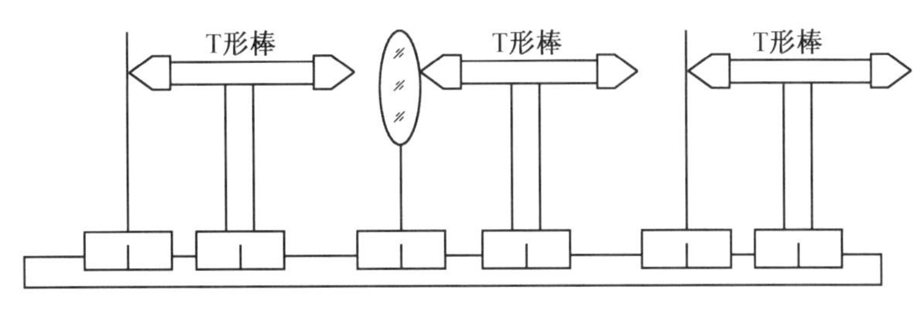

图 5－11　用 T 型辅助棒测定坐标位置

四、实验内容

注意:测量前需先调同轴等高,读测数据都要采用左右逼近法,并借助 T 型辅助棒读数.

(一) 凸透镜焦距测量

测量之前,将待测透镜安装好,以实验室中远处的窗子等为物,经透镜折射后成像在屏上,目测出透镜至屏的距离,即透镜焦距的近似值.

1. 练习调整凸透镜光路的同轴等高(参考图 5－2).

先粗调,再按"大像追小像"的方法调单个凸透镜的同轴等高(并思考再放入一凹透镜,如何调同轴等高).

2. 用自准法测量凸透镜的焦距(参考图 5－3)

(1) 将由光源照明的"1"字物屏(物)、凸透镜和平面镜依次装在光具座的支架上. 在物"1"字前加一毛玻璃.

(2) 改变凸透镜至物屏的距离,用左右逼近法调至物屏上"1"字物旁出现清晰的"1"字像(注意区分物光经凸透镜表面反射所成的像和平面镜反射所成的像),并借助 T 型辅助棒读测出此时的物距,即透镜的焦距. 画出此时的光路图.

(3) 固定凸透镜,改变平面镜位置,观察成像有无变化,并加以解释.

(4) 稍微改变平面镜法线和光轴的相对位置,观察像的位置变化情况,画光路图分析.

3. 用物距像距法测量凸透镜的焦距[参考图 5－1(a)].

(1) 在物距 $u>2f$ 和 $2f>u>f$ 的范围内,各取两个 u 值分别测出相应的像距,按(5－2)式算出焦距 f. 测读时同时观察像的特点(如大小、取向等),分别画出光路图,并加以说明.

(2) 取 $u=2f$,测像距,计算 f.

(3) 取 $u<f$,观察能否用屏得到实像. 应当怎样观察才能看到物像?试画光路图并说明.

(4) 将以上所得数据和观察到的现象进行比较,列表说明物距 $u=\infty$、$u>2f$、$u=2f$、$2f>u>f$、$u=f$ 和 $u<f$ 时所对应的像距 v 和成像特征.

(5) 取一物距 $u(>f)$,测像距 v、像长 L、物长 l,将 L/l 与 u/v 作比较,分析结果并加以解释(作光路图).

4. 用共轭法测量凸透镜的焦距(参考图 5－2).

(1) 取物屏与像屏间距 $L>4f$.

(2) 按公式(5－3)进行相关量测量,求测焦距 f.

(3) 多次改变 L,测相应的 e,对每一组 L、e 分别算出 f,然后求平均值,并对平均值进行不确定度评定.

(二) 测量凹透镜的焦距

测量时需一凸透镜作辅助，要调同轴等高，要用左右逼近法读测数据. 具体步骤自拟.

(三) 观察透镜成像的像差(球差和色差)

具体的步骤自己拟定.

五、数据记录和处理

自己设计数据记录的表格，并对共轭法测量凸透镜焦距的数据进行规范化处理并报告不确定度.

六、思考题

1. 如何用光学方法区分凸透镜和凹透镜?
2. 如何调节“同轴等高”? 什么叫“左右逼近读数法”?
3. 画出自准法测凸透镜焦距时的光路(要求画轴外物点的光路).
4. 下列几种物品，哪几种适宜用来做像屏，为什么?

(1) 白纸 (2) 黑纸 (3) 玻璃 (4) 毛玻璃

5. 在共轭法测凸透镜时，为什么物像距离 L 要大于焦距 f 的四倍?
6. 凹透镜焦距测定需要借助于凸透镜，试问 $f_{凸}$ 与 $f_{凹}$ 之间要满足怎样条件才行(大于、等于、小于)? 试画光路图分析说明之.
7. 共轭法测凸透镜焦距时，“1”字物屏前，用一毛玻璃挡住后，成小像可清晰，去掉毛玻璃后就不清晰，为什么?

基本实验

本部分实验要求学生按照93页“第6节　物理实验课的基本要求”完成各实验项目.

实验6　单摆法测定重力加速度

一、实验目的

学习用单摆法测重力加速度;了解停表的工作原理,掌握用停表测量平均周期的方法;学习列表记录及处理原始数据;学习多次等精度测量平均值的标准差的计算及结果的不确定度评定;学习单次测量不确定度评定;学习非等精度测量加权平均值的计算及加权平均值的不确定度评定;学习用图解法处理数据.

二、仪器和用具

单摆仪;米尺;游标卡尺;秒表等.

三、实验原理

如图6-1所示,一不可伸长的轻线悬一质量为m的小球(摆球),做幅角θ很小的摆动,便构成单摆运动.当幅角$\theta < 5^\circ$时,单摆周期$T = 2\pi\sqrt{L/g}$,即重力加速度为

$$g = 4\pi^2 L/T^2, \qquad (6-1)$$

式中,L为悬点到摆球质心的长度,即摆长;g是当地的重力加速度;T是小球的摆动周期.可见,只要测出单摆的摆长和它的摆动周期就可以求得当地的重力加速度g(计算法).

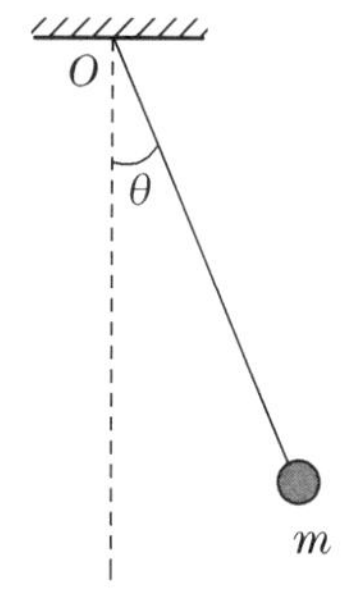

图6-1　单摆

测量摆长的方法很多.方法之一是用米尺测出悬点到小球上部的长l,再用游标卡尺测出小球的直径d,则摆长为

$$L = l + d/2. \qquad (6-2)$$

这里要注意,米尺测物体长度时,应使被测部分和米尺平行、贴紧.贴紧是为了避免由于视线方向不同而引起的读数误差(视差).但对l测量常常难于使被测部分和米尺贴紧,为此,可借助于单摆仪上的平面镜,利用“三线对齐”读测,以防止“视差”.(6-1)式还可写成:

$$T^2 = \frac{4\pi^2}{g}L = kL. \qquad (6-3)$$

由(6-3)式可见,如果改变摆长 L,测相应周期 T,以 L 为横坐标,T^2 为纵坐标,在方格坐标纸上作 T^2-L 图应该是直线,在该直线上取两点 $P_1(L_1,T_1^2)$,$P_2(L_2,T_2^2)$,则可求出斜率 $k[k=(T_2^2-T_1^2)/(L_2-L_1)]$(注意直线上取两点求斜率时,两点不要选用原始数据点).再由下式可求出重力加速度 g(图解法):

$$g=4\pi^2/k. \tag{6-4}$$

我们用停表(秒表)测量周期.使用停表时先要弄懂它是怎样启动(开始计时),怎样止动(停止计时)和怎样复零的.如果使用机械秒表时,使用前应检查发条是否上紧,以免测量时走时不准或中途停走.常用的机械秒表的表面上,长针是秒针,短针是分针,长针转一周是 30 秒(或 60 秒),这种停表的最小分度值是 0.1 秒(或 0.2 秒),也有些停表长针转一周是 10 秒、6 秒的.对于电子秒表,它是数字式的,最小分度值通常是 0.01 秒.机械秒表在实验完毕后,让它启动走时,以释放发条能量,延长其寿命.

我们用停表测 n 个周期的时间 $t=nT$ 求周期,这样,(6-1)式可写成:

$$g=4\pi^2n^2\frac{l+d/2}{t^2}. \tag{6-5}$$

四、必修实验内容

1. 调整好单摆仪,用游标卡尺在不同部位测摆球直径 d 五次,列表记录和处理数据,写出直径 d 测量结果的标准式.

2. 取摆长约 80 cm,用米尺测摆线悬点到摆球上端的摆线长 l(注意视差,单次测量即可).

3. 将摆球从平衡位置拉开,摆角不超过 5°,松开摆球使之在铅锤平面内摆动(注意不要使摆球扭动).(问:摆球从平衡位置移开的距离为摆长几分之一时,摆角约为 5°?)

4. 用停表测 n 个周期时间 t.据(6-5)式求 g,参考 29~34 页有关“不确定度评定与表示”的要求,写出 g 的标准式.

如用电子秒表,n 取 10;如用机械秒表,n 取 100.测周期时,要注意应在摆球通过平衡位置时计时,按停表要迅速、准确,另外要在数“零”时按表,完成一个周期时数“1”,以后数“2,3,…”.如果在按表时数“1”,这样测出的时间就要少测一个周期.

5. 取摆长约为 90 cm、100 cm、110 cm、120 cm、130 cm、140 cm,重复以上步骤 2~4.

6. 参考 35~36 页“非等精度测量”的内容,对以上 7 个摆长下(包括步骤 2 的一个摆长)测出的 7 个 g 求加权平均,并写出重力加速度 g 测量的标准式.

7. 以 L 为横坐标 $[L=l+d/2]$,T^2 为纵坐标 $[T^2=(t/n)^2]$,用图解法据式(6-4)求 g,并与上述步骤 6 计算值 g_p 作比较,再与理论值 g_0 比较(g_0 由实验室给出).

(思考:用图解法求 g,作 T^2-L 图,摆长 L 的改变量如果不大,对作图有何不利?)

五、选修实验内容

1. 改变摆角 θ 测 T,用作图外推法求 $\theta=0°$ 时的 g.
2. 设计消除“摆球质心不在球心”的系差,并实验之.
3. 用光电计时法测量单摆振动周期.

六、数据记录及处理

说明:本实验中,有关数据处理和不确定度评定等,我们在相关部分用“注”作提示或介绍计算方法等，以方便同学学习，以后各个实验涉及这部分知识内容时，我们则不做提示了. 另外，数据记录与处理提供了参考表格，以后同学们要学会表格的设计.

1. 摆球直径 d 的测量数据见表 6－1 [游标卡尺的仪器误差取最小刻度 $\Delta(\text{游}) = 0.002\ \text{cm}$].

表 6－1　摆球直径 d 的测量数据和处理

i	1	2	3	4	5	平均
$d(\text{cm})$						
$\lvert d_i - \overline{d} \rvert(\text{cm})$						
$\lvert d_i - \overline{d} \rvert^2(\text{cm}^2)$						
平均值的标准差 $\sigma_{\overline{d}} =$　　　　cm.						
A 类不确定度 $u_A(d) =$　　　　cm，B 类不确定度 $u_B(d) =$　　　　cm.						
摆球直径的测量结果：$\begin{cases} d = (\quad\quad \pm \quad\quad)\text{cm}, \\ u_r(d) = \quad\quad \%. \end{cases}$						

注：(1) $\sigma_{\overline{d}} = \sqrt{\dfrac{1}{n(n-1)}\sum_{i=1}^{n}(d_i - \overline{d})^2} = \dfrac{1}{\sqrt{n-1}} \cdot \sqrt{\dfrac{1}{n}\sum_{i=1}^{n}(d_i - \overline{d})^2} = \dfrac{\overline{\lvert d_i - \overline{d} \rvert^2}}{\sqrt{n-1}} = \sqrt{\dfrac{1}{5 \times 4}\sum_{i=1}^{5}(d_i - \overline{d})^2}$；

(2) 游标卡尺的仪器误差取最小刻度，即 $\Delta(\text{游}) = 0.002\ \text{cm}$；

(3) A 类不确定度 $u_A(d) = \sigma_{\overline{d}}$，B 类不确定度 $u_B(d) = \Delta(\text{游})/\sqrt{3}$；

(4) 总不确定度 $u_C(d) = \sqrt{u_A^2(d) + u_B^2(d)}$；

(5) 直径 d 测量的不确定度表示的标准形式 $\begin{cases} d = (\overline{d} \pm u_C(d))\text{cm}, \\ u_r(d) = \dfrac{u_C(d)}{\overline{d}} \times 100\%. \end{cases}$

2. 单次测量摆线长 l 的测量结果 [$\Delta(\text{米尺}) =$　　　　cm].

$$\begin{cases} l = (\overline{l} \pm u_C(l))\text{cm}, \\ u_r(l) = ?\%. \end{cases}$$

注：(1) 米尺的仪器误差取最小刻度的 1/2，即 $\Delta(\text{米尺}) = 0.05\ \text{cm}$；

(2) 把单次测量值作为近真值，仪器误差引入的不确定度作为总不确定度，即不确定度 $u_C(l) = u_B(l) = \Delta(\text{米尺})/\sqrt{3}$.

3. 单次测量 n 个周期时间 t 的测量结果 [$n =$　　　　，$\Delta(\text{停表}) =$　　　　s].

$$\begin{cases} t = [\overline{t} \pm u_C(t)]s, \\ u_r(t) = ?\%. \end{cases}$$

注：(1) 停表的仪器误差取最小刻度，即 $\Delta(\text{停表}) =$　　　　s；

(2) 把单次测量 n 个周期时间的时间值作为近真值，仪器误差引入的不确定度作为总不确定度，即不确定度 $u_C(t) = u_B(t) = \Delta(\text{停表})/\sqrt{3}$.

4. 重力加速度 g 的测量结果[用(6－5)式计算重力加速度并要写出测量结果的标准式].

$$\begin{cases} g = [\overline{g} \pm u_C(g)]\text{cm/s}^2, \\ u_r(g) = ?\%. \end{cases}$$

注：(1) 重力加速度的近真值 $\overline{g} = 4\pi^2 n^2 \dfrac{\overline{l} + \overline{d}/2}{\overline{t}^2}$；

(2) 摆长 L 等于摆线长加小球半径，即 $L = l + d/2$，$\Rightarrow \overline{L} = \overline{l} + \overline{d}/2$，$\Rightarrow$ 确定摆长 L 的总不确定度

$u_C(L) = \sqrt{[u_C(l)]^2 + [u_C(d)/2]^2}$，相对不确定度 $u_r(L) = u_C(L)/\overline{L}$；

(3) g 的相对不确定度 $u_r(g) = \sqrt{[u_r(L)]^2 + [2u_r(t)]^2}$，$g$ 的总不确定度 $u_C(g) = u_r(g) \cdot \overline{g}$.

5. 不同摆长下测重力加速度 g 的测量数据及处理.

测量次数 $n =$ ，摆球直径 d 见表 6-1，其他数据及处理结果见表 6-2.

表 6-2 不同摆长下的有关测量数据

i	1	2	3	4	5	6	7
l(cm)							
$u_C(l)$(cm)							
$u_r(l)$							
t(s)							
$u_C(t)$(s)							
$u_r(t)$							
L(cm)							
$u_C(L)$(cm)							
$u_r(L)$							
g(cm/s^2)							
$u_r(g)$							
$u_C(g)$(cm/s^2)							

重力加速度的测量结果：$\begin{cases} g = [g_p \pm u(g_p)]\text{cm/s}^2, \\ u_r(g_p) = ?\%. \end{cases}$

注：(1) 上表左栏中物理量：$t = nT$，$L = l + d/2$，$u_C(L) = \sqrt{[u_C(l)]^2 + [u_C(d)/2]^2}$，$u_r(L) = u_C(L)/L$，$g = 4\pi^2 n^2 L/t^2$，$u_r(g) = \sqrt{[u_r(L)]^2 + [2u_r(t)]^2}$，$u_C(g) = u_r(g) \cdot \overline{g}$(cm/s^2)；

(2) 7 个摆长下求出的 7 个重力加速度是非等精度测量，则这 7 个 g 的加权平均值为 $g_p = \sum_{i=1}^{7} p_i g_i / \sum_{i=1}^{7} p_i$，而 $p_i = 1/u_C^2(g_i)$(参考 35 页 0～51 式，这里我们取比例系数为 1)；

(3) 加权平均值 g_p 的不确定度 $u(g_p) = 1/\sqrt{\sum_{i=1}^{7} \frac{1}{u_C^2(g_i)}}$ (参考 35 页 0～52 式)，加权平均值 g_p 的相对不确定度 $u_r(g_p) = \frac{u(g_p)}{g_p} \times 100\%$.

6. 由测量数据可得到不同摆长 L 下的 T^2 值如表 6-2 所示，由表 6-3 数据在方格坐标纸上可作 T^2-L 的变化关系如图 6-2 所示. 取图中两点______和______，求出斜率 $k =$ ______，代入公式(6-4)求得 $g =$ ______，与 g_p 比较得相对误差为______，再与理论值 g_0 比较得相对误差为______.

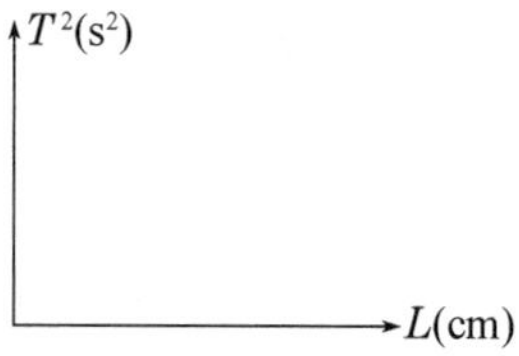

T^2(s^2)

L(cm)

图 6-2 T^2-L 的变化关系

表6-3　不同摆长 L 下的 T^2 值(摆球直径 $\bar{d}$=　　　,测时周期数 n =　　　)

i	1	2	3	4	5	6	7
l(cm)							
L(cm)							
t(s)							
$T = t/n$(s)							
T^2(s^2)							

7. [选修]不同摆角下周期的测量(自己设计表格记录和处理数据,并作图).

8. [选修]实验设计——摆球质心不在球心的系差消除方案及实验结果(写出方案并进行实验,列表记录测量记录,并进行数据处理).

七、思考题

1. 设单摆摆长的测量可达到0.2%的精度($\Delta L/L \leqslant 0.2\%$),用最小分度值为0.2 s的机械秒表测周期,要求 g 的测量精度达到0.4%,问要测多少个振动周期时间求周期,为什么?

2. 摆长测量除了原理部分所言的方法外,还有哪些方法?

3. 摆球质心不在球心的,则摆长测量用(6-2)式计算则必然存在系差,如何消除这种系差? 写出实验方案.

实验7　用拉伸法测金属丝的杨氏弹性模量

一、实验目的

学习用拉伸法测定钢丝的杨氏模量;掌握光杠杆法测量微小变化量的原理;学习用逐差法处理数据;学习正确报道实验结果,写出完备的实验报告.

二、仪器和用具

杨氏模量测定仪;光杠杆;望远镜及直尺;千分尺;游标卡尺;米尺;待测钢丝;砝码;水准器等.

三、实验原理

1. 杨氏模量

在外力作用下,固体所发生的形状变化称为形变,它可分弹性和塑性形变两类.当撤除外力,物体能完全恢复原状的形变称为弹性形变,不能恢复原状的形变称为塑性形变.最简单的形变是棒状物体受力的伸缩.设有一根长为 l,截面积为 S 的钢丝,在外力 F 的作用下伸长(或缩短)了 Δl,比值 F/S 就是单位面积上的作用力,称为胁强;比值 $\Delta l/l$ 是物体的相对伸长,称为胁变.按胡克定律,在物体的弹性限度内,胁强与胁变成正比,比例系数 $Y = \dfrac{F/S}{\Delta l/l}$ 称为杨氏

模量，单位为 $N \cdot m^{-2}$. 设钢丝直径为 d，即截面积 $S = \pi d^2/4$，则

$$Y = \frac{4lF}{\pi \Delta l d^2}. \tag{7-1}$$

上式表明，对于长度 l、直径 d 和所加外力 F 相同时，杨氏模量大的金属丝的伸长量 Δl 比较小，而杨氏模量小的伸长量 Δl 比较大. 因而杨氏模量表达了材料抵抗外力产生拉伸(或压缩)形变的能力，是工程技术中常用的物理参数. 根据(7－1)式测杨氏模量时，伸长量 Δl 比较小不易测准，因此，测定杨氏模量的装置，得围绕如何测准伸长量设计. 本实验是利用光杠杆放大原理，设计装置去测伸长量 Δl 的.

2. 实验装置

本实验装置如图 7－1 所示，图 7－2 是装置简化图. A、B 为钢丝两端的螺丝夹，在 B 的下端挂有砝码托盘，调节仪器底部螺钉可使平台 C 水平，使拉直的钢丝与平台垂直，并且 B 刚好悬在平台 C 的圆孔中间. M 为光杠杆(如图 7－3 所示)，其平面镜固定在具有三个脚的小支架上，支架上的三个尖脚构成等腰三角形，测量时，将两前脚放在平台 C 的横槽内，一个后脚放在 B 夹上. 光杠杆前有望远镜 R 和米尺 S，当砝码盘上的砝码增加或减少时，钢夹 B 就随之下降或上升，光杠杆 M 的平面镜产生镜面偏转，从望远镜 R 中可以观察到米尺刻度的变化. 根据下述光杠杆原理可算出钢丝的伸长量 Δl.

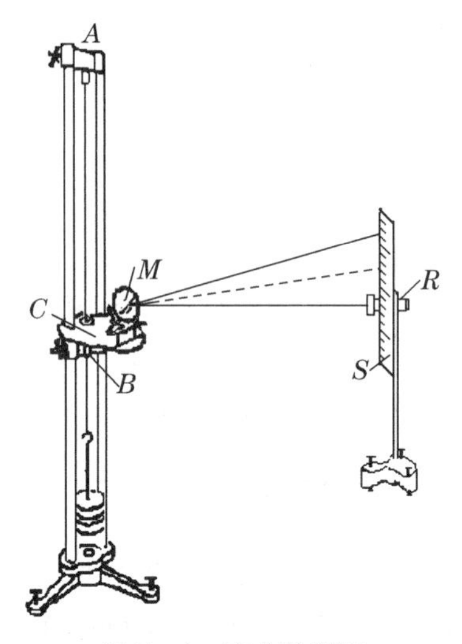

图 7－1　实验装置图

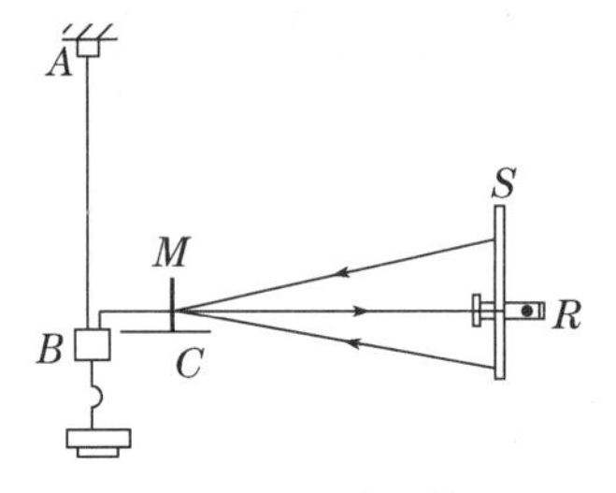

图 7－2　实验装置简化图

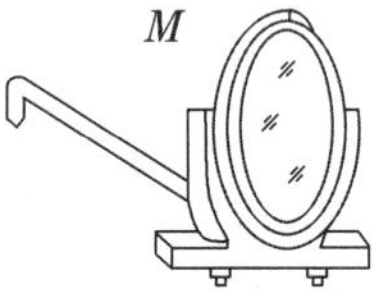

M

图 7－3　光杠杆

3. 光杠杆原理

其原理如图 7－4 所示. 假设物体在初始状态下，平面镜的法线 ON_0 在水平位置，在望远镜中可看到的米尺刻度为 n_0. 当钢丝被拉长 Δl 后，光杠杆足尖随金属丝下落，带动反射镜偏转一个角度 α，此时镜面法线为 ON，望远镜中能看到的直尺刻度为 n. 由几何光学的原理可知，图中 $\angle NON_0 = \alpha$，$\angle N'ON_0 = 2\alpha$，由于 Δl 很小，α 和 2α 都是很小的角度，所以 $\alpha \approx \tan\alpha = \frac{\Delta l}{b}$，$2\alpha \approx \tan 2\alpha = \frac{n - n_0}{L}$，因此 $\Delta l \approx \frac{b}{2L}(n - n_0) = \frac{b}{2L} \cdot \Delta n$，代入(7－1)式得

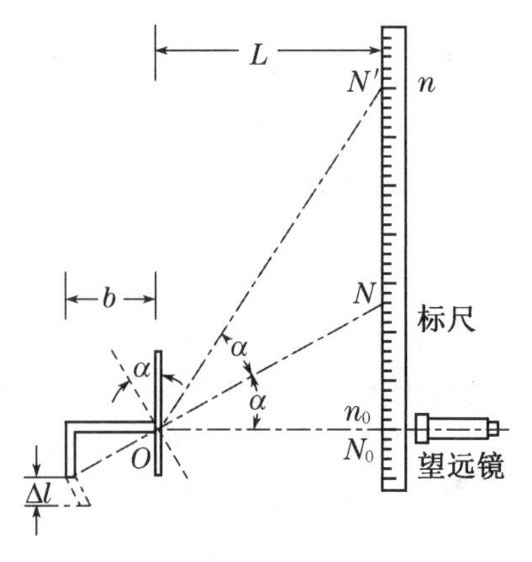

图 7－4　光杠杆测微小长度

$$Y=\frac{8FlL}{\pi d^2 b\Delta n}, \tag{7-2}$$

式中 l 为钢丝长度，b 为光杠杆后足到两前足尖连线的垂直距离，F 为给钢丝施加的外力，$\Delta n=n-n_0$ 为望远镜中观察到的标尺刻度值的变化量，L 为镜面到标尺间的距离.

4. 隔项逐差法

逐差法是物理实验中处理数据常用的一种方法. 由误差理论知道，多次等精度测量值的算术平均值是近真值，因此，在实验中应尽量地实现多次测量. 但在一些实验中，如果简单地取各次测量的平均值，并不能达到好的效果. 例如本实验中，如果力 F 每次增加 1 kg 力，连续增加七次，则可读得八个标尺读数，它们分别为 $n_0, n_1, n_2, \cdots, n_7$，其相应的差值是 $\Delta n_1=n_1-n_0$，$\Delta n_2=n_2-n_1, \cdots, \Delta n_7=n_7-n_6$，则平均差值为 $\overline{\Delta n}=\frac{(n_1-n_0)+(n_2-n_1)+\cdots+(n_7-n_6)}{7}=\frac{n_7-n_0}{7}$，中间数字全部抵销，未能起到平均的作用，只用上了始末两次的测量值，与力 F 一次增加 7 kg 力的单次测量等价. 由此可见，不能用此办法进行平均值的处理(这也叫逐差法，称**逐项逐差**).

为了保持多次测量的优越性，通常可把数据分成两组：一组是 n_0, n_1, n_2, n_3；另一组是 n_4, n_5, n_6, n_7. 取相应的差值 $\Delta n_1=n_4-n_0, \Delta n_2=n_5-n_1, \Delta n_3=n_6-n_2, \Delta n_4=n_7-n_3$，都是力 F 增加 4 kg 时，望远镜读数的差值，则平均差值为

$$\overline{\Delta n}=\frac{\Delta n_1+\Delta n_2+\Delta n_3+\Delta n_4}{4}=\frac{(n_4-n_0)+(n_5-n_1)+(n_6-n_2)+(n_7-n_3)}{4}. \tag{7-3}$$

这种方法称为**隔项逐差**法，在隔项逐差法中，每个数据在平均值内都起了作用，应当注意，(7-3)式中 $\overline{\Delta n}$ 是力 F 增加 4 kg 时，望远镜读数的平均差值.

5. 作图法

由(7-2)式可得

$$\Delta n=n-n_0=\frac{8lL}{\pi d^2 bY}\cdot F=kF, \tag{7-4}$$

其中

$$k=\frac{8lL}{\pi d^2 bY}. \tag{7-5}$$

在既定实验条件下，k 是一个常量，若以 (n_i-n_0) 或 n_i 为纵坐标，以力 F 为横坐标，作图可得到一直线，其斜率为 k，从图上得到 k 的数值代入(7-5)式便可求出 Y(注意求 k 不允许选用实验原始数据点)：

$$Y=\frac{8lL}{\pi d^2 bk}. \tag{7-6}$$

四、必修实验内容

1. 调整杨氏模量测定仪.

注意事项：不能让光杠杆从平台上掉下来，以防平面镜摔破！不能让砝码掉下来，以防砸破仪器底座上的水准器和自己的脚. 为了防止意外事故发生，实验中请将光杠杆用一细线拴住，仪器底座的水准器上用一砝码盖上，并且不要过多地加砝码，以防钢丝拉断. 做完实验将砝码取下.

调整目标:下端螺丝夹 B 自由地处于平台 C 的圆孔内.

(1) 调底脚螺丝,使立柱大致垂直地面(借助仪器底座的水准器调整,即让气泡居中).

(2) 将被测钢丝的上端固定,并使平台 C 与下端螺丝夹 B 的上端面在同一高度上(事先已经把钢丝固定好,请再检查一下,以防松动),下端砝码盘上加初始负载(2 到 3 个砝码)使钢丝拉直,再调整底脚螺丝,使下端螺丝夹 B 与平台 C 的圆孔(如图 7-1 或 7-2 所示)不卡.

2. 测量钢丝直径和钢丝长度.

用千分尺在钢丝上、中、下三部位的相互垂直的方向上各测一次直径,用钢卷尺单次测量钢丝长 l(思考:钢丝长 l 是指哪段长?).

3. 调整光学系统.

(1) 按图 7-2 放置光杠杆,并使平面镜大致与平台垂直.

(2) 调节望远镜支座的紧固螺丝,使望远镜与反射镜等高,并使望远镜筒处于水平.

(3) 调节望远镜.

粗调:调节望远镜、标尺和光杠杆镜面的相对位置,直至在望远镜外,沿其管轴瞄准器能看到小镜内出现标尺的像.

细调:调望远镜目镜,使十字叉丝清晰.然后调节目镜和物镜之间的距离(旋调焦旋钮),使通过望远镜清楚地看到经小镜反射的标尺像.并且当眼睛上、下移动时,十字叉丝与标尺的刻度之间没有相对移动(即消视差).

4. 测量钢丝负荷后的伸长量.

注意事项:以上光杠杆、望远镜和标尺所构成的光学系统一经调节好后,后面的实验过程中就不可再移动,否则所测数据无效.

(1) 砝码盘上预加 2 个砝码(为什么要预加砝码?).记录此时望远镜十字叉丝水平线对准标尺的刻度值 n_0.

(2) 依次增加 1 个砝码,记录相应的望远镜读数 $n_1',n_2',\cdots,n_7'$.

(3) 再加 1 个砝码,但不必读数,待稳定后,逐个取下砝码,记录相应的望远镜读数 n_7'', $n_6'',\cdots,n_1'',n_0''$.

(4) 计算同一负荷下两次标尺读数(n_i'和 n_i'')的平均值 $n_i=(n_i'+n_i'')/2$.

5. 用钢卷尺单次测量标尺到平面镜距离 L;用压脚印法单次测量光杠杆后足到两前足尖连线的垂直距离 b(即把光杠杆的三脚压在白纸上,然后用游标尺测三次后脚到前两脚连线的垂直距离 b,有的光杠杆支架,不是前两脚,而是一刀片脚,压脚印法时前"两脚"连线可直接压印得到).

6. 用(7-3)式逐差法算出 Δn,将有关数据代入(7-2)式即可求出杨氏模量 Y.

7. 进行数据分析和不确定度评定.

五、选修实验内容

1. 根据以上测量数据,作 n_i-F_i 图,求出斜率 k,依照(7-6)式计算杨氏模量,将逐差法求出的杨氏模量和作图法求出的杨氏模量作比较.

2. 设计实验方案,以判断实验中要预加几个砝码可让钢丝拉直,并实验之.

3. 用激光法调整仪器并用 CCD 读取伸长量值进行实验(需在教师指导下进行).

4. 钢丝的拉断试验(需在教师指导下进行).

六、数据记录及处理

1. 多次测量钢丝直径 d.

表 7-1　用千分尺测量钢丝直径 d(仪器误差取 0.004 mm)

测量部位	上		中		下		平均
测量方向	纵向	横向	纵向	横向	纵向	横向	
d(mm)							

$u_A(d)=\sqrt{\dfrac{1}{n(n-1)}\sum \mid d_i-d\mid^2}=$　　　mm, $u_B(d)=$　　　mm, $u_C(d)=$　　　mm.

测量结果 $d=($　　　$\pm$　　　$)$mm，相对不确定度 $u_r(d)=$　　　.

2. 光杠杆数据.

表 7-2　标尺读数 n 及逐差值 Δn

砝码质量(kg)	标尺读数(mm)						隔项逐差值 Δn_i(mm) $\Delta n_i=n_{i+4}-n_i$
	加砝码时		减砝码时		平均	$(n_i'+n_i'')/2$	
2.00	n_0'		n_0''		n_0		$n_4-n_0=$
3.00	n_1'		n_1''		n_1		
4.00	n_2'		n_2''		n_2		$n_5-n_1=$
5.00	n_3'		n_3''		n_3		
6.00	n_4'		n_4''		n_4		$n_6-n_2=$
7.00	n_5'		n_5''		n_5		
8.00	n_6'		n_6''		n_6		$n_7-n_3=$
9.00	n_7'		n_7''		n_7		

平均值 $\overline{\Delta n}=$______mm，总不确定度 $u_C(\Delta n)=$______mm，相对不确定度 $u_r(\Delta n)=$______.

提示：(1) 平均差值 $\overline{\Delta n}$ 是力 $F=$ 多少 kg 力时的？

(2) 这里为了简化不确定度评定，我们可以不严格地把 B 类不确定度当作总不确定度，并且把标尺最小刻度的 1/5 当作“仪器误差”.

3. 用米尺单次测量钢丝长 l、平面镜与标尺间距 L，用游标卡尺单次测量光杠杆长 b. 这里我们都取最小刻度作为仪器误差.

表 7-3　钢丝长 l、平面镜与标尺间距 L、测量光杠杆长 b　　单位：mm

	测读值	不确定度	相对不确定度
l			
L			
b			

4. 计算杨氏模量 Y 并写出结果标准式.

提示：将数据代入(7-2)式计算 Y，并利用间接测量的不确定度传递公式计算 Y 的不确定度，即相对不确定度 $u_r(Y)=\sqrt{[u_r(l)]^2+[u_r(L)]^2+[2u_r(d)]^2+[u_r(b)]^2+[u_r(\Delta n)]^2}$，总不确定度 $u_C(Y)=u_r(Y)\cdot Y$.

5. 自行设计表格对选修内容的数据进行记录与处理.

七、思考题

1. 材料相同，但粗细、长度不同的两根钢丝，它们的杨氏模量是否相同？

2. 本实验中，如何分析哪一个量的测量对实验结果的影响较大？各个长度量为什么使用不同的测量仪器？光杠杆有什么优点？怎样提高光杠杆测量微小长度变化的灵敏度？

3. 为什么实验测量之前，要给钢丝预加砝码使之拉直？

4. 我们用光放大法测伸长量 Δn 时，不严格地把 B 类不确定度当作总不确定度 $u(\Delta n)$ 进行不确定度评定. 如果要比较严格地评定不确定度，对表 7-3 数据应该如何处理？

5. 钢丝负荷过大时将会由弹性形变转为塑性形变，预想一下塑性形变有何特征，在教师指导下试验后与你的预想有何差异？

实验 8　液体表面张力系数的测定

一、实验目的

学习焦利氏秤的使用方法；了解液体表面的性质，测定液体的表面张力系数.

二、仪器和用具

焦利氏秤；金属丝框；砝码；烧杯；游标卡尺；温度计；酒精灯；镊子等.

三、实验原理

1. 表面张力系数

将一表面洁净的矩形金属薄片（例如刀片）竖直地浸入水中，使其底边保持水平，然后轻轻提起，则其附近的液面将呈现如图 8-1 所示的形状（对浸润液体）. 由于液面收缩而产生的沿切线方向的力 f 称为表面张力，角 φ 称为接触角. 当缓缓拉出金属薄片时，接触角 φ 逐渐减小而趋向于零. 当金属片脱离液体前，$\varphi=0$，这时表面张力 f 垂直向下，此时诸力的平衡条件为

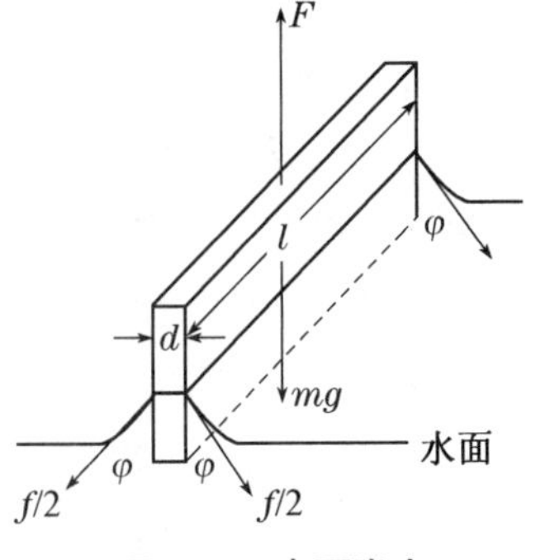

图 8-1　表面张力

$$F=mg+f, \tag{8-1}$$

式中 F 是将金属薄片匀速拉出液面时所施的外力，mg 为金属薄片和它所粘附的液体的总重量.

表面张力 f 与接触面的周界 $2(l+d)$ 成正比，故有

$$f=2\alpha(l+d), \tag{8-2}$$

式中比例系数 α 称为表面张力系数，在数值上等于单位长度上的表面张力，其单位为 $\mathrm{N\cdot m^{-1}}$，将(8－2)式代入(8－1)式，可得

$$\alpha = \frac{F - mg}{2(l + d)}. \tag{8-3}$$

表面张力系数 α 与液体的种类、纯度、温度等因素有关，液体的温度愈高，α 值愈小；所含杂质越多，α 值也越小. 只要上述这些条件保持一定，α 就是一个常数.

本实验用"⊓"形金属丝框代替图 8－1 所示的薄片，将金属丝框放入待测液体(水)中润湿后，稍稍往上提起时，细丝下面将带起一液膜(水膜)，如图 8－2 所示. 要把金属丝由水中拉脱，必须用一定力 F. 忽略丝框直径(即图 8－1 中 $d = 0$)，(8－3)式变为

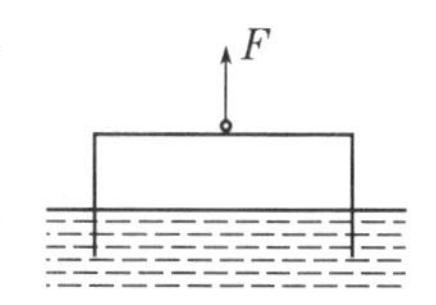

图 8－2　液膜

$$\alpha = \frac{F - mg}{2l}. \tag{8-4}$$

本实验用焦利氏秤测 $F - mg$ 之值，并测出丝框宽 l，便可由(8－4)式求得表面张力系数 α 的量值.

2. 焦利氏秤

普通弹簧秤上端固定，下端挂物，弹簧下端伸长，伸长量与物重成正比，由此秤出重力；焦利氏秤是特殊的弹簧秤，其上端不固定，而是下端固定(动态固定). 物挂下端后，弹簧下端将下移，此时靠顶杆将上端往上顶，使下端在挂物前后仍保持同一位置，伸长量即顶杆往上顶的移动距离，由此秤出重力. 焦利氏秤的外形结构如图 8－3 所示. 它的主要部件有中空立管和带有米尺刻度的顶杆，调节顶杆旋钮可使顶杆在立管内上下移动. 立管上附有游标，并装有刻着水平线的玻璃管和可上下移动的平台. 顶杆上端的横梁上挂一细弹簧，弹簧下端悬挂的小镜子的镜面上有一标线. 实验时，使玻璃管的刻线、刻线在小镜中的像以及镜面标线三者重合，以保证弹簧下端动态固定. 即实验时，要同时调节顶杆旋钮(使顶杆上升)和平台旋钮(使液面下降)，将液膜逐渐拉起时，保证三线对齐，保持小镜镜面上标线位置不变. 这样由上端伸长量可据胡克定律求出称力的大小：

$$F_1 = k\Delta x. \tag{8-5}$$

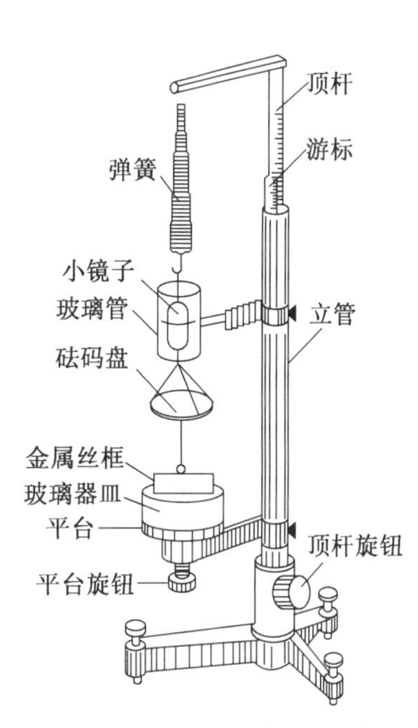

图 8－3　焦利氏秤的外形结构

四、必修实验内容

注意事项：不能在弹簧下悬挂过重砝码，以免超过弹簧的弹性限度. 实验中要防止被测液体混入其他杂质.

1. 调整焦利氏秤

(1) 按图 8－3 挂好弹簧、小镜和砝码盘，使小镜穿过玻璃管并恰好在管中.

(2) 调节三足底座上的螺丝，让立管处于铅直位置，使小镜在玻璃管中上下轻轻振动时不卡玻璃管边缘.

2. 用隔项逐差法测量弹簧倔强系数 k（参见 117 页实验 7 的原理 4）

（1）玻璃管的刻线、刻线在小镜中的像以及镜面标线三线对齐时，读取游标零线所指示的顶杆米尺上的读数 x_0.

（2）依次将等质量 m 的砝码或钢球加在弹簧下面的砝码盘内，每加一个砝码，重新调三线对齐，分别记下游标零线所指示的顶杆米尺上的读数 $x_1, x_2, \cdots, x_9$，用隔项逐差法求弹簧的倔强系数 $\bar{k}$，并进行不确实度评定. 这里只要求考虑 A 类分量，因为测弹簧的伸长量时，A 类不确定度远大于 B 类分量. A 类不确定度取 $\bar{k}$ 的标准差，即

$$u_A(k) = \sigma_{\bar{k}} = \sqrt{\frac{1}{5(5-1)}\sum_{i=1}^{5}(k_i - \bar{k})^2}.$$

3. 测液体的表面张力 $(F - mg)$

（1）用酒精将玻璃器皿（烧杯）洗擦净，装入适量的待测液体，置于平台上.

（2）将“冂”形金属丝框用镊子夹住，在酒精中浸一下，然后取出，置酒精灯火外焰中烧半分钟后（对金属丝框去杂），再放入待测液体（水）中浸润，取出后挂在焦利氏秤挂钩上.

（3）调节顶杆旋钮，使三线重新对齐，记下位置坐标 L_0.

（4）将盛液体的烧杯放在平台上，让金属丝框正好浸没于待测液中（旋转平台螺旋，使平台和烧杯上升）.

（5）同时调节顶杆旋钮和平台螺旋，使顶杆上升，烧杯液面下降，并始终保持三线对齐，直到液膜刚被拉脱为止，记下此时的位置坐标 L（注意：调节时动作要缓慢）.

（6）重复上述(3)～(5)步骤六次，求出弹簧的伸长量 $L - L_0$、平均伸长量 $\overline{L - L_0}$ 和不确定度（同上理由，只要求进行 A 类评定），并计算表面张力 $(F - mg = \bar{k} \cdot \overline{L - L_0})$.

4. 测液体的表面张力系数 α

记录待测液温度 t，用游标卡尺测金属丝框的宽度 l 五次，根据(8－4)式求出表面张力系数 α 的值（要求给出标准式）.

五、选修实验内容

1. 试设计实验方案，用焦利氏秤测不规则小钢球的密度.

2. 试用图解法根据你的测量数据求焦利氏秤弹簧的倔强系数，并将所得结果与用逐差法算出的 k 作一比较.

六、数据记录及处理

1. 用逐差法测弹簧的倔强系数 k（数据表格自行设计）

提示：(1) 要记录实验室给出的砝码的质量 m.

(2) $k_1 = \dfrac{5mg}{x_5 - x_0}; k_2 = \dfrac{5mg}{x_6 - x_1}; k_3 = \dfrac{5mg}{x_7 - x_2}; k_4 = \dfrac{5mg}{x_8 - x_3}; k_5 = \dfrac{5mg}{x_9 - x_4} \Rightarrow \bar{k} = \dfrac{1}{5}\sum_{j=1}^{5} k_j$.

(3) 只要求考虑 A 类分量，即 $u(k) = u_A(k) = \sigma_{\bar{k}} = \sqrt{\dfrac{1}{5(5-1)}\sum_{i=1}^{5}(k_i - \bar{k})^2}$.

2. 测液体的表面张力($F-mg$)(数据表格自行设计)

提示:(1) 弹性系数 k 及伸长量 $L-L_0$ 只要求考虑 A 类不确定度.

(2) 利用间接测量不确定度传递公式计算表面张力的不确定度.

3. 游标卡尺测出金属丝框宽度 l 的数据(数据表格自行设计)

提示:总不确定度的 A 类和 B 类分量都要考虑,游标卡尺的仪器误差可以取卡尺的最小刻度.

4. 测液体的表面张力系数的测量结果

提示:按(8-4)式 $\alpha=\dfrac{F-mg}{2l}$,得 $\alpha=\dfrac{k(L-L_0)}{2l}\Rightarrow\bar{\alpha}=\dfrac{\bar{k}\cdot\overline{L-L_0}}{2\bar{l}}$;

相对不确定度传递公式:$u_r(\alpha)=\sqrt{\left[\dfrac{u_C(k)}{\bar{k}}\right]^2+\left[\dfrac{u_C(l)}{\bar{l}}\right]^2+\left[\dfrac{u_C(L-L_0)}{\overline{L-L_0}}\right]^2}$;

总不确定度 $u_C(\alpha)=\bar{\alpha}\cdot u_r(\alpha)$.

七、思考题

1. 本实验中影响测量结果的因素有哪些?

2. 若中空立管不垂直,对测量结果有何影响? 试做定量分析.

3. 为什么镜面上要有标线? 在测 α 时,为什么要同时调节顶杆旋钮和平台旋钮? 而且要在液体薄膜拉脱时读数?

实验 9　三线摆法测刚体的转动惯量

一、实验目的

学习三线摆法测刚体转动惯量的原理和方法;加深对转动惯量和平行轴定理等的理解;研究转动惯量叠加原理的应用.

二、仪器和用具

三线摆仪及扭摆实验仪;计时测试仪;米尺;游标卡尺;天平;水准器;待测圆环;待测圆柱铁饼等.

三、实验原理

转动惯量是表征刚体转动时惯性大小的物理量,它与刚体的质量、质量分布和转轴位置有关,是研究转动物体运动规律的重要参数. 对于一些有规则几何形状的刚体,我们可以通过数学方法求出其转动惯量. 例如,均质圆柱形刚体通过其轴心的转动惯量为

$$J(\text{圆柱})=\frac{1}{2}MA^2,\qquad(9-1)$$

式中 M 为圆柱体质量,A 为圆柱体半径.

均质圆环形刚体通过其轴心的转动惯量为

$$J(\text{圆环}) = \frac{1}{2}M(B^2+C^2), \tag{9-2}$$

式中 M、B、C 分别为圆柱体质量、内径和外径.

对于形状复杂、质量分布不均匀的刚体，通常利用转动实验仪来测定其转动惯量. 三线摆法是其中的一种办法.

图 9-1 是三线摆示意图. 上、下圆盘均处于水平，悬挂在横梁上. 横梁由立柱和底座(图中未画出)支承着. 三根对称分布的等长线将两圆盘相连. 上圆盘相对固定，用手拨动上圆盘的转动杆(图中未画)就可以使上圆盘小幅度转动，从而带动下圆盘绕中心轴 OO' 做扭摆运动. 当下圆盘的摆角 θ 很小，并且忽略空气阻力和悬线扭力的影响时，根据能量守恒定律和刚体转动定律可以推出下圆盘绕中心轴 OO' 的转动惯量 J_0 为

$$J_0 = \frac{m_0 gRr}{4\pi^2 H}T_0^2. \tag{9-3}$$

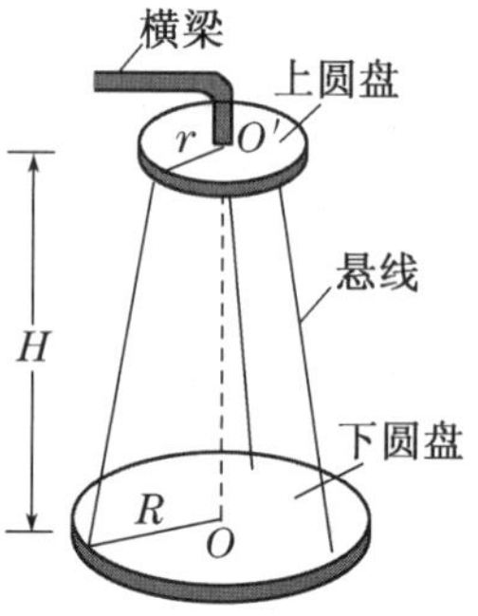

图 9-1　三线摆示意图

式中，m_0 为下圆盘质量；r 和 R 分别为上下圆盘的悬线点离各自圆盘中心的距离(称为有效半径)；H 为平衡时上下圆盘间的垂直距离；T_0 为下圆盘的振动周期；g 为重力加速度[(9-3)式推导见本实验后备注].

将质量为 m 的待测刚体放在下圆盘上，并使它的质心位于中心轴 OO' 上，这样下圆盘仍保持水平，测出此时的振动周期 T 和上下圆盘间的垂直距离 H(这里假设悬线不伸长)，则待测刚体和下圆盘对中心轴的总转动惯量 J_1 为

$$J_1 = \frac{(m_0+m)gRr}{4\pi^2 H}T^2. \tag{9-4}$$

则待测刚体对中心轴的转动惯量 J 为

$$J = J_1 - J_0. \tag{9-5}$$

利用三线摆还可以验证平行轴定理. 平行轴定理指出：如果一刚体对通过质心的某一转轴的转动惯量为 J_c，则这刚体对平行于该轴且相距为 d 的另一转轴的转动惯量 J_x 为

$$J_x = J_c + m_1 d^2, \tag{9-6}$$

式中，m_1 为刚体的质量.

四、三线摆计时测试仪

计时测试仪面板示意如图 9-2 所示.

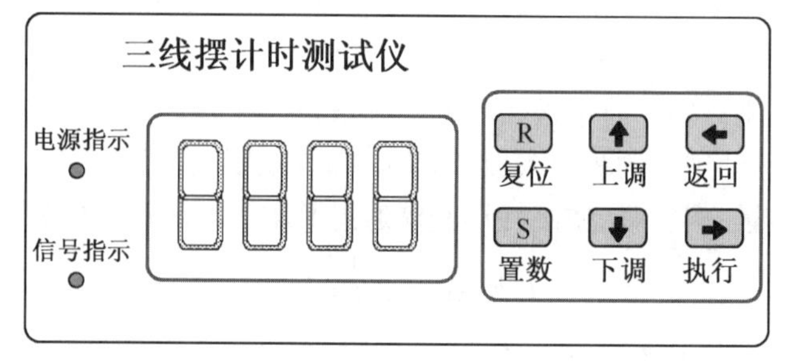

图 9-2　三线摆计时测试仪面板示意图

接通电源,"电源指示"灯点亮,数字显示屏显示"30",此为计时测试仪的预置周期数($n=30$ 为默认值). 若要设置 $n = 50$ 次,先按"置数"开锁,再按上调(或下调)改变周期数,当达到 50 时,再按"置数"锁定. 当按"复位"或断电再开机时,程序再次预置 30 次周期. 本计时仪的周期设定范围为 0～99 次,计时范围为 0～99.99 s,分辨率为 0.01 s.

调节好仪器使挡光杆正好通过光电门,则按下计时测试仪的"执行",信号指示灯不停闪烁,即进入计时状态,这时数字显示屏上数字不断跳动,显示小球来回经过光电门的次数(若置数周期为 n,则小球经过光电门的次数为 $2n+1$),当小球振动周期数达到设定值 n,数显表将显示小球振动 n 个周期所需的总时间(单位为 s). 需要第二次计时测量,无须重新设置,只要按"返回"即可回到上次刚执行的周期数 n,再按"执行",计时重新开始.

五、必修实验内容

1. 调整实验仪器

(1) 调三线摆底座,使上圆盘水平(用水准器置圆盘的中心判别).

(2) 调整三线摆下圆盘,使盘面水平(调三根悬线中的任意两根,用水准器置下圆盘面中心判别).

(3) 调整计时仪光电感应器的位置,使下圆盘的挡光杆来回经过光电门,且没有碰撞或者摩擦. 打开计时测试仪电源,设定测量时间为 30 个周期.

2. 测量三线摆下圆盘绕中心轴的转动惯量 J_0

(1) 轻轻拨动上圆盘的转动杆(不允许扭动下圆盘),使下圆盘获得一个小冲量后能够来回自由转动(转角要小于 5°).

(2) 待到下圆盘做稳定摆动时,按计时仪的"执行",测量来回摆动 30 次所需的时间,重复 3 次,算出周期的平均值 $\overline{T}_0$.

(3) 用米尺测出上下盘间垂直距离 H,用游标卡尺测出下圆盘三悬点间距 a(各测三次取平均值). 根据 $R=\sqrt{3}a/3$ 求出下圆盘的有效半径(见图 9－3). 同理,用游标卡尺测出上圆盘三悬点间距 b(各测三次取平均值). 根据 $r=\sqrt{3}b/3$ 求出上圆盘的有效半径.

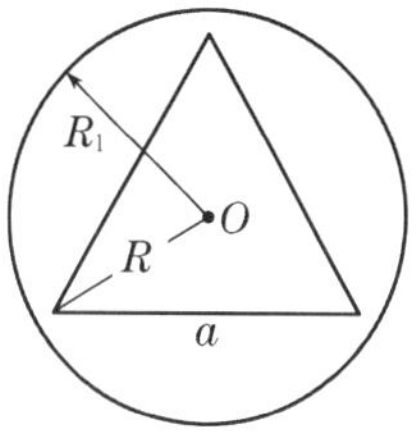

图 9－3　摆线悬点位置

(4) 用米尺测出下圆盘的直径 $2R_1$,测三次取平均值.

(5) 记录三线摆下圆盘的质量 m_0,根据(9－3)式算出圆盘转动惯量的测量值 J_0,并与理论值 $J'_0 = m_0 R_1^2/2$ 作比较(注意 R_1 与 R 有所不同,前者为下圆盘实际半径,后者为悬点到中心轴距离,即有效半径). 对测量值 J_0 进行不确定度评定.

3. 测量圆环绕中心轴的转动惯量 J

(1) 将圆盘上加放圆环,使圆环中心与三线摆中心轴一致(最好借助水准器判别之),测量 20 个周期时间,记录圆环质量 m,根据(9－4)式和(9－5)式算出圆环绕中心轴的转动惯量 J(测量值).

(2) 测量圆环内外直径 $2b$、$2c$ 各三次取平均,计算理论值 J'[$J' = m(b^2+c^2)/2$],将实验值 J 与理论值 J' 作比较,分析实验测量值相对误差的大小.

六、数据记录及处理

1. 测量三线摆下圆盘绕中心轴的转动惯量 J_0

游标卡尺的仪器误差取 $\Delta_{(卡尺)} = 0.02$ mm，计时仪的仪器误差取 $\Delta_{(计时仪)} = 0.01$ s，米尺的仪器误差 $\Delta_{(米尺)} = 0.2$ mm. 记录三线摆下圆盘的质量 m_0.

上下盘间垂直距离 H，下圆盘和上圆盘三悬点间距 a 和 b，下圆盘直径 $2R_1$，30 个周期时间 t 的测量数据各测三次，并计算平均值，填入下表：

表 9-1 测量三线摆下圆盘绕中心轴的转动惯量 J_0

次数 n	1	2	3	平均
H(m)				
a(m)				
b(m)				
$2R_1$(m)				
t(s)				

由表 9-1 数据，计算上、下圆盘的有效半径 $r = \sqrt{3}\,\bar{b}/3$、$R = \sqrt{3}\,\bar{a}/3$；周期 $T_0 = \bar{t}/30$；圆盘转动惯量的测量值 $J_0 = \dfrac{m_0 gRr}{4\pi^2 H}T_0^2$；圆盘转动惯量的理论值 $J'_0 = m_0 R_1^2/2$.

对测量值进行不确定度评定：

(1) H、R、r、T_0 的 B 类不确定度：

$$u_B(H) = \frac{\Delta_{(米尺)}}{\sqrt{3}};u_B(R) = \frac{\sqrt{3}}{3}\cdot\frac{\Delta_{(卡尺)}}{\sqrt{3}};u_B(r) = \frac{\sqrt{3}}{3}\cdot\frac{\Delta_{(卡尺)}}{\sqrt{3}};u_B(T_0) = \frac{1}{30}\cdot\frac{\Delta_{(计时仪)}}{\sqrt{3}}.$$

(2) H、R、r、T_0 的 A 类不确定度：

$$u_A(H) = \sigma_{\overline{H}} = \sqrt{\frac{\sum(H_i - \overline{H})^2}{n(n-1)}};u_A(R) = \frac{\sqrt{3}}{3}\sigma_{\bar{a}} = \frac{\sqrt{3}}{3}\cdot\sqrt{\frac{\sum(a_i - \bar{a})^2}{n(n-1)}};$$

$$u_A(r) = \frac{\sqrt{3}}{3}\sigma_{\bar{b}} = \frac{\sqrt{3}}{3}\cdot\sqrt{\frac{\sum(b_i - \bar{b})^2}{n(n-1)}};u_A(T_0) = \frac{1}{30}\sigma_{\bar{t}} = \frac{1}{30}\cdot\sqrt{\frac{\sum(t_i - \bar{t})^2}{n(n-1)}}.$$

(3) H、R、r、T_0 各物理量(x)的总不确定度：$u_C(x) = \sqrt{u_A^2(x) + u_B^2(x)}$.

(4) H、R、r、T_0 各物理量(x)的相对不确定度：$u_r(x) = \dfrac{u_C(x)}{x}$.

(5) J_0 的相对不确定度：$u_r(J_0) = \sqrt{u_r^2(R) + u_r^2(r) + u_r^2(H) + [2u_r(T_0)]^2}$.

(6) J_0 的总不确定度：$u_C(J_0) = u_r(J_0)\cdot J_0$.

(7) 测量值 J_0 的表示：$\begin{cases} J_0 = \overline{J}_0 \pm u_C(J_0), \\ u_r(J_0) = ?\%. \end{cases}$

(8) 测量值与理论值进行比较：$E = \dfrac{|J_0 - J'_0|}{J'_0} \times 100\%$.

2. 测量圆环绕中心轴的转动惯量 J

数据表格自行设计.

七、选修实验内容

1. 验证平行轴定理

(1) 取两个形状大小和质量都相同的圆柱形铁饼(其质量为 m_1)，按上述测圆环的转动惯量的方法测其中一个圆柱形铁饼绕柱轴的转动惯量 J_c.

(2) 将这两个相同的铁饼对称地置于下圆盘上，如图 9-4 所示，测出各柱体轴心到下圆盘中心轴的距离 d，测出刚体系统的转动惯量 J_2，算出各铁饼在此情况下绕下圆盘中心轴的转动惯量测量值 J_x 和理论值 J'_x，将它们比较，由此验证平行轴定理 ($2J_x = J_2 - J_0, J'_x = J_c + m_1 d^2$). 有关测量要选用合理方法和多次测量，同学们自己考虑之，并设计表格记录和处理数据.

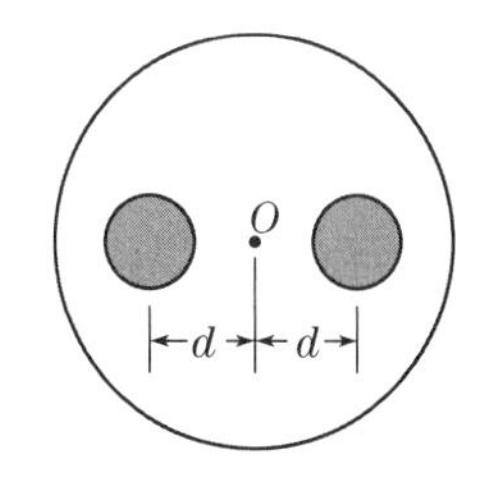

图 9-4　验证平行轴定理

2. 实验设计

设计实验方案，用三线摆法测量不规则物体绕过质心的某一轴的转动惯量.

八、思考题

1. 测转动惯量时，为什么要求上下圆盘水平?
2. 为什么摆角要小，如果摆角大了会有什么影响?
3. 公式(9-3)中 H，除了实验内容所述测法外，还有其他测量法吗，如何测?
4. 验证平行轴定理时，为何要用两个完全相同的两块圆柱形铁饼? 这么做的优点何在? (9-6)式中的 d 如何测较好?

〔备注:公式(9-3)的推导〕

如图 9-5，上下圆盘水平，半径分别是 r 和 R，母线 $AB = l$ (另二悬线未画)，下圆盘质量 m_0，当下圆盘绕轴 O_1O_2 扭转一小角度 θ 时 (水平面内扭转，$\theta < 5°$)，下圆盘垂直升高 h，则势能和动能分别为

$$E_p = m_0 gh, \tag{9-7}$$

$$E_k = \frac{1}{2} J_0 \frac{d^2\theta}{dt^2}. \tag{9-8}$$

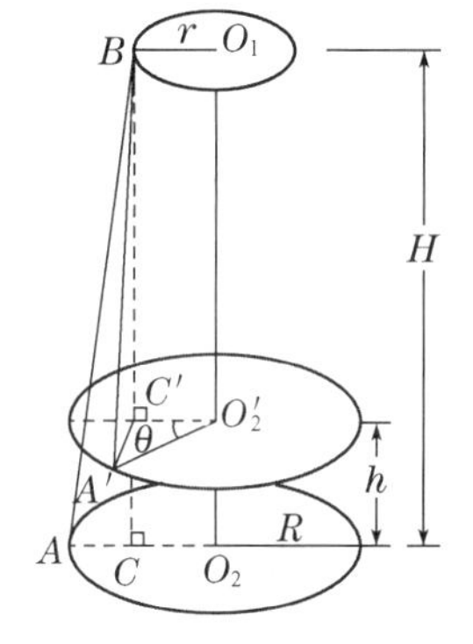

图 9-5　公式推导

由机械能守恒定律可知

$$E_p + E_k = 常量. \tag{9-9}$$

由图 9-5 几何关系可知

$$\overline{BC}^2 = \overline{AB}^2 - \overline{AC}^2 = l^2 - (R-r)^2, \tag{9-10}$$

$$h = \overline{BC} - \overline{BC'} = \frac{\overline{BC}^2 - \overline{BC'}^2}{\overline{BC} + \overline{BC'}}. \tag{9-11}$$

而 $\overline{BC'}^2 = \overline{A'B}^2 - \overline{A'C'}^2 = l^2 - \overline{A'C'}^2$，$\overline{A'C'}^2 = \overline{A'B'_2}^2 + \overline{C'O'_2}^2 - 2\overline{A'O'_2} \cdot \overline{C'O'_2} \cdot \cos\theta = R^2 + r^2 - 2Rr\cos\theta$，故

$$\overline{BC'}^2 = l^2 - (R^2 + r^2 - 2Rr\cos\theta). \tag{9-12}$$

将(9-10)和(9-12)式代入(9-11)式得

$$h=\frac{2Rr(1-\cos\theta)}{\overline{BC}+\overline{BC'}}=\frac{4Rr\sin^2(\frac{\theta}{2})}{\overline{BC}+\overline{BC'}}. \tag{9-13}$$

当θ很小时，$\sin\frac{\theta}{2}\approx\frac{\theta}{2}$,$\overline{BC}+\overline{BC'}\approx 2H$，故

$$h\approx\frac{Rr\theta^2}{2H}. \tag{9-14}$$

(9-14)式代入(9-9)式得 $\frac{m_0 gRr}{2H}\theta^2+\frac{1}{2}J_0\left(\frac{\mathrm{d}\theta}{\mathrm{d}t}\right)^2=$ 常量，两边对t求导得

$$\frac{m_0 gRr}{H}\cdot\theta+J_0\frac{\mathrm{d}^2\theta}{\mathrm{d}t^2}=0. \tag{9-15}$$

可见(9-15)式为一简谐振动方程，其振动圆频率为

$$\omega_0=\sqrt{m_0 gRr/J_0 H}=2\pi/T_0. \tag{9-16}$$

由(9-16)式可得

$$J_0=\frac{m_0 gRr}{4\pi^2 H}\cdot T_0^2$$

实验 10 固体线膨胀系数的测定

一、实验目的

测量金属杆的线膨胀系数；巩固光杆法测长度的微小变化.

二、仪器和用具

游标卡尺；米尺；光杠杆组；水银温度计；固体线膨胀系数测定仪等.

三、实验原理

1. 固体线胀系数

一般物体都具有“热胀冷缩”的特性，在一般情况下，固体受热后长度的增加称为线膨胀.在相同的条件下，不同材料的固体，其线膨胀的程度各不相同.于是，我们引进线膨胀系数来表示固体的这种差别.测定固体的线膨胀系数，实际上归结为测量在某一温度范围内固体的微小伸长量Δl.

实验表明，原长度为l的固体受热后，其相对伸长量正比于温度的变化Δt，即

$$\frac{\Delta l}{l}=\alpha\Delta t,$$

式中比例系数α称为固体的线膨胀系数.对于一种确定的固体材料，它是具有确定值的常数；材料不同，α的值也不同.

设温度 0 ℃时固体的长度为l_0，当温度升高t°C 时，其长度为l_t，则有$\frac{l_t-l_0}{l_0}=\alpha t$，即

$$L_t = L_0(1+\alpha t). \tag{10-1}$$

可见,固体的长度随着温度的升高线性地增大.

如果在温度 t_1 和 t_2 时,金属杆的长度分别为 l_1,l_2,则可写出:

$$l_1 = l_0(1+\alpha t_1), \tag{10-2}$$

$$l_2 = l_0(1+\alpha t_2). \tag{10-3}$$

将(10-2)式代入(10-3)式,化简后得

$$\alpha = \frac{l_2 - l_1}{l_1\left(t_2 - \dfrac{l_2}{l_1}t_1\right)}. \tag{10-4}$$

通常测量 α 时,t_1 与 t_2 相差不太大,Δl 很微小,l_1 与 l_2 非常接近,故 $l_2/l_1 \approx 1$,于是(10-4)式可写成

$$\alpha = \frac{l_2 - l_1}{l_1(t_2 - t_1)} = \frac{\Delta l}{l_1(t_2 - t_1)}. \tag{10-5}$$

在实际测量时,t_1 为室温,l_1 为金属杆在室温时的长度. 只要测出 t_1、t_2、l_1、Δl,就可以求得 α. 其中 l_1、t_1、t_2 都比较容易测量,Δl 是一个很小的长度变化量,很难用普通测量长度的仪器将它测准,我们采用光杠杆测量固体长度的微小变化量 Δl(光杠杆原理参见"实验 7　用拉伸法测金属丝的杨氏弹性模量"的原理部分).

2. GXZ-B500 型固体线胀系数测定仪

装置的结构如图 10-1 示意.

它有一直立支架,中间有一套管,待测金属棒(一根空心圆柱体铜棒)就放在这套管内部.

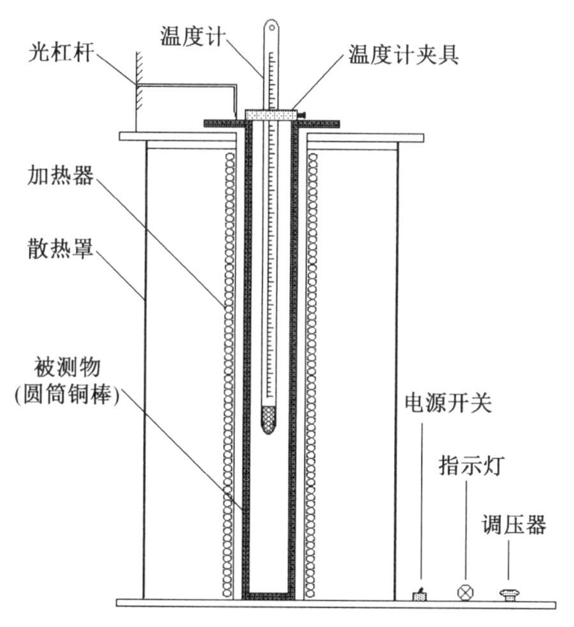

图 10-1　线胀系数测定仪的结构示意图

待测金属棒的一端带有口沿,用以放置光杠杆的一个足. 下端与线胀仪的底座底面接触. 线胀仪的套管外面包围了加热电阻,用以给待测金属棒加热.

金属棒的温度靠温度计测定. 温度计上端用一夹具夹好后可放入待测空心铜棒的上端口

沿上.

线胀仪的另一部分是光杠杆以及望远镜和标尺所构成的光学放大系统(图中标尺和望远镜未画),用于测量金属杆的微小伸长量 Δl.

3. 线胀系数 α 的测量

如图 10-2 所示,利用"光杠杆"原理(参阅实验 7),可得到金属棒长度的伸长量为

$$\Delta l = l_2 - l_1 = \frac{b}{2L}(n_2 - n_1), \tag{10-6}$$

式中 b 为光杠杆前后足垂直距离,L 为光杠杆镜面到标尺间的距离,n_1、n_2 分别金属杆温度为 t_1 和 t_2 时望远镜中标尺的读数,因此,(10-5)式可以写为

$$\alpha = \frac{b(n_2 - n_1)}{2Ll_1(t_2 - t_1)}. \tag{10-7}$$

线膨胀系数测定仪的电器线路如图 10-3 所示,改变调压器输出电压,可改变加热速度.

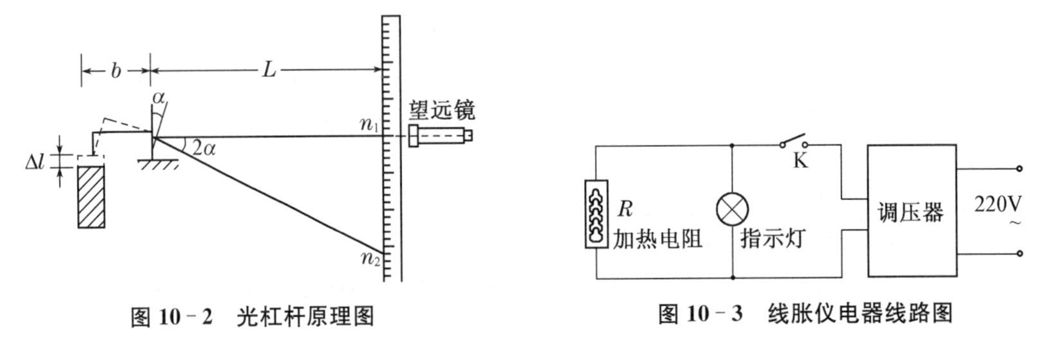

图 10-2 光杠杆原理图　　图 10-3 线胀仪电器线路图

四、必修实验内容

注意事项:(1) 不能让光杠杆掉下来,以防平面镜摔破;(2) 温度计夹具要夹紧,不能让温度计掉入棒内,以防打破温度计;(3)铜棒加热后不要用手取之,以防烫伤.

1. 测量被测铜棒长度

实验前把被测棒取出,用米尺测量其长度 l_1(3 次),然后把被测棒慢慢放入孔中,直到被测棒的下端接触底面.

2. 安装温度计

调节温度计的夹具的锁紧螺钉,使温度计下端长度为 15～20 cm,小心放入加热套管内的被测棒孔内,约过 5 min 将温度计提起,读出此时温度 t_1 后,放入(小心,不要打破温度计).

3. 安置光杠杆

按图 10-1 和图 10-2 安置光杠杆光学放大系统(L 取大于 1.5 m),调整好光路,记下望远镜所见标尺刻度 n_1(注意此后不能再动光学系统).

4. 接电器线路

按图 10-3 接线. 接线时,调压器旋钮右旋到底,使输出电压最小,开关 K 断开,指示灯熄灭.

5. 准备测数据

合上 K,调压器旋钮左旋到底,指示灯最亮,约过 2 min,从望远镜中观察,标尺刻度是否有变,如有变化(1 mm 左右的变化),则可右旋调压器,使灯微亮或熄灭以减少加热速度.

该实验需要两个人协作进行实验操作及测试数据：一人专门读测望远镜标尺刻度 n_i，另一人专门读测温度计温度 t_i. 注意该实验在测量读数时是在温度连续变化时进行的，因此读温度数据要快而准. 观察温度计读数时，可将温度计提起，迅速读记温度后放入.

6. 正式测读数据

每隔一定时间间隔，同时读测望远镜标尺刻度 n_i 与温度计温度 t_i（时间间隔的选择宜定在温度变化约 3 ℃所需的时间），在测量中，如果温度的变化比较慢，可以调整调压器输出电压，以改变加热速度，但要注意不宜使温度变化太快，以防读测 n_i 与 t_i 难以同步.

测(n_i,t_i)数据组 20 个以上后，停止加热，关闭电源.

测出光学系统的有关数据：先用米尺测 L(3 次以上)，再用游标尺用压迹法测 b(3 次以上).

五、选修实验内容

将待测棒先加速加温后，停止加热让棒慢慢冷却，测线膨胀系数.

六、数据记录及处理(注：本实验对不确定度评定不作要求)

所有测量数据自行设计表格记录，并在坐标纸上根据所测数据(n_i,t_i)作 n_i-t_i 图线(应该是直线). 看看所测数据点子有没有偏离直线太远的，如果偏离太远，说明它可能是粗差所致，应予剔除. 将剔除粗差后的数据按式(10－7)计算 α 值，取其平均. 计算测量误差，并分析误差存在的原因，计算测量值与公认值的误差(公认值由实验室给出).

七、思考题

1. 为什么待测金属棒要伸至与下端底面接触?
2. 用图解法，如何求解 α?

实验 11　气体比热容比的测定

一、实验目的

学习利用振动法测定空气比热容比的方法；熟练掌握螺旋测微器的使用方法；学习并掌握直接测量量和间接测量量的不确定度评定.

二、仪器和用具

气体比热容比测定仪；多功能计时器；螺旋测微计；电子秤；气压计等.

三、实验原理

气体的比热容比 γ 是指气体的定压摩尔热容 C_P 与定容摩尔热容 C_V 的比值，$\gamma=C_P/C_V$，也称为气体的绝热系数或摩尔热容比，是气体属性的一个重要参量. 气体的 γ 值对于热力学过程尤其绝热过程的研究非常重要，而且在物质结构的分析、相变的确定、物质纯度的鉴定等方面也有着重要的作用.由气体动理论可知 γ 值仅与气体分子的自由度数 i 有关：$\gamma=\frac{i+2}{i}$. 单原子气体(如氩)只有 3 个平动自由度;除 3 个平动自由度外,双原子气体(如氢)还有 2 个转动自由度,而多原子气体则有 3 个转动自由度,即单原子气体(如 Ar、He):$i=3$,$\gamma=1.67$;双原子气体(如 N_2、H_2、O_2):$i=5$,$\gamma=1.40$;多原子气体(如 CO_2、CH_4):$i=6$,$\gamma=1.33$.

实验测定气体比热容比的方法有多种,常通过绝热膨胀、绝热压缩等方法来测定.本实验将采用一种较新颖的方法,即通过测定小钢球在玻璃管中的振动周期来计算气体的 γ 值.

实验基本装置如图 11-1 所示.充气泵(未画)经由导管接到气体注入口,向玻璃瓶注入待测气体;钢球位于精密的细玻璃管中,钢球直径仅比玻璃管直径小 0.01～0.02 mm,能在玻璃管中上下移动,玻璃管壁上开有一个小孔.弹簧是小钢球停落时的支撑物,防止小钢球落入玻璃瓶.

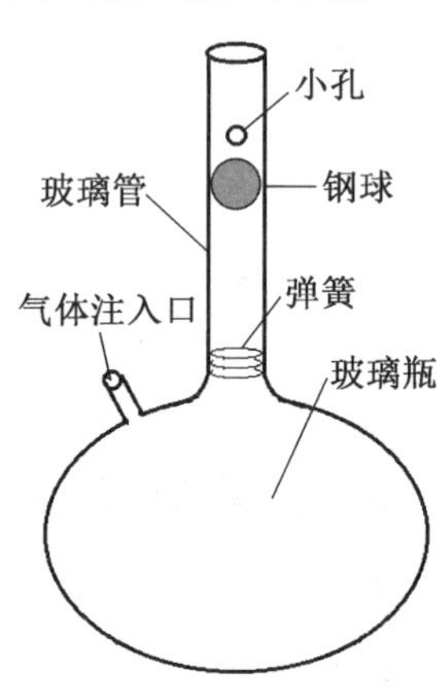

图 11-1　基本装置示意图

充气泵的气体注入玻璃瓶内,钢球被气体托起而上浮.当钢球在小孔下方时,注入的气体使瓶内压强增大,钢球受向上合力作用而向上以一定速率经过小孔;钢球运动到小孔上方后,瓶内气体将通过小孔流出,瓶内压强减小,钢球将受向下合力而减速运动,到达最高点时速度减为零,然后再向下运动.以后重复上述过程.

由于注入的气体能补充泄漏的气体(从小孔、钢球与管壁间的缝隙泄露),还能补偿空气阻尼引起的钢球振动振幅的衰减,因此,只要适当调节充气泵注入气体的流量,钢球便能在玻璃管中小孔附近做振幅稳定的简谐振动.振动周期可利用光电计时装置来测量.

设钢球质量为 m,半径为 r(直径为 d),当玻璃瓶内压强 P 满足下式时,钢球处于受力平衡状态,式中 P_0 为大气压.

$$P=P_0+\frac{mg}{\pi r^2}. \tag{11-1}$$

若钢球偏离平衡位置一个较小距离 x,则玻璃瓶内的压强变化 ΔP,由牛顿第二定律,小球受合外力

$$m\frac{\mathrm{d}^2x}{\mathrm{d}t^2}=\pi r^2\Delta P. \tag{11-2}$$

因为小球振动过程较快,可将瓶内气体的状态变化看作准静态的绝热过程,由绝热方程有

$$PV^{\gamma}=\text{常量}. \tag{11-3}$$

对(11-3)式求微分可得 $\Delta P=-\frac{\gamma P\Delta V}{V}$,而此时玻璃瓶容积的改变 $\Delta V=\pi r^2x$,则

$$\Delta P=-\frac{P\gamma\pi r^2x}{V}. \tag{11-4}$$

将(11-4)式代入(11-2)式得 $\frac{\mathrm{d}^2x}{\mathrm{d}t^2}+\frac{\pi^2r^4P\gamma}{mV}x=0$,此式即简谐振动的动力学方程,它的解为 $\omega=\sqrt{\frac{\pi^2r^4P\gamma}{mV}}=\frac{2\pi}{T}$,则

$$\gamma=\frac{4mV}{PT^2r^4}=\frac{64mV}{PT^2d^4}, \tag{11-5}$$

式中，m、d 分别为钢球的质量和直径，V 为玻璃瓶的容积，P 为玻璃瓶内气压，T 为钢球振动的周期.

振动周期可采用数字计时器进行多次重复测量得到；钢球直径和质量分别用螺旋测微计和电子秤测出；玻璃瓶的容积由实验室给出；玻璃瓶内气压由(11－1)式计算得出，其中大气压强 P_0 由气压计直接测出或查询当地实时气压值. 由(11－5)式便可算出 γ 值.

四、仪器介绍

1. 比热容比测定的组成

气体比热容比测定的组成如图 11－2 所示.

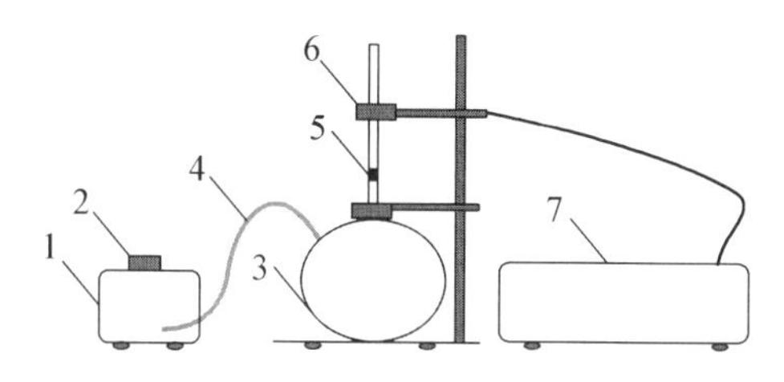

图 11－2　气体比热容比测定的组成

1—气泵　2—气量调节旋钮　3—玻璃瓶　4—充气管　5—小钢球
6—光电门　7—多功能计时器

小钢球静止时停靠在玻璃管下方的弹簧上，若要将小钢球从玻璃管中取出，只需在它振动时，用手指将玻璃管壁上的出气小孔堵住，并稍稍加大气流量，钢球便会上浮到玻璃管上方开口处，即可方便地取出. 本实验须保持玻璃管内洁净，钢球表面也不允许有擦伤，否则会影响钢球的正常振动.

2. DHTC－3B 型多功能计时器

该计时器可以实时测量时间，并能自动存贮最多 10 组时间数据，其面板如图 11－3 所示.

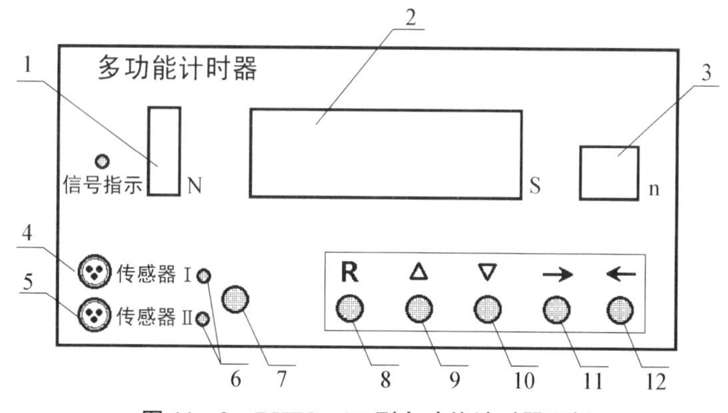

图 11－3　DHTC－3B 型多功能计时器面板

1—存储次序显示窗　2—时间测量值显示窗　3—挡光次数设定值显示窗　4—传感器Ⅰ输入口
5—传感器Ⅱ输入口　6—传感器工作状态指示灯　7—传感器切换按键　8—仪器复位按键
9、10—翻页或次数增减按键　11—计时开始按键　12—返回键

本实验我们用此多功能计时器测量小球振动周期，需要把光电门引线接入到传感器Ⅰ.

计时器开机后，挡光次数设定值 n 为 60(是仪器的预置值). 若需更改，只需按“△、▽”按键即可. 比如可以调整挡光次数设定值到 40，则表示需要测量 20 个周期的时间.

按计时开始按键“→”，就可开始测量时间了. 如果设定 n 为 40，则小球振动 20 个周期后，计时器将时间测量显示窗内显示 20 个周期的时间(单位为 s)，并自动存贮时间测量值.

如果需要重复测量 20 个周期时间，则需按一下返还键“←”，将仪器回到测试预备状态，此时再按计时开始键“→”，便可进行再次测量. 仪器会显示第 2 次测量值并自动存贮.

注意 1：本仪器最多只能存贮 10 次时间测量值，用“Δ、∇”翻页按键可翻看各次的时间测量数据. 存储次序显示窗内显示的数字“N”(可以从 0～9)，表示的是第“$N+1$”次的测量次序. 比如存储次序显示窗内显示“2”时，时间显示窗内显示的数据为第 3 次的时间测量值.

注意 2：当进行第 11 次测量时，前 10 次的数据将被清除.

注意 3：如果把光电门引线接入到传感器Ⅱ，需要按动传感器切换键让传感器Ⅱ的工作状态指示灯点亮才可使用.

3. 其他

螺旋测微计和气压计的使用，请参看本教材绪论第 3 节.

五、必修实验内容

注意事项：实验应在较稳定的温度环境进行，仪器设备需远离冷热源；取出钢球时注意避免钢球掉落砸坏玻璃仪器；接通气泵电源之前，需先将气量调至最低，接通后再缓慢增大气流量.

1. 仪器的安装与调整

(1) 按图 11－2，调节玻璃瓶底座上的调节螺钉使底座保持水平，然后调节玻璃瓶本身垂直度并将玻璃瓶可靠固定. 尽可能使玻璃管保持垂直，以免小球振动时摩擦管壁，造成测量误差.

(2) 将气泵气量调节旋钮调到出气量最小的位置，再把气泵、玻璃瓶用橡皮管连接好.

(3) 将光电接收装置固定在立杆上，光电门应安装在玻璃管上小孔位置附近，不要偏斜，使玻璃管处于光电发射孔与接受孔连线中央. 再将光电门的输出引线接入到计时器的传感器输入口(传感器Ⅰ或Ⅱ任意选).

(4) 接通计时器电源，设置挡光次数 $n-80$(以准备测量 40 个周期的时间).

2. 实验测试

(1) 接通气泵电源，缓慢调节气量调节旋钮，增大气流量，使钢球能够在玻璃管中以小孔为中心上下振动. 气流过大或过小都会使钢珠的振动不以小孔为中心，因此需仔细调整气流量.

(2) 测量小球振动 40 个周期的时间，重复测量五次后，记录这五次的测量数据.

(3) 取出钢球(或使用备用钢球)，用螺旋测微计测出钢球直径 d 五次(可通过改变不同横、纵向位置进行测量). 用电子秤称出钢球的质量 m(只要求单次测量).

(4) 记录气压计显示的大气压值和玻璃瓶容积.

六、数据记录及处理

1. 钢球直径 d、40 个振动周期经历的时间 t 的数据见表 11－1. 螺旋测微器的仪器误差取 $\Delta_{螺}=0.004\ \mathrm{mm}$，计时器的仪器误差取 $\Delta_{计}=0.01\ \mathrm{s}$.

表 11-1　钢球直径 d 和 40 个振动周期时间 t 的数据记录和处理

i	1	2	3	4	5	平均值
$d(\times 10^{-3}\ \mathrm{m})$						
$(d_i-\overline{d})^2(\times 10^{-6}\ \mathrm{m}^2)$						
$t(\mathrm{s})$						
$(t_i-\overline{t}^2)(\mathrm{s}^2)$						

2. 钢球直径和 40 个振动周期时间的误差计算. 计算公式如下，需代入具体数值计算：

(1) 钢球直径的 A 类不确定度：$u_A(d)=\sigma_{\overline{d}}=\sqrt{\dfrac{\sum(d_i-\overline{d})^2}{n(n-1)}}$，40 个振动周期时间 t 的 A 类不确定度：$u_A(t)=\sigma_{\overline{t}}=\sqrt{\dfrac{\sum(t_i-\overline{t})^2}{n(n-1)}}$.

(2) 钢球直径的 B 类不确定度：$u_B(x)=\dfrac{\text{仪器误差 }\Delta}{\sqrt{3}}=\dfrac{\Delta_{螺}}{\sqrt{3}}$，时间 t 的 B 类不确定度：$u_B(t)=\dfrac{\Delta_{计}}{\sqrt{3}}$.

(3) 钢球直径的总不确定度：$u_C(d)=\sqrt{u_A^2(d)+u_B^2(d)}$，时间 t 的总不确定度：$u_C(t)=\sqrt{u_A^2(t)+u_B^2(t)}$.

(4) 钢球直径的相对不确定度：$u_r(d)=\dfrac{u_C(d)}{\overline{d}}\times 100\%$，时间 t 的相对不确定度：$u_r(t)=\dfrac{u_C(t)}{\overline{t}}\times 100\%$.

因为总时间 t 是振动 40 个周期的时间间隔，故单个周期 $\overline{T}=\dfrac{\overline{t}}{40}$，而周期 T 的总不确定度应该等于 t 的总不确定度的四十分之一，即 $u_C(T)=\dfrac{u_C(t)}{40}$，周期 T 的相对不确定度等于总时间 t 的相对不确定度，即

$$u_r(T)=\frac{u_C(T)}{\overline{T}}=u_r(t).$$

3. 其他单次测量的数据及不确定度计算(电子秤的仪器误差取 $\Delta_{秤}=0.001\ \mathrm{g}$).

自己设计一个合理的数据记录表，把相关数据记录在表中，再做如下计算.

(1) 钢球质量 m：钢球质量的单次测量不确定度 $u_C(m)=\dfrac{\text{仪器误差 }\Delta}{\sqrt{3}}=\dfrac{\Delta_{秤}}{\sqrt{3}}$，钢球质量的相对不确定度 $u_r(m)=\dfrac{u_C(m)}{m}\times 100\%$.

(2) 球形储气瓶容积 V：从储气瓶标签上读出，有效体积为 $V=(V_{读数}\pm 5)\ \mathrm{cm}^3$，玻璃瓶容积 V 的相对不确定度 $u_r(V)=\dfrac{u_C(V)}{V_{读数}}\times 100\%=\dfrac{5}{V_{读数}}\times 100\%$.

(3) 瓶内压强 P：由式 $P=P_0+\dfrac{\overline{m}g}{\pi \overline{r}^2}$ 算得，其中重力加速度为 $g=9.7940\ \mathrm{m\cdot s^{-2}}$(常州市

北纬约 31°30′），P_0 由实验室提供的气压计测出，m 和 $\bar{r}$ 分别为钢球质量及半径平均值.

4. 比热容比测量的实验结果

(1) 将各测量数值统一为国际标准单位后代入公式 $\bar{\gamma}=\dfrac{64mV}{PT^2d^4}$，算出 $\bar{\gamma}$ 值.

(2) 本实验忽略瓶内气压的测量误差，由误差传递公式

$$u_r(\gamma)=\sqrt{u_r^2(m)+u_r^2(V)+[2u_r(T)]^2+[4u_r(d)]^2}$$

计算 γ 的相对不确定度 $u_r(\gamma)$，再计算总不确定度 $u_C(\gamma)=\bar{\gamma}u_r(\gamma)$.

(3) 实验结果：$\begin{cases}\gamma=\bar{\gamma}\pm u_C(\gamma),\\ u_r(\gamma)=\dfrac{u_C(\gamma)}{\bar{r}}\times 100\%.\end{cases}$

(4) 把测量结果与空气比热容比的公认值 $\gamma_0=1.412$ 比较：

实验结果的相对误差：$E=\dfrac{|\bar{\gamma}-\gamma_0|}{\gamma_0}\times 100\%$.

七、思考题

1. 注入气体量的多少对小球的运动情况有没有影响？

2. 在实际问题中，物体振动过程并不是理想的绝热过程，这时测得的值比实际值大还是小？为什么？

实验 12 电学元件的伏安特性研究

一、实验目的

掌握伏安法测电阻的方法，能够分析电表的内阻给电阻的测量带来的系统误差；了解仪器、电路和测量条件的选择；测绘电阻和二极管的伏安特性曲线，学会用图线表示实验结果；了解晶体二极管的单向导电特性.

二、仪器和用具

毫安表；微安表；电压表；万用表；滑线变阻器；双路直流稳压电源；开关；电阻；二极管；检流计；小灯泡；导线等.

三、实验原理

1. 电学元件的伏安特性

在电学元件两端加上直流电压，元件内部即有电流通过，电流随电压变化的关系称为电学元件的伏安特性. 若元件两端的电压与通过它的电流成正比，这类元件称为线性元件，如碳膜电阻、金属膜电阻等是线性电阻，它的阻值与外加电压的大小和方向无关，线性电阻的伏安特性是一条直线，如图 12－1 所示. 伏安特性曲线不为直线的元件称为非线性元件，如半导体二极管、小灯泡等，其电阻值不仅与外加电压的大小有关，而且还与方向有关，晶体二极管的正、

反向特性曲线如图 12－2 所示，由图可见，随着外加电压值大小和方向的不同，其电阻值不同，它是非线性电阻.

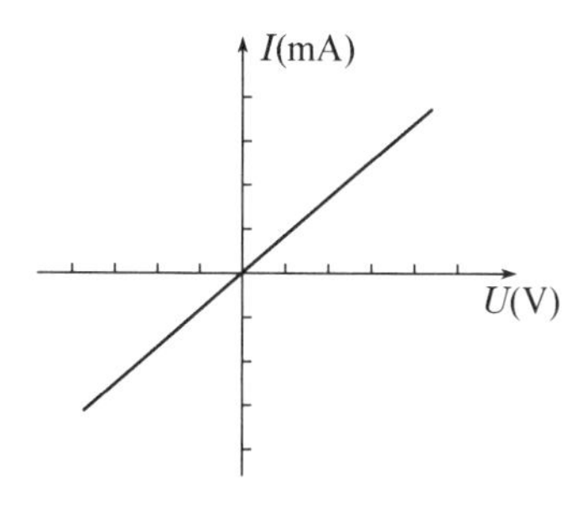

图 12－1　线性电阻的伏安特性

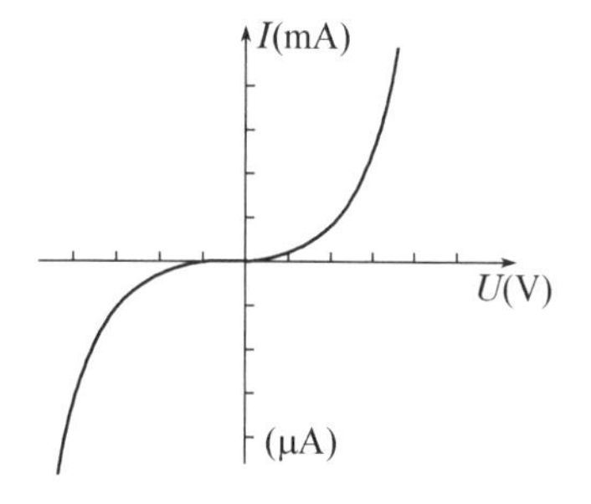

图 12－2　二极管的伏安特性

2. 伏安法测线性电阻

根据欧姆定律 $R=U/I$，只要用电压表测出电阻两端的电压 U，同时用电流表测出流过电阻的电流 I，就可以计算出阻值 R. 用伏安法测电阻，可采用图 12－3(a)和(b)两种线路.

图 12－3(a)中电流表所测电流是流过电阻 R 的电流，但电压表所测电压是电阻 R 和电流表上电压的总和. 设电流表内阻为 R_A，根据欧姆定律 $R+R_A=U/I$，即

$$R=U/I-R_A. \tag{12-1}$$

因此测电阻用 $R=U/I$，结果必然比电阻的真实数偏大，由此带来的相对误差为

$$E=\frac{R_{测}-R_{真}}{R_{真}}=\frac{U/I-R}{R}=\frac{R+R_A-R}{R}=\frac{R_A}{R}. \tag{12-2}$$

图 12－3(b)中所测电压是电阻 R 两端电压，但所测电流是电阻 R 和电压表中流过的电流总和. 设电压表内阻为 R_V，则 U/I 是 R 和 R_V 的并联电阻值，根据欧姆定律 $R_VR/(R_V+R)=U/I$，即

$$R=U/(I-U/R_V). \tag{12-3}$$

因此测电阻用 $R=U/I$，结果必然比电阻的真实数偏小，由此带来的相对误差为

$$E=\frac{|R_{测}-R_{真}|}{R_{真}}=\frac{|U/I-R|}{R}=\frac{R}{R+R_V}. \tag{12-4}$$

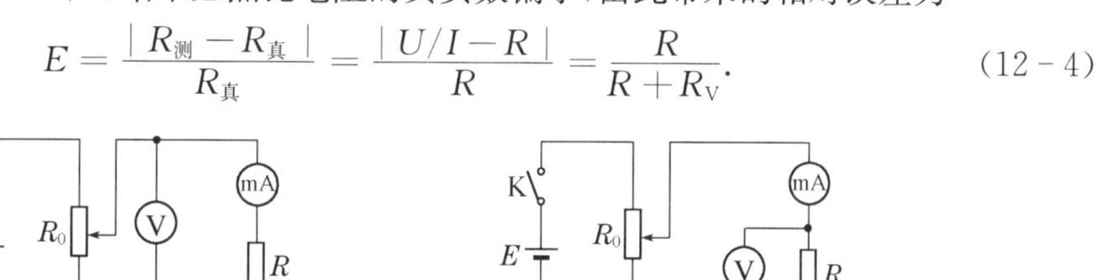

图 12－3　伏安法测线性电阻

因此，伏安法测电阻，由于电压表和电流表内阻的相互影响，测出的电流或电压总有误差，会给结果引入一定的系统误差. 对给定电阻 R，观察电流 I 随电压 U 的变化情况，用电表的不同量程进行测量，并作 $U-I$ 关系曲线，虽然能得到过原点的直线，但其斜率的倒数都不是 R 值. 所用电表量程选得愈大，电表的内阻影响就愈小，直线愈接近理论直线. 如图 12－4 所示.

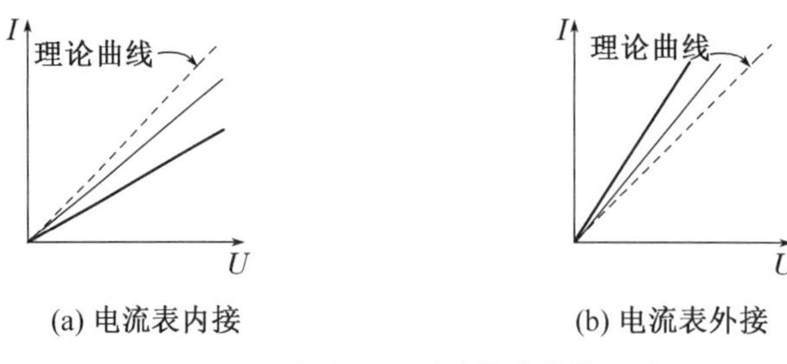

(a) 电流表内接　　(b) 电流表外接

图 12-4　电表内阻对特性曲线的影响

通常，当电流表内阻远小于测电阻时，采用图 12-3(a)接法；当电压表内阻远大于被测电阻时，用图 12-3(b)接法. 如果电表内阻已知，不论用哪种接法都可由电表内阻加以修正，以消除系统误差.

3. 选择电表和确定测量条件

电压表和电流表由于受到仪器精确度的限制，也给测量结果引进误差. 假如要求电阻的测量误差 $\Delta R/R \leqslant 1.5\%$，应如何选择电表和确定测量条件呢？

由欧姆定律 $R=\dfrac{U}{I}$ 可得 $\dfrac{\Delta R}{R}=\dfrac{\Delta U}{U}+\dfrac{\Delta I}{I}$，根据合理选择仪器的误差均分原则，为了保证电阻的测量误差 $\Delta R/R \leqslant 1.5\%$，则要求 $\Delta U/U \leqslant 0.75\%$，$\Delta I/I \leqslant 0.75\%$. 由电表等级误差规定 $\Delta U/U_m \leqslant k\%$，$\Delta I/I_m \leqslant k\%$（式中 k 为电压表或电流表的级别，U_m 和 I_m 分别为电压表和电流表的满度值). 显然，根据电表等级分类可知，应选用 0.5 级的电压表和 0.5 级的电流表.

现若用电压为 1.5 V 的电源供电，并设电压表的量程为 1-1.5-3-7.5 V，则应选取 1.5 V 的量程挡，因而 $\Delta U \leqslant 0.5\% \times 1.5\ \text{V} = 0.0075\ \text{V}$，为了满足 $\Delta U/U \leqslant 0.75\%$，测量时必须使电压 $U \geqslant \Delta U/0.75\% = 1\ \text{V}$.

为了选定电流表的量程和确定测量条件，可先粗测电阻 R 的阻值，设本例中 R 约 30 Ω，则可估算出 $I_{max} = 1.5\ \text{V}/30\ \Omega = 50\ \text{mA}$，故应选用 0.5 级、50 mA 量程的电流表.

为了满足 $\Delta I/I \leqslant 0.75\%$，测量时必须使电流 $I \geqslant \Delta I/0.75\% = I_m \cdot k\%/0.75\% = 50 \times 0.5\%/0.75\%\text{mA} = 34\ \text{mA}$.

因此，本例中用伏安法测阻值约 30 Ω 的电阻，电源电压取 1.5 V 时，为了保证测量误差 $\Delta R/R \leqslant 1.5\%$，应选用 0.5 级的电压表和电流表，量程分别取 1.5 V 和 50 mA，起码测量电压为 $U \geqslant 1\ \text{V}$，电流为 $I \geqslant 34\ \text{mA}$，由测得电压和电流计算 R.

这里要指出，有时为了要利用数据作图，也常在电表的同一挡，测量一系列偏转较小的数据.

4. 电表内阻给电阻测量引进的系统误差分析

对 C59-V 型 0.5 级电压表，额定电流约 1 mA，1.5 V 量程挡的内阻 R_V = 所用量程 / 额定电流 $= 1.5\ \text{V}/1\ \text{mA} = 1.5 \times 10^3\ \Omega$，被测电阻 R 约 30 Ω(上例)，则电流表外接时，对测量结果的影响约为 $30/(30+1.5\times 10^3) = 2\%$[据(12-4) 式].

对 C59-mA 型 0.5 级电流表，额定压降为 26～30 mV，电流表内阻 R_A = 额定压降 / 所用量程 $= 28\ \text{mV}/50\ \text{mA} = 0.56\ \Omega$，则电流表内接时，对测量结果的影响约为 $0.56/30 = 1.9\%$[据(12-2)式].

可见，对于本例所用电表来说，两种接线方法所产生的系统误差对被测电阻的影响相近，因而两种接线方法都可以.

当系统误差的影响不可忽略时,通常采用对测量结果进行修正的办法进行处理.电流表内接时,用(12-1)式对电压进行修正;电流表外接时,利用(12-2)式对电流进行修正.

5. 补偿法测电压

电压表接入电路会分掉部分电流,电压表内阻越小则分流越大,电压测量值的误差就越大,因此实际中应尽可能选用大量程挡以减少电压表分流的影响.但是电压表内阻不可能无限大,同时在很多情况需要较精确测定小电压,为此,我们可用补偿法进行电压测量,如图 12-5 所示.

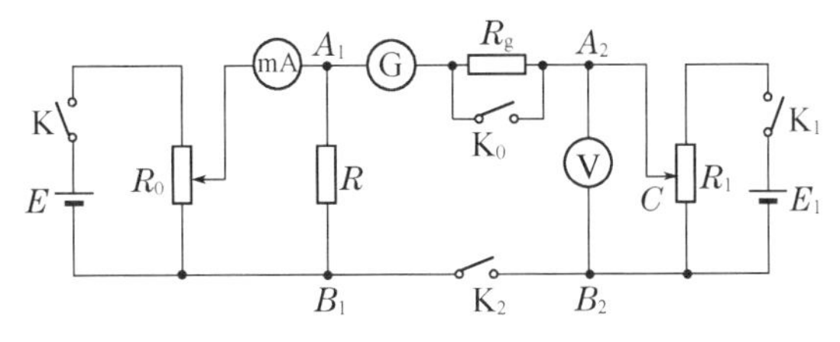

图 12-5 补偿法测电压

在电路接通时,闭合开关 K_0,调节 C,使检流计指针指零,此时 $V_{A_2B_2}$ 与 $V_{A_1B_1}$ 互相补偿,则电压表读出的电压值就是 R 两端的电压.电压表无需从 R 上分出电流,因此在测量时,可以避免由于电压表的分流而产生的系统误差.当 A_1、A_2 两点的电位差较大时,检流计可能发生很大的偏转甚至损坏,为此,设置了检流计保护电阻 R_g.当 R_g 选择合适的阻值时,在 K_0 断开的情况下,可以保证检流计不超过满刻度.

四、必修实验内容

1. 用伏安法测线性电阻 R_x,并计算测量误差

(1) 按图 12-6 接线路.

图中 K_2 是单刀双掷开关,倒向"1"为图 12-3(a)的内接法,倒向"2"为图 12-3(b)的外接法.注意接线规则和电表正负极,接好后请教师检查线路,无误后把电源电压输出调到 3 V 左右.

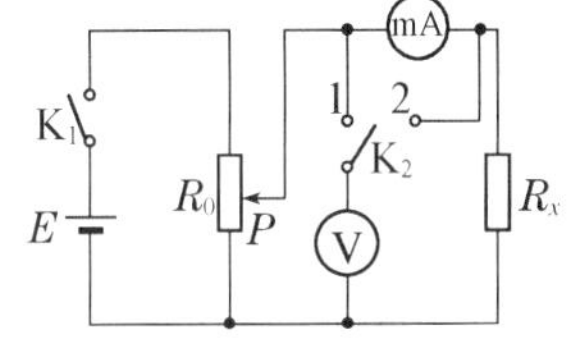

图 12-6 伏安法测线性电阻

(2) K_2 拨向"1",调滑线变阻器滑动头 P 和选择适当的电流表、电压表量限,保证滑动头 P 至最上点时指针不越过满偏,然后将滑动头 P 移到适当位置,使电流表和电压表的指针在满刻度的三分之二以上.

(3) 再将 K_2 拨向"2",如果电流表的指示有变化(增大),表示待测电阻为高电阻,这时应把 K_2 拨回"1",读出电压表、电流表指示值,记录电流表内阻 R_A(由实验室给出),按(12-1)式算出待测电阻 R_x(修正值),并根据电表级别,计算测量误差 $(\Delta R_x/R_x = \Delta V/V + \Delta I/I)$.

2. 测绘线性电阻伏安特性曲线

仍用图 12-6 电路,调节滑线变阻器滑动头 P 用来改变 R_x 两端的电压 U,则电流 I 随之改变,分别将 K_2 置"1"和"2",测出一系列 U 值和对应的 I 值,在同一坐标上作 $U-I$ 曲线,试比较电流表内接和外接两情况下曲线的差异,并说明原因.对 K_2 置"1"的曲线,求出斜率的倒数 R_x 与必修实验内容 1 的计算结果(修正值)作比较.

3. 测绘半导体二极管的伏安特性曲线

测量之前，先记录所测晶体二极管的型号，再用万用表判别其正、负极.

(1) 正向特性曲线的测绘

按图 12－7 所示的电路接线路. 图中 R 为保护二极管的限流电阻，阻值大小由实验室给定，电压表量限取 1 V 左右. 经教师检查线路后，接通电源，慢慢地增加电压(0 V，0.10 V，0.20 V，…)，读取相应的电流值，在电流变化大的地方，电压间隔应取小些.

(2) 反向特性曲线测绘

按图 12－8 所示的电路接线路. 改变滑线变阻器滑动头，读取 $U-I$ 数据.

(3) 利用所测数据绘出伏安曲线

注意：由于正向电流读数单位为 mA，反向为 μA，所以纵轴正反向单位要分别标注.

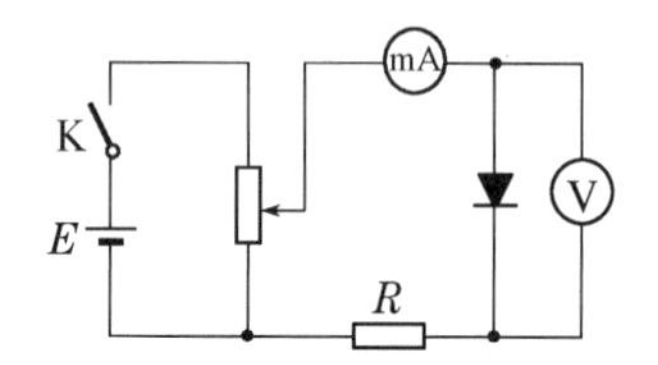

图 12－7　测二极管的正向伏安特性

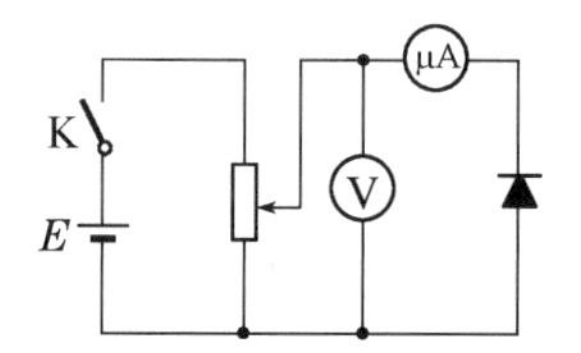

图 12－8　测二极管的反向伏安特性

五、选修实验内容

1. 用补偿法测量电阻的伏安特性曲线(线路图见图 12－5).

(1) 根据被测电阻的标称值以及电流表、电压表的量程，估算出两电源电压值和保护电阻 R_g 的值.

(2) 测绘被测电阻的伏安特性曲线.

2. 测绘小灯泡的伏安特性曲线.

六、数据记录及处理

以上各实验内容的相关数据自行设计表格.

七、思考题

1. 有一个“12 V　15 W”的钨丝灯泡，已知加在灯泡上的电压与通过热灯丝的电流之间的关系为 $I=kV^n$，其中 k、n 是与该灯泡有关的常数，今欲用实验方法确定 k、n. (1) 请您画出实验的线路图；(2) 简述如何用作图法求 k 和 n 值，最后得到 I 随 V 变化的经验公式.

2. 图 12－7 和图 12－8 中，电表的接法有何不同？为什么要采用这样的接法？

3. 如何选用电压表和电流表的量程？如何估测电压表、电流表的内阻？

4. 如果要测二极管的反向击穿特性曲线，图 12－8 线路应做哪些改动，为什么？请写出实验方法，并实验之.

实验13　用惠斯登电桥测电阻

一、实验目的

掌握惠斯登电桥的原理和特点；学会用电桥测量电阻的方法（包括正确使用滑线变阻器、电阻箱和检流计等）；了解电桥灵敏度及测量方法；学习电路连线和排除简单线路故障的技能.

二、仪器和用具

电阻箱；滑线变阻器；检流计；干电池；低压稳压电源；箱式惠斯登电桥；万用表；开关；导线等.

三、实验原理

电桥线路在电磁测量技术中应用广泛，利用桥式电路制成的电桥是一种用比较法进行测量的仪器. 电桥可以测电阻、电容、电感、频率、温度、压力等许多物理量，也广泛应用于近代工业生产的自动控制中. 根据用途不同，电桥有多种类型，其性能和结构也各有特点，但它们基本原理相同. 惠斯登电桥是其中的一种，它可测量的电阻范围为 $10 \sim 10^6\ \Omega$.

1. 电桥的基本原理

惠斯登电桥（也称单臂电桥）的基本线路如图 13-1 所示. 四个电阻 R_1、R_2、R_s 和 R_x 形成一个封闭的四边形，每一条边称为电桥的一个臂. 电源 E 接在对角线上 AC，检流计 G 接在对角线 BD 上，所谓"桥"是指 BD 这条对角线而言，即检流计支路，它的作用是将 B 点和 D 点的电位靠检流计加以比较，当调节 R_1、R_2 和 R_s，使检流计中无电流（即 B、D 两点的电位相等），则称电桥达到平衡. 很易推知，电桥的平衡条件为

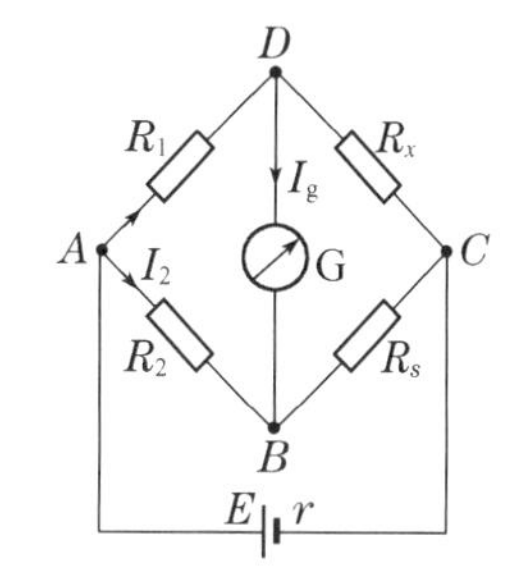

图 13-1　电桥的基本线路

$$\frac{R_1}{R_2} = \frac{R_x}{R_S}, \tag{13-1}$$

或

$$R_x = \frac{R_1}{R_2} \cdot R_S = K_r R_S, \tag{13-2}$$

式中，$K_r = R_1/R_2$ 称为比例系数或比率，也叫倍率. 只要知道 K_r 和 R_S 的值，就可以求出待测电阻 R_x 的阻值.

在电桥四个臂电阻满足(13-1)式或(13-2)式时，不论流经桥臂的电流大小如何变化，都不会影响电桥的平衡. 调节电桥平衡通常有两种方法：一是取比例系数 K_r 为某一值，调节比较臂 R_S；二是保持比较臂 R_S 不变，调比率 K_r 的值. 后一种方法准确度低，几乎不用.

2. 惠斯登电桥的等效电路

利用戴维南定理，图 13-1 中 B、D 两点间的等效电路可画成图 13-2(a)所示. 一般情况下电池内阻甚小，可忽略不计，所以下列计算不计电池内阻 r.

(1) B、D 两点间的等效电压 E_{eq}

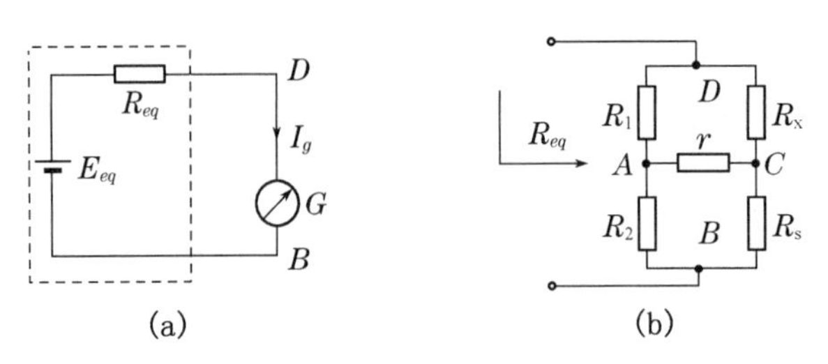

图 13－2　电桥的等效电路

图 13－1 中，断开 BD 线，则 $I_1 = E/(R_1 + R_x)$，$I_2 = E/(R_2 + R_S)$，故 B、D 间等效电压为

$$E_{eq} = V_{BD} = I_1 R_1 - I_2 R_2 = \frac{E(R_1 R_S - R_2 R_x)}{(R_1 + R_x)(R_2 + R_S)}. \tag{13-3}$$

(2) B、D 间等效电阻 R_{eq}

图 13－1 中，把电源 E 短路，断开 BD 线，则从 B、D 两点看进去的等效电路如图 13－2(b) 所示[图中画出了电池内阻 r]，我们忽略电池内阻 r，则 B、D 间的等效电阻为

$$R_{eq} = \frac{R_2 R_S}{R_2 + R_S} + \frac{R_1 R_x}{R_1 + R_x}. \tag{13-4}$$

根据电桥等效电路[图 13－2(a)]，可计算不平衡时，桥路电流 I_g 为

$$I_g = \frac{E_{eq}}{R_g + R_{eq}} = \frac{(R_1 R_S - R_2 R_x)E}{R_g(R_1 + R_x)(R_2 + R_S) + \Delta}, \tag{13-5}$$

式中 $\Delta = R_1 R_2 R_S + R_2 R_S R_x + R_S R_x R_1 + R_x R_1 R_2$.

由(13－5)式可见，当 $R_1 R_S - R_2 R_x = 0$ 时，$I_g = 0$，就是说，这时通过检流计的电流等于零，电桥达到平衡.

3. 电桥的灵敏度 S

在已平衡的电桥内，假如比较臂电阻 R_S 变动某值 ΔR_S，检流计指针偏离平衡位置 Δd 格，则定义电桥灵敏度为(用符号 S 表示)

$$S = \frac{\Delta d}{\Delta R_S}. \tag{13-6}$$

显然，当比较臂电阻变化单位值时，检流计指针偏移越大，则电桥的灵敏度 S 也越大，对电桥平衡的判断就越容易准确，因此，测量的结果也更准确些.

(13－6)式 S 的表达式可变换为

$$S = \frac{\Delta d}{\Delta R_S} = \frac{\Delta d}{\Delta I_g} \cdot \frac{\Delta I_g}{\Delta R_S} = S_i \cdot S_l, \tag{13-7}$$

式中，S_i 为检流计的电流灵敏度，$S_l = \Delta I_g / \Delta R_S$ 称为电桥线路的灵敏度.

将(13－5)式对 R_S 求偏导，又考虑到平衡点附近有 $R_1 R_S - R_2 R_x \approx 0$，略去分子的第二项，化简得到

$$S_l = \frac{\partial I_g}{\partial R_S} = \frac{R_1 E}{R_g(R_1 + R_x)(R_2 + R_S) + \Delta}.$$

因而电桥的灵敏度

$$S = \frac{S_i R_1 E}{R_g(R_1 + R_x)(R_2 + R_S) + \Delta}. \tag{13-8}$$

可见，选择内阻 R_g 低的、电流灵敏度 S_i 高的检流计，适当加大电桥的工作电压 E，适当减

小比较臂电阻 R_S，均有利于提高电桥的灵敏度.

四、实验方法介绍

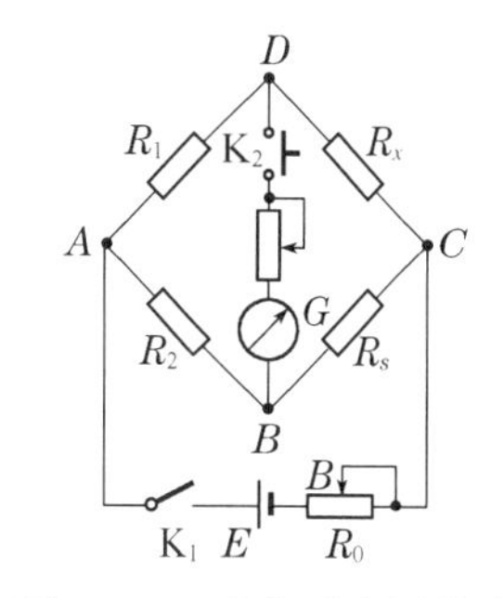

图 13-3　惠斯登电桥线路

用电桥测电阻，在实验方法和技能训练方面应注意下列几点：

1. 掌握接线要领——看图或背图，按回路对点接线

通常可将电路分成三块：电源电路、负载电路和测量电路.

例如，图 13-3 惠斯登电桥线路的三块电路如图 13-4 所示.

图 13-3 电桥由三只电阻箱 R_1，R_2，R_S 和一只被测电阻 R_x 组成的线路，我们称之为组装式电桥. 改变 R_0 的大小，相当于改变电桥电源电压 E，可改变电桥灵敏度；改变桥路滑线变阻器 R 的大小，可改变检流计的电流灵敏度，同时 R 起保护检流计的作用.

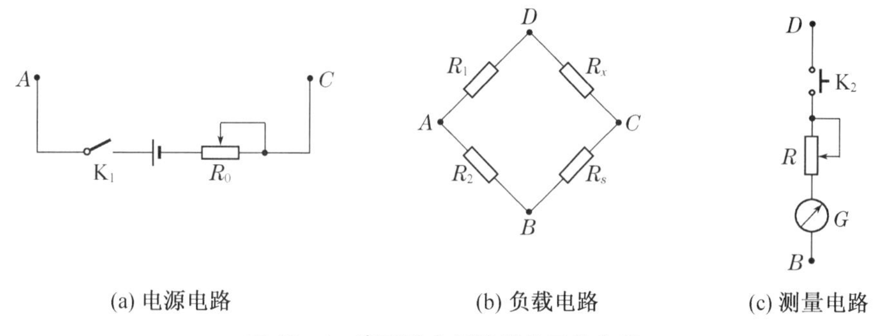

(a) 电源电路　(b) 负载电路　(c) 测量电路

图 13-4　惠斯登电桥线路的三块电路

2. 学会调节电桥平衡的方法

设比较臂 R_S 为某一值 r_1 时，检流计指针偏向一边；当 R_S 改为另一值 r_2 时，其指针又偏向另一边，则要使指针不偏转，R_S 的值必定在 r_1 和 r_2 之间. 逐渐缩小 r_1 和 r_2 的差值，便可找到准确的 R_S 值. 在读取 R_S 时，务必使滑线变阻器 R_0 和 R 的值减小到零，以增大电桥的灵敏度.

3. 学习消除电桥系统误差的一种方法

由于电桥比率 K_r 不准确会引进系统误差，为消除系差，可将 R_x 和 R_S 交换位置，并将 R_S 调到 R'_S 使电桥重新达到平衡. 这时有 $\frac{R_1}{R_2}=\frac{R_x}{R_S}$ 和 $\frac{R_1}{R_2}=\frac{R'_S}{R_x}$，由此得到 $R_x=\sqrt{R_S\cdot R'_S}$.

五、仪器介绍

1. QJ23 型携带式直流单臂电桥（箱式惠斯登电桥）

其原理线图如图 13-5，面板如图 13-6 所示. 它主要是由比率臂、比较臂、检流计及电池组等组合而成. 全部部件安装在箱内，携带方便. 比较臂由四个十进位电阻箱组合而成. 仪器备有 1.5 V 干电池三节，工作电压为 4.5 V. 此外，面板上有“＋ B －”为外接电源接线柱，用以外接电源提高电桥工作电压（此时要将接线柱短接片断开），使电桥达到规定的准确度（准确度规格参考表 13-1）.

需要外接高灵敏度检流计时，将图 13-6“内接”接线柱用短路片短路，在“外接”接线柱上

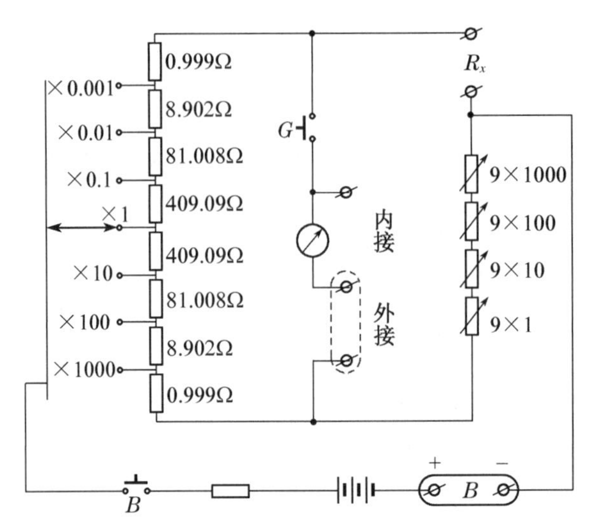

图 13-5　单臂电桥原理线路图

连外接检流计，用内接检流计时，要将“外接”接线柱用短路片短路.

图 13-6 中，调旋钮 3，相当于图 13-3 中同时改变 R_1 和 R_2；调 5，相当于图 13-3 中改变 R_S；B 相当于 K_1 开关；G 相当于 K_2 按钮开关.

使用方法(参见图 13-6)：

(1) 先调检流计的调零旋钮“4”，使指针指零.

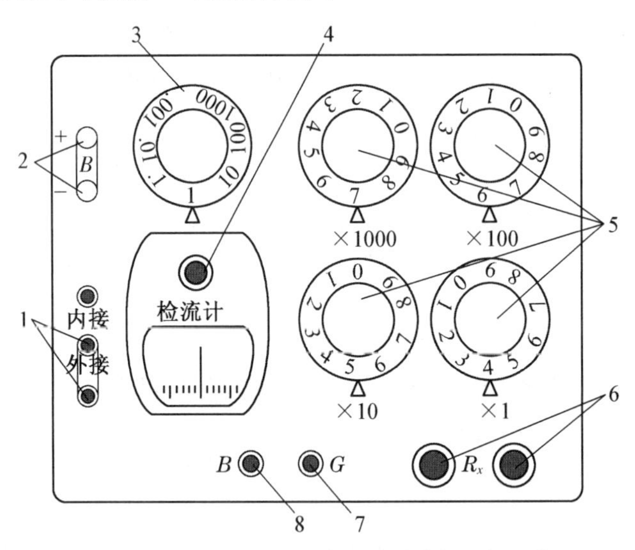

图 13-6　QJ23 型携带式直流单臂电桥面板示意图

1—外接检流计端钮　2—外接电源端钮　3—比率臂旋钮　4—检流计调零端钮
5—比较臂旋钮　6—待测电阻接入端钮　7—检流计按钮　8—电源源开关按钮

(2) 将待测电阻 R_x 接在待测电阻接入端钮“6”上，根据 R_x 的近似值，选取合适的比率 K_r“3”，尽可能使 R_S“5”有四位有效数字，并将比较臂电阻 R_S 的旋钮“5”旋至适当位置.

(3) 先按 B 后按 G，按电桥平衡调节方法调平衡后，先松 G 后松 B，记下 R_S、K_r 读数，由(13-2)式求 R_x.

注意点：

(1) 测试时，为防止冲击电流过大而损坏检流计，要先按 B，使电池接入电路，后按 G；测试完毕，先松 G，后松 B. 当按下 G 发现检流计偏转较大时，应立即松开 G，以保护检流计.

(2) 不能用箱式电桥测带电元件的电阻.

(3) R_x 未接入电桥，严禁按 B、G，否则电流过大烧毁检流计.

(4) 外加电源，要按表 13－1 规定使用电压，不能电压过高，以免毁坏电桥元件.

(5) 在携带或不使用时，应将检流计连接片放在“内接”位置，使检流计短路.

表 13－1 QJ23 型携带式直流单臂电桥准确度

<table>
<tr><th>倍率</th><th>测量范围</th><th>检流计</th><th>准确度</th><th>电源电压</th></tr>
<tr><td>×0.001</td><td>1～9.999 Ω</td><td rowspan="4">内接</td><td>±1%</td><td rowspan="3">4.5 V</td></tr>
<tr><td>×0.01</td><td>10～99.99 Ω</td><td>±0.5%</td></tr>
<tr><td>×0.1</td><td>100～999.9 Ω</td><td rowspan="3">±0.2%</td></tr>
<tr><td>×1</td><td>1 000～9 999 Ω</td><td>6 V</td></tr>
<tr><td>×10</td><td>10^4～99 990 Ω</td><td rowspan="3">外接</td><td rowspan="3">15 V</td></tr>
<tr><td>×100</td><td>10^5～999 900 Ω</td><td>±0.5%</td></tr>
<tr><td>×1 000</td><td>10^6～9 999 000 Ω</td><td>±1%</td></tr>
</table>

2. AC5/4 型检流计使用说明

请仔细阅读 67～69 页“（二）检流计”的相关内容. 强调掌握检流计的正确使用方法，确保检流计的使用安全.

六、实验线路的诊断及故障排除方法

按图 13－3 所示的组装式电桥接好线路后，如取比率 $K_r = 1$(可取 $R_1 = R_2 = 500\ \Omega$)，则 R_S 取一个较大值与取一个较小值分别检查电桥平衡时，检流计指针应该一个左偏另一个右偏或反之一个右偏另一个左偏，这表明电路接线正常，否则表明线路中存在故障. 实验过程中可能出现的故障大致有：

1. 检流计指针不动

原因可能是电源回路未接通或“桥”对角线 BD 断开. 排除故障顺序：用万用表检查电源有无输出，合上 K_1 后检查 A、C 两点有无电压，最后分段检查“桥”对角线上 K_2 有无合上，检流计是否旋离锁零，“电计”是否按下，导线是否完好. 注意：检流计不能用万用表检查！假如仍未查出，则故障肯定是两个桥臂 R_1、R_2(或 R_2、R_S)同时不通造成. 查出故障后，则可采取相应措施排除.

2. 检流计指针老向一边偏

先检查比率 K_r(倍率)是否选得不当，若是 K_r 不当，改变 K_r 就能使指针偏向另一边. 如果不论 K_r 和 R_S 取什么值，指针总向一边偏，则四个桥臂中必定有一个桥臂断开(R_x 和 R_2)，或者有两个正对的桥臂(如 R_2 和 R_x)同时断开. 这种故障只要用一根完好的导线就可以检查出来：当将某一桥臂短路时，如果检流计的指针反向偏转，则说明该桥臂是断开的；偏转方向不改变，则该桥臂完好；指针不偏转指零了，则该桥臂对臂断开. 将断开的桥臂接通后，再利用上述方法判断用导线短路的桥臂是否完好.将查出的断开桥臂中坏的导线或电阻换下,故障即能排除.

3. 检流计指针摇摆不定

原因可能是电路中某一根导线接线端松动.只要重新将各接线端旋紧,故障即可排除.

七、R_x 的不确定度评定

R_x 的不确定度主要来源于电阻箱的误差(仪器误差)、电桥灵敏度误差和多次测量的差异.其中电阻箱误差与电桥灵敏度误差引起B类不确定度,而多次测量引起A类不确定度.

1. 组装式电桥的B类不确定度评定

(1) 由电桥灵敏度引入的不确定度 $u_B(R_x,灵敏度)$

理论上,电桥平衡时满足(13-2)式.由于电桥灵敏度问题,比较臂电阻 R_S 变化了一点,常常还以为电桥处于平衡状态,这必然引起测量误差.我们把这种误差称为电桥灵敏度误差.通常人眼对检流计偏转的分辨格数为0.2~0.5格,这里我们取0.2格.即把检流计指针偏转 $\Delta d=0.2$ 格作为由于电桥灵敏度引起的相关误差限,于是由(13-6)式可得到因电桥灵敏度形成的比较臂电阻 R_S 的取值误差限为

$$\Delta R_S=\Delta d/S=0.2/S. \tag{13-9}$$

由(13-2)和(13-1)式可得到因电桥灵敏度引起的电阻 R_x 的测量误差限为

$$\Delta(R_x,灵敏度)=K_r\Delta R_S=K_r\cdot\frac{0.2}{S}=\frac{0.2R_S}{SR_x}. \tag{13-10}$$

于是,由电桥灵敏度引入的不确定度(B类不确定度)为

$$u_B(R_x,灵敏度)=\frac{\Delta(R_x,灵敏度)}{\sqrt{3}}=\frac{0.2R_S}{SR_x\sqrt{3}}. \tag{13-11}$$

(2) 桥臂电阻箱的仪器误差引入的不确定度 $u_B(R_x,电阻箱)$

请阅读66页“电阻箱规格”,从67页(0-53)式知电阻箱的仪器误差为 $\Delta(R,电阻箱)=\sum[a_i\%\cdot R_i]+R_0$,式中 a_i 为电阻箱各示值盘的准确度等级,R_i 为各示值盘的示值,R_0 为残余误差.电阻箱的不确定度为 $u_B(R,电阻箱)=\Delta(R,电阻箱)/\sqrt{3}$.因此,图13-3电桥的三个臂的电阻箱电阻 R_1、R_2、R_S 引入的合成不确定度为

$$u_B(R_x,电阻箱)=\sqrt{\left[\frac{u_B(R_1,电阻箱)}{R_1}\right]^2+\left[\frac{u_B(R_2,电阻箱)}{R_2}\right]^2+\left[\frac{u_B(R_S,电阻箱)}{R_S}\right]^2}. \tag{13-12}$$

(3) R_x 的B类总不确定度 $u_B(R_x)$

$$u_B(R_x)=\sqrt{u_B^2(R_x,灵敏度)+u_B^2(R_x,电阻箱)}. \tag{13-13}$$

2. 组装式电桥的A类不确定度评定

我们取比例系数 $K_r=R_1/R_2$ 一定,进行 n 次测量(包括 R_x 与 R_S 换臂测量)得 R_x 的平均值 $\overline{R}_x$,用其平均值的标准差表示A类不确定度,即

$$u_A(R_x)=\sqrt{\frac{1}{n(n-1)}\sum_{i=1}^{n}(R_{x_i}-\overline{R}_x)^2}. \tag{13-14}$$

3. 组装式电桥测 R_x 的总不确定度

$$u_C(R_x)=\sqrt{u_A^2(R_x)+u_B^2(R_x)}. \tag{13-15}$$

4. 箱式电桥的不确定度评定

箱式电桥测电阻的仪器误差关系式为

$$\Delta(R_x,\text{电桥})=\left[\left(a\%+b\frac{\Delta R}{R_S}\right)+\frac{0.2}{SR_S}\right]\cdot R_x, \tag{13-16}$$

式中 a 是电桥的准确度等级(电桥铭牌上标明,它包含了电阻箱误差与电桥灵敏度误差),S 为电桥平衡时的灵敏度,R_x 是被测电阻的示值,ΔR 是比较臂电阻 R_S 的最小步进值,b 是与电桥准确度等级相关的系数,当 $\Delta R\geqslant 0.1\ \Omega$ 且 a 在 0.1 以下时,一般 b 取 0.2.

箱式电桥测电阻的不确定度

$$u(R_x)=\frac{\Delta(R_x,\text{电桥})}{\sqrt{3}}. \tag{13-17}$$

通常电桥灵敏度误差可以忽略,这样(13-16)式可写为

$$\Delta(R_x,\text{电桥})=\left(a\%+b\frac{\Delta R}{R_S}\right)\cdot R_x. \tag{13-18}$$

八、必修实验内容

注意事项:注意保护检流计,在准备按下检流计开关时就要准备着断开开关,以防止电流过大打弯检流计指针或烧坏检流计.

1. 用组装电桥测量电阻,并测组装电桥的灵敏度

(1) 参照图 13-3 电路自组电桥(R_1、R_2、R_S 为电阻箱,R_x 为待测电阻). 电源电压用直流稳压电源输出,取 4.5 V 左右,滑线变阻器 R_0、R 开始置最大阻值位置. 按“六、实验线路的诊断及故障排除方法”检查电路,电路正确后做下面工作.

(2) 选比例系数 $K_r=R_1/R_2=1$(R_1 可先取 500 Ω),调电桥平衡. 将 R_0、R 减小到 0,再调电桥平衡,读取 R_S 值.

(3) 测量电桥灵敏度 S. 在电桥平衡时,适当改变 R_S 的数值,记下检流计的偏转格数,由(13-6)式计算其灵敏度.

(4) 加大或减小电源电压、R,分别测其灵敏度,由此验证(13-8)式的结论.

(5) 将 R_x 与 R_S 互换位置,调电桥平衡后读取 R_S'值. 计算 $R_x=\sqrt{R_SR'_S}$.

2. 用箱式电桥测上述被测电阻的阻值

实验方法见“五、仪器介绍”中有关“QJ23 型携带式直流单臂电桥”的使用方法及注意点. 要求能选择合理的比率,并用换位法各测一次. 并且把测量结果与上述自组电桥的测量结果相比较.

九、选修实验内容

1. 用自组电桥测量一未知电阻,进行不确定度评定.

(1) 仍按图 13-1 实验,保持 $K_r=R_1/R_2=10$ 不变,R_1 分别取 1 000.0 Ω、2 000.0 Ω、1 500.0 Ω、2 500.0 Ω 各测一次 R_x,然后把 R_x 与 R_S 交换位置后再各测一次 R_x,得到八个 R_x 的测量值(间接测量值).

(2) 以上八次测量中任取一次,测量电桥的灵敏度.

(3) 求以上八个测量值的平均值 $\overline{R}_x$、$\overline{R}_x$ 的 A 类不确定度、电桥灵敏度误差引入的不确定度、电阻箱仪器误差引入的不确定度,写出测量结果的完整形式.

2. 设计一实验方案,用电桥法测二极管的正向伏安特性曲线.

3. 设计一实验方案,用电桥法测一微安表头的内阻.

十、数据记录及处理

自己设计表格记录与处理测量数据.

十一、思考题

1. 在图 13-3 中,R 与 R_0 各起什么作用? 它们是否影响电桥的平衡?

2. 用 QJ23 型箱式电桥测阻值约为 100 kΩ 的电阻,试问外接电压要加多大能保证准确度达到 0.5%?

3. 在图 13-1 中,已知 $R_1 = 90.9\,\Omega$,$R_2 = 909\,\Omega$,$R_x = 41.0\,\Omega$,$R_S = 405\,\Omega$,$E = 4.5\,\text{V}$(其内阻 r 可忽略),一只内阻 $R_g = 50\,\Omega$、电流灵敏度为 0.4 格/μA 的指针式检流计接在 B、D 两点. 试求:(1) 检流计端点 B、D 间的等效电压;(2) 由电桥不平衡引起的检流计指针偏转为多大? (3) 若将电源和检流计互换位置,这时不平衡电流又为多大? (4) 检流计与电源互换前后,电桥灵敏度哪个高?

实验 14　电位差计的使用

一、实验目的

了解电位差计的结构特点,掌握补偿法测电位差的原理;学会用电位差计测量电压;会用电位差计校正毫安表.

二、仪器和用具

直流电位差计;检流计;标准电池;稳压电源;甲电池;温度计;待校正毫安表;标准电阻;滑线变阻器;开关;导线等.

三、实验原理

电位差计是用来精确测定电位差的专用仪器,测量准确度可达到 0.01%或更高,是精密测量中应用很广的仪器之一. 它的工作原理与电桥测电阻一样是电位比较法(也叫补偿法).

1. 电位差计的工作原理

有关标准电池请阅读 77 页“六、标准电池及标准器”的相关部分.

(1) 电位差计的主电路

图 14-1 是电位差计的主电路. 图中,NF 是一根很长很长的均匀的电阻丝(绕在骨架上),R_1 是可变电阻,调节它,总可使主电路的电流值达到厂家设计的一个定值 I_0. 这样,在电

阻丝上，一定的长度上就有一定的电压降，可以在电阻丝 NF 上对点标明电压值（如果电流值不是 I_0，则一定的长度不能表示一定的电压的）. 让主电路电流精确地调到设定值 I_0，我们称之为“校正电位差计”.

（2）电位差计的校正方法

校正电位差计的目的是要让主电路的工作电流达到厂家设计的定值 I_0. 为此，厂家在电阻丝上特地设定了两点 B_t 和 A_0，如图 14－2 所示. 图中，E_0 是精度很高的已知电动势值的标准电池，如果主电路工作电流正好是 I_0（我们称电位差计已校正好），则 B_t 和 A_0 两点间的电位差就等于 E_0. 这时，按下开关 K_2，检流计 G 的指针不偏转. 反之，如果按下 K_2，检流计指针有偏转（我们称之为电位差计没校正好），则说明主电路的工作电流不等于 I_0，需要反复调整变阻器 R_1 的大小，直到按下 K_2 检流计不偏为止.

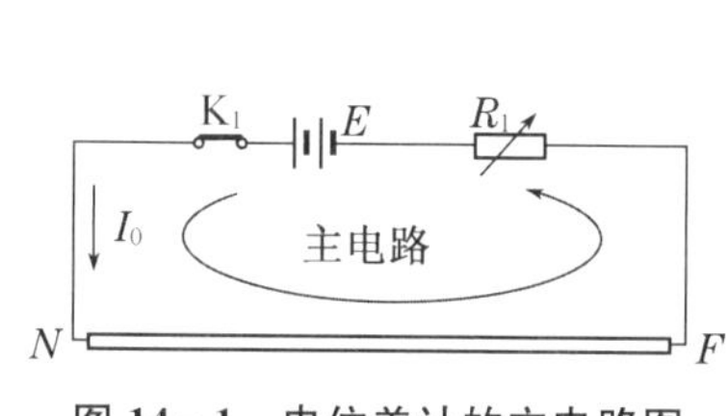

图 14－1　电位差计的主电路图

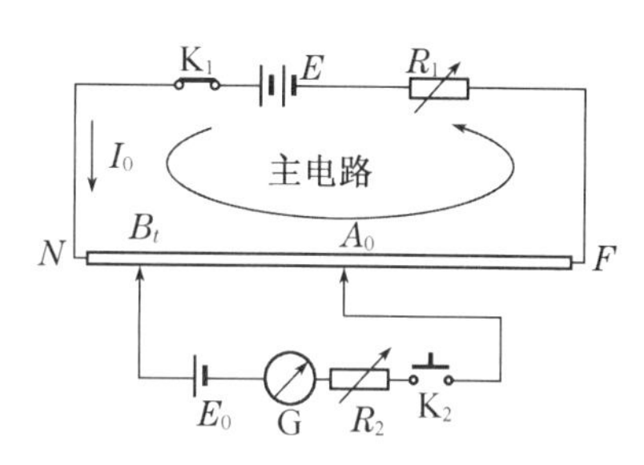

图 14－2　校正电位差计

（3）电位差计测电动势或电压的方法

图 14－3 中 E_x 是待测电动势（或待测电压），如果按下 K_2，检流计有偏转，则需要反复调节触头 A，直到按下 K_2 时检流计指针不偏转为止. 此时说明 B_t 和 A 两点间电势差等于 E_x. 由于电位差计已经校正（一定的点代表一定的电势），因此从 A 点位置可直接读出 B_t、A 两点间的电压，因而 E_x 值可由触头 A 的位置直接读出.

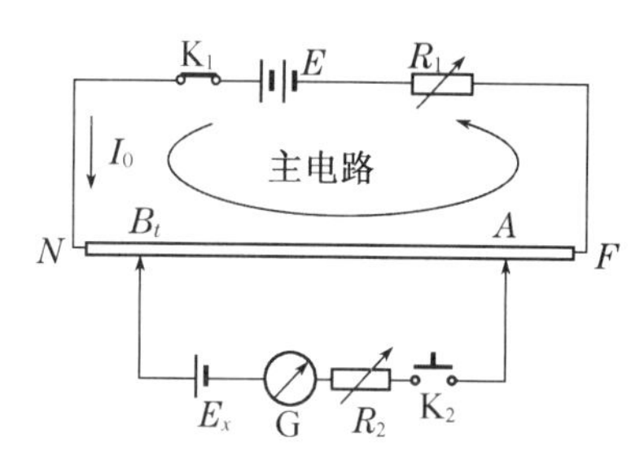

图 14－3　电位差计测电压

（4）温度补偿的方法

标准电池的电动势 E_0 随温度变化有 78 页（0－61）式的变化规律，即

$$E_0=\varepsilon_{20}-[39.9(t-20)+0.929(t-20)^2-0.009(t-20)^3+0.000\,006(t-20)^4]\times 10^{-6}\ \mathrm{V}. \qquad (14-1)$$

式中 $\varepsilon_{20}=1.018\,59\ \mathrm{V}$ 为 20 ℃ 时标准电池的电动势值，t 为标准电池的“体温”，单位为℃. 温度变化后，电动势值也随之略有改变. 图 14－2 中，B_t 与 A_0 是厂家设定的两点，其中 A_0 点是固定不动的定点，B_t 点则可以按需要左右微调.

校正好的电位差计，主电路工作电流总是保持 I_0 值，如果 B_t 点也固定不可动，则 B_t 与 A_0 两点间的电势差将一直保持为唯一的定值，这时如果温度环境温度变化了，标准电池的电动势 E_0 值会变化，这样，在某一温度（比如 20 ℃时）按 K_2 时检流计平衡了，则在另一温度下就不平衡，于是我们就会调主电路的电阻 R_1，结果工作电流偏离了 I_0 值. 因此，我们需要让 B_t 与 A_0 间的电压与 E_0 同步变化. 因此，设计中 B_t 是一个可微调的动点，我们称它为温度补偿旋钮（或开关)，如图 14－4 所示. 根据(14－1)式计算出环境温度为 t_1 下的 E_0 值为 E_{t1}，则把温度补偿旋钮调到图 14－4 的 E_{t1} 位置，算出环境温度为 t_2 下的 E_0 值为 E_{t2}，则把温度补偿旋钮调到 E_{t2} 位置.

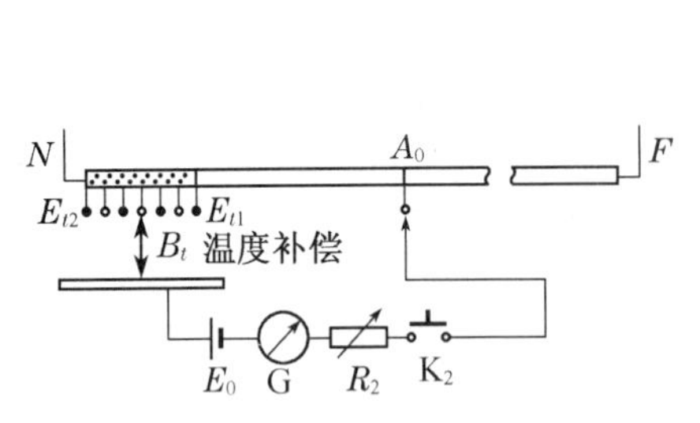

图 14－4　标准电池的温度补偿

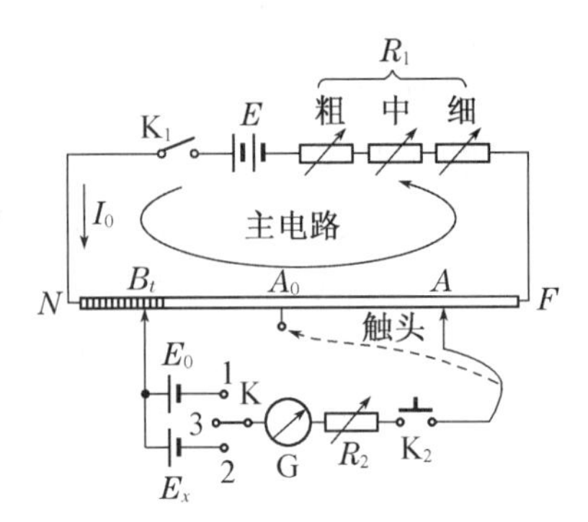

图 14－5　电位差计的原理示意电路图

(5) 电位差计的原理电路

综上所述，我们可把电位差计的主电路、校正电路和测量电路综合在一起，如图 14－5 所示，即电位差计的原理示意电路图.

当 K 合向“1”，同时使触头置“A_0”时，可进行电位差计校正. 校正时，调节可变电阻组 R_1(有三只可变电阻串联组成)，直到按下 K_2 时检流计平衡.

当 K 合向“2”时，进行对 E_x 的测量. 测量时，调节触头，直到按下 K_2 时检流计平衡. 从触头 A 所在位置可直接读出被测电压值.

2. UJ31 型箱式电位差计的工作原理

箱式电位差计有多种型号，但都含图 14－5 所示的主电路、校正电路和测量电路三个部分. UJ31 型箱式电位差计的工作电路如图 14－6 所示，请同学们自己分析各电路的组成. 图中，B_t 是温度补偿旋钮，R_t+R_x 是图 14－5 的电阻丝 NF 的阻值. 检流计电路中三只按键开关 K_2、K_3 和 K_4 的作用请同学们自己理解. UJ31 型箱式电位差计的面板图如图 14－7 所示.

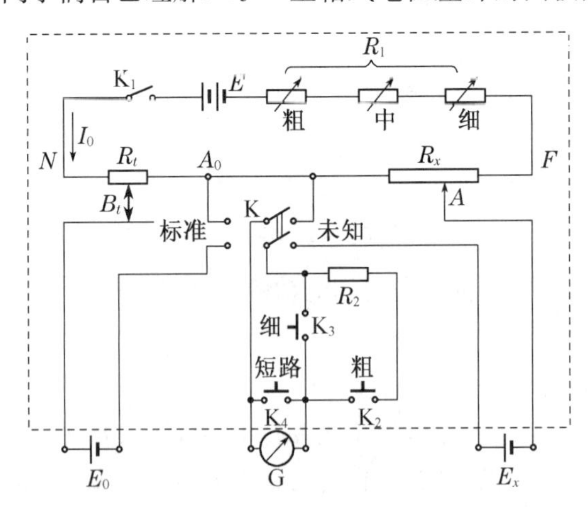

图 14－6　UJ31 型箱式电位差计的工作电路图

图 14－7 中，A_1、A_2、A_3 为测量盘，调节它相当于改变图 14－6 中的触头 A 的位置.

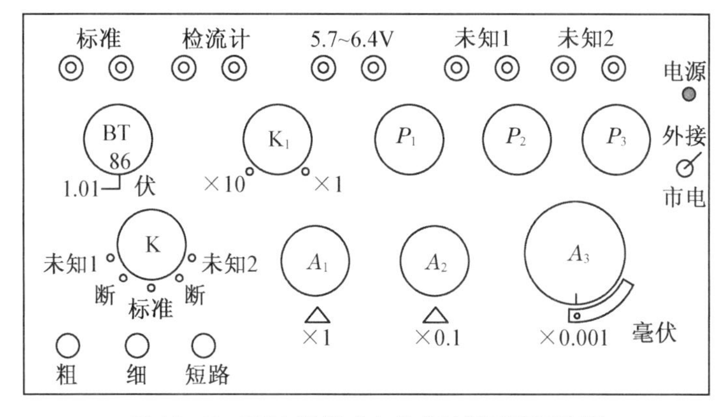

图 14－7　UJ31 型箱式电位差计的面板示意图

P_1、P_2、P_3 为主电路工作电流调节盘，调节它相当于改变图 14－6 中的 R_1.

BT 为温度补偿盘，调节它，相当于改变图 14－6 中的触头 B_t. 根据(14－1)式算出环境温度 t 下的标准电动势值为 E_0，则选取相应的补偿位置(例如算到 $E_0(t) = 1.0189$ V，则 BT 置 1.018 9 V 的位置).

K_1 为量程转换开关，置"×1"可测范围为 0～17.1 mV，置"×10"可测范围为 0～171 mV，置"×1"与"×10"中间，主电路断开，相当于图 14－6 中的 K_1 断开.

K 为测量选择开关，相当于图 14－6 中的开关 K. 置"标准"，相当于图 14－6 中的 K 左合；置"断"相当于图 14－6 中的 K 悬空；置"未知 1"或"未知 2"，相当于图 14－6 中的 K 右合，它可以接测两个待测电压或电动势.

"粗、细、短路"三个按钮相当于图 14－6 中的 K_2、K_3 和 K_4 三个开关.

图 14－7 面板最右侧有一个"换接电源开关"，下拨指向"市电"位置时，电位差计需接通市电，此时上方的电源指示灯会亮，此时电位差计主电路的电源由电位差计内部提供，无需外接电源."换接电源开关"上拨指向"外接"位置时，则电位差计主电路电源需外接电源提供.

3. UJ31 型箱式电位差计的使用与应用

(1) 测量电压(参见图 14－7)

① 将测量选择开关 K 置"断"位置，三个按钮"粗、细、短路"全部松开.

② 按面板上所分布的端钮的极性，分别接上"电源"、"标准电池"、"检流计"及"未知 1"和"未知 2"(图 14－7 未画极性).

③ 按室温，由(14－1)式算出标准电池的电动势值 E_0，然后把温度补偿盘 BT 指示在经过计算后的电动势 E_0 相同数值的位置.

④ 将量程开关 K_1 按测量需要，指示在"×10"或"×1"位置.

⑤ 校准电位差计.

测量选择开关 K 指示在"标准"位置，按下按钮(要先"粗"后"细")，利用工作电流调节盘 $P_1 \sim P_3$ 的调节使检流计指零.

具体调节方法：设调盘 $P_1 \sim P_3$ 的电阻 R_1 为某一值 r_1 时，检流计指针偏向一边；当其电阻改为 r_2 时，其指针又偏向另一边，则要使指针不偏转，R_1 的值必定在 r_1 和 r_2 之间. 逐渐缩小 r_1 和 r_2 的差值，便可找到准确的 R_1 值.

注意:标准电动势的准确度,直接影响结果的精度,所以在使用时应尽量缩短标准电池充电或放电时间,即校准电位差计时,按下按钮发现检流计有偏转时,应立即松开按钮,避免有电流连续流过标准电池.

⑥ 将测量选择开关 K 转至“未知 1”或“未知 2”的位置,即可测量被测电动势 E_x 或电压 U_x. 此时调节测量盘 A_1、A_2、A_3,使按下按钮(应先粗后细)检流计不偏转时,电位差计上所有测量盘上的示数值之总和与量程开关 K_1 倍率的乘积便是所测电动势 E_x 或电压 U_x 的大小.

注意:在测量中应经常校准工作电流.

(2) 测量电流(参见图 14-8)

在被测回路中接入标准电阻 R_N,将其电位端按照极性分别接在电位差计“未知”端上,测其电压降 U_N,则被测电流 I_x 为 $I_x = U_N/R_N$.

选用标准电阻 R_N 时应注意:① 标准电阻上的电压降应 $\leqslant 170\,\text{mV}$;② 标准电阻上的负荷不应超过该电阻的额定功率.

(3) 电阻的测量(参见图 14-9)

① 按图 14-9 连接测量线路.

② 分别将测量选择开关 K 放在“未知 1”和“未知 2”位置,测标准电阻 R_N 和被测电阻 R_x 上的电压降 U_N 和 U_x,则可算出被测电阻 $R_x = R_N U_x/U_N$.

由于电阻测量系是两个电压降之比,只要电位差计的工作电流处于稳定情况下,可以不必用标准电池来校准电位差计的工作电流.

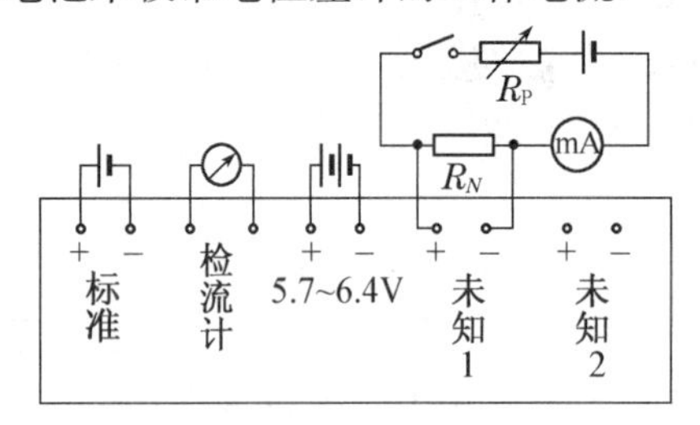

图 14-8 用电位差计测电压

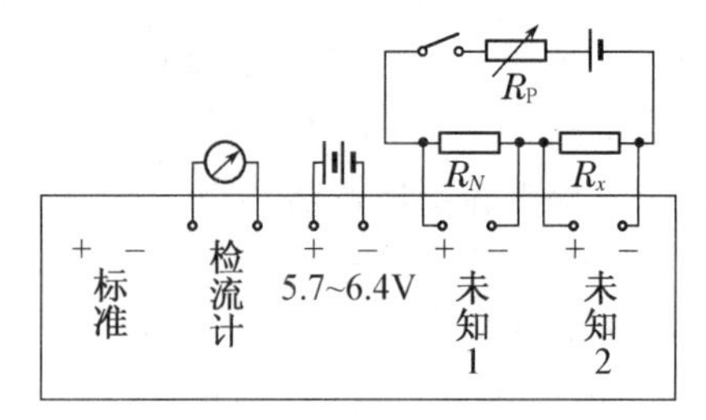

图 14-9 用电位差计测电阻

四、必修实验内容

注意事项:(1) 电位差计的主电路电源、标准电池、被测电压的极性不能搞错.(2) 使用中要保护检流计的安全.(3) 标准电池不能倾倒.(4) 注意电位差计的量程问题.

1. 练习箱式电位差计的使用

先校正电位差计,再用图 14-10 电路练习测“1”与“2”两端的电压[电源电压用一节甲电池,考虑电位差计的量程,思考滑线变阻器滑动头应置何处合适?具体步骤参阅实验原理部分的 3-(1)].

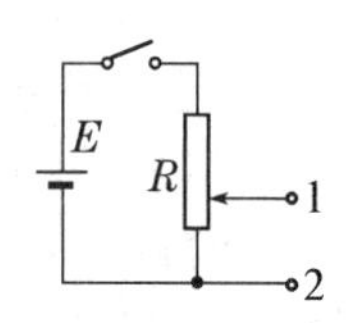

图 14-10 分压电路

2. 用箱式电位差计测电阻

实验方法参阅实验原理部分的 3-(3).

五、选修实验内容

1. 用箱式电位差计校准毫安表

(1) 按图 14－8 接线后，校准电位差计.

(2) 不断改变滑线变阻器 R_P 的阻值，读出毫安表电流值 I_i，测出 R_N 上相应的电流 I_{xi}，算出各次的绝对误差 $\Delta_i = |I_i - I_{xi}|$［电位差计测电流的具体步骤参阅实验原理部分的 3－(2)］.

(3) 计算电表的准确度等级 a，即 $a\% = \dfrac{\text{最大标准误差 }\Delta_{max}}{\text{毫安表量程}} \times 100\%$.

2. 实验设计

试设计一方案，扩大电位差计的量程.

六、思考题

1. 测电压时，发现检流计总往一边偏，调不平衡，试分析可能的原因.
2. 校正电位差计时，按下检流计按钮发现指针有偏转，为什么就应立即松开按钮？
3. 如何用电位差计校正电压表？试简述实验方法并画出电路图.

实验 15　示波器的使用

一、实验目的

了解示波器的结构和工作原理；掌握示波器的基本使用方法，会用示波器观察电信号波形；会用示波器测量电信号的幅度和频率；能用示波器观测双振动的合成图(振动方向相同和振动方向相互垂直的双振动合成图)；理解相位及相位差的概念；了解数字示波器的使用方法.

二、仪器和用具

学生型示波器；信号发生器；双频信号发生器；电缆线；干电池；三通；数字示波器等.

三、实验原理

示波器可以直接观测电信号波形(即电平随时间变化的图形)、测量电信号大小和频率，是一种用途广泛的现代测量的基本工具.示波器由示波管及与其配合的电子线路组成，示波管主要由电子枪、偏转板和荧光屏三部分组成.有关电子枪的作用原理我们将在“实验 18　电子束的电聚焦和电偏转”实验中具体介绍，它能产生电子流，打到荧光屏上呈现一亮点.本实验我们先介绍示波器将电信号转换成光信号的机制，然后结合 ST16A 型示波器的使用，学习示波器的基本使用方法，并了解示波器的简单应用.数字示波器的简单介绍放在最后附录部分.

1. 示波器将电信号转换成光信号的机制

由电子枪射出的具有一定速度的一束电子，在偏转电压作用下，电子束在荧光屏上的偏转位移与偏转电压成正比.

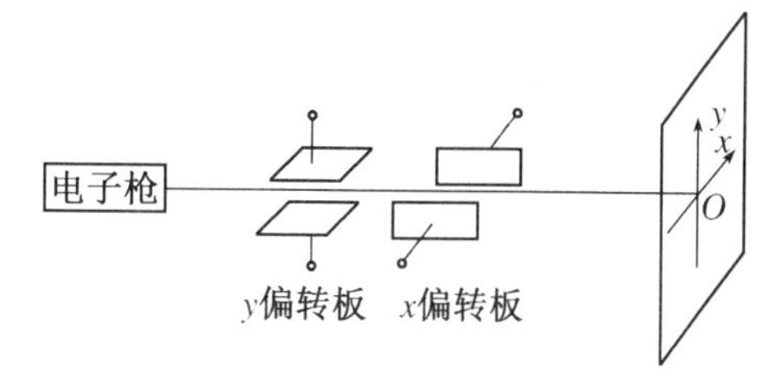

图 15－1　电子束 x、y 偏转

在图 15－1 中，如果 x、y 两对偏转板上没加偏转电压，则电子束将打在荧光屏中心点 O；如果只在 y 偏转板上加偏转电压，将产生 y 方向偏转，如果 y

偏转电压是交变的，则电子束在屏上的 y 方向偏转位移也是随时间变化的，如果 y 偏转电压交变得比较快，由于荧光屏上光点闪烁有余辉，而人眼具有视觉暂留现象，屏上将见到的是一条竖直的亮线. 同理，如果只在 x 偏转板上加交变电压，则屏上可显现一条水平亮线.

如果 x、y 两对偏转板都加偏转电压，则电子束在 x 和 y 方向都受偏转电场力作用发生偏转，电子束在屏上的位置是 x、y 偏转位移的合成. 如果 x、y 偏转电压是随时间变化的，则合成偏转位置也会随时间作相应的变化；如果偏转电压是周期性变化的且变化较快，则由于荧光粉余辉和视觉暂留作用，人眼将见到屏上显现光点运动的位置轨迹. 这便是示波器显示波形的机制.

现结合一具体例子阐明屏上能显现电信号波形图的原理. 设 y 偏转板加正弦波电信号，x 偏转板加锯齿波电信号，如图 15 - 2(a)所示，我们来看一下屏上将显示怎样的图形.

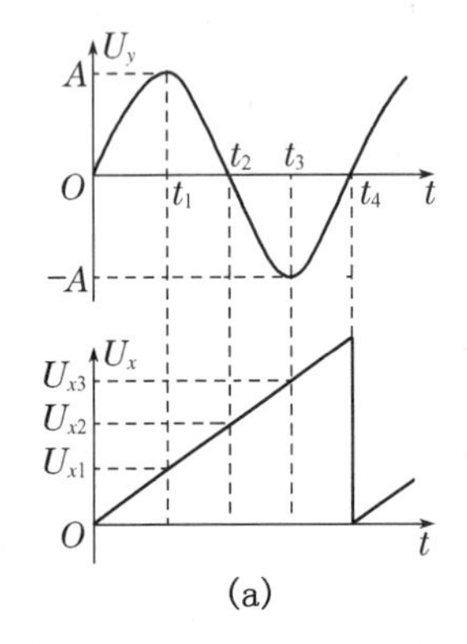

(a)

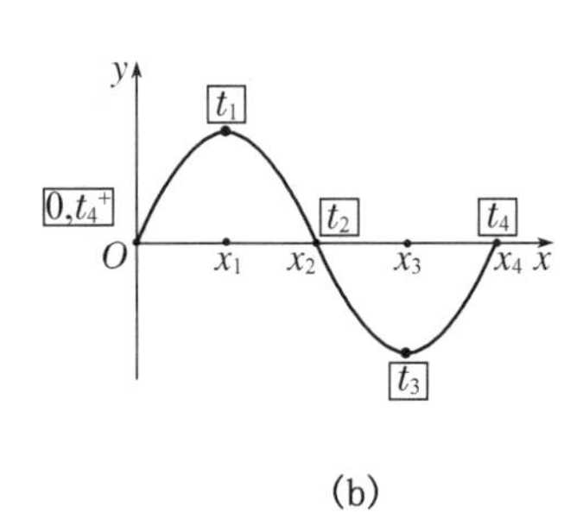

(b)

图 15 - 2　电信号波形的形成

(1) $t = 0$ 时，x、y 偏转板电压都为 0，所以电子束不偏转，打在屏中心：$x = 0, y = 0$；

(2) $t = t_1$ 时，y 偏转电压达最大值 $U_y = A$，所以 y 方向偏转达最大值，而 x 偏转电压 U_{x1} 使电子束在 x 方向产生偏转位移 x_1，电子束打在屏的位置为：$x = x_1, y = \max$；

(3) $t = t_2$ 时，$U_y = 0, U_x = U_{x2}$，y 方向无偏转，x 方向有 x_2 偏转位移，所以电子束打在屏的位置为：$x = x_2, y = 0$；

(4) $t = t_3$ 时，$U_y = -A, U_x = U_{x3}$，电子束打在屏的位置为：$x = x_3, y = -\max$；

(5) $t = t_4$ 时，$U_y = 0, U_x = \max$，电子束打在屏的位置为：$x = \max, y = 0$；

(6) $t = t_4^+$ 时，$U_y = 0, U_x = 0$，电子束打在屏中心：$x = 0, y = 0$.

以后，电子束在屏上的位置重复上述情况. 可见，电信号随时间变化使光点在屏上位置也在变化，由于视觉暂留和光点余辉，电信号变化对人眼而言较快时，尽管电子位置随时间一直在变，但人眼看起来便是稳定的图形. 根据上述分析，屏上将呈现如图 15 - 2(b)所示的图形.

此例中发现，加到 x 偏转板锯齿波信号的周期 T_x 与 y 偏转板的信号周期 T_y 相等，屏上出现周期数为 1 的图形，并且图形的形状与加到 y 偏转板的电信号图相似！

同理可类推，如果加到 x 偏转板的锯齿波信号周期 T_x 是 y 偏转板信号周期 T_y 的 2 倍，即 $T_x = 2T_y$ 时，屏上会出现 2 个完整的图形(2 个周期的 y 偏转信号图). 一般地，如果加到 x 偏转板的锯齿波信号的周期 T_x 是 y 偏转板信号周期 T_y 的 n 倍(n 为整数)，即 $T_x = nT_y$ 时，屏上会出现 n 个完整的波形图.

如果 y 偏转板加上其他波形(例如方波)，且有 $T_x = nT_y$ (n 是整数)，则屏上显示 n 个周期的其他波形(例如 n 个完整的方波). 要注意,n 为整数,如果 n 不是整数,则合成波形是不稳定的. 当周期 T_x 与 T_y 之间不满足整数倍关系,但整数倍关系相差很小时,我们将看到荧光屏上的图形在水平方向发生移动;当整数倍关系相差较大时,图形将甚为混乱,难以观察.

2. 用示波器观测电信号波形的必要条件

由以上分析可推知,如果 x 偏转板加锯齿波,y 偏转板加被测信号,同时使 $T_x = nT_y$,就可观测到稳定的被测信号的波形. 因此,可以得出用示波器观测信号波形的三个必要条件:

(1) 被测信号必须加到 y 偏转板上.

(2) x 偏转板必须加锯齿波.

(3) 要观测到稳定的波形图,必须调节锯齿波周期,使满足 $T_x = nT_y$(调 $T_x = nT_y$ 也称为调“同步”或“整步”).

学习示波器的基本使用(观测电信号波形)就是基于以上三点,即学会:① 将被测信号加到 y 偏转板;② 给 x 偏转板加锯齿波;③ 调同步.

3. 示波器的使用方法

我们结合 ST16A 型示波器(面板示意如图 15－4 所示),针对上述观测电信号图形的三个必要条件,介绍通用示波器的基本使用方法.

(1) 被测信号怎样加到 y 偏转板?

任何示波器都有“Y 输入”端口,被测信号即由此端口输入(如图 15－4 所示). 但信号加到此端口并不代表信号就能加到 y 偏转板. “Y 输入”端口与示波器内 y 偏转板之间的连接情况可用图 15－3 示意. 图 15－3 中转换开关 K 相当于图 15－4 中“Y 输入”端口右边的 DC ⊥ AC,它们的对应关系为“1”↔“DC”;“2”↔“⊥”;“3”↔“AC”.

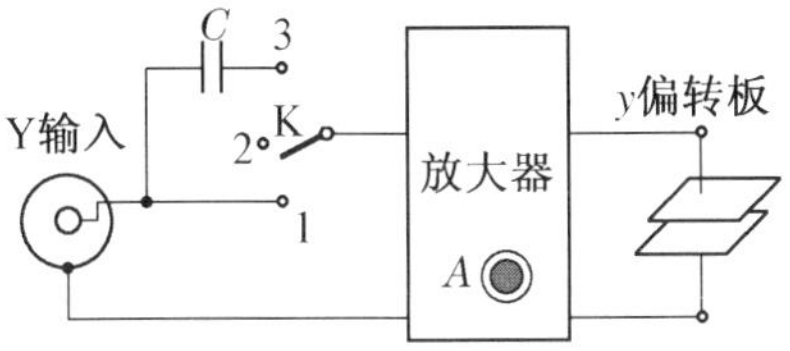

图 15－3　Y 输入与 y 偏转间的连接示意

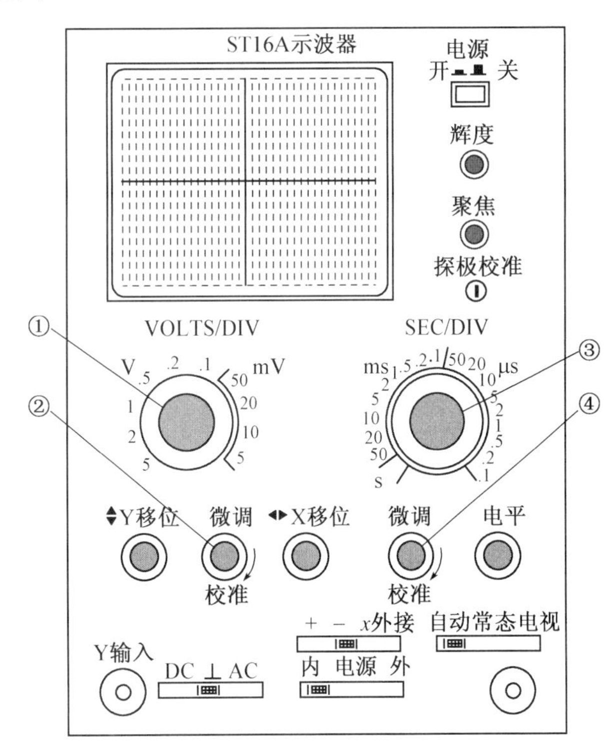

图 15－4　ST16A 型示波器的面板图

可见，要想将被测信号加到 y 偏转板，首先必须将被测信号加到“Y 输入”端口，然后必须将转换开关“DC ⊥ AC”离开“⊥”位置，即拨向“DC”或“AC”位置. 当被测信号频率很低或被测的是直流信号时，应拨向“DC”位置；当测一般交变信号时，则拨向“AC”位置.

“Y 输入”端口与示波器内 y 偏转板之间有一放大器，图 15-3 中的 A 便是调放大倍数的旋钮，它对应于面板图 15-4 中两只旋钮①和②，其中①是调放大倍数的粗调旋钮，②是微调旋钮.

当被测信号太大时，可以把放大倍数调为小于 1，太小时调为大于 1，以使屏上图形大小合适.

旋钮①旁的数字是用以指示屏上图形 y 方向每格的电压值. 比如测得某正弦波电信号的波图在屏上的峰-峰值占居屏上 4 格(如图 15-5 所示)，而旋钮①指在 50 mV/div 位置，则可得到被测信号的峰-峰值为 $4\ \text{div} \times 50\ \text{mV/div} = 200\ \text{mV}$.

微调旋钮②的下面有“校准”两字，它的意义是：把旋钮②右旋到底，即指在这“校准”位置，此时旋钮①旁的数字才准确.

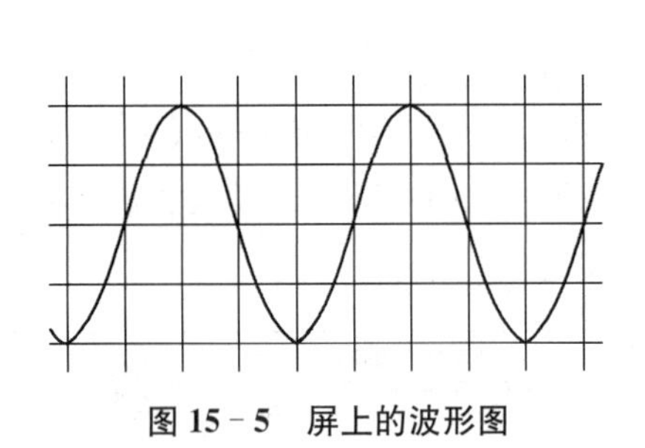

图 15-5 屏上的波形图

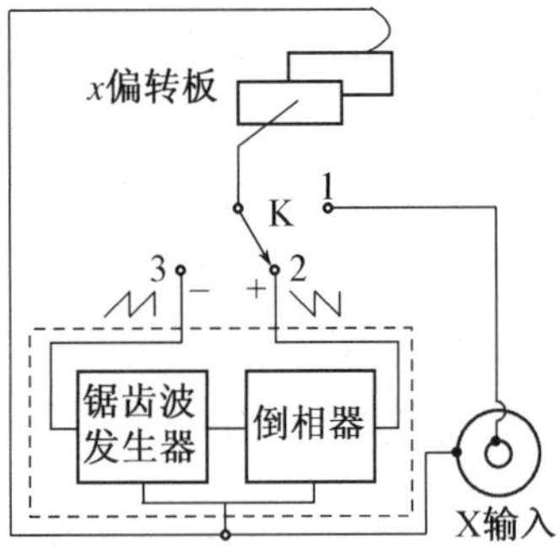

图 15-6 给 x 偏转板加信号的示意

(2) 如何给 x 偏转板加锯齿波?

锯齿波是由示波器内部的“锯齿波发生器”产生的，如图 15-6 所示. 图中的转换开关 K 拨向“3”位置时，x 偏转板得到正向锯齿波，拨向“2”得到负向锯齿波，拨向“1”得到来自“X 输入”端口的外加电信号.

图 15-6 中的“X 输入”相当于面板图 15-4 中最右下的输入端口，转换开关 K 相当于“X 输入”端口上面的转换开关“+ − x外接”，它们的对应关系为“1”↔“x 外接”；“2”↔“−”；“3”↔“+”.

可见，要想给 x 偏转板加锯齿波，必须将转换开关“+ − x外接”离开“x 外接”位置，即拨向“+”或“−”位置.

(3) 怎样调锯齿波的周期?

面板图 15-4 中，旋钮③和④就是用来调锯齿波周期的，其中③是粗调旋钮，④是微调旋钮. 锯齿波通常称作扫描信号.

旋钮③旁的数字是用以指示屏上图形在 x 方向每格的时间值. 比如测得一正弦波电信号的波形如图 15-5 所示，可见到一个周期图形占居屏上 4 格，而旋钮③指在.5 ms/div 位置，则可得到被测信号的周期为 $4\ \text{div} \times 0.5\ \text{ms/div} = 20\ \text{ms}$，由此可知被测信号频率为 50 Hz.

(4) 怎样调同步?

从以上已经知道,调同步就是调锯齿波发生器产生的锯齿波周期是被测信号周期的整数倍,即调旋钮③和④直到满足 $T_x = nT_y$.

如果我们完全用人工手动的方法靠调旋钮③和④来达到 $T_x = nT_y$,实际中存在很大困难,

一是被测信号通常存在频率漂移,就算原来把波形调得很稳定了,它会因为被测信号的频率漂移变得马上不同步,波形就会移动;二是实际使用中,示波器通常要频繁更换观测不同形状、不同频率的信号(即一会儿看这个信号,一会儿看那个信号),这样也得跟着频繁地调旋钮③和④,使工作效率极低;三是靠手动调节旋钮③和④以满足 $T_x = nT_y$ 本身就是件困难的事,尤其当被测信号频率较高时根本没法调到 $T_x = nT_y$. 为此,示波器内部有自动调同步的电路.

面板图 15-4 中,把转换开关“+　-　x外接”拨向“+”或“-”,将转换开关“内　电源　外”拨向“内”,此时示波器就进入自动跟踪调同步状态了.这时,观测的被测信号波形不稳定的话,只要左右慢慢调节“电平”旋钮,就可使波形稳定下来.

它的工作原理是这样的:示波器从 Y 信号放大器的输出中取得信息,通知锯齿波发生器产生的锯齿波的周期总自动调整为由 Y 输入端口输入信号周期的整数倍,电平旋钮的作用是让锯齿波发生器知道这个信息.

面板图 15-4 中,如果把转换开关“+　-　x外接”拨向“+”或“-”,将转换开关“内　电源　外”拨向“外”,此时锯齿波发生器也进入自动跟踪调同步状态.不过,这时它产生的锯齿波周期不是与 Y 输入端信号周期成整数倍,而是与从 X 输入端输入的信号周期成整数倍关系.

如果把转换开关“+　-　x外接”拨向“+”或“-”,将转换开关“内　电源　外”拨向“电源”,此时锯齿波发生器产生的锯齿波周期将与电源周期成整数倍关系.

转换开关“内　电源　外”拨向“内”,我们称它为“内触发”,拨向“外”称为“外触发”,拨向“电源”称为“电源触发”.

内触发方式是我们经常使用的方式.

4. 示波器面板其他控件的作用介绍(如图 15-4 所示)

上面我们结合 ST16A 型示波器,介绍了面板图中的主要控件的功能、作用或使用方法,此外,还有一些其他基本控件,它们是

(1) 辉度:调节光迹亮度.(2) 聚焦:调节光迹的清晰度.(3) 探极校准:能输出幅度0.5 V,频率为 1 kHz 的对称方波校准信号.(4) X 移位:调节波形在屏上 X 方向的位置(水平位置).(5) Y 移位:调节波形在屏上 Y 方向的位置(垂直位置).(6) “自动　常态　电视”转换开关:拨向“自动”时,若 Y 偏转板无信号,屏上显示扫描线(锯齿波发生器的锯齿波信号加到 x 偏转板形成的一条水平直线称为扫描线),若 Y 偏转板有信号,与电平旋钮配合显示稳定的波形;拨向“常态”时,若 Y 偏转板无信号,屏上就无扫描线(锯齿波发生器停止工作),若 Y 偏转板有信号,与电平旋钮配合显示稳定的波形(即由 Y 偏转板信号触发锯齿波发生器工作);拨向“电视”时,用于专业观察电视场信号.

5. 信号发生器

请阅读绪论部分的相关内容——阅读 79 页“七、通用信号发生器”、82 页“八、BS-Ⅱ型双

频调相信号仪”及 84 页“九、双通道函数/任意波形信号发生器”.

6. “利萨如”图(两个谐振动在相互垂直方向的合振动图)

电子束在 x 偏转板电压 $u_x=U_{mx}\cos(2\pi f_x t+\varphi_x)$ 的作用下，电子将在 x 方向做简谐运动：$x=A_x\cos(2\pi f_x t+\varphi_x)$，电子束在 y 偏转板电压 $u_y=U_{my}\cos(2\pi f_y t+\varphi_y)$ 的作用下，将在 y 方向做简谐运动：$y=A_y\cos(2\pi f_y t+\varphi_y)$，电子束同时受上述 x 偏转电压和 y 偏转电压作用，则做合运动. 当 f_x 与 f_y 成整数比，$\varphi_x-\varphi_y$ 保持恒定时，合运动轨迹为稳定的“利萨如”图. 相同频率比不同相位差时，利萨如图形有明显的不同；相同相位差不同频率比时，利萨如图形同样有明显不同(如表 15－1 所示).

表 15－1 不同频率不同相位差下的利萨如图形

$\varphi_y-\varphi_x=$ $f_x:f_y=1:1$	0°	30°	60°	90°	120°	150°	180°	210°	240°	270°	300°	330°
$\varphi_y-\varphi_x=$ $f_x:f_y=1:2$	0°	30°	60°	90°	120°	150°	180°	210°	240°	270°	300°	330°
$\varphi_y-\varphi_x=$ $f_x:f_y=2:1$	0°	30°	60°	90°	120°	150°	180°	210°	240°	270°	300°	330°
$\varphi_y-\varphi_x=$ $f_x:f_y=1:3$	0°	30°	60°	90°	120°	150°	180°	210°	240°	270°	300°	330°
$\varphi_y-\varphi_x=$ $f_x:f_y=3:1$	0°	30°	60°	90°	120°	150°	180°	210°	240°	270°	300°	330°
$\varphi_y-\varphi_x=$ $f_x:f_y=2:3$	0°	30°	60°	90°	120°	150°	180°	210°	240°	270°	300°	330°
$\varphi_y-\varphi_x=$ $f_x:f_y=3:2$	0°	30°	60°	90°	120°	150°	180°	210°	240°	270°	300°	330°

从利萨如图上能很容易地判断 x 偏转板和 y 偏转板上信号的频率关系. 我们可以分别用水平线和垂直线去截利萨如图，设得到最多的交点数分别设为 N_x 和 N_y，则有

$$N_y : N_x = f_x : f_y.$$

如果已知某信号频率(f_y)，则可利用上式由利萨如图形测求另一信号频率(f_x).

例如图 15－7(a)所示的利萨如图，用水平线去截[如图 15－7(b)]，最多的交点数为 $N_x=4$；用垂直线去截[如图 15－7(c)]，最多的交点数 $N_y=2$. 因此 $f_x : f_y=2 : 4=1 : 2$.

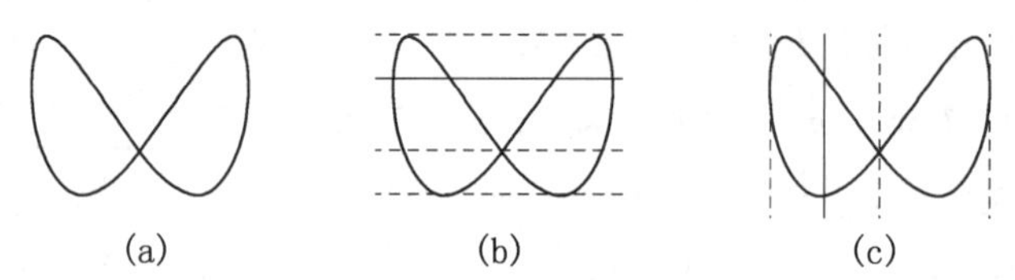

图 15－7 从利萨如图形判断两频率关系

7. 两同方向谐振动的合振动

(1) 两振动频率相同，不论其相位差是多少，合振动仍是谐振动；同相时合振幅达最大值，反相时合振幅达最小值.

(2) 两振动频率不相同时，合振动不是谐振动，合振动出现“拍”现象.

四、必修实验内容

注意事项：(1) 荧光屏上光点或光迹的亮度不能过大，以延长示波管的使用寿命.(2) 实验中光点或光迹不清晰时，请及时调整聚焦.(3) 各实验内容在实验前请你思考：如何操作？此时屏上应该是怎么样的图形？

1. 基本练习(练习前先将转换开关“自动 常态 电视”置“自动”；“内 电源 外”置“外”)：

(1) 接通信号发生器电源，选正弦波电信号，频率小于 200 Hz，用电缆线把这信号送到示波器的 Y 输入端口.

(2) 打开示波器电源，让 x、y 偏转板都不加电信号.

(3) 让 x 偏转板加上锯齿波(y 偏转板仍不加电信号).

(4) 调小和调大锯齿波周期，由观测到的现象来理解为什么称锯齿波为扫描信号.

(5) 让扫描线调到不闪烁.

(6) 让 x 偏转板不加电信号.

(7) 让 Y 输入端口的信号进入 y 偏转板.

(8) 把锯齿波信号加到 x 偏转板.

(9) 手动调同步. 同步后，稍改变一下信号发生器的频率，观察同步情况.

(10) 自动调同步. 同步后，将信号发生器的频率分别调高到 500 Hz 和 10 kHz 左右并观察波形的同步情况. 同步后，将信号发生器输出幅度逐渐变小，观察是否能一直保持同步.

2. 理解示波器观测电信号波形的三个必要条件：

(1) 按观测电信号波形的三个必要条件，随机选取信号发生器的各个不同频率(比如 200 Hz、2 kHz、20 kHz、200 kHz、2 MHz 等)，分别对正弦波、三角波和方波的波形形状进行观测.

(2) 改变信号发生器输出信号的幅度，使屏上都能显示大小合适的波形.

3. 任选一正弦波信号，用示波器观测其峰-峰值和频率.

五、选修实验内容

1. 测量信号中的直流成分

转换开关“DC ⊥ AC”分别置“DC”和“AC”观测图 15－8 中 A、B 两端间的电信号波形，并用示波器估测直流电平大小.

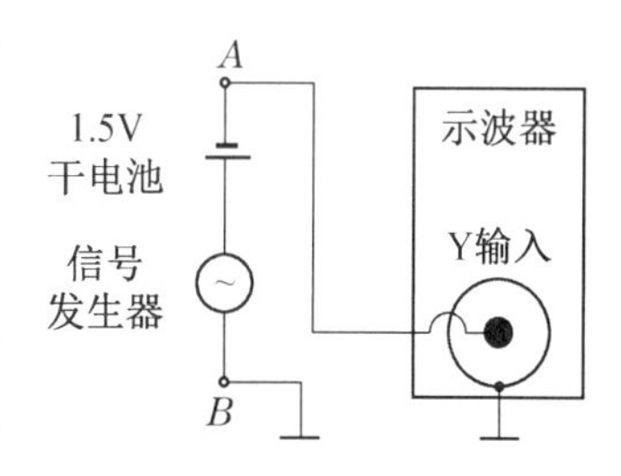

图 15－8　信号的直流分量

2. 用双频调相仪观察利萨如图形(两个谐振动在相互垂直方向的合振动图)

(1) 用电缆线将双频信号发生器的两个输出端“f_1”和“f_2”分别连到示波器的“X 输入”和“Y 输入”端口上后，将双频信号发生器的两路信号分别加到 x 偏转板和 y 偏转板上.

(2) 合理调节双频信号发生器两路电信号的输出幅度，使屏上图形大小合适.

(3) 选择表 15－1 所示的频率比、相位差，分别观测利萨如图形，并与表 15－1 中的图形进行比较.

3. 观察两个正弦波信号的叠加信号(两个谐振动在同方向的合振动图)

(1) 将双频信号发生器的"Σf"端口信号送到示波器的 y 偏转板,以观测其信号波形.

(2) 将两信号频率调为 $f_1 : f_2 = 1 : 1$,改变两信号的相位差,观察合成信号的波形图(即合振动图).

(3) 改变两信号的频率比,观察合成信号的波形图.

4. 用信号发生器观察利萨如图形

用两只信号发生器分别给示波器的 x 偏转板和 y 偏转板上加同频率的正弦波信号,观测利萨如图形. 试分析为什么总不能将波形稳定下来.

六、思考题

如何使示波器稳定出现一水平亮线?一垂直亮线?一倾斜直亮线?如何改变其斜率?

七、附录 "DS1102E 数字示波器"简介

DS1102E 型数字示波器的基本功能为观察电信号波形和测量电信号特征参数,波形显示可以自动设置,采用弹出式菜单显示,方便操作. 本示波器功能强大,可自动测量二十多种波形参数,具有自动光标跟踪测量功能、多重波形数学运算功能、波形录制和回放功能、丰富的触发功能(边沿、脉宽、视频、斜率、交替、码型、持续时间触发). 具有标准配置接口(USB Device, USB Host, RS - 232),具有功能强大的上位机应用软件 UltraScope,支持 U 盘存储和 PictBridge 打印标准,支持远程命令控制等.

近年来,随着现代科学技术水平的不断进步,开发生产的各类数字示波器的功能越来越强大. 基于物理实验主要是为专业基础课和专业课服务,这里以 DS1102E 型数字示波器为例,对数字示波器的基本功能与使用方法只做基础性介绍.

(一) DS1102E 型数字示波器功能简介及面板说明

该示波器面板实物如图 15 - 9 所示.

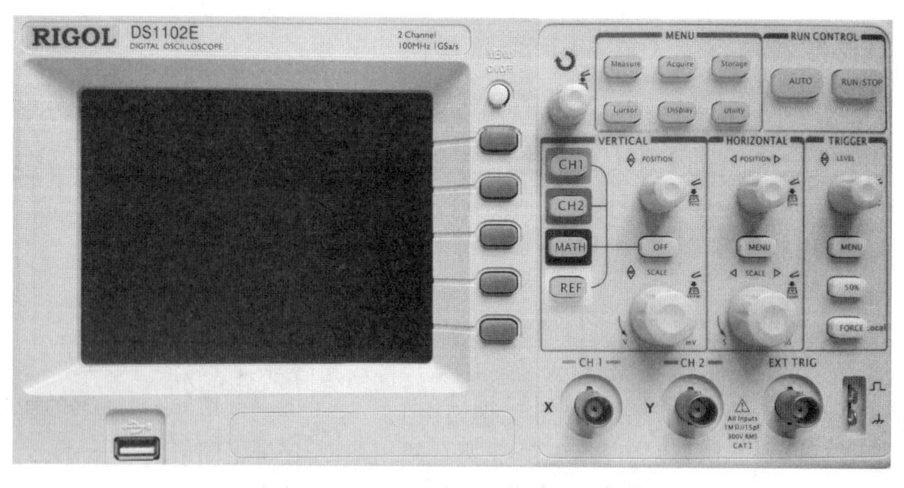

图 15 - 9 DS1102E 数字示波器面板实物图

下面对面板各部分按钮、旋钮功能及使用方法等做相关说明,如图 15 - 10 所示:

1. 信号输入端口

需要示波器显示或测量的电信号的输入端口，有 2 个. 分别称为 CH1 和 CH2 通道，或 X 通道和 Y 通道，或 1 通道和 2 通道.

2. LCD 显示屏

用以显示电信号波形、参数测量值等信息. 还可显示各种菜单软键、帮助信息等.

3. 多功能旋钮

常态下，左右旋动该旋钮，可调显示屏亮度.

如果显示屏开启菜单软键(即出现操作菜单，在显示屏的右侧显示)，则可配合使用这个旋钮进行菜单选择. 左或右旋动用以选择菜单项目，选中后按一下，则选中菜单.

该旋钮旁边有标记符号“”，表示该旋钮不仅有左右旋动功能，还可以“按下”操作功能. 图 15 - 10 的面板使用说明图上其他地方也有此标记符号，情况一样. 下文不再复述.

4. 运行控制(RUN CONTROL)

有两个按键.

(1) AUTO　此键点亮(按下此键后，此键灯会点亮，过一会儿，键灯会熄灭)，示波器能自动设定各项控制值，在显示屏上显示大小恰当的被测信号波形. 即示波器不仅能自动调节到同步状态(X 偏转的锯齿波周期是被测信号周期的整数倍)，而且还对输入 Y 偏转板的被测信号的大小做自动放大或衰减.

(2) RUN/STOP　此键黄灯点亮时，对输入的信号进行采样并实时显示采样信号的波形；此键红灯点亮时，停止对输入的信号进行实时采样，此时显示屏上显示的是停止采样前的被测信号波形. 交替按此键，黄灯与红灯交替点亮.

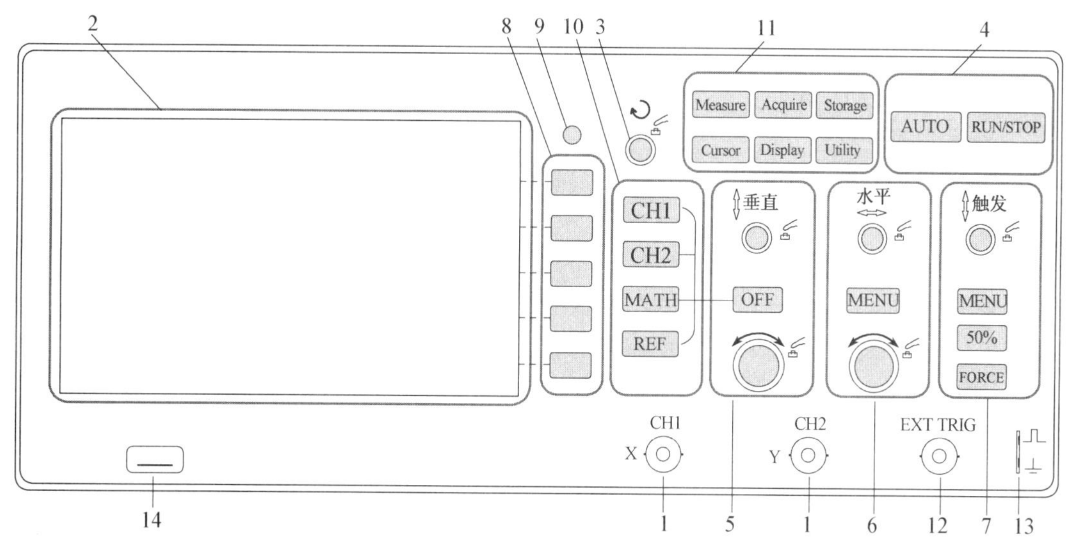

图 15 - 10　面板使用说明图

1—信号输入端口　2—显示屏　3—多功能旋钮　4—运行控制　5—垂直控制区　6—水平控制区　7—触发控制区　8—菜单选择键　9—启/闭菜单按钮　10—通道及存储运算　11—常用菜单区　12—外触发输入　13—探头补偿　14—USB 接口

5. 垂直控制区

上下各有一个旋钮.

(1) 上面一个是“位置旋钮”(POSITION 旋钮) 转动此旋钮，屏上波形在竖直方向移动. 屏上的“通道地的标识”也随着波形而上下移动.(说明：显示屏最左侧有标识字符 1 或 2 ，分别代表通道 1 和通道 2 的通道地位置. 所谓“通道地位置”，也就是如果 Y 偏转板上加的电信号为零，电子束打在屏上的 Y 坐标位置.)按下此旋钮，可以让屏上的波形很快在 Y 方向回到屏幕中央.

(2) 下面一个是 Y 方向波形“缩放旋钮”(SCALE 旋钮) 转动此旋钮，可改变屏上波形在 Y 方向的大小，同时屏幕下方状态栏显示的电压值也会改变. 比如显示“2.00 V”时，表示此时屏幕图形 Y 方向每格电压值的大小是 2 V(2 V/div). 此旋钮有按下功能，可实现图形放大与缩小的粗调和细调的切换.

6. 水平控制区

上下各有一个旋钮，中间有一个按键.

(1) 上面一个是“位置旋钮”(POSITION 旋钮) 转动此旋钮，屏上波形在水平方向移动. 按下此旋钮，图形中心快速回到屏幕中心.

(2) 下面一个是 X 方向波形“缩放旋钮”(SCALE 旋钮) 转动此旋钮，可改变屏上波形在 X 方向的大小，同时屏幕下方状态栏显示的“Time”值也会改变. 比如显示“500.0 us”时，表示此时屏幕图形 X 方向每格时间值的大小是 500 us(500.0 us/div). 此旋钮有按下功能，可实现扫描延迟打开与关闭的快捷操作. 开启延迟扫描，可用来放大一段波形，以便查看图形细节.

(3) 中间一个是“菜单按钮”(MENU 按钮) 按下此按钮，可以调出菜单. 有“延迟扫描”、“时基”、“采样率”、“触发位移”菜单.

这里只介绍一下“时基”菜单. 这菜单中有 Y-T、X-Y、Roll 三项选择. 选 Y-T 时，即显示被测信号波形；选 X-Y 时，CH1 端口输入的信号送到 X 偏转，CH2 端口输入的信号送到 Y 偏转，屏上显示的图形是外接信号输到 X 偏转和 Y 偏转的合成图形；选 Roll 时，两输入端口的信号在屏上各自滚动显示.

7. 触发控制区

上面有一个旋钮，下面有三个按键.

示波器的功能是采集数据并显示波形. 示波器在开始采集数据时，先收集足够的数据用来在触发点的左方画出波形，在等待触发条件的同时连续地采集数据，当检测到触发后，示波器连续地采集足够的数据以在触发点的右方画出波形. 触发决定了示波器何时开始采集数据和显示波形. 一旦触发被正确设定，它可以将不稳定的显示转换成有意义的波形.

(1) 最上面一个是“电平旋钮”(LEVEL 旋钮) 转动此旋钮，调节触发电平大小. 如果屏上波形不稳定，可以转动此旋钮让波形稳定下来.

转动此旋钮时，屏幕上会出现一条桔黄色的触发线以及触发标志，随旋钮转动而上下移动. 停止转动旋钮，触发线和触发标志会在约 5 s 后消失. 在移动触发线的同时，可以观察到屏幕上触发电平的数值大小发生变化.

此旋钮有按下功能，可快速设置触发电平值恢复到零点.

(2) 菜单按钮(MENU 按钮) 按下这按钮，可调出触发操作菜单，进行触发设置.

(3) 50%按钮 设定触发电平在触发信号幅值的垂直中点.

(4) FORCE 按钮 强制产生一个触发信号，主要应用于触发方式中的“普通”和“单次”模式.

8. 屏幕菜单选择键

有 5 个选择键. 用以选择示波器屏幕右侧的对应菜单项. 用户可实现相应菜单的参数设置或实现相关功能.

当选中菜单后，通常会弹出分菜单，这时，可再按键，光标会在多项菜单上移动，再按一下"3 多功能旋钮"即可选中该分菜单(前面已介绍，选分菜单也旋动"3 多功能旋钮"来实现).

9. 开启或关闭菜单按钮

按它，可开启屏幕菜单；再按，则关闭. 长按面板上相关按钮或铵键，屏幕中央会跳出帮助信息，用户阅读完毕，按此按钮，即可关闭帮助信息显示.

10. 通道及存储运算

有 4 个按键.

(1) CH1、CH2　要实时显示通道 1 或通道 2 的信号波形，需要点亮 CH1 按键或 CH2 按键(按一下即可). 屏幕右侧有相应通道的设置菜单显示，这时可进行相关设置，如设置耦合方式，宽带限制，探头衰减系数，数字滤波的类型、频率上限，挡位调节、反相等.

(2) MATH　此键点亮，可将通道 1 和通道 2 的两路输入信号进行数学运算，如相加、相减、相乘、FFT 运算，并显示信号运算结果的波形.

(3) REF　此键点亮，可以存储与调用信号. 可以设置信号存储位置、保存文件、导入/导出文件等，但不存储 X-Y 方式的波形.

以上 4 个按键的右边，有一个"OFF"按键，它的作用是关闭以上四个按键(同时相应的屏幕显示也相应关闭).

11. 常用菜单区(MENU)

有 6 个按键.

(1) Measure　是测量按键，用于测量波形的电压和时间参数.

电压测量主要包括：最大值(V_{max})、最小值(V_{min})、峰峰值(V_{pp})、顶端值(V_{top})、底端值(V_{base})、幅值(V_{amp})、平均值(Average)、均方根值(V_{rms})、过冲(Overshoot)、预冲(Preshoot).

时间测量主要包括：周期、频率、上升时间(RiseTime)、下降时间(FallTime)、正脉宽(＋Width)、负脉宽(－Width)、正占空比(＋Duty)、负占空比(－Duty)、延迟等.

点亮测量按键后，屏幕出现需要测量的菜单项目可选，测读数据直接显示在屏幕下方.

(2) Acquire　是采样系统的功能按键. 示波器要选择恰当方式获取和采集数据，才能画出质量高的波形. 获取方式有"普通"、"平均"和"峰值检测"三种方式. 采样方式有"实时采样"和"等效采样"两种方式.

期望减少所显示信号中的随机噪声，可选用"平均"方式获取. 期望观察信号的包络，避免混淆，可选用"峰值检测"方式获取. 观察单次信号时宜选用"实时采样"方式，观察高频周期性信号时选用"等效采样"方式.

(3) Storage　是存储和调出按键，用于存储和调出波形. 可以进行存储类型如波形存储、设置存储、位图存储、CSV 存储等设置，同时可以从存储位置中调出或删除已存文件，其中出厂设置则设置调出出厂设置操作.

(4) Cursor　是光标按键，用于移动光标进行测量. 有手动、追踪、自动测量三种模式.

手动模式：出现水平调整或垂直调整的光标线.

追踪模式：水平与垂直光标交叉构成十字光标.

自动测量模式:系统会显示对应的电压或时间光标,此方式在未选择任何自动测量参数时无效.

(5) Display 是显示系统的功能按键.用以调整波形显示方式.相应菜单名称说明如下:

两类显示类型:矢量、点.矢量类型是采样点之间通过连线的方式显示;点类型是直接显示采样点.

清除显示:清除所有先前采集的显示及任何从内部存储区或USB存储设备中调出的轨迹.

波形保持:控制波形保持是否无限.无限时,屏幕波形一直保持,直至波形保持功能被关闭,否则屏幕波形以高刷新率变化.

波形亮度:设置显示波形的亮度.

屏幕网格:设置屏幕网格形式.

网格亮度:设置屏幕背景网格的亮度.

菜单保持:设置菜单显示保持时间.

(6) Utility 是辅助系统功能设置按键,用于设置辅助系统,有如下功能菜单可选择设置:接口设置、声音、频率计、语言、通过测试、波形录制、打印设置、参数设置、自校正、系统信息、生产模式.这里只对如下功能菜单做相关说明:

接口设置:设置示波器的I/O口和打印接口.

声音:控制示波器的声音和频率计的开关状态.

参数设置:进行屏幕保护、界面方案及密码等的设置.

自校正设置:运行自校正程序之前,要确认示波器已预热或运行达30分钟以上.如果操作温度变化范围达到或超过5 ℃,必须打开系统功能菜单,执行"自校正"程序.

系统信息:显示设备型号,主机序列号,系统软件版本,系统已安装模块等.

生产模式:键盘锁定设置.

12. 外部触发输入端(EXIT TRIG)

是外部触发信号的输入接口.

13. 探头补偿端

首次将探头与任一输入通道连接时,要使探头和输入通道匹配,未经补偿或补偿偏差的探头会导致测量误差或错误.探头补偿连接器输出的信号仅作探头补偿调整使用,不可用于校准.

14. USB接口

用于连接外设存储器存储或调用文件、连接打印机打印波形文件、连接计算机实现计算机和数字示波器之间的通信与控制.

(二) 数字示波器基本应用举例

这里仅举两例,说明一下本示波器的基本应用方法.

例15-1 观察正弦波信号波形,并测量其幅度和频率.

操作步骤:

1. 观察正弦波信号波形

(1) 将待测正弦波信号通过信号线送到"1信号输入端口",CH1或CH2.

(2) 按下"4运行控制"的"AUTO键",示波器将自动设置使波形显示达到最佳状态.

此时可调节“5 垂直控制区”和“6 水平控制区”的旋钮,可将波形调到合适的位置和想要的大小.

2. 自动测量正弦波信号的幅度

(1) 按下“11 常用菜单区”中的“Measure”键,可以弹出自动测量菜单.

(2) 用“8 屏幕菜单选择键”进行“信源选择”(按下对应的菜单键),即选择待测正弦波信号源是哪个通道输入的(CH1 还是 CH2).

(3) 再用“8 屏幕菜单选择键”选择“电压测量”菜单. 此时会再弹出另一菜单,转动“3 多功能旋钮”,光标移到需要测量的参数“幅度”菜单时,再下按“3 多功能旋钮”.

此时在屏幕下方就出现了待测正弦波信号的“幅度”值.

3. 自动测量正弦波信号的频率

用“8 屏幕菜单选择键”选择“时间测量”菜单. 此时会再弹出另一菜单,转动“3 多功能旋钮”,光标移到需要测量的参数“频率”菜单时,再下按“3 多功能旋钮”.

此时在屏幕下方就出现了待测正弦波信号的“频率”值.

4. 清除测量值显示

用“8 屏幕菜单选择键”选择“清除测量”菜单,屏幕下方的测量值就不再显示了.

例 15－2 观察利萨如图.

操作步骤:

1. 信号送入两通道,并调整显示幅度

(1) 将两路正弦波信号送到“1 信号输入端口”,分别连接到 X 和 Y 通道.

(2) “10 通道及存储运算”中的两个按钮“CH1”和“CH2”应该点亮,如果不亮,则按一下点亮它们.

(3) 按“4 运行控制”的“AUTO”键,屏上就显示两路输入信号的波形了. 调节“5 垂直控制区”的旋钮,分别对两个波形在屏上显示的幅度调整到大致相等.

2. 设置时基为 X-Y 模式

(1) 按下“6 水平控制区”中间的“MENU”按钮,此时会弹出菜单.

(2) 在弹出菜单中选“时基”,又会弹出另一菜单,再在其中选“X-Y”,即“X-Y 模式”设置成功. 这时,屏幕上将显示两个通道信号垂直方向的合成波形,即利萨如图形.

(3) 调节“5 垂直控制区”和“6 水平控制区”的旋钮(注意:此时有的旋钮失去功能,示波器会有提示信息),将利萨如图形调到合适的位置和合适的大小.

实验 16　声速的测量

一、实验目的

学习用共振干涉法和相位比较法测量空气中和水中的声速;学习示波器的综合应用.

二、仪器和用具

多功能声速测定仪信号源;声速测量仪;单踪示波器;双踪示波器;信号发生器;电脑通用

计数器(频率计);晶体管毫伏表;三通;温度计等.

三、实验原理

声波是在弹性媒质中传播的一种机械波,由于其振动方向与传播方向一致,故声波是纵波.振动频率在 20 Hz～20 kHz 的声波可以被人们听到,称为可闻声波;频率超过 20 kHz 的声波称为超声波.

对声波特性的测量(如频率、波速、波长、声压衰减、相位等)是声学应用技术中的一个重要内容,特别是声波波速(简称声速)的测量,在声波定位、探伤、测距等应用中具有重要意义.

本实验利用压电晶体换能器来测量超声波在空气中的速度.由于超声波具有波长短、易于定向发射等优点,所以在超声波段进行声速测量是比较方便的.超声波的发射和接收一般通过电磁振动和机械振动的相互转换来实现,最常见的是利用压电效应和磁致伸缩效应.

声波的传播速度 v 与其频率 f 和波长 λ 的关系为

$$v = f\lambda. \tag{16-1}$$

由(16-1)式可知,只要测得声波的频率 f 和波长 λ,就可算出声速 v.

可按图 16-1 设计实验方案,其中 S_1 和 S_2 分别用来发送和接收声波,它们是以压电陶瓷为敏感元件做成的电声换能器.当把电信号加在 S_1 的电端时,换能器端面产生机械振动(反向压电效应)并在空气中激发出声波.当声波传递到 S_2 表面时,激发起 S_2 端面的振动,在其电端产生相应的电信号输出(正向压电效应).

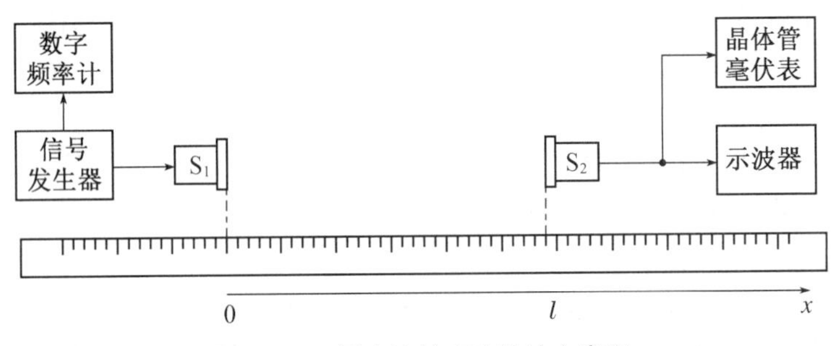

图 16-1 测声速的实验设计方案图

信号发生器产生的交变电信号(约 40 kHz),其频率可由电脑通用计数器(数字频率计)精确测定,该频率等于换能器 S_1 端面发射的声波的频率(属于超声频段,人耳听不见).为了确定声速,还要测定声波的波长 λ,它可以用以下两种方法进行测定.

1. 共振干涉法(驻波法)

S_1 发出的声波,传播到接收器 S_2 后,在激发 S_2 振动的同时(产生相应的电信号输出)又被 S_2 的端面所反射.保持接收端面和发送端面相互平行,声波将在两平行平面之间往返反射.因为声波在换能器中的传播速度和密度都比空气大得多,可以认为这是一个以两端刚性平面为界的空气柱的振动问题.

设 S_1 发出的声波为 $y_1 = A\cos\left(\omega t - \frac{2\pi}{\lambda}x\right)$,该声波传递到 S_2 端面刚性反射,则反射波为 $y_2 = A\cos\left(\omega t + \frac{2\pi}{\lambda}x\right)$,于是在 S_1 与 S_2 的空间(可视为空气柱),两列波产生共振干涉,合成波

为 $y=y_1+y_2=A\cos\left(\omega t-\frac{2\pi}{\lambda}x\right)+A\cos\left(\omega t+\frac{2\pi}{\lambda}x\right)=\left(2A\cos\frac{2\pi}{\lambda}x\right)\cos\omega t$. 可见，$S_1$ 与 S_2 间的空气柱形成了驻波场，即该空间的各点都在做同频率的振动，而各点的振幅 $\left(2A\cos\frac{2\pi}{\lambda}x\right)$ 是位置 x 的余弦函数. 对应于 $\left|\cos\frac{2\pi}{\lambda}x\right|=1$ 的各点振幅最大，称为波腹；对应于 $\left|\cos\frac{2\pi}{\lambda}x\right|=0$ 的点静止不动，称为波节. 由此可推算出：

波腹位置

$$x=n\frac{\lambda}{2}\quad(n=1,2,3,\cdots).\tag{16-2}$$

波节位置

$$x=(2n+1)\frac{\lambda}{4}.\tag{16-3}$$

由(16－2)、(16－3)式可知，两相邻波腹间的距离、两相邻波节间的距离都为 $\lambda/2$(即半个波长). 我们把(16－2)式或(16－3)式所要求满足的条件称为空气柱的共振条件.

换言之，如果将接收换能器 S_2 的端面置于坐标 l 处(如图 16－1 所示)，使 $x=n\frac{\lambda}{2}$ 时，换能器 S_2 将有最大的电压输出；使 $x=(2n+1)\frac{\lambda}{4}$ 时，则换能器 S_2 输出电压最小.

实际上，(16－2)与(16－3)式是理想化的推导，因为激励源(即 S_1 端面)存在末端效应，所以(16－2)与(16－3)两式还应附加一个校正因子 $\Delta(\Delta\ll\lambda)$，即当

$$x=n\frac{\lambda}{2}+\Delta(n=1,2,3,\cdots)\tag{16-4}$$

时，为波腹位置，当

$$x=(2n+1)\frac{\lambda}{4}+\Delta(n=1,2,3,\cdots)\tag{16-5}$$

时，为波节位置.

(16－4)、(16－5)两式中 x 是空气柱(即 S_1 与 S_2 端面间距)的实际长度. 在 S_2 处于不同的共振位置时，因 Δ 是常数，所以各电信号极大值之间的距离仍为 $\lambda/2$，由于波阵面的发散及其他损耗，随着距离的增大，各极大值的振幅实际中会逐渐减小. 当接收器沿着声波传播方向(x 方向)由近而远移动时，接收器输出的电信号的变化情况将如图 16－2 所示. 只要测出各极大值所对应的接收器的位置，就可以测出波长 λ(请思考：按图 16－2 电信号分布曲线，为什么不是测波节所对应的位置去测波长?).

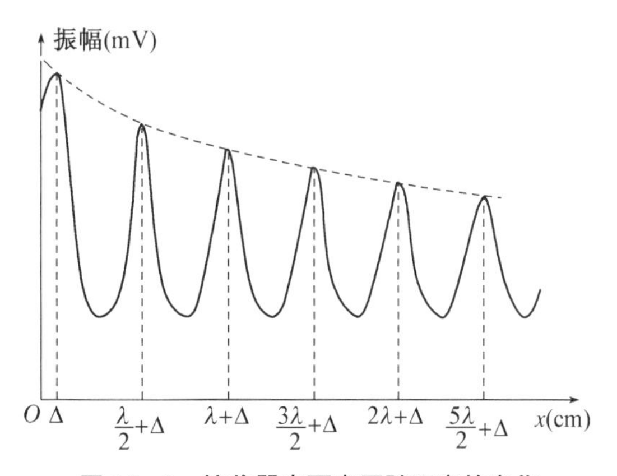

图 16－2　接收器表面声压随距离的变化

2. 相位比较法

波是振动状态的传播，也可以说是相位的传播. 沿传播方向上的任何两点，它们和波源的相位差为 2π（或 2π 的整数倍）时，该两点间的距离就等于一个波长（或波长的整数倍）. 也可以这样来理解：

S_1 和 S_2 之间的空气柱受换能器激励而做受迫振动，其振动状态（相位）是距离 x 的周期函数，因此，S_2 每移过一个 λ 的距离，激励源和接收器的电信号的相差也将出现重复. 这表明我们可以用测量相位差的办法来测定波长. 用双踪示波器可以很方便地测出两个频率相同的电信号的相位差，而用单踪示波器则可利用利萨如图来测相位差. 如图 16－3 所示，画出了相互垂直同频率而不同相位差的利萨如图形.

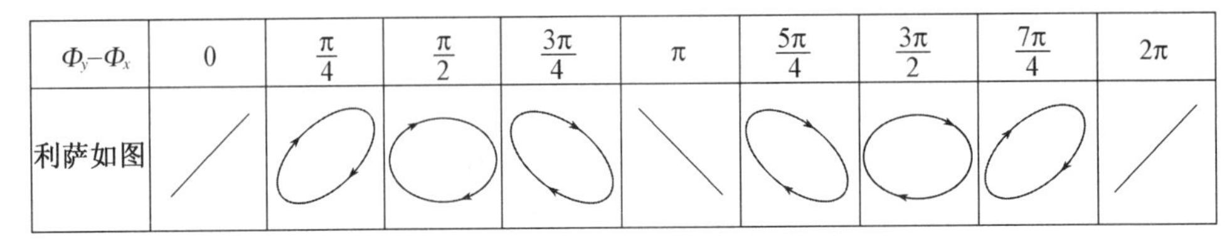

$\Phi_y-\Phi_x$	0	$\frac{\pi}{4}$	$\frac{\pi}{2}$	$\frac{3\pi}{4}$	π	$\frac{5\pi}{4}$	$\frac{3\pi}{2}$	$\frac{7\pi}{4}$	2π
利萨如图									

图 16－3 相互垂直同频率而不同相位差的利萨如图形

具体测试时，把激励信号借助三通接到示波器的一对偏转板上，把输出波形接到另一对偏转板上，我们在屏上可以看到稳定的椭圆. 当相位差为 0 或 π 时，椭圆变成向左或向右的直线. 移动 S_2，当示波器屏上连续两次观察到倾角相同的斜直线时，也即对应于相位差改变了 2π，所移过的距离也即对应接收器移动了一个波长的距离.

3. 多功能声速测定仪信号源

多功能声速测定仪信号源是基于“图 16－1 测声速的实验设计方案”研制开发的专用信号源，仪器面板如图 16－4 所示.

该信号源可选择连续波输出或脉冲波输出，连续波输出时强度可连续调节，脉冲波输出时强度可有“大、中、小”三种选择. 输出信号频率范围为 50 Hz～50 kHz.

图 16－4 中，“发射端”有 2 个端口，其中“换能器”端口给发射换能器提供激励源（接图 16－1的 S_1），“波形”端口可接示波器或晶体管毫伏表，监测波形和幅度.

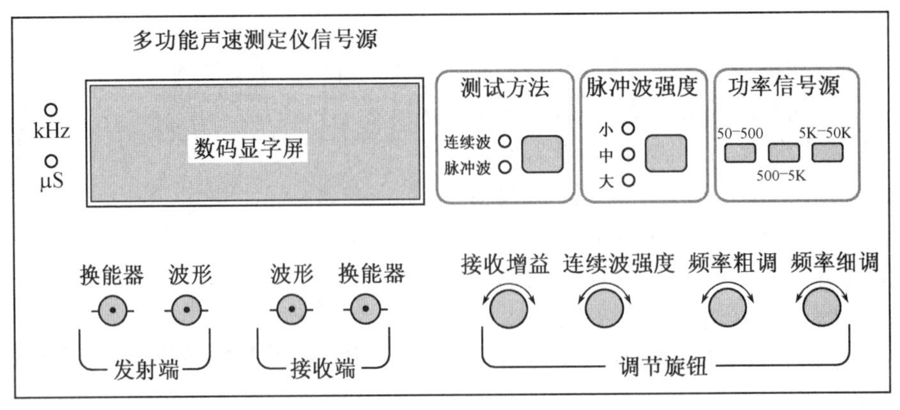

图 16－4 多功能声速测定仪信号源面板示意图

“接收端”也有2个端口，其中“换能器”端口用于接收信号(接图16－1的S_2)，内部放大电路对接收到的信号进行放大，再由“波形”端口输出.“波形”端口可接示波器或晶体管毫伏表监测波形和幅度.图16－4中“接收增益”旋钮是用以调节内部放大电路的放大倍数.

四、必修实验内容

注意事项：移动S_2读测坐标时，注意防止螺距误差！

1. 共振干涉法(驻波法)测声速

(1) 用“多功能声速测定仪信号源”按图16－1实验方案图设计连接路.反复检查，经教师检查同意后通电.信号源频率取40 kHz左右.

(2) 先使S_1与S_2靠拢(但不能使两者挤压)，调整信号源的频率，使示波器上看到的振幅最大，此频率即系统的固有频率，记下数码显示屏的频率显示数f，转动标尺的微调螺丝，在近处找到振幅的最大值(如接晶体管毫伏表，则找到晶体管毫伏表指示值最大)，记下S_2的坐标位置x_0，改变接收器S_2的位置，由近而远，逐个记下九个振幅最大值时的S_2位置.

由于声波在空气中衰减较大，振幅将随S_2远离S_1而显著变小，可将示波器放大倍数变大，或调信号源的“接收增益”旋钮，如用晶体管毫伏表则要相应地改变毫伏表量程，使实验能继续下去.

用隔项逐差法计算平均波长$\bar{\lambda}$，求出平均声速$\bar{v}=\bar{\lambda}f$.

(3) 记下室温t(单位为℃)，由理论式$v_{理}=v_0\sqrt{1+\frac{t}{273.15}}\ \mathrm{m\cdot s^{-1}}$，求声速理论值$v_{理}$，并与测量值$\bar{v}$比较(式中$v_0=331.30\ \mathrm{m/s}$为$t=0$ ℃时空气中的声速).

2. 相位比较法测声速

(1) 用“多功能声速测定仪信号源”按图16－5实验设计方案图连接.双踪示波器置“x-y”模式，检查无误后通电.

(2) 先使S_1和S_2靠拢(但不能使两者挤压)，转动标尺的微调螺丝，在近处找一斜直线，记下x_0位置，然后逐个记下每发生一次周期性变化的S_2的位置九个，用隔项逐差法求$\bar{\lambda}$，算$\bar{v}=\bar{\lambda}f$.

(3) 将测量值与理论值比较.

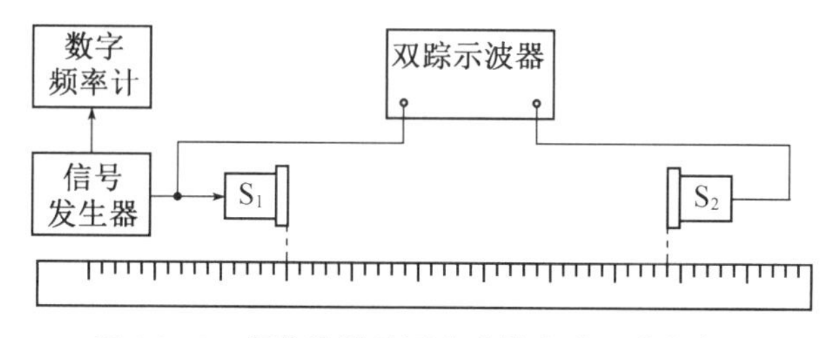

图16－5　相位比较法测声速的实验设计方案图

五、选修实验内容

不用“多功能声速测定仪信号源”，而是采用普通信号发生器作为信号源进行实验.

1. 按图16－1接线路.用驻波法测声速.

2. 按图16－5接线路.用相位比较法测声速.

3. 测量超声波在水中传播的速度.

六、数据记录及处理

数据记录参考表格:

$t=$ ℃;$f=$ Hz 单位:cm

NO.	0	1	2	3	4
x_m					
NO.	5	6	7	8	9
x_n					
$\lvert x_m - x_n \rvert$					
$\overline{\lvert x_m - x_n \rvert}$					

根据测量数据,计算声速,与理论值比较,并评定声速测量的不确定度.

七、思考题

1. 为什么需要在驻波系统共振状态下进行声速的测量?

2. 用驻波共振法(即共振干涉法)测声速时,在改变 S_1 和 S_2 间距的过程中,示波器的图形有时极大,有时极小,说明极大或极小时气柱处于什么状态?

3. 能否用驻波共振法(靠移动 S_2)测图 16-2 的分布曲线? 为什么?

实验 17 开尔文双臂电桥测低电阻

一、实验目的

了解双臂电桥测低电阻的原理和方法.

二、仪器和用具

QJ71 型双臂电桥;检流计;待测低电阻等.

三、实验原理

1. 双臂电桥的设计思想

电阻按阻值的大小来分,大致可分为三类:在 1 Ω 以下的为低电阻,在 1 Ω 到 100 kΩ 之间的为中电阻;100 kΩ 以上的为高电阻. 不同阻值的电阻,测量方法是不尽相同的,它们都有本身的特殊问题. 例如,用惠斯登电桥测中电阻时,可以忽略导线本身的电阻和接点处的接触电阻(总称附加电阻)的影响,但用它测低电阻时,就不能忽略了. 一般说,附加电阻约为 0.001 Ω,若所测低电阻为 0.01 Ω,则附加电阻的影响可达 10%. 如所测低电阻在 0.001 Ω 以下,就无法得出测量结果了. 对惠斯登电桥加以改进而成的开尔文双臂电桥极大地减小了附加电阻的影响,它

适用于 $10^{-6}\sim10^{2}\,\Omega$ 电阻的测量.

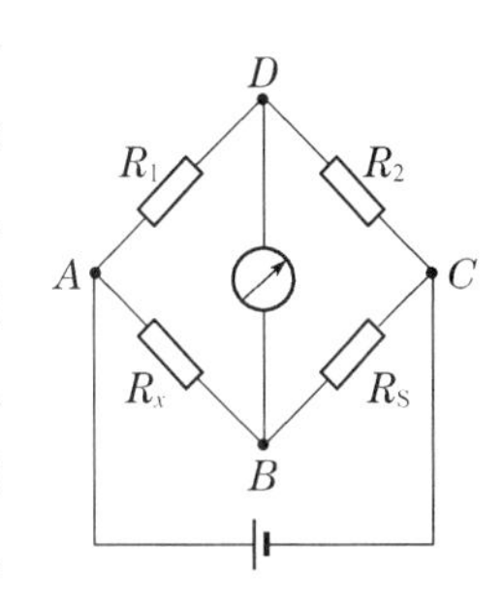

图 17-1　惠斯登电桥

图 17-1 是惠斯登电桥,平衡时有 $R_x=(R_1/R_2)\cdot R_S$. 这电路中有 12 根导线和 A、B、C、D 四个接点,其中由 A、C 点到电源和由 B、D 点到检流计的导线电阻可并入电源和检流计的"内阻"里,对测量结果没有影响. 但桥臂的八根导线和四个接点的电阻会影响测量结果. 在电桥中,由于比率臂 R_1 和 R_2 可用阻值较高的电阻,因此和这两个电阻相连的四根导线,即由 A 到 R_1、C 到 R_2 和 D 到 R_1、D 到 R_2 的导线的电阻不会对测量结果带来多大误差,可以略去不计. 由于待测电阻 R_x 是一个低电阻,比较臂 R_S 也应该用低电阻,于是,和 R_x、R_S 相连的导线及接点电阻就会影响测量结果了.

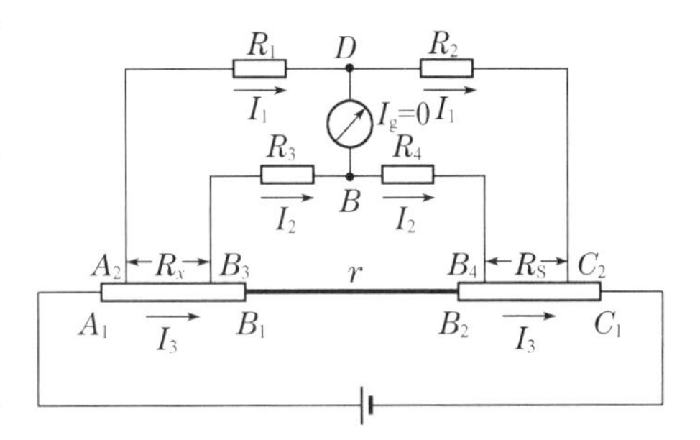

图 17-2　双臂电桥原理图

为了消除上述电阻的影响,我们采用图 17-2 双臂电桥电路,与图 17-1 比较看出,为了避免图 17-1 中由 A 到 R_x 和由 C 到 R_S 的导线电阻,可将 A 到 R_x 和 C 到 R_S 的导线尽量缩短,最好短为零,使 A 点直接与 R_x 相接,C 点直接与 R_S 相接. 要消去 A、C 点的接触电阻,进一步又将 A 点分成 A_1、A_2 两点,C 点分成 C_1、C_2 两点,使 A_1、C_1 点的接触电阻并入电源的内阻,A_2、C_2 点的接触电阻并入 R_1、R_2 的电阻中. 但图 17-1 中 B 点的接触电阻和由 B 点到 R_x 及由 B 到 R_S 的导线电阻就不能并入低电阻 R_x、R_S 中,因而需对惠斯登电桥进行改良.

我们在线路中增加了 R_3 和 R_4 两个电阻,让 B 点移至跟 R_3、R_4 及检流计相连,这样就只剩下 R_x 和 R_S 相连的附加电阻了. 同样,我们把 R_x 和 R_S 相连的两个接点各自分开,分成 B_1、B_3 和 B_2、B_4,这时 B_3、B_4 的接触电阻并入附加的两个较高的电阻 R_3、R_4 中. 将 B_1、B_2 用粗导线相连,并设 B_1、B_2 间连线电阻与接触电阻的总和为 r,后面将要证明,适当调节 R_1、R_2、R_3、R_4 和 R_S 的阻值,就可以消去附加电阻 r 对测量结果的影响.

调节电桥平衡的过程,就是调整电阻 R_1、R_2、R_3、R_4 和 R_S 使检流计中的电流 I_g 等于零的过程. 当电桥平衡时,$I_g=0$,通过 R_1、R_2 的电流相等,图 17-2 中以 I_1 表示;通过 R_3 和 R_4 的电流相等,以 I_2 表示;通过 R_x 和 R_S 的电流也相等,以 I_3 表示. 因为 B、D 两点的电位相等,故有 $I_1R_1=I_3R_x+I_2R_3$,$I_1R_2=I_3R_S+I_2R_4$,$I_2(R_3+R_4)=(I_3-I_2)r$,由此三式可求解得

$$R_x=\frac{R_1}{R_2}R_S+\frac{rR_4}{R_3+R_4+r}\left(\frac{R_1}{R_2}-\frac{R_3}{R_4}\right).\tag{17-1}$$

现在来讨论(17-1)式右边第二项. 如果 $R_1=R_3$、$R_2=R_4$ 或者 $R_1/R_2=R_3/R_4$,则(17-1)式变为

$$R_x=\frac{R_1}{R_2}\cdot R_S.\tag{17-2}$$

可见,当电桥平衡时,(17-2)式成立的前提是 $R_1/R_2=R_3/R_4$. 为了保证等式 $R_1/R_2=R_3/R_4$ 在双臂电桥使用过程中始终成立,通常将电桥做成一种特殊的结构,即将两对比率臂

R_1/R_2 和 R_3/R_4）采用所谓双十进电阻箱，在这种电阻箱里，两个相同十进电阻的转臂连接在同一转轴上，因此在转臂的任一位置上都保持 $R_1=R_3$、$R_2=R_4$.

我们在惠斯登电桥基础上增加了两个电阻臂 R_3、R_4，并使 R_3、R_4 分别随原有臂 R_1、R_2 作相同的变化（增加或减小），当电桥平衡时就可以消除附加电阻 r 的影响. 上述这种电路装置称为双臂电桥，由物理学家开尔文设计发明，故又称开尔文电桥. 双臂电桥平衡时，(17－2)式成立，或者说，(17－2)式是双臂电桥的平衡条件. 根据(17－2)式可以算出低电阻 R_x.

还应指出，在双臂电桥中电阻 R_x 和 R_S 有四个接线柱，这类接线方式的电阻称为 4 端电阻. 由于流经 $A_1R_xB_1$ 的电流比较大，通常称接点 A_1 和 B_1 为“电流端”，在双臂电桥上用符号 C_1 和 C_2 表示；而接点 A_2 和 B_3 则称为“电压端”，在双臂电桥上用符号 P_1 和 P_2 表示（见图 17－4）. 采用 4 端电阻可以大大减小测量低电阻时导线电阻和接触电阻（总称附加电阻）对测量结果的影响.

2. 实验装置

双臂电桥的形式虽各有不同，但它们的线路原理都是一样的. 图 17－3 是 QJ71 型携带式直流双臂电桥的线路图，该电桥的基本量限为 $10^{-6}\sim111.1\ \Omega$，准确度等级为 0.1 级，图 17－4 是它的面板图.

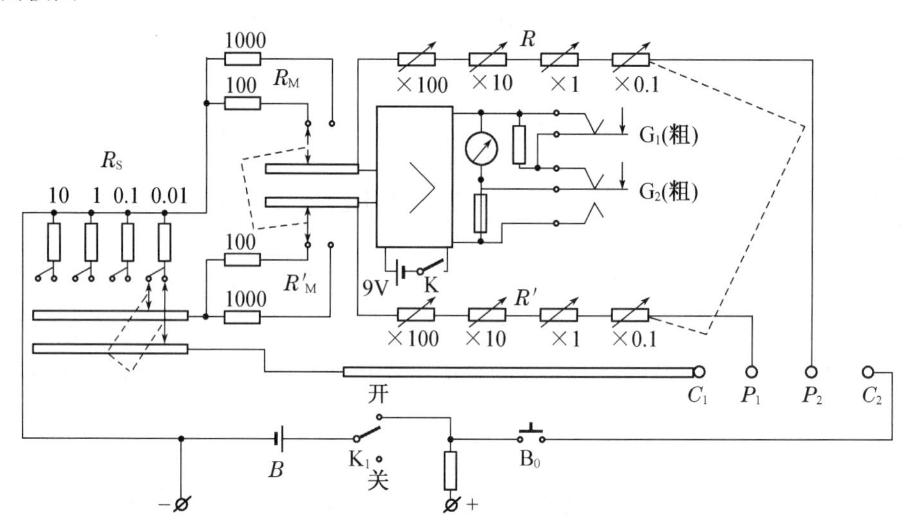

图 17－3 QJ71 型双臂电桥线路图

将原理图 17－2、线路图 17－3 和面板图 17－4 进行比较可知，线路图 17－3 或面板图17－4中的 C_1、C_2 和 P_1、P_2 接待测电阻 R_x. 图 17－3、图 17－4 中 R_S 为步进式电阻组（0.01、0.1、1、10 Ω），相当于图 17－2 的 R_S；图 17－3 的 R_M（可取 100 Ω、1 000 Ω）相当于图 17－2 的 R_2；图 17－3 的 R（即图 17－4 的 $R_1+R_2+R_3+R_4$）相当于图 17－2 的 R_1，图 17－3 和图 17－4 中“＋B－”为外接电源端钮（当 $R_S\leqslant0.1\ \Omega$ 时，应使用外接 2 V 电源或 1.5 V 甲电池，K_1 置开的位置）；图 17－3 和图 17－4 中 K_1 为

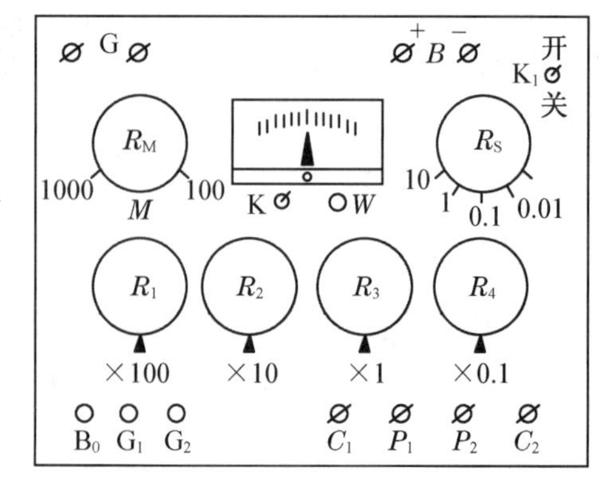

图 17－4 QJ71 型双臂电桥面板图

内外接电源转换开关；K 为检流计放大器电源开关；G_1、G_2 分别为粗、细检流计的按钮开关（G_1 在未按入前兼作检流计的电气锁紧装置）；B_0 为电桥电源开关；$R_M = R'_M$，$R = R'$. 图 17－4 中 W 为检流计电气调零电位器（打开 K，调 W，可使检流计指针指零）；由图 17－3 可知，电桥平衡时（17－2）式变为

$$R_x = \frac{R}{R_M} \cdot R_S = \frac{R_S}{R_M} \cdot R = K_r R. \tag{17-3}$$

四、必修实验内容

注意事项：（1）连接用的导线应短而粗，各接头必须干净，接牢，避免接触不良.（2）由于通过待测电阻的电流较大，在测量过程中，通电时间应尽量短暂.（3）只有在判断电桥是否平衡时，才能按下"G_1"，当检流计指针偏转过大时，应立即松开"G_1"，以保护检流计.

1. 将待测电阻做成四端电阻（如图 17－5 所示）.

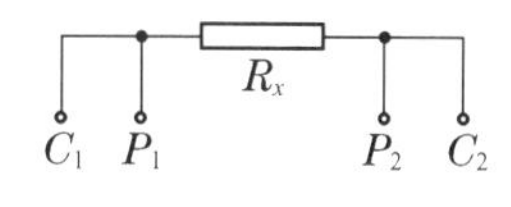

图 17－5　四端电阻

2. 接通晶体管检流计电源开关 K，等待工作稳定（约 5 分钟），调节检流计回零位（调 W）.

3. 估计待测电阻 R_x 的大小，选择适当倍率 K_r[即（17－3）式中 $K_r = R_S/R_M$]，先按"B_0"，再按"G_1"（粗调），调节步进读数 $R(R_1+R_2+R_3+R_4)$，使电桥平衡（检流计指零）；然后细调平衡：按"G_2"再次调 R 使电桥平衡，读取 R_S、R_M、R 的数据，按（17－3）式求 R_x，并计算误差（$R_S \leqslant 0.1$ 时，要外接 2 V 或 1.5 V 甲电池电源）.

说明：① 双臂电桥基本误差公式：$\Delta R_x = (a\% \cdot R + \Delta R_S)$，式中，$a$ 为准确度等级，R 为步进读数（$R = R_1 + R_2 + R_3 + R_4$），$\Delta R_S$ 为 R_S 盘最小分度值.

② 优选法调电桥平衡：选定倍数 K_r 后，先调 $R = R_{max}$，设检流计右偏，再调 $R = R_{min}$ 时检流计左偏，则下次调 $R = R_A = (R_{max} + R_{min})/2$. 如检流计右偏，说明 R 偏大，下次 $R = R_B = (R_A + R_{min})/2$；如检流计左偏，说明 R 偏小，下次调 $R = R_C = (R_{max} + R_A)/2$，按上述方法调，即可很快调到平衡. 如果选 R 在最大或最小时，检流计向同方向偏，说明 K_r 选得不当.

五、选修实验内容

设计"测导线电阻率"的方案，并测定一铜导线的电阻率.

六、数据记录及处理

自行设计表格记录数据和处理.

七、思考题

1. 双臂电桥与惠斯登电桥有哪些异同？
2. 双臂电桥电路中，是怎样消除导线本身的电阻和接触电阻的影响的？试简要说明.

实验 18 模拟法描绘静电场

一、实验目的

了解模拟法描绘静电场的依据;用模拟法测绘同轴圆柱(同轴电缆)的电场;通过对示波管聚焦电极的模拟实验,了解聚焦电场的结构.

二、仪器和用具

双层静电场描绘仪;描绘仪配套电源;直流稳压电源;直流电压表;检流计;滑线变阻器;低压交流电源;晶体管毫伏表;游标卡尺;开关等.

三、实验原理

从电学中我们知道,运动电荷周围伴随着电磁场,而静止电荷周围伴随着静电场.电荷的客观存在可以通过试探电荷在电场中受力以及电场具有能量可以做功的性质来了解.

为了描述电场力的性质,引进了电场强度的概念,为了描述电场具有能量可以做功的性质,引进了电位的概念.由于电场强度和电位这两个概念欠直观,又相应地引进了电场线和等位面两个辅助概念.它们有如下对应关系:电场线上每一点的切线方向代表该点场强的方向;在垂直于电场线的单位面积上穿过的电场线根数与该处的场强成正比,即场强大的地方电场线密集,场强弱的地方电场线稀疏.等位面则是电场中电位相等的各点所构成的曲面,电荷在等位面上移动,电场力对它不做功.

具体用电场线和等位面描述电场的性质时,又有如下特征:

(1) 电场线从正电荷出发,终止在负电荷上;电场线不相交.

(2) 电场线处处垂直于等位面.

(3) 电场线必须垂直于导体表面,而且不能画在导体内部.

(4) 在带电导体尖端附近,电场线极密集.

根据以上特征,我们可以从等位面来画出电场线,反之也可根据电场线画出等位面,最后形象地画出电荷或带电导体周围的电场.

注意:电场线不是客观存在的,只是人为地用来形象描述静电场的力和能的性质罢了.然而,要实际描绘出静电荷周围的电场是很困难的.因为伸入静电场中的探针上的感应电荷会影响原电场的分布.为了解决这个困难,我们可以采用模拟法建立一个与静电场完全一样的模拟场,通过对模拟场的测定可以间接地获得原静电场的分布.

1. 模拟法描绘静电场的依据

请看下面两个例子:

例 18-1 如图 18-1 所示,内外半径分别为 r_1、r_2 的金属圆柱电极间,充满均匀导电介质(例如导电纸、设厚度为 t),加上电压 U_1 后,令外电极电位为零,试求半径为 r 的 P 点处的电位 U_r.

电流从内电极均匀地通过导电介质向外辐射,则由欧姆定律的微分形式可知:半径为 r 的

某点 P 处的电流密度 $\vec{j}$ 与该点处的电场强度 $\vec{E}$ 有关系为

$$\vec{j}=\sigma\vec{E}=\frac{1}{\rho}\vec{E}, \tag{18-1}$$

式中 σ、ρ 分别是导电介质的电导率和电阻率.

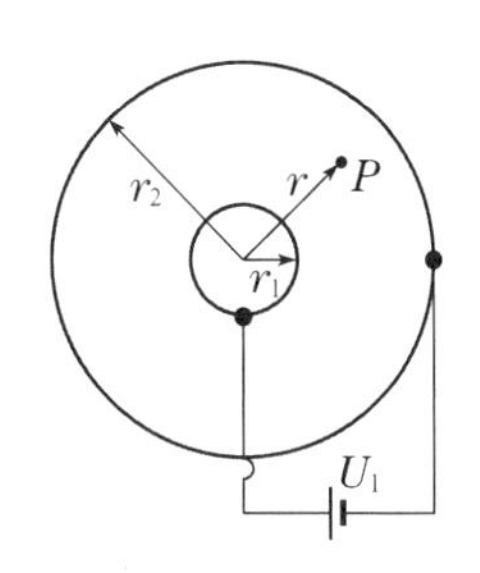

图 18－1　同轴圆柱间电流场

由(18－1)式可知,电流方向与电场方向一致. 设导电介质(导电纸)的厚度为 t,则半径为 $r\sim r+\mathrm{d}r$ 范围之间的导电纸的电阻为 $\mathrm{d}R=\rho\dfrac{\mathrm{d}r}{S}=\dfrac{\rho\mathrm{d}r}{2\pi rt}=\dfrac{\rho}{2\pi t}\cdot\dfrac{\mathrm{d}r}{r}$,积分后得到 r 到 r_2 柱面之间的电阻 R_{r_2} 为 $R_{r_2}=\dfrac{\rho}{2\pi t}\displaystyle\int_r^{r_2}\frac{\mathrm{d}r}{r}=\frac{\rho}{2\pi t}\ln\left(\frac{r_2}{r}\right)$.

同理,r_1 到 r_2 间的总电阻 R_{12} 为 $R_{12}=\dfrac{\rho}{2\pi t}\ln\left(\dfrac{r_2}{r_1}\right)$.

所以,从内柱面到外柱面的总电流 I_{12} 为 $I_{12}=\dfrac{U_1}{R_{12}}=\dfrac{2\pi t}{\rho\ln\left(\dfrac{r_2}{r_1}\right)}U_1$.

因此,半径为 r 的某点 P 处的电位 U_r 为

$$U_r=I_{12}\cdot R_{r2}=U_1\,\frac{\ln(r_2/r)}{\ln(r_2/r_1)}. \tag{18-2}$$

例 18－2　求同轴柱面(同轴电缆)间的静电场电位分布 U_r.

设内柱面、外柱面的半径分别是 r_1 和 r_2,电位分别为 U_1 和 U_2,并令 $U_2=0$,在圆柱轴的方向上取一长度 l,设内外柱面单位长的带电量分别为 $+\tau$、$-\tau$,作半径为 r 的高斯面(柱面),则由高斯定理知面上的场强 $\vec{E}$ 满足:$\oint\vec{E}\cdot\mathrm{d}\vec{S}=\dfrac{q}{\varepsilon_0}$. 所以 $2\pi r\cdot l\cdot E=\dfrac{\tau\cdot l}{\varepsilon_0}$,故 $E=\dfrac{\tau}{2\pi\varepsilon_0 r}$.

而 $\vec{E}=-\dfrac{\mathrm{d}U}{\mathrm{d}r}\vec{r}^0$,故 $U_r=-\displaystyle\int\vec{E}\cdot\mathrm{d}\vec{r}=-K\int\frac{\mathrm{d}r}{r}\quad\left(K=\frac{\tau}{2\pi\varepsilon_0}\right)$,所以

$$U_r=-K\ln r+C\quad(C\text{ 为常数,由边界条件定}).$$

边界条件:当 $r=r_1$ 时,$U_r=U_1$;当 $r=r_2$ 时,$U_r=0$. 故 $\begin{cases}U_1=-K\ln r_1+C,\\0=-K\ln r_2+C,\end{cases}$ 可得

$$U_r=U_1\,\frac{\ln(r_2/r)}{\ln(r_2/r_1)}. \tag{18-3}$$

上述两例,结果形式(18－2)和(18－3)完全一致. 可见,可以用有电流通过的电流场(例1)模拟静电场(例 2),即上述两个场——模拟场与静电场等同. 模拟法描绘静电场,是本实验的核心. 实验测量采用模拟方法,是一种重要的科学研究方法.

2. 模拟法描绘静电场的条件

用电流场模拟静电场是有一定的条件和范围的,不能随意推广,否则会得出荒谬的结论. 用电流场模拟静电场的一般规律可归纳为三点:

(1) 电流场中的电极形状应当与被模拟的静电场中的带电体几何形状相同.

(2) 电流场中的导电介质应是不良导体且电导率分布均匀,电极电导率要远大于介质的电导率.

(3) 模拟所用的电极系统与被模拟电极系统的边界条件应当相同.

3. 双层静电场描绘仪

双层静电场描绘仪如图 18-2 所示,它分上下两层. 下层装有电极 A、B(以同轴电缆模拟场为例画的,要是其他模拟场,可换相应的电极)和导电介质(介质可以是导电纸、导电玻璃、水等,如果用水作为介质,则需要水槽),上层可放坐标纸(坐标纸可用压纸磁棒或螺盖压住,图未画). 有一分上、下两层的探针,通过弹簧片把它们固定在金属手柄座上,两探针保持在同一铅垂线上. 移动手柄时,两探针在上下两层的运动轨迹是一致的. 下探针较圆滑,靠弹簧的作用,可始终保持与导电纸相接触. 实验时,移动手柄座,找到要测的等位点时,按一下上探针,便可在坐标纸上打一个记号点,这样找到的点上下完全对应.

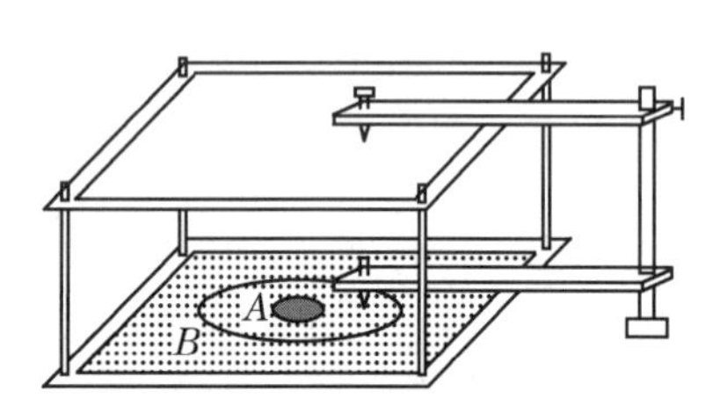

图 18-2 双层静电场描绘仪

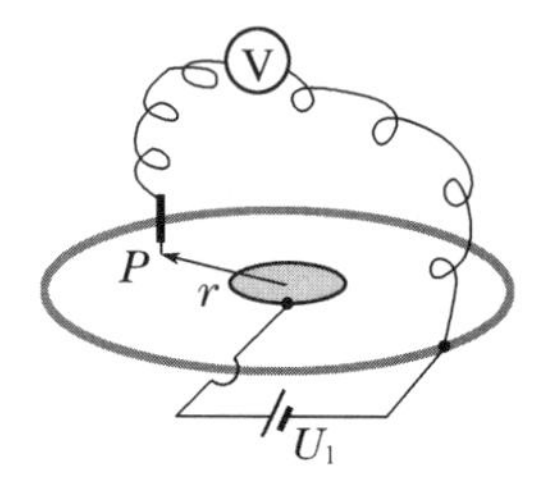

图 18-3 模拟同轴电缆静电场的原理电路

4. 描绘同轴电缆静电场的方法

模拟同轴电缆静电场的原理电路如图 18-3 所示,其中 U_1 为供电电源,Ⓥ为内阻足够大的电压表. 移动探针可得出一系列等位线,由于电场线与电位线相互垂直,因此,可从等位线的描绘得出电场线.

5. 描绘静电场的专用电源

EQC-2 型静电场描绘仪配备的专用电源面板如图 18-4 所示. 它可以提供 9～15 V 的直流电压,由图中电压输出端口"3"输出(对应于图 18-3 中的电源),也可以测量直流电压(对应于图 18-3 中的电压表),被测电压由电压输入端口"5"输入. "2"是指示选择开关,当合向"内"时,显示屏"1"显示输出电压值,当合向"外"时,显示被测电压值.

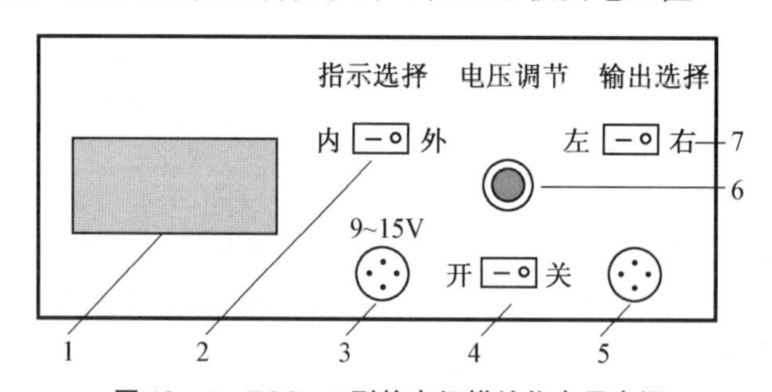

图 18-4 EQC-2 型静电场描绘仪专用电源

"6"是输出电压幅度调节旋钮,可以调节输出电压的大小.

"7"是输出电压选择开关. 该专用电源是与 EQC-2 型静电场描绘仪配套使用的,描绘仪上配装有四套电极(同轴电缆电极、长直导线电极、电子枪聚焦电极和同轴电缆互易电极),分别在上层和下层各装有两组电极(如果要使用上层电极时,可将仪器倒置即可). 下层电极分左电极和右电极，当使用左电极时，则将"7"合向左，此时电源向左电极供电；将"7"合向右，则向右电极供电.

四、必修实验内容

1. 模拟同轴电缆的静电场

(1) 取一张坐标纸，用铅笔轻画一米字线后，摆在上层载纸板上，并将坐标纸压紧(坐标纸要自带，规格约 $20\times20\ \text{cm}^2$，米字线中心须在坐标纸中心位置). 用游标卡尺测出两极半径(即图 18－1 所示的 r_1 和 r_2).

(2) 调节探针，使上下探针在同一铅垂线上，下探针与导电纸接触良好，上探针与坐标纸保持 1～2 mm 距离，并且对准米字线中心.

(3) 按原理图 18－3 接线：将图 18－4 的电压输出端口"3"用信号线连到描绘仪下层的电极插口上，给电极加电压；电压输入端口"5"连接到同步探针上.

(4) 取电源输出电压 $U_1=15$ V 左右(提示：设外极电位为零，则内极电位便是 U_1).

(5) 用专用电源测量内外电极的电压值 U_1，并记录下来.

(6) 选米字线中的任一根线，沿着该线仔细轻移探针，找到电位为 3 V 的位置后，在坐标纸上记录这 3 V 的点(即按一下上面的探针，则可在坐标纸上印出一个点子. 注意，虽然不强调该点一定要在米字线上，但也不要偏离米字线过远).

(7) 按以上(6)的方法，在米字线的其他 7 条线上各记录一个 3 V 的点.

(8) 按以上(6)的方法，在米字线的各条线上测记 6 V，9 V，12 V 的点子.

(9) 关掉电源，取下坐标纸，量出各等位线 8 个等位点到米字线中心的距离，求其平均值(即平均半径 $\bar{r}$，各等位线应该是圆)，按(18－3)式计算相应半径 $\bar{r}$ 处的电位理论值 U_{r0}，并与实验测量值 U_r 比较，计算相对误差 $(=|U_{r0}-U_r|/U_{r0}\times100\%)$.

(10) 用曲线板等制图工具将各等位点连成等位线，即构成相应于电位为 3 V、6 V、9 V 和 12 V 的等位线. 利用静电场中电场线与等位线垂直的关系，作相应的电场线，即描绘成为一张完整的同轴电缆的静电场分布图.

(11) 以 $\ln r$ 为横坐标，U_r 和 U_{r0} 为纵坐标，将理论曲线和实验曲线作在同一张方格坐标纸上进行比较.

2. 模拟长直导线的静电场

实验方法与数据处理自拟.

五、选修实验内容

1. 用不同的电路测绘同轴电缆的等位线比较结果.

(1) 用图 18－5 测. 用直流稳压电源和两只普通的直流电压表. 分析测量原理并自拟测量方法. 注意测量中如何操作才能保护检流计.

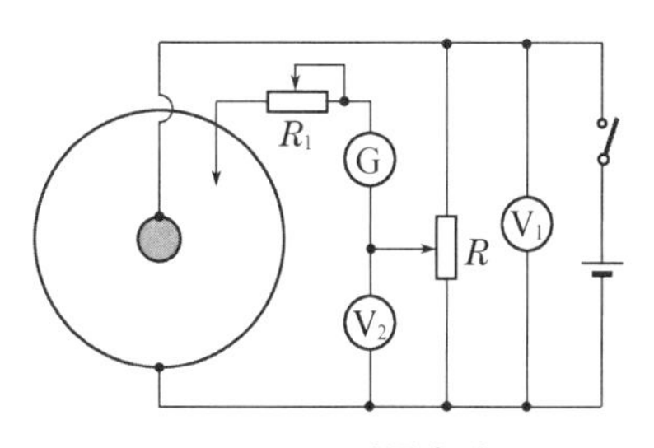

图 18－5 测量电路

(2) 用图 18－3 测，用直流稳压电源和普通的直流电压表.

(3) 用图 18－3 电路，但改用 50 Hz 的低压交流电源和内阻大于 1 MΩ 的晶体管毫伏表. 验证(18－2)式或

(18－3)式是否成立.

(4) 分析并比较以上三种测量电路得到的结果.哪种误差最大？为什么？

2. 测绘电子枪聚焦电极的静电场分布图.

六、数据记录及处理

自拟表格记录各等位点的半径，计算平均半径，由此算出理论值 U_{r0}，并与实测值 U_r 进行比较.分析各种测量电路的误差来源，优化模拟法的测量电路.根据等位点描绘出电场分布图.

七、思考题

1. 极间导电介质不均匀，会对模拟实验带来什么影响？

2. 极间电压不稳定，对实验精度有何影响？

3. 用图 18－3 所示的测量电路，能否用低阻抗的电压表，为什么？改用 50 Hz 的低压电源和内阻大于 1 MΩ 的晶体管毫伏表后，由你的实验结果分析判断能否模拟静电场.

实验 19　电子束的电偏转和电聚焦

一、实验目的

了解示波管结构；了解电聚焦的原理；研究电子束在电场中的偏转规律.

二、仪器和用具

电子束实验仪；电子和场实验仪；信号发生器；信号放大器；三值电压表(测高压)等.

三、实验原理

1. 电子枪结构

示波管的核心部分是电子枪(另外还有偏转板和荧光屏两部分)，其结构如图 19－1 所示，阴极 K 是一只金属圆柱筒，里面装有一根加热用的钨丝，当灯丝通电时(6.3 V)，把阴极加热到较高温度，在圆柱端部涂有钡和锶的氧化物，这种材料中的电子由于加热得到足够的能量会逸出表面，并能在阴极周围空间自由运动，这种过程叫热电子发射.与阴极共轴布置着四个圆筒状电极，电极中间带有小孔的隔板. G_1 称为控制栅极，正常工作时加有相对于阴极 K 5～20 V 的负电压 V_G，它产生一个电场，将阴极发射出来的电子推回到阴极去，从而可以控制电子的数量(即电子束的强度)，以改变屏上光点的亮度.电极 G_2 与 A_2 连在一起，两者相对于 K 加有同一电压 V_2，一般有几百伏到几千伏的电压，产生一个很强的电场使电子束轴向加速(沿 z 向)，电极 A_1 相对于阴极加有几百伏电压 V_1，电极 A_1 与 G_2，A_1 与 A_2 间有电位差，形成电场，其作用可使阴极发射的电子沿轴线方向形成一条细线，即起聚焦的作用，聚焦的好坏取决于 V_1、V_2 的相对大小.可设定电子从阴极发射出来初速度为零，阳极 A_2 相对于阴极 K 有加速电压 V_2，它产生的电场使得从阴极 K 发射出来的电子沿 z 轴方向加速，忽略电子离开阴极时有限的初动能，则电子从 A_2 极 P 处出射时的速度 v_z 由下式决定：

$$eV_2 = \frac{1}{2}m_e v_z^2. \tag{19-1}$$

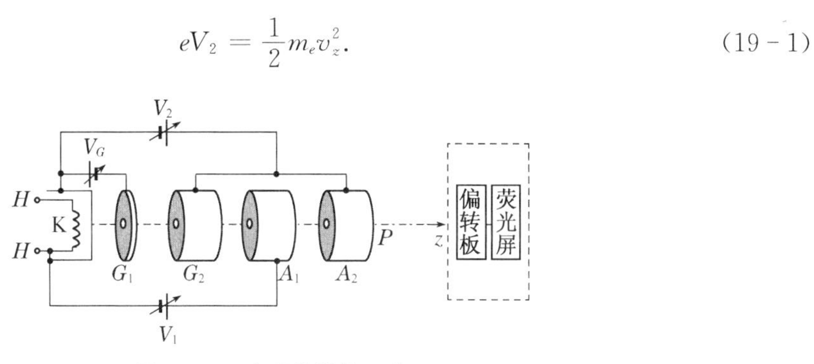

图 19-1　电子枪结构示意

综上所述，改变 V_G 可改变屏上光点亮度，改变 V_1、V_2 相对大小可改变屏上聚焦程度（聚焦原理请见下文），改变 V_2 可改变轰击屏电子速度，也对光点亮度有影响.

2. 电子束的电聚焦原理

阴极发射的电子在电场作用下，会聚于控制栅极小孔附近一点，在这里，电子束具有最小的截面，往后，电子束又散射开来. 为了在屏上得到一个又亮又小的光点，必须把散开来的电子束会聚起来.

像光束通过凸透镜时，因折射会使光束聚焦成一个又小又亮的点一样，电子束也能通过一个聚焦电场，在电场力的作用下，电子运动轨道改变而会合于一点，结果在荧光屏上得到一个又小又亮的光点. 产生这个聚焦的静电装置，在电子光学里称为静电电子透镜. 电子枪的加速电极 G_2 与聚焦极 A_1 组成一个静电透镜，聚焦极 A_1 与加速电极 A_2 则组成另一个静电透镜，现以 A_1、A_2 组成的静电透镜为例来说明一下它的作用原理：

图 19-2 是 A_1 与 A_2 之间电场分布的截面图，电场对 z 轴是对称分布的，电子束中某个散离轴线的电子沿轨道 S 进入聚焦电场. 在电场的前半区（左边），这个电子受到与电力线相切方向的作用力 f，f 可分解为垂直指向轴线的分力 f_r 与平行轴线的分力 f_z（图中 A 区），f_r 的作用使电子运动向轴向靠拢，起聚焦作用，f_z 的作用使电子沿 z 轴方向得到加速度. 电子到达电场的后半区（右边）时，受到的作用力 f' 同样可分解为 f'_r 与 f'_z 两个分量，f'_r 起散焦作用，使电子离开轴线，因为在整个电场区域里电子都受到同样方向的 z 轴的分力 f_z 和 f'_z，电子在后半区的轴向速度比前区大得多. 因此，后半区 f'_r 的作用时间短，获得的离轴能量比在前区获得的向轴能量小，总的效果是：电子向轴向靠拢，整个电场起聚焦作用，调节 V_1 的大小，可达到不同的电场分布，使电子到达荧光屏时会聚于一小点. A_1 与 G_2 间的电场分布也同样起静电透镜作用，其聚焦原理类似，不去详述了. 图 19-1 中 A_1 电极左右两端的电场皆有聚焦作用，是两个静电透镜的组合.

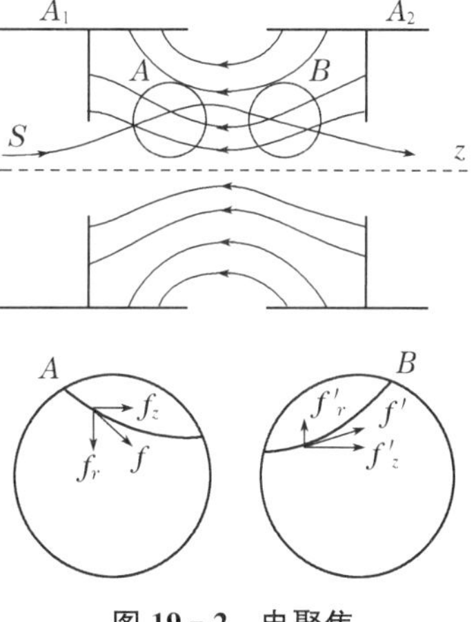

图 19-2　电聚焦

按有关理论可推知，聚焦最佳时有关系式

$$\sqrt{V_2/V_1} = \text{常量}. \tag{19-2}$$

3. 电子束的电偏转

聚焦后的电子束由电子枪发射出来，具有轴向速度 v_z，v_z 的大小由(19－1)式决定，该电子束让它经过 Y 偏转板(注:示波管有两组偏转板，分别称为 X 偏转板和 Y 偏转板，这里以经过 Y 偏转板为例说明之). 如图 19－3 所示.

设偏转板上加偏转电压为 V_d，偏转板电极长为 l，两极板间距 d，则电子在两偏转板之间穿过时，将受到库仑力的作用. 如果 $V_d = 0$，则受力作用 $= 0$(忽略重力)，电子束将打到荧光屏的中心点 O，当 $V_d \neq 0$ 时，则电子束在 Y 轴方向将产生位移 D，由电磁学理论可推得

$$D = L \cdot \frac{V_d \cdot l}{V_2 \cdot 2d}, \tag{19-3}$$

式中 L 为偏转板电极中点到屏的距离，l、d 分别为偏转板电极长和板距，V_d、V_2 分别为偏转电压和加速电压.

(19－3)式说明:电偏转位移 D 与偏转电压 V_d 成正比，与加速电压 V_2 成反比. 本实验要求用图解法来验证这一结论.

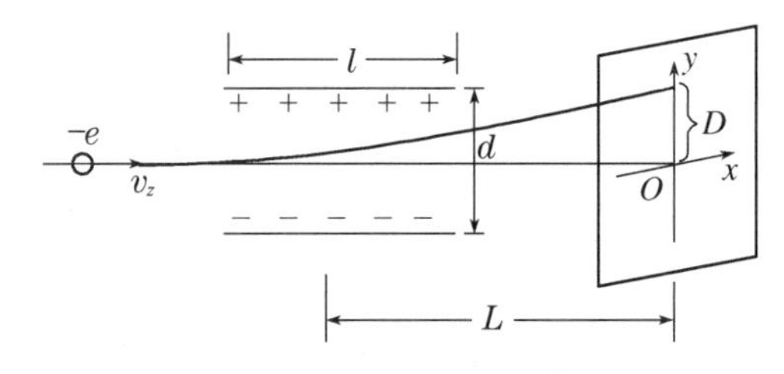

图 19－3　电子束的电偏转

4. 电子和场实验仪面板说明

电子和场实验仪是用于研究电子束在电场和磁场中运动的综合实验仪器，可以研究电子束在电场作用下的偏转规律、电子束电聚焦特性，电子束在磁场作用下的偏转规律、螺旋运动规律以及电子束的磁聚焦特性，还可以研究材料的逸出功，并可用磁控法研究电子的比荷等. 拓宽电子和场实验仪，还可开发很多实验内容，比如模拟示波器的工作原理等. 实验仪主要有示波管、真空二极管及其供电电源和励磁部件等组成，所研究的电子束由示波管或真空二极管产生. 有的实验仪有自带测量电压和电流的装置. 这里，我们简单介绍两种型号的电子和场实验仪，面板示意图分别见图 19－4 和图 19－5. 两种型号面板图中，都有一个转换开关"示波管◉二极管"，它是用以选择仪器是给示波管供电还是给二极管(真空二极管)供电的(根据研究目标，有时需用示波管，有时则需用二极管).

19－4 所示的面板图中，阴影部分是提供示波管工作所需电压的输出端口及相关调节部件，阴影部分右边框内的相关端口连到示波管相关电极上. 阴影部分左边框内相关部件或端口则提供真空二极管(理想二极管)工作. 该型号实验仪所有电压和电流的测量都需加外设实现，仪器仅提供示波管与二极管需要的基本工作电压. 由于它仅提供基本工作电压，因此它实验的可拓展性很强.

EBF-IV 型电子和场实验仪对示波管和二极管的供电电路都已经连接好，并且对电流与电压的测量也配有数字电压表和数字电流表显示，不同量的测量由测量转换开关实现，该仪器还配有提供磁场的励磁电源，使用极为方便，但它实验的可拓展性很不强.

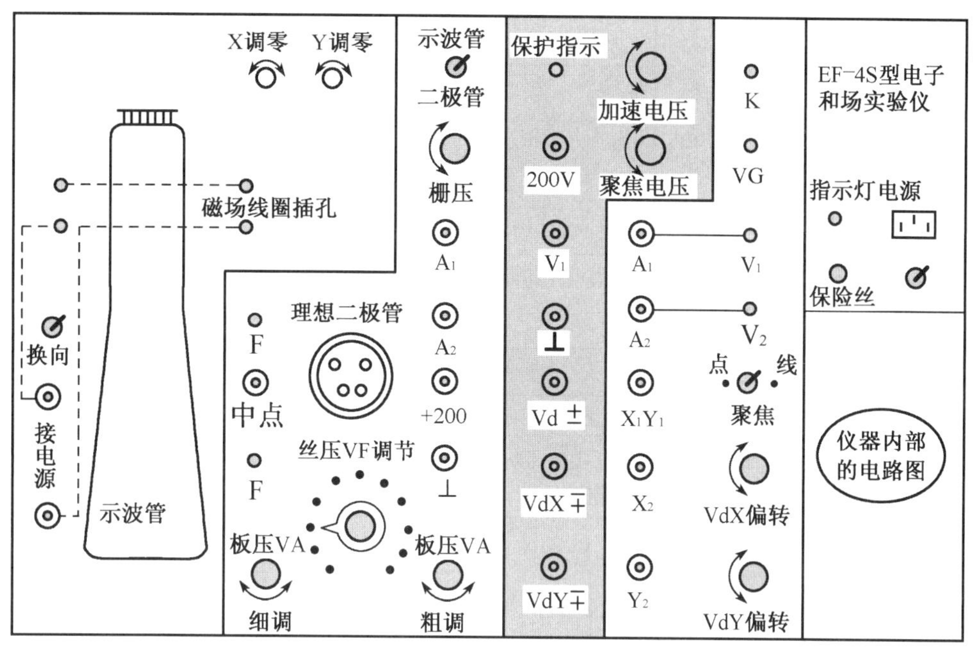

图 19-4　EF-4S 电子和场实验仪面板示意图

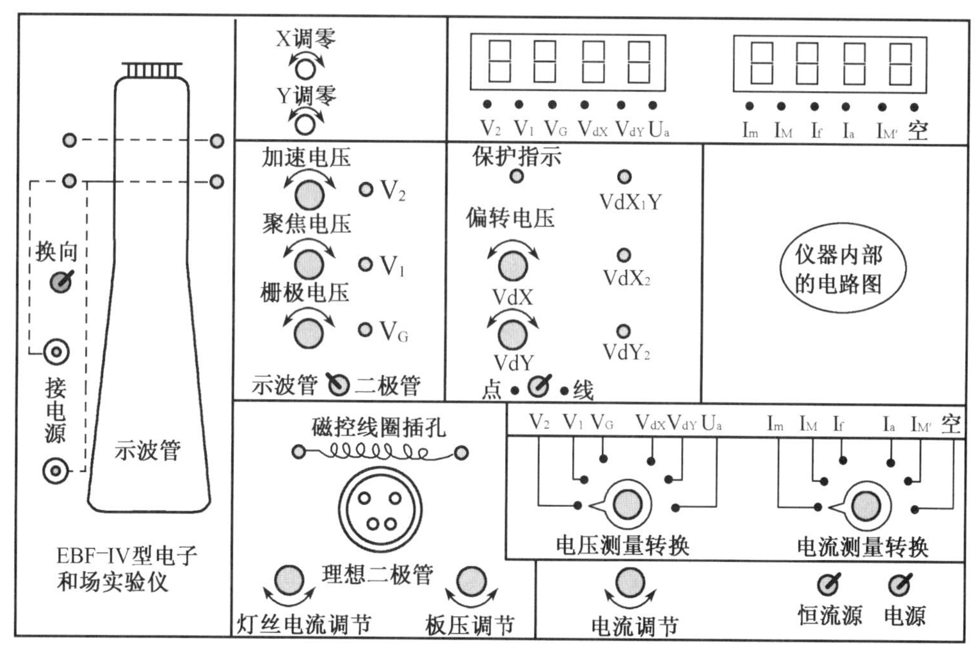

图 19-5　EBF-IV 型电子和场实验仪面板示意图

5. 电子束实验仪面板说明

比起电子和场实验仪，电子束实验仪的功能就比较简单. 它用于研究电子束在电场作用下的偏转规律、电子束电聚焦特性，电子束在磁场作用下的偏转规律、螺旋运动规律以及电子束的磁聚焦特性. 这里，我们仅介绍 HLD-EB-IV 型电子束实验仪，面板示意如图 19-6 所示.

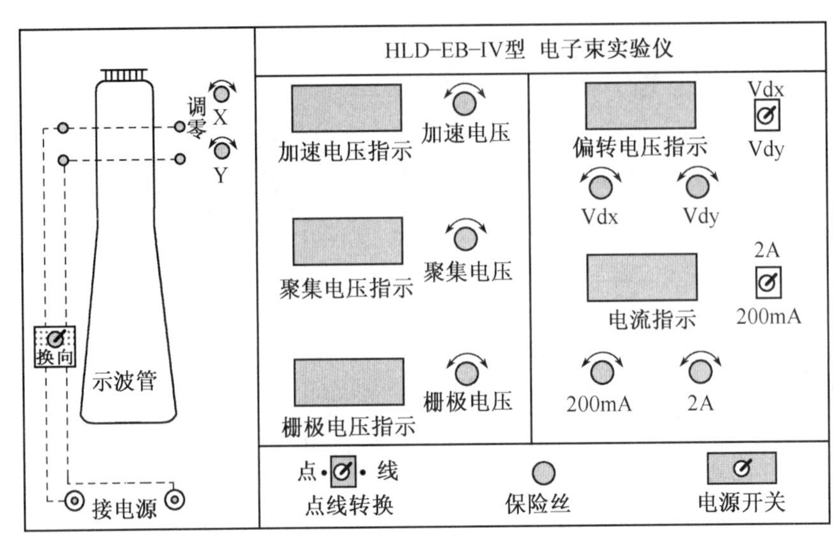

图 19－6 HLD-EB-IV 型电子束实验仪面板示意图

该电子束实验仪的示波管供电电路、电子枪测量电路都已连好，对电流与电压的测量也配有数字电压表和数字电流表显示，偏转电压的测量由转换开关实现，使用极为方便，但它实验的可拓展性很不强. 该仪器没有配备提供磁场的励磁电源，需外接.

四、必修实验内容

注意事项：示波管屏上的光点亮度不能太亮. 太亮时荧光屏会因局部过热而损坏，同时测量光点的偏转位移时误差会增大，而且对人眼也会产生伤害.

1. 用 HLD-EB-IV 型电子束实验仪做电聚焦实验（参照图 19－6）

（1）打开“电源开关”，屏幕上出现光点，调节“栅极电压”，使其亮度合适（太亮会损坏荧光屏）.

（2）调节偏转电压“Vdx”和“Vdy”旋钮，使示波管的两组偏转电压都为零（借助“偏转电压指示”屏右侧的转换开关，可分别测读 X 偏转板和 Y 偏转板上的偏转电压值）. 此时光点应该在屏中心. 如果光点不在屏幕中心，则调节示波管管脚附近的 2 个“调零”旋钮（分别是“X 调零旋钮”和“Y 调零旋钮”），使光点居中.

（3）调节“加速电压”旋钮，将加速电压 V_2 调到比较小的值（900 V 左右），再调整“聚焦电压”旋钮，使聚焦最佳（屏幕亮点最小），测量加速电压 V_2 和聚集电压 V_1 值.

（4）稍微增加加速电压 V_2 值（此时光点变大且出现散焦），再调整聚焦电压 V_1，使聚焦最佳，测量 V_2、V_1 值. 类此测量 6 组 V_2、V_1 数据（数据记录可参考表 19－1）. 计算并比较各次聚焦状态下的 $\sqrt{V_2/V_1}$ 之值，验证（19－2）式.

2. 用图解法验证电偏转理论［验证（19－3）式，数据记录可参考表 19－2］

用 HLD-EB-IV 型电子束实验仪进行实验（参照图 19－6）.

（1）调加速电压 V_2 为一较小值，调聚焦使电子束最佳聚焦，测记加速电压 V_2 值. 调“Vdx”和“Vdy”旋钮，使示波管的两组偏转电压都为零，结合“调零旋钮”使光点居屏中央.

（2）保持加速电压 V_2 和聚焦电压 V_1 不变，调节“Vdy”旋钮（即改变 Y 偏转板电压），使光点位于屏坐标最底部，如图 19－7 所示．可设此时的偏转位移 D 为 0 格（偏转位移以“格”为单位），此时的偏转电压 V_d 设为负值（思考：为什么要设为负值?）．记录此时的偏转位移（$D=0$）和偏转电压值（V_d 值的测量值大小取负值）．

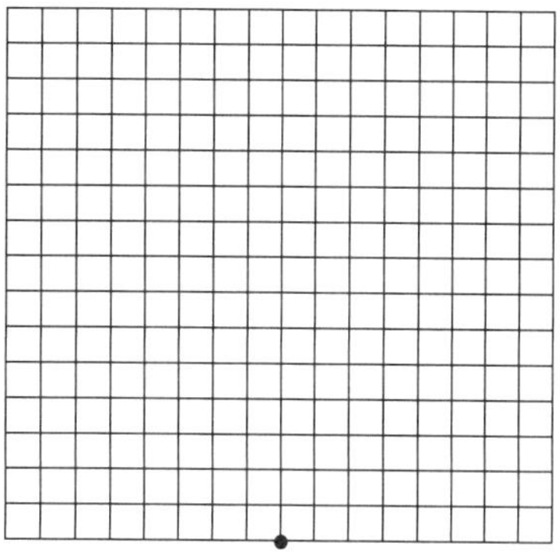

图 19－7　光点的零坐标位置

（3）改变 Y 偏转板电压大小，让光点每上移 1 格测记偏转位移和偏转电压值（思考：何时 V_d 为正值，何时为负值?）．由测量数据在方格坐标纸上作 $D-V_d$ 曲线（如果是直线，则说明 $D \propto V_d$，至少测量 10 组数据）．

（4）调加速电压 V_2 为一较大值，重调聚焦后，按以上方法测 $D-V_d$ 的变化关系数据．

（5）由（3）和（4）测得的数据，在同一张方格坐标纸上作 DV_2-V_d 曲线．

（如果两次 V_2 下的曲线基本重合，则表明 $D \propto 1/V_2$，请思考，这是为什么?）

五、选修实验内容

注意事项：（1）仪器高压接线柱不能触摸，谨防高压电击，接线时要注意安全．（2）用外接表测高压时要注意量程选择，接线柱要接牢，表棒不允许与仪器外壳接触，不使用表棒时将之远离仪器严防高压短路．

1．用 EF-4S 型电子和场实验仪进行实验

实验内容：（1）电聚焦实验；（2）图解法验证电偏转理论．

实验提示：（1）将转换开关“示波管 二极管”拨向“示波管”；（2）按图 19－8 把仪器供电端与示波管相关电极用插线连接．

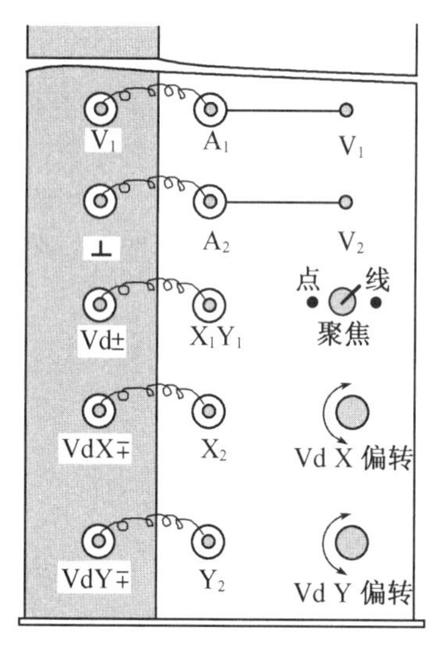

图 19－8　电源与极板连接

2. 用 EF-4S 型电子和场实验观测电信号波形和观测利萨如图形

实验提示:(1) 对示波管 Y 偏转板和 X 偏转板分别加正弦波(或其他被观测波形)和锯齿波,调扫描频率,观测波形;(2) 在 X、Y 偏转板上分别加正弦波,观测利萨如图形;(3) 试借助于信号发生器调出一水平亮线、一垂直亮线、一倾斜亮线.

3. 研究如何用外接电压表测 EBF-IV 型电子和场实验仪的有关电压

即研究加速电压、聚焦电压、电偏转电压和栅极电压如何用外接电压表测量.

4. 观察地磁场对电子束的作用

将仪器在水平面上旋转一周,观察光点偏转位移的变化.

六、数据记录及处理

1. 电聚焦

表 19-1 验证"$\sqrt{V_2/V_1}$ = 常数"的数据记录表 (电压单位:V)

次　数	1	2	3	4	5	6	平均
V_2							—
V_1							—
$\sqrt{V_2/V_1}$							

注:将各次测量所得的 $\sqrt{V_2/V_1}$值与 $\sqrt{V_2/V_1}$的平均值比较,计算相对误差.

如果相对误差在 2%以内,即可认为在误差范围内"$\sqrt{V_2/V_1}$ = 常数"成立.

2. 验证电偏转位移正比于偏转电压,反比于加速电压

表 19-2 偏转位移与偏转电压和加速电压的关系数据 (电压单位:V)

	D(格)	0			…						
V_2 =	V_d										
	DV_2										
V_2 =	V_d										
	DV_2										

注:在一张坐标纸上作 $D-V_d$ 曲线,在另一张坐标纸上作两条 DV_2-V_d 曲线,要根据曲线情况得出相关结论.

七、思考题

1. 推导公式(19-3).

2. 仪器在水平面 360°旋转,为什么光点会上下位移?

3. 如果 $V_1 > V_2$,电子枪还能聚焦吗? 为什么?

4. 改变不同的加速电压,在同一坐标上作 V_d-D 图所得到的几条直线会不会重合? 斜率会不会一样? 为什么?

5. 为什么 DV_2-V_d 曲线在同一坐标上对应不同加速电压 V_2 值的几条曲线在理论上应该重合?

6. 在验证 $D \propto 1/V_2$ 时,为何不采用"固定偏转电压 V_d,改变加速电压 V_2,测相应的偏转位移 D,作 $D-1/V_2$ 关系曲线"来验证?

实验 20　用磁控法测电子的比荷

一、实验目的

了解真空二极管(理想二极管)的结构,研究磁控管工作的基本原理;学习用磁控法测定电子比荷的方法.

二、仪器和用具

电子和场实验仪;真空二极管;直流稳压电源;直流毫安表;直流电压表等.

三、实验原理

本实验所用的二极管为直热式真空二极管,基本结构如图 20-1 所示. 在抽成高度真空(10^{-6}mmHg 柱以下)的管壳中,密封着两个工作电极:一个叫阴极,一个叫阳极,阴极可被加热到很高的温度(一般高达 2 500 K 数量级). 直接通过加热阴极的方式称为直热式(图 20-1 中,E_1 电源给阴极通电,即可使阴极发热),阴极加热后能发射电子,这种现象称作热电子发射. 如果给真空二极管加上正向电压 E_2(如图 20-1),则电子从阴极发射出来,在电场作用下跑向阳极,形成阳极电流 I(由电流表测示),如果把电场方向反过来,即阴极接电源正,阳极接电源负,则二极管阳极电流就为零. 所以,真空二极管具有单向导电性.

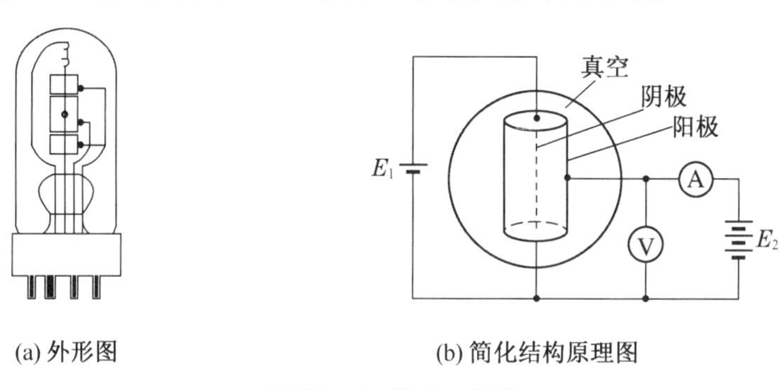

(a) 外形图　　(b) 简化结构原理图

图 20-1　真空二极管

本实验要研究由真空二极管构成的磁控管的基本工作原理(即磁控条件),并利用磁控规律来测定电子的比荷(也叫荷质比). 图 20-1 中,阴极、阳极间加上电压 U,就在两极间形成径向电场,电子从加热灯丝(阴极)发射出来后,在电场作用下沿半径方向朝阳极运动,电子运动的轨迹如图 20-2(a)所示,是沿径向的直线.

如果在二极管上套一只螺线管,当通以电流时,产生与圆柱形阳极轴线平行的磁场 B,B 与电子运动方向垂直,电子受洛伦兹力作用,其运动轨迹发生弯曲,如图 20-2(b)所示(并不一定是圆弧,因为电子速度是变化的). 随着磁场 B 的增大,电子运动轨迹的曲率也增大,当磁场增大到某一数值时,电子轨迹与阳极圆柱面相切,电子不再被阳极吸收,而是沿一封闭轨迹回到阴极,阳极电流出现截止现象,这种效应发生时所需要的磁场大小称为临界磁场,记为

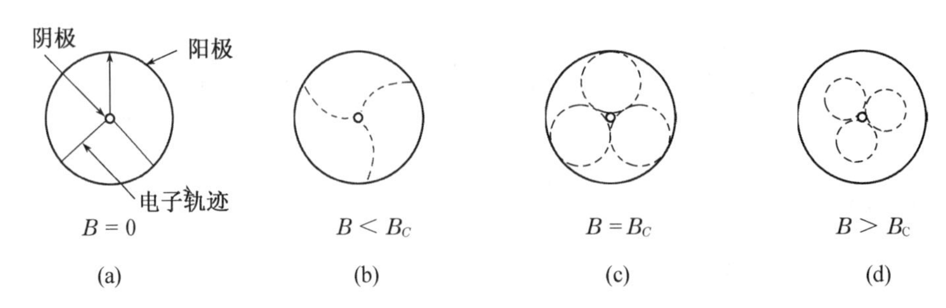

图 20－2 真空管内电子在磁场作用下的运动轨迹示意

B_C，图 20－2(c)即 $B=B_C$ 的情况.

如果进一步加大磁场，电子运动情况如图 20－2(d)所示，阳极电流变为零，阳极电流随磁场的这种变化叫磁拉效应，阳极电流刚好截止时满足的条件称为磁控条件.

设阴极半径为 a，阳极半径为 b，则根据有关理论可推得电子比荷(e/m)与阳极电压 U、临界磁场 B_C 及阳极半径 b 间关系为

$$\frac{e}{m}=\frac{8U}{B_C^2\cdot b^2}. \tag{20-1}$$

由此可由实验确定电子比荷.

四、实验电路及测量方法

真空二极管电路部分如图 20－3 所示(阳极两端设有 2 个栅环电极与阳极同电位，但其电流不计入阳极电流中，采用这措施是为了避免阳极两端灯丝温度较低引起冷端效应和电场的边缘效应)，在管子外面套上一只螺线管，用低压直流电源给它供电，阴极灯丝用 6.3 V 供电加热，它的温度可通过"3～6 Ω"的变阻器控制，灯丝(阴极)两端两只 100 Ω 电阻是起平衡作用的. 用 EF-4S 型实验仪实验时，要按此图先接好电路(对 EBF-IV 型实验仪，内部已经把线路接好)，然后固定灯丝电流(不要让灯丝温度太高)，在某一阳极电压下，使阳极电流达到饱和(电流不再变大)，再逐渐增加螺线管电流 I_S，观察阳极电流 I 被磁场截止的现象.

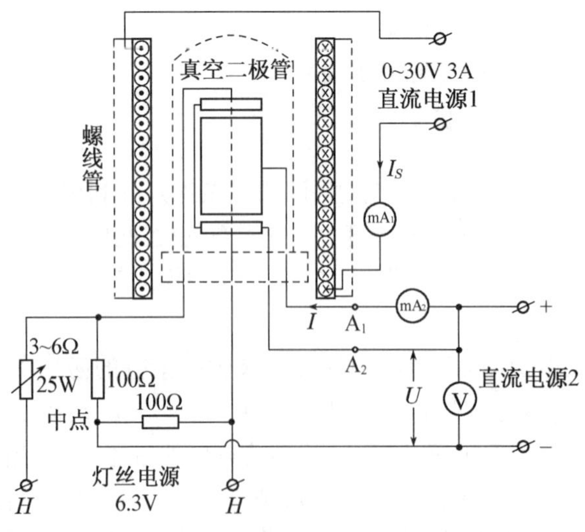

图 20－3 磁控法测电子的比荷的实验电路

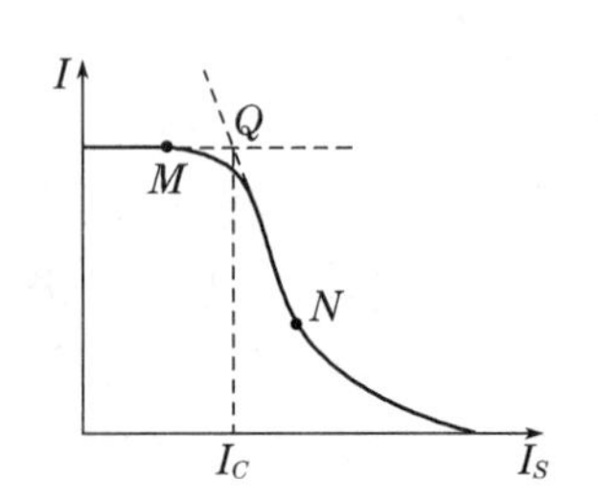

图 20－4 励磁电流 I_S 与阳极电流 I

至少对几个不同的阳极电压测定 $I-I_S$ 关系，在实验中将会发现，阳极电流 I 并不像理论分析的那样，当磁场到达临界值 B_C 时突然截止为零，而是如图 20－4 所示，有一个逐渐减小的过程，其原因是由于阳极和阴极的几何尺寸不对称(制造上有公差)，灯丝并不正好在圆柱面正中，另外灯丝加热后各部分也要膨胀形变，还有热电子发射具有一定的初速度分布等因素，这种现象引起在确定临界磁场时的困难，在数据处理时可以用如图 20－4 中所示的切线法：把阳极电流截止阶段曲线的两条切线延长相交于 Q 点，相应的螺线管电流 I_C 作为在给定阳极电压 U 下的临界电流. 据 I_C 的大小及螺线管数据，就可以计算相应的临界磁场 B_C 的大小：

$$B_C=\sqrt{KI_C}, \tag{20-2}$$

式中 I_C 为临界电流；K 为系数，与螺线管参数有关：

$$K=\mu_0^2 N^2/(l^2+d^2), \tag{20-3}$$

式中 μ_0 为真空的磁导率；N、l、d 分别为螺线管线圈总匝数、螺线管长度和平均直径.

如果对一系列阳极电压测得一系列相应的临界电流 I_C，可以作 $U-I_C^2$ 实验关系图，并且是条直线，由其斜率可以求得 U/I_C^2 的平均值〔由(20－1)、(20－2)式知〕

$$\frac{\overline{U}}{I_C^2}=\frac{Kb^2}{8}\cdot\frac{e}{m}, \tag{20-4}$$

式中 K 的数据可由螺线管参数(标注在螺线管外壳上)并由(20－3)式求，b 为真空二极管阳极半径 ($b=4.2$ mm 或由实验室给出). 由(20－4)式可求出电子的比荷为

$$\frac{e}{m}=\left(\frac{\overline{U}}{I_C^2}\right)\frac{8}{kb^2}. \tag{20-5}$$

五、实验内容及数据处理

1. 用 EF-4S 型电子和场实验仪测量电子比荷

参见图 20－3 和实验 19 中的 EF-4S 型电子和场实验仪面板图，接实验线路(下面用“↔”表示连接或相接).

(1) 在实验仪上插上真空二极管，注意四脚位置要对应好. 将测量“转换开关”拨向“二极管”.

(2) 面板接线：“中点”↔“⊥”；毫安表 mA_2 的负极“－”↔“A_1”，“＋”↔“A_2”；伏特表的负极“－”↔“⊥”，“＋”↔“A_2”；阳极电压可用外加直流电源供给，电源正极“＋”↔“A_2”，负极“－”↔“⊥”(也可用 EF-4S 仪本机供给：“＋200”↔“A_2”，本机供给要注意 mA_2 表读数，即阳极电流 I 不能超过 120 mA，阳极电压调节旋钮为面板的“板压 VA 粗调”和“板压 VA 细调”两个旋钮).

(3) 将磁控螺线管套在真空二极管上，用另一台低压直流电源供电，并用毫安表 mA_1 接入测其电流 I_S.

(4) 检查线路接线无误后，将图(20－3)所示的“电源 1”和“电源 2”的电压输出调到零，再开启其电源开关和 EF-4S 电子和场仪的电源开关.

(5) 调节真空二极管灯丝电压 V_F，使固定在 5 V 左右(调“丝压 VF 调节”旋钮，用万用表电压挡 20 V 量程去测“FF”孔电压，即 V_F 值).

(6) 先调阳极电压，使 $U=1.0$ V 固定，让激励电流 I_S 从 0 逐渐变大，观察阳极电流 I 的变化情况，并记录一组 I_S-I 数据(至少在图 20－4 上 M 点到 N 点间要测记 15 个数据，在 M、

N 间曲线转折处应适当多测数据，N 点左侧近平直线的部位，I_S 变化取均匀些，比如取 $\Delta I_S = 10$ mA).

(7) 然后阳极电压 U 取 2.0 V、3.0 V、4.0 V、4.5 V，再分别按上述方法测各阳极电压所对应的 $I_S - I$ 数据，记入表 20-1 中.

(8) 根据表 20-1 数据，在同一坐标上作 $I - I_S$ 图，用图 20-4 所示的切线法求各阳极电压所对应的临界磁控电流 I_C，列入表 20-2.

(9) 以 U 为纵轴，I_C^2 为横轴，作 $U - I_C^2$，求出斜率(U/I_C^2)，代入(20-5)式求比荷(e/m)，并与公认值 $e/m = 1.76 \times 10^{11}\ \text{C} \cdot \text{kg}^{-1}$ 比较(螺线管参数标注在螺线管外壳上).

2. 用 EBF-IV 型电子和场实验仪测量电子比荷

EBF-IV 型电子和场实验仪自带电压表和电流表及内置电源测量. 仪器面板图参见实验 19 中的相关部分. 励磁线圈的参数为螺线管长度：40 mm；螺线管内径：46 mm；线圈匝数：1 200；线径：0.47 mm.

"电流测量转换"开关置于"I_a"挡，则数字显示阳极电流；置于"I_f"挡，显示二极管阴极电流(灯丝电流)."电压测量转换"开关置于"U_a"挡，则数字显示阳极电压.

有关测量方法及测量分析参照上述"1"用 EF-4S 实验仪的，关于阳极电压 U 的选值范围请根据仪器情况自定(阳极电压可调范围为 0～20 V).

表 20-1 励磁电流 I_S 与阳极电流 I　　I_S、I 单位：mA

$U = 1.0$ V	I_S					…				
	I					…				
$U = 2.0$ V	I_S					…				
	I					…				
$U = 3.0$ V	I_S					…				
	I					…				
$U = 4.0$ V	I_S					…				
	I					…				
$U = 4.5$ V	I_S					…				
	I					…				

表 20-2 阳极电压 U 下的临界电流 I_C

U(V)	1.0	2.0	3.0	4.0	4.5
I_C(mA)					
I_C^2(mA^2)					

六、思考题

1. 图 20-2 中，磁场方向是怎样的？如果磁场方向倒过来，会发生什么变化？

2. 真空二极管是否符合欧姆定律？其两只栅环起什么作用？

3. 假设图 20－2(c)中电子束是做圆周运动，试推导(20－1)式.

4. 为什么要用切线法确定临界磁控电流 I_C？在做具体测量时，数据点的选取上应注意些什么，以利于作 $I_S - I$ 图？

实验 21　用霍尔元件测量磁场

一、实验目的

了解霍尔效应法测定磁场的原理；测定通电长螺线管内磁场的分布；测定螺线管中部和端部的磁场；进一步掌握电位差计的使用方法.

二、仪器和用具

螺线管实验仪及配套测试仪；直流电位差计；直流稳压电源；指针式检流计；光点检流计；标准电池；标准电阻；安培表；毫安表；单刀开关；双刀双掷开关等.

三、实验原理

如图 21－1，一个导体或半导体薄片，通有工作电流 I_S，在垂直于 I_S 的方向加一磁场 $\vec{B}$，则在与 I_S 和 $\vec{B}$ 都垂直的方向便会出现一个横向电位差 $U_{AA'}$，这种现象称为“霍尔效应”，横向电位差 $U_{AA'}$ 称为“霍尔电压”，我们用 U_H 表示. 霍尔效应可用洛伦兹力来解释. 设导电薄片宽、厚、长分别为 a、b 和 l，设电流 I_S 和磁场 $\vec{B}$ 分别沿 x 方向和 z 方向，这时电量为 q 的载流子以速度 $\vec{v}$ 运动而所受的洛伦兹力为

$$\vec{F}_B = q\vec{v} \times \vec{B}. \tag{21-1}$$

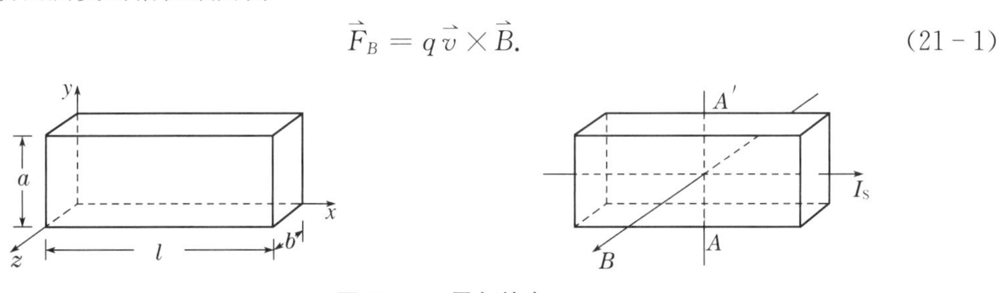

图 21－1　霍尔效应

在 F_B 的作用下，载流子 q 便向 A 端聚集，而在 A'端则聚集了与 q 符号相反的电荷. A、A' 两端聚集的正负电荷将建立一个电场，称为霍尔电场 $\vec{E}_H$，所以载流子除受到洛伦兹力作用外，还受电场力

$$\vec{F}_e = q\vec{E}_H \tag{21-2}$$

的作用，此力将阻止载流子 q 向 A 端偏转，直至 $\vec{F}_B = -\vec{F}_e$ 即 $qE_H = qvB$ 或 $E_H = vB$ 时，载流子受力达到平衡. 由图 21－1 可见，霍尔电场 E_H 与霍尔电压 U_H 的关系为

$$U_H = a \cdot E_H = a \cdot vB. \tag{21-3}$$

设薄片中载流子的浓度为 n(单位体积内载流子数),则 $I_S = abvnq$,所以

$$av = \frac{I_S}{nqb}, \tag{21-4}$$

代入(21-3)式得

$$U_H = \frac{1}{nq} \cdot \frac{BI_S}{b}. \tag{21-5}$$

令 $R_H = \frac{1}{nq}$,并称 R_H 为霍尔系数,它的正负取决于载流子的符号. 令 $K_H = \frac{R_H}{b} = \frac{1}{nqb}$,并称它为霍尔灵敏度,对给定的导电薄片,它是一个常数. 由于半导体的载流子浓度 n 小于金属中的载流子(自由电子)浓度,所以半导体的霍尔灵敏度比金属大,即半导体的霍尔效应比金属显著. 引入 K_H 后,(21-5)式可写为

$$U_H = K_H \cdot BI_S. \tag{21-6}$$

由此可见,若 K_H、I_S 已知,则只需测出霍尔电压 U_H,就可算出磁感应强度 $\vec{B}$ 的值.

四、实验装置

本实验是利用霍尔元件(半导体薄片)测量通电长直螺线管内的磁感应强度分布.

1. 螺线管实验仪

螺线管实验仪如图 21-2 所示. 长螺线管的励磁电流由下面右边一只换向开关引入,长螺线管内的霍尔片由四线扁平线从探杆内引出,分别连接到下面左两只换向开关(一只可从开关引入霍尔片所需的工作电流,另一只可从开关引出霍尔电压). 霍尔片在螺线管内的位置靠探杆由旋钮 1 和旋钮 2 可上下左右调整,具体位置由纵向标尺和横向标尺指示. 换向开关用以改变霍尔片的工作电流、螺线管的励磁电流方向及引出相反方向的霍尔电压极性.

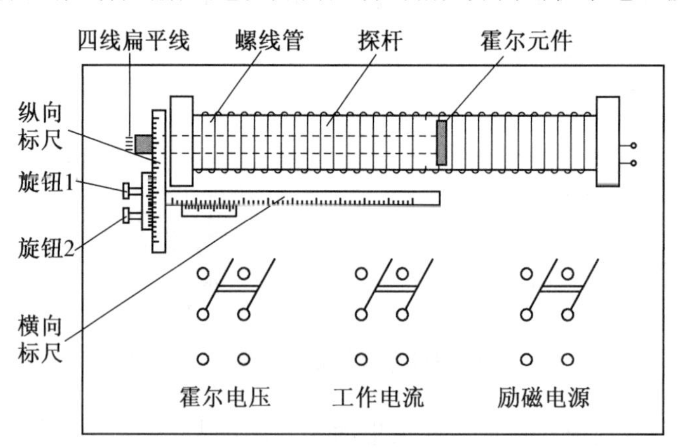

图 21-2 螺线管实验仪

2. 螺线管实验仪的配套测试仪

与螺线管实验仪配套的测试仪如图 21-3 所示,它有两路电流输出和一路电压输入.

"工作电流输出"端连接图 21-2 所示的"工作电流"换向开关上,给霍尔元件提供工作电流. "I_S 调节"旋钮用以调节输出电流的大小.

"励磁电流输出"端连接到图 21-2 所示的"励磁电源"换向开关上,给螺线管供电用以产

生螺线管轴向磁场."I_M调节"旋钮用以调节输出电流的大小.

"霍尔电压输入"端连到图 21－2 所示的"霍尔电压"换向开关上,用以测量霍尔电压.

配套测试仪所输出的电流值或测得的电压值分别由三组数码管显示.图 21－3 中"量程选择"开关用以根据霍尔电压测量值选择合适的量程."调零"小螺丝用以校正电压指示值.

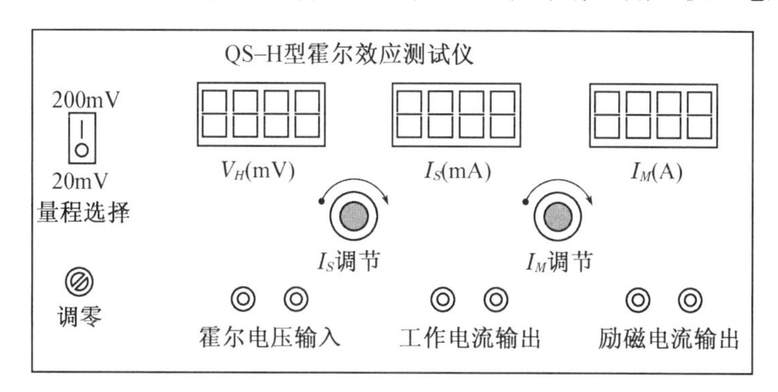

图 21－3　霍尔效应测试仪

3. 螺线管实验仪的自组测试电路

我们可以不用螺线管实验仪的配套测试仪,自组测试电路进行测量,如图 21－4 所示.自组测试电路的教学目的是锻炼学生综合实验的能力.

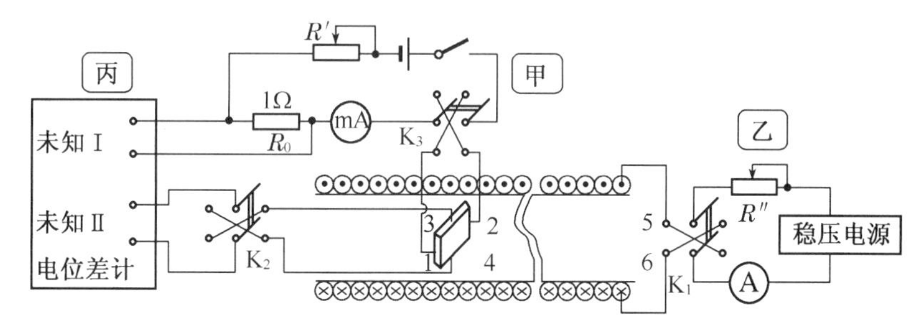

图 21－4　自组电路测量螺线管内霍尔电压

图 21－4 中[甲]电路,提供霍尔片的工作电流 I_S,R'为限流电阻;毫安表用来监视电流 I_S 的大小,K_3 是电流换向开关.值得注意的是,霍尔片不能通过大电流,一般为几十毫安(我们使用的霍尔片工作电流不要超过 10 mA),R_0 为 1 Ω 的标准电阻,它的两端接电位差计的"未知Ⅰ",只要测出 R_0 两端的电压,就可知道通过霍尔片的电流 I_S 的准确值.

图 21－4 中[乙]部分电路,给螺线管供电,使长直螺线管内产生轴向匀强磁场 B,此磁场就是垂直于霍尔片的待测磁场.注意:螺线管电流不能大于额定值,电流过大,会使漆包线发烫,损坏其绝缘性能(我们使用的螺线管电流不要超过 1 A).

图 21－4 中[丙]部分是电位差计,用来测定霍尔片电流 I_S 和霍尔电压 $U_{AA'}$(接未知Ⅱ),电位差计的电源由稳压电源提供,检流计可采用指针式检流计或灵敏度更高的光点检流计(有关光点检流计的使用说明请参阅 69～70 页绪论的相关内容).

五、必修实验内容

注意事项:(1) 切不可将螺线管励磁电流与霍尔片的工作电流接错,否则会造成霍尔片烧坏.(2) 使用换向开关给霍尔片电流换向或螺线管电流换向时,霍尔电压将会反向;当两电流同时换向时,霍尔电压极性不变.

1. 测量霍尔电压 U_H 与工作电流 I_S 的关系

用螺线管实验仪及其配套测试仪进行实验.

(1) 测试仪接通电源后,左旋“I_S 调节”和“I_M 调节”,让“工作电流输出”和“励磁电流输出”为零.

(2) 按图 21-5 所示将测试仪与实验仪对点接线.

(3) 转动霍尔元件探杆支架的旋钮,慢慢将霍尔元件移到螺线管的中心位置.

(4) 取励磁电流为 0.8 A 不变,测霍尔电压随霍尔电流变化的关系曲线,验证(21-6)式.

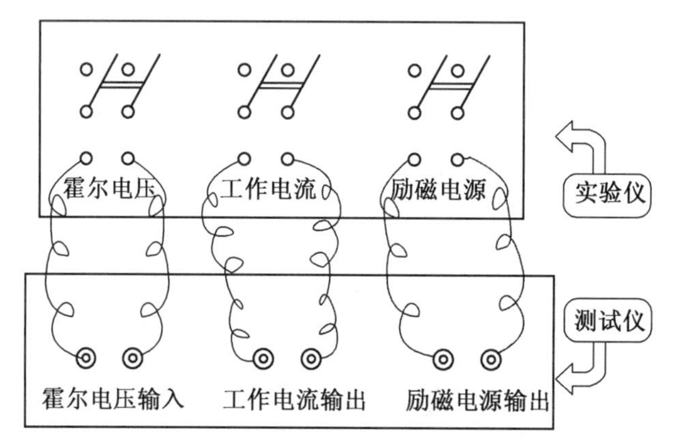

图 21-5　实验电路连接示意图

说明:由于霍尔片不可能完全与螺线管轴垂直,因此,需进行极性转换以消除系差,即将励磁电流与霍尔片的工作电流为某一方向时测一次霍尔电压,再将它们各变换方向后分别测三次,将四次测量的霍尔电压的大小取平均值.我们称这种测量为“对称测量法”.这四次测量中,要保持工作电流与励磁电流大小相同.测量数据记录可参考表 21-1.

2. 测量霍尔电压 U_H 与励磁电流 I_M 的关系

方法自拟,取霍尔片工作电流为 8 mA 不变,测量数据记录可参考表 21-2.

3. 用螺线管实验仪及其配套测试仪测量螺线管内轴向磁场分布曲线

注意事项:螺线管中部,随位置变化磁场变化比较小,而端部,则随位置变化磁场变化比较大,因此,测量中,中部可少测几组数据,而端部应多测数据.即霍尔片在中部区域,探杆移动步幅可大些(0.5~1.0 cm),而端部区域步幅要小些(<0.4 cm).

(1) 取励磁电流 $I_M=0.800$ A,霍尔片工作电流 $I_S=8.00$ mA,并在实验中保持不变.从实验仪上记录霍尔片的霍尔灵敏度及螺线管的相关参数.

(2) 移动探杆将霍尔片置螺线管中部,并设此处位置坐标为零,按“对称测量法”测出此处的四个霍尔电压值大小,并求出平均值大小 $\overline{U}_H(x)$.按公式(21-6)计算此处的磁感应强度 $B(x)$.

(3) 每左移探杆一个步幅(中部区域取 0.5~1.0 cm,端部区域取 0.5 cm 以下),同上,测四个霍尔电压值求平均,计算磁感应强度.列表记录数据(测量数据记录可参考表 21-3).

(4) 将螺线管中部 B 的测量值与理论值比较.

注：中部理论值 $B_0 = \mu_0 \dfrac{N}{L} I_M$（式中，$N$，$L$，$I_M$ 分别为螺线管匝数，长度和励磁电流），端部理论值 $B_1 = B_0/2$.

（5）将螺线管中部与端部 B 的测量值进行比较.

六、选修实验内容

1. 自组测试电路测量螺线管内中部磁感应强度和端部磁感应强度

（1）熟悉光点检流计的使用方法后（参阅 69～70 页绪论的相关内容），按图 21－4 电路接好，但各开关都断开.

（2）校正电位差计.

（3）将霍尔片置于螺线管中部，接通图 21－4 的甲和乙电路，调节两电路限流电阻 R' 和 R''，使流过霍尔片的工作电流和螺线管的励磁电流分别小于它们的额定值（由实验室给定），用电位差计分别测出通过霍尔片的电流准确值和霍尔电压 U_H.

（4）改变磁场方向（K_1 换向）或改变通过霍尔片的工作电流 I_S 的方向（K_3 换向）（有四种不同情况），测记这四种情况下的霍尔电压，取它们的平均值（数据表格可参考表 21－1 自己设计）.

注意：K_1 和 K_3 任何一个换向，K_2 都应换向，思考为什么.

（5）将霍尔片置于端部，依上面同样步骤再测一次.

（6）计算螺线管中部与端部磁感应强度的实验值.

（7）将测量结果与理论值比较，并分析误差的来源.

2. 判断霍尔元件载流子的类型

根据你对霍尔电压的测量值，判断霍尔元件载流子是 P 型还是 N 型.

写出测量方法和判断依据.

七、数据记录与处理

1. 测量霍尔电压与工作电流的关系数据见表 21－1.

表 21－1　霍尔电压与工作电流的关系　　励磁电流 $I_M = 0.8$ A

I_S(mA)	$\lvert U_{H1}\rvert$(mV)	$\lvert U_{H2}\rvert$(mV)	$\lvert U_{H3}\rvert$(mV)	$\lvert U_{H4}\rvert$(mV)	$\overline{U}_H$(mV)
	$+I_S$，　$+B$	$+I_S$，　$-B$	$-I_S$，　$+B$	$-I_S$，　$-B$	
4.00					
5.00					
6.00					
7.00					
8.00					
9.00					
10.00					

由上表数据作 I_S－$\overline{U}_H$ 图.

2. 测量霍尔电压与励磁电流的关系数据见表 21－2.

表 21－2 霍尔电压与励磁电流的关系 工作电流 $I_S = 8.00$ mA

I_M(A)	$\|U_{H1}\|$(mV)	$\|U_{H2}\|$(mV)	$\|U_{H3}\|$(mV)	$\|U_{H4}\|$(mV)	$\overline{U}_H$(mV)
	$+I_S$， $+B$	$+I_S$， $-B$	$-I_S$， $+B$	$-I_S$， $-B$	
0.300					
0.400					
0.500					
0.600					
0.700					
0.800					
0.900					
1.000					

由上表数据作 $I_M - \overline{U}_H$ 图.

3. 测量螺线管内轴向磁场分布曲线的相关数据见表 21－3.

表 21－3 螺线管内不同位置的霍尔电压及磁感应强度

霍尔灵敏度 $K_H =$ mV/mA·T

X(cm)	$\|U_{H1}\|$(mV)	$\|U_{H2}\|$(mV)	$\|U_{H3}\|$(mV)	$\|U_{H4}\|$(mV)	$\overline{U}_H$(mV)	B(KGs)
	$+I_S$， $+B$	$+I_S$， $-B$	$-I_S$， $+B$	$-I_S$， $-B$		
0.00						
0.50						
1.00						
…	…	…	…	…	…	…
15.00						

螺线管尺寸：$N =$ ，$L =$.

螺线管内中部理论值 $B_0 =$ ，中部实验值 $B =$ ，

理论值与实验值的相对误差 $=$.

误差来源分析：

螺线管内磁感应强度中部实验值与端部实验值的比较与分析：

八、思考题

1. 用霍尔元件测螺线管磁场时，怎样消除地磁场的影响？
2. 用图 21－4 电路实验时，为什么当 K_1 或 K_3 换向一次时，K_2 也应换向？
3. 磁感应强度 $\vec{B}$ 与霍尔元件不完全正交，则按原理公式求出的 B 值有偏差，属于什么类型的偏差？如何消除？

实验 22　*RLC* 电路特性的研究

一、实验目的

了解 *RC* 和 *RL* 串联电路的幅频特性和相频特性；观察 *RLC* 串联谐振和并联谐振现象，研究 *RLC* 电路的相频特性和幅频特性.

二、仪器和用具

RLC 电路实验仪；数字示波器；专用导线等.

三、实验原理

电容、电感元件在交流电路中的阻抗是随着信号电源频率的改变而变化的.将正弦交流信号电压加到电阻、电容和电感组成的电路中时，各元件上的电压会随着信号电源的频率变化而变化，这称为电路的幅频特性；信号电源电压频率变化时，各元件中电流的相位也会随着频率的变化而变化，这称为电路的相频特性；幅频特性与相频特性统称为频率特性.

本实验各电路都做如下假设：加到电路上的正弦交流信号电压为 $u=U_{\mathrm{m}}\cos(\omega t+\varphi_u)$，信号电源给电路输出的总电流则为 $i=I_{\mathrm{m}}\cos(\omega t+\varphi_i)$. 式中，$\omega$ 为交流信号电源的角频率，U_{m} 为信号电压最大值，I_{m} 为电流最大值，对应的电压有效值为 $U=\frac{\sqrt{2}}{2}U_{\mathrm{m}}$，电流有效值为 $I=\frac{\sqrt{2}}{2}I_{\mathrm{m}}$. φ_u 为信号电源电压的初相位，φ_i 为电路总电流的初相位.

(一) *RC* 串联电路

1. *RC* 串联电路的频率特性

设交流电压加在图 22-1 所示的 *RC* 串联电路上，由电路原理有如下关系式：

(1) 输入电路总电压的有效值 U 与电流有效值 I 之间的关系：

$$I=\frac{U}{Z_{RC}},\tag{22-1}$$

式中 Z_{RC} 为 *RC* 串联电路的阻抗，

$$Z_{RC}=\sqrt{R^2+\left(\frac{1}{\omega C}\right)^2}.\tag{22-2}$$

(2) 电阻和电容上电压的有效值分别为

$$U_R=IR,\tag{22-3}$$

$$U_C=\frac{I}{\omega C}.\tag{22-4}$$

(3) 总电压有效值 U 与电阻和电容上电压有效值 U_R、U_C 的关系为

$$U=\sqrt{U_R^2+U_C^2}.\tag{22-5}$$

(4) 电源电压相位 φ_u 与电路电流相位 φ_i 的相位差 $\varphi=\varphi_u-\varphi_i$：

$$\varphi = -\arctan\frac{U_C}{U_R} = -\arctan\frac{1}{\omega RC}. \tag{22-6}$$

由以上各式可知 RC 串联电路有如下频率特性.(1) 幅频特性:给定电源电压,当 ω 增加时,I 和 U_R 增大,而 U_C 减小;(2) 相频特性:当 ω 很小时,$\varphi \to -\frac{\pi}{2}$;当 ω 很大时,$\varphi \to 0$,如图 22-2 所示.

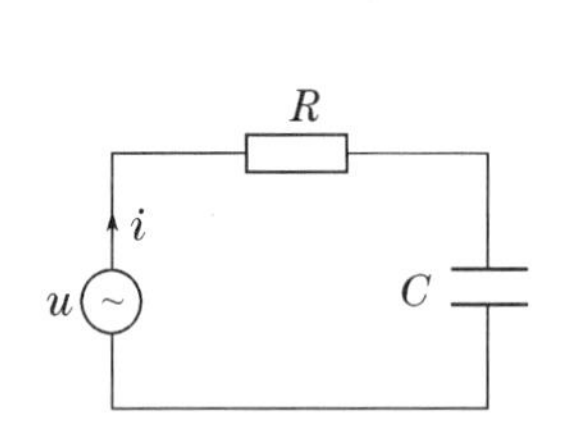

图 22-1 RC 串联电路图

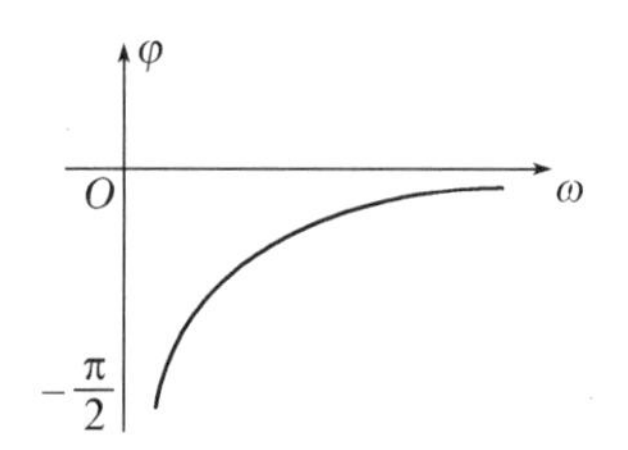

图 22-2 RC 串联电路的相频特性

2. RC 低通滤波器

如图 22-3,输入信号电压(有效值 U)加到 RC 串联电路,由电容两端可获得输出信号电压(有效值为 $U_C = U_0$). 由(22-1)、(22-2)和(22-4)式可得

$$\frac{U_0}{U} = \frac{1}{\sqrt{1+(\omega RC)^2}}. \tag{22-7}$$

设 $\omega_0 = \frac{1}{RC}$,由(22-7)式可知,$\frac{U_0}{U}$ 随 ω 的变化而变化. 当 $\omega < \omega_0$ 时,$\frac{U_0}{U}$ 变化较小,即输入信号的大部分可以得到输出. $\omega > \omega_0$ 时,$\frac{U_0}{U}$ 明显下降,即输入信号的大部分没有输出. 这就是低通滤波器的工作原理,它使较低频率的信号容易通过,而阻止较高频率的信号通过.

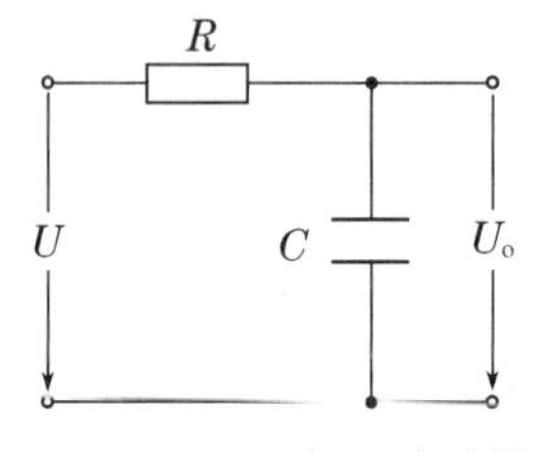

图 22-3 RC 低通滤波器

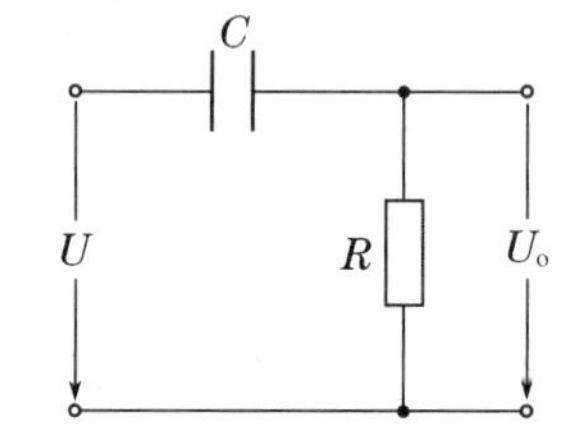

图 22-4 RC 高通滤波器

3. RC 高通滤波器

如图 22-4,输入信号电压(有效值 U)加到 RC 串联电路,由电阻两端可获得输出信号电压(有效值为 $U_R = U_0$). 由(22-1)、(22-2)和(22-4)式可得

$$\frac{U_0}{U} = \frac{1}{\sqrt{1+\left(\frac{1}{\omega RC}\right)^2}}. \tag{22-8}$$

同样设 $\omega_0 = \frac{1}{RC}$,由(22-8)式可知,当 $\omega < \omega_0$ 时,$\frac{U_0}{U}$ 明显下降,即输入信号的大部分没有输出. 当 $\omega > \omega_0$ 时,$\frac{U_0}{U}$ 变化较小,即输入信号的大部分可以得到输出. 这就是高通滤波器的工作原理,它的特性与低通滤波电路相反,它对低频信号的衰减较大,而高频信号容易通过,衰减

很小.

(二) RL 串联电路的频率特性

设交流电压加在图 22－5 所示的 RL 串联电路上，由电路原理有如下关系式：

(1) 输入电路总电压的有效值 U 与电流有效值 I 之间的关系：

$$I=\frac{U}{Z_{RL}}, \tag{22-9}$$

式中 Z_{RL} 为 RL 串联电路的阻抗，

$$Z_{RL}=\sqrt{R^2+(\omega L)^2}. \tag{22-10}$$

(2) 电阻和电感上电压的有效值分别为

$$U_R=IR, \tag{22-11}$$

$$U_L=I\omega L. \tag{22-12}$$

(3) 总电压有效值 U 与电阻和电感上电压有效值 U_R、U_L 的关系为

$$U=\sqrt{U_R^2+U_L^2}. \tag{22-13}$$

(4) 电源电压相位 φ_u 与电路电流相位 φ_i 的相位差 $\varphi=\varphi_u-\varphi_i$：

$$\varphi=\arctan\frac{U_L}{U_R}=\arctan\frac{\omega L}{R}. \tag{22-14}$$

由以上各式可知，给定电源电压，RL 电路的幅频特性与 RC 电路相反，当 ω 增加时，I、U_R 减小，U_L 则增大. 由(22－14)式可画出相频特性如图 22－6 所示，由图可见，ω 很小时，$\varphi\to 0$；ω 很大时，$\varphi\to\frac{\pi}{2}$. 这些便是 RL 串联电路的频率特性.

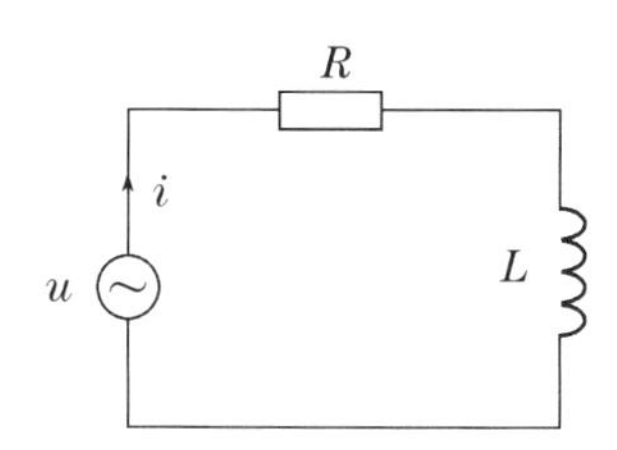

图 22－5　RL 串联电路图

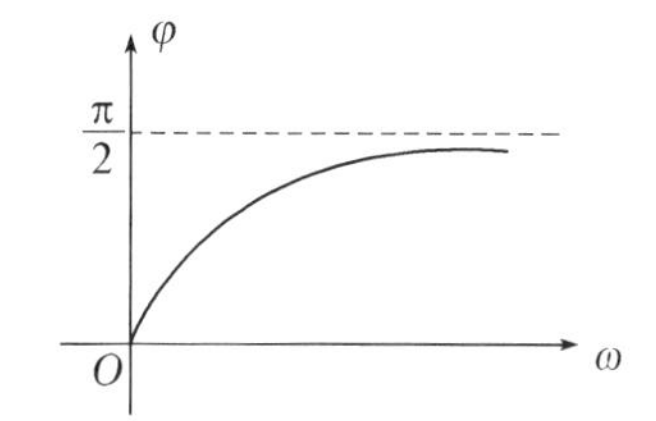

图 22－6　RL 串联电路的相频特性

(三) RLC 电路

在电路中如果同时存在电感和电容元件，那么在一定条件下会产生某种特殊状态，能量会在电容和电感元件中产生交换，我们称之为谐振现象.

1. RLC 串联电路

设交流电压加在图 22－7 所示的 RLC 串联电路上，由电路原理有如下关系式：

(1) 输入电路总电压的有效值 U 与总电流有效值 I 之间的关系：

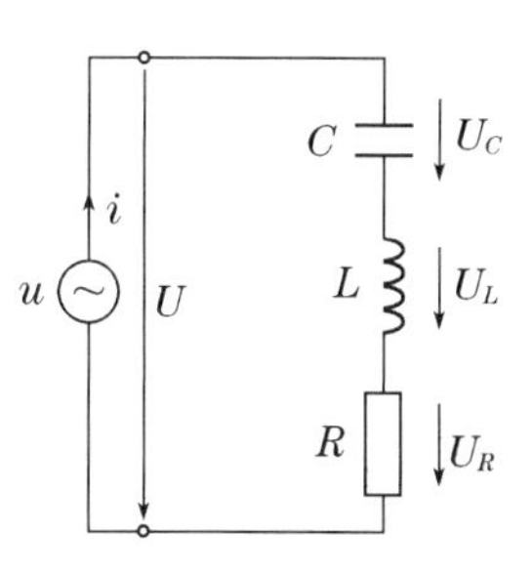

图 22－7　RLC 串联电路

$$I=\frac{U}{Z_{RLC串}}, \tag{22-15}$$

式中 $Z_{RLC串}$ 为 RLC 串联电路的总阻抗，

$$Z_{RLC串} = \sqrt{R^2 + \left(\omega L - \frac{1}{\omega C}\right)^2}. \tag{22-16}$$

（2）电阻、电感和电容上电压的有效值分别为

$$U_R = IR, U_L = I\omega L, U_C = I/\omega C. \tag{22-17}$$

（3）总电压有效值 U 与电阻、电感和电容上电压有效值 U_R、U_L 和 U_C 的关系为

$$U = \sqrt{U_R^2 + (U_L - U_C)^2} = I\sqrt{R^2 + \left(\omega L - \frac{1}{\omega C}\right)^2}. \tag{22-18}$$

（4）电源电压相位 φ_u 与电路电流相位 φ_i 的相位差 $\varphi = \varphi_u - \varphi_i$：

$$\varphi = \arctan\frac{U_L - U_C}{U_R} = \arctan\frac{\omega L - \frac{1}{\omega C}}{R}. \tag{22-19}$$

当 $\varphi = 0$ 时，即信号电源电压与电路总电流的相位相同，我们称此时电路处于谐振状态. 由以上各式可知，谐振时，$\omega = \omega_0 = \frac{1}{\sqrt{LC}}$，电路总阻抗 $Z_{RLC串}$ 最小，$Z_{RLC串} = \min = R$，整个电路呈纯电阻性，此时电路电流达到最大值 $I = \max = \frac{U}{R}$. 我们称 $\omega_0 = \frac{1}{\sqrt{LC}}$ 为 RLC 串联电路的谐振频率.

由以上各式可画出 RLC 串联电路阻抗、电流与相位随 ω 的变化关系图，即特性图，如图 22-8 所示.

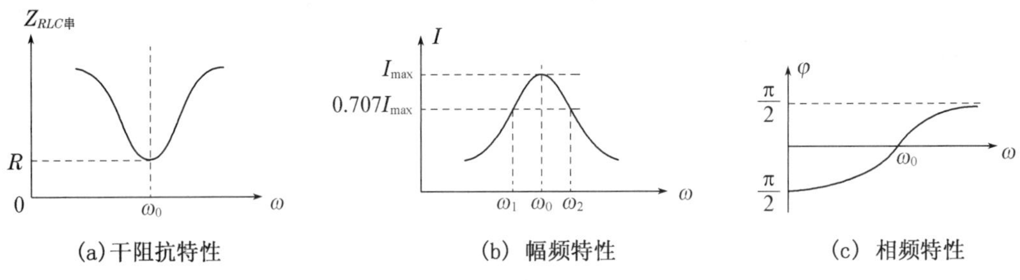

图 22-8 RLC 串联电路的特性图

电路处于谐振时，电感上电压 U_L 与 RLC 电路上总电压 U 的比值，称为品质因数 Q，即

$$Q = \frac{U_L}{U} = \frac{\omega_0 L}{R} = \frac{1}{R}\cdot\sqrt{\frac{L}{C}}. \tag{22-20}$$

（5）谐振时，电感和电容上电压相等，但相位相反. 此时：

$$U_L = U_C = QU = \frac{U}{R}\cdot\sqrt{\frac{L}{C}}. \tag{22-21}$$

如果电路的品质因数 $Q \gg 1$，则电感和电容上电压 U_L 和 U_C 远大于总电压 U. 所以串联谐振又称为电压谐振.

如图 22-8(b)所示，I 为最大值 I_{max} 的 $1/\sqrt{2}$ 位置有两个角频率与之对应. 角频率与频率关系式为 $\omega = 2\pi f$. 把相对应的频率差称为通频带宽度 Δf，简称带宽，可以算出：

$$\Delta f = f_2 - f_1 = \frac{f_0}{Q}. \tag{22-22}$$

可见，RLC 串联电路品质因数高，则通频带窄，电路的选频性能就好. 因此，品质因数是谐振电路的一个重要参数. 减小电路电阻可以提高品质因数.

2. *RLC* 并联电路

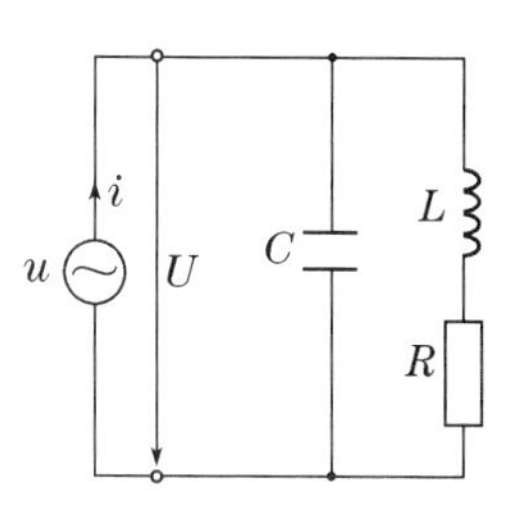

图 22 - 9　*RLC* 并联电路

设交流电压加在图 22 - 9 所示的 *RLC* 并联电路上，图中 *R* 是电感线圈的直流电阻. 由电路原理有如下关系式：

(1) 输入电路总电压的有效值 *U* 与总电流有效值 *I* 之间的关系：

$$I=\frac{U}{Z_{RLC并}},\tag{22-23}$$

式中 $Z_{RLC并}$ 为 *RLC* 并联电路的总阻抗，

$$Z_{RLC并}=\sqrt{\frac{R^2+(\omega L)^2}{(1-\omega^2LC)^2+(\omega RC)^2}}.\tag{22-24}$$

(2) 电源电压相位 φ_u 与电路总电流相位 φ_i 的相位差 $\varphi=\varphi_u-\varphi_i$：

$$\varphi=\arctan\frac{\omega L-\omega C[R^2+(\omega L)^2]}{R}.\tag{22-25}$$

(3) 当 $\varphi=0$ 时，电路总电压与总电流同相，称为并联谐振. 并联谐振角频率为

$$\omega=\omega_{p0}=\frac{1}{\sqrt{LC}}\cdot\sqrt{1-\frac{R^2C}{L}}=\omega_0\sqrt{1-\frac{R^2C}{L}}=\omega_0\sqrt{1-\frac{1}{Q^2}},\tag{22-26}$$

式中 $Q=\frac{1}{R}\cdot\sqrt{\frac{L}{C}}$ 是品质因数. 可见，同样元件组成串联和并联电路时，谐振频率并不相同. 只有当 $Q\gg1$ 时，才有 $\omega_{p0}\approx\omega_0$. 由(22 - 24)式可知，一般情况下，并联谐振时阻抗不是最大值，只有 $Q\gg1$ 时才近似极大，在电压 *U* 保持不变，则电流 *I* 为极小. 这与串联谐振正好相反(串联谐振时，电流极大).

(4) $Q\gg1$，并联谐振时，两条支路电流近似相等，等于总电流的 *Q* 倍：

$$I_L=I_C=QI.\tag{22-27}$$

因此，并联谐振又称为电流谐振.

由以上关系式，可画出 *RLC* 并联电路阻抗、电流、电压与相位随 ω 的变化关系图，即特性图，如图 22 - 10 所示.

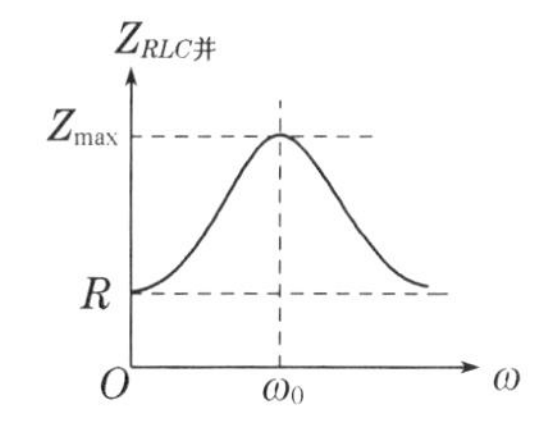

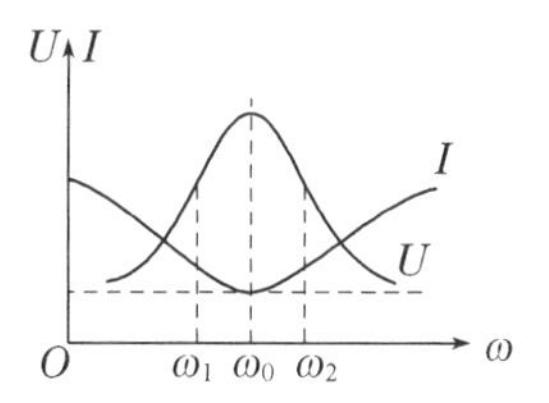

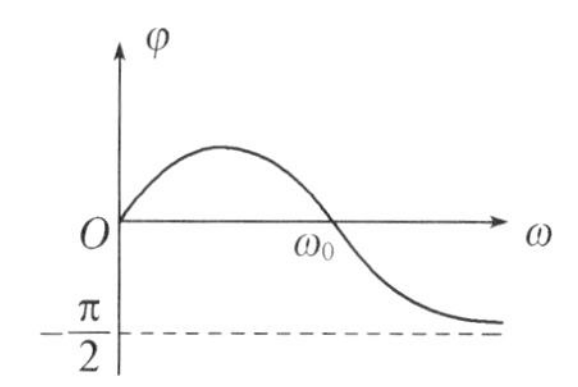

图 22 - 10　*RLC* 并联电路的阻抗特性、幅频特性、相频特性

由以上分析可知 *RLC* 串联、并联电路对交流信号具有选频特性，在谐振频率点附近，有较大的信号输号，其他频率的信号被衰减. 这在通信领域，高频电路中得到了非常广泛的应用.

(四) 用双通道示波器测量正弦交流信号相位差的方法简介

将同频率、不同相位的两个正弦信号分别输入示波器的两个通道.

1. 位移法：如图 22 - 11 所示，同时显示两个稳定波形，其中居前的波形相位超前. 测量波形的周期 *T* 或频率 *f* 及位移量 Δt，则两信号的相位差为 $\varphi=2\pi\Delta t/T=2\pi f\Delta t$. 本方法能确定相位差的正负，即能分清哪个信号超前，哪个信号落后.

2. 利萨如图法：开启 *X-Y* 方式显示利萨如图形，因为两信号频率相同，所以图形为椭圆

或直线. 通过测量图 22－12 所示的 A、a 或 B、b，由下式计算相位差：

$$|\varphi| = \arcsin\frac{2a}{2A} = \arcsin\frac{2b}{2B}.$$

这方法不易确定相位差的正负. 这方法也叫椭圆法.

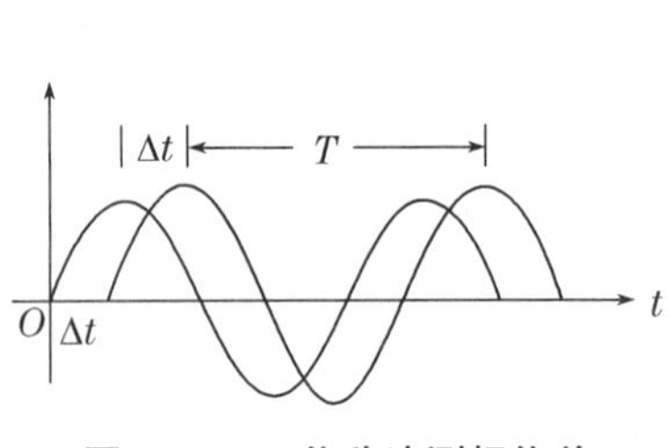

图 22－11 位移法测相位差

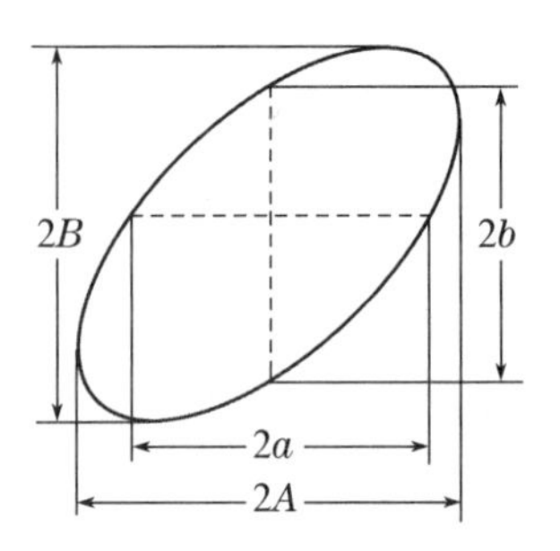

图 22－12 椭圆法测相位差

四、必修实验内容

注意事项：(1) 测绘谐振特性曲线及电压谐振法测品质因数值时，要始终保持电源电压不变. (2) 使用示波法双通道同时观察两个电压，接线时要将两根信号线的地线接在电路的同一点上. (3) 严格检查线路，防止功率信号源短路而损坏电源.

选用正弦波信号源进行实验. 数字示波器使用方法请参阅 160～165 页.

1. 测量 RC 串联电路的幅频特性

利用 RLC 电路实验仪搭建 RC 串联电路，取适当的元件参数，例如 $C = 0.1\ \mu\text{F}$，$R = 1\ \text{k}\Omega$，也可根据实际情况自选 R、C 参数.

保持信号源输出幅度不变，从低到高调节信号源频率，分别用数字示波器测量电阻两端电压 U_R 和电容两端电压 U_C 的变化，并列表记录数据.

提示：可用示波器的一个通道监测信号源电压，另一个通道分别测 U_R、U_C. 特别要注意两通道的接地点必须位于电路的同一点.

2. 观察 RC 串联电路的相频特性

将信号电压 U 和 U_R 分别接至示波器的两个通道，可取 $C = 0.1\ \mu\text{F}$、$R = 1\ \text{k}\Omega$（也可自选）. 从低到高调节信号源频率，观察示波器上两个波形的相位变化情况，可先用利萨如图形法观测，再用位移法列表测记数据计算不同频率时的相位差.

3. 测量 RL 串联电路的幅频特性和相频特性

与 RC 串连电路时方法类似，可选 $L = 10\ \text{mH}$，$R = 100\ \Omega$，也可自行确定.

4. RLC 串联电路的特性研究

按图 22－7 进行连线，自选合适的 L、C 和 R 值，用示波器的两个通道监测信号源电压 U 和电阻电压 U_R，必须注意两通道的公共线是相通的，两通道的接地点必须位于电路的同一点.

(1) 幅频特性

保持信号源电压 U 不变(可取 5 V 左右)，根据所选的 L、C 值，估算谐振频率，以选择合适的正弦波频率范围. 从低到高调节频率，U_R 的电压为最大时的频率即谐振频率，列表记录不同频率时的 U_R 大小.

（2）相频特性

用示波器的双通道观测 U 和 U_R 的相位差，其中 U_R 的相位与电路中电流的相位相同. 信号源频率由低到高变化，记录相应频率时的相位差值.

五、选修实验内容

选用正弦波信号源进行实验.

1. 测量 *RLC* 串联电路的品质因素.

方法提示：保持总电压不变，调整电路达到谐振状态，测量总电压和电感或电容上电压，参考公式(22－20)、(22－21)计算.

2. 设计实验方案测量 *RLC* 串联电路的通频带.

3. *RLC* 并联电路的特性研究.

在图 22－9 电路中，R 实际是电感线圈的直流电阻，随不同的电感取值而不同，它的值可在相应的电感值下用直流电阻表测量. 由于需要研究频率变化时电路中总电流相位与 *RLC* 并联电路电压相位的关系以及并联谐振时电流变化等情况，故而需对图 22－9 电路进行改造，以方便测试一系列特性.

改造后的电路如图 22－13 所示. 选取 $L = 10\,\text{mH}$、$C = 0.1\,\mu\text{F}$、$R' = 100\,\Omega$（也可自行设计选定）.

由于实验中改变信号频率，电路中总电流变化将很大，因而 R' 的取值不能过小，否则会由于电路中的总电流变化大而影响 $U_{R'}$ 的大小.

（1）*RLC* 并联电路的幅频特性

保持信号源幅值不变（可取 $U_{\text{p-p}}$ 为 2～5 V），改变信号源频率，测量 U_C 和 $U_{R'}$ 的变化情况. 注意示波器的公共端接线，不应造成电路短路.

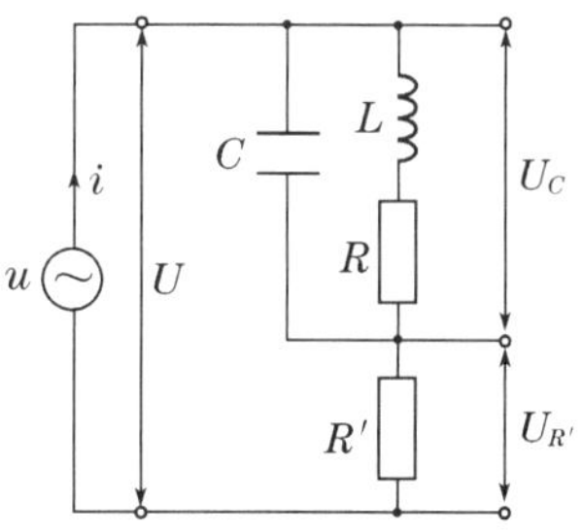

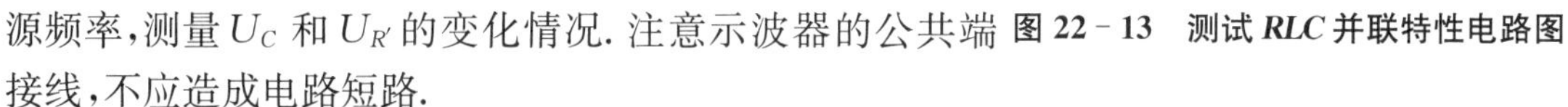

图 22－13　测试 *RLC* 并联特性电路图

（2）*RLC* 并联电路的相频特性

保持信号源幅值不变，改变信号源频率，用示波器测量 U_C 与 $U_{R'}$ 的相位变化情况.

六、数据处理及结果分析

自行设计数据记录表格，用图示法给出测试结果（根据测量数据在坐标纸上绘制相关特性图线），并对特性图线做必要分析说明.

1. *RC* 串联电路的幅频特性和相频特性图.
2. *RL* 串联电路的幅频特性和相频特性图.
3. *RLC* 串联电路的幅频特性和相频特性图.
4. *RLC* 并联电路的幅频特性和相频特性图（此项为选修内容）.

七、思考题

1. 试比较 *RLC* 串、并联谐振特性的异同.
2. 如何判断 *RLC* 串联电路和并联电路是否发生谐振？测量串联谐振频率有哪些方法？
3. 改变电路的哪些参数可以使电路发生谐振？电路中 R 值是否影响谐振频率？

4. 串联谐振时,电容与电感上瞬时电压的相位关系如何?若将电容和电感接示波器的 X 和 Y,观察到的两波形有什么特点,为什么?

5. 说说品质因数的意义.

实验 23 分光计的调整与使用

一、实验目的

了解分光计的各部分构造;学会正确调整分光计;掌握测定棱镜角的方法;掌握最小偏向角的测量方法,并求测棱镜玻璃的折射率.

二、仪器和用具

分光计及附件(光学平行平板、变压器及手持照明放大镜);钠灯;三棱镜;激光器等.

三、分光计结构与调整方法

分光计是用来精确测量光线偏折角度的专用光学仪器.JJY 型分光计外形如图 23-1 所示.它主要有六大部分组成:1. 底座;2. 转盘;3. 平行光管;4. 望远镜;5. 载物平台;6. 立柱与支臂.

底座中央有一竖直的中心轴,中心轴上套有转盘 1 和转盘 2,转盘 1 外侧同平面同心地套着转盘 2.转盘 1 上有角度游标,转盘 2 上均匀地刻有角度标尺(720 等分布满一周,每等分为 0.5 度),转盘 1 和 2 可独立地绕中心轴旋转,各自都可用相应的锁紧螺丝固定,使不能旋转.转盘 1 的中心轴上有一轴承顶了一个载物平台,此平台可与转盘 1 同步旋转与同步固定,平台可靠三只螺丝 B 调高度与水平度,平台是用来载放被测物体的(例光栅、三棱镜、光学平行平板等).

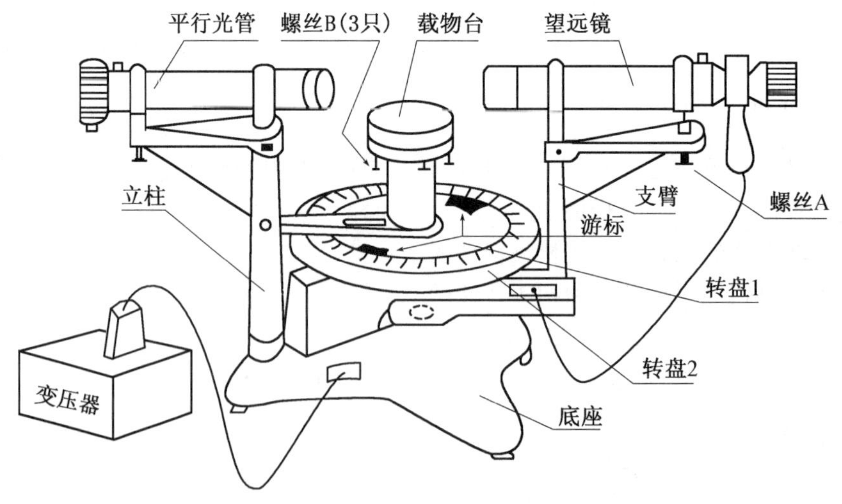

图 23-1 分光计外形结构示意图

平行光管靠立柱支撑，望远镜靠支臂支撑，立柱固定在底座上，支臂固定在转盘 2 上，支臂可在 0～360 度范围旋转.

转盘 1 对径方向各设有一个游标，目的是转盘 2 转动的角度可在对径方向读取到两个值，取其平均便可消除转盘轴心偏移造成的“偏心”误差.

平行光管和望远镜支撑在立柱和支臂上，分别可通过相应的调节螺丝使它们的光轴作水平方向和上下方向微调.

1. 平行光管与望远镜

平行光管的作用是产生一束平行光：使物（狭缝）在无穷远处成像，即让物（狭缝）处在凸透镜的焦平面上，使其出射平行光（如图 23 - 2 所示）. 望远镜的作用是看清无穷远处的物体：通过物镜，将由平行光管出射的平行光聚焦在物镜的焦平面上（如图 23 - 3 所示），而物镜的焦平面又正好与目镜的焦平面重合，这样由目镜出射的光又是平行光，眼睛从目镜中便可清楚地看到图 23 - 2 之物（狭缝）.

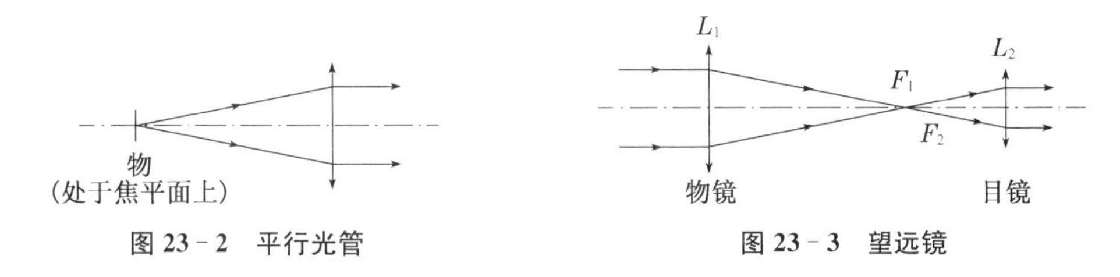

图 23 - 2　平行光管　　图 23 - 3　望远镜

2. 望远镜的调焦

望远镜在使用中，观察无穷远处的物体时，首先应该使该物镜与目镜的焦平面重合. 调整望远镜使物镜与目镜的焦平面重合称为“望远镜对无穷远调焦”. 望远镜内有分划板和十字叉丝，借助于它们来对其进行调焦（和测量）. 调焦一般分目镜调焦和望远镜调焦两步进行：先把十字叉丝调到目镜的焦平面上，再把叉丝调到物镜的焦平面上. 这样物镜与目镜的焦平面就重合了. 具体如下：

(1) 目镜调焦的目的和方法

目的：使十字叉丝调到目镜的焦平面上.

方法：前后移动目镜，使眼睛从目镜中观看能清晰见到十字叉丝为止. 为什么呢？因为十字叉丝处于目镜焦平面上时，出射光则为平行光，眼睛作为一个凸透镜，使十字叉丝的平行光会聚成像于视网膜上，因而清晰可见.

(2) 望远镜调焦的目的和方法

目的：使十字叉丝调到物镜的焦平面上.

方法：借助于平行光入射于物镜，使像清晰与十字叉丝重合. 具体方法如下（参看图 23 - 4）：

① 接上灯源（把变压器出来的电源插头插到底座插座上，把目镜照明器上的插头插到支臂插座上，这样，图 23 - 4 灯泡便照亮十字叉丝）.

② 在载物台上放置平行平板（平面镜），其反射面对准望远镜，与望远镜光轴大致垂直.

③ 转动分光计的转盘 1，并调节平台下的螺丝（使平台平面与水平面夹角变化），使望远镜在平行平板中的反射像与望远镜在一直线上（这说明平面镜与望远镜光轴垂直了）.

④ 从目镜中观察，应该可以看到一亮斑（不清晰的十字叉丝的成像，如见不到，则还要重

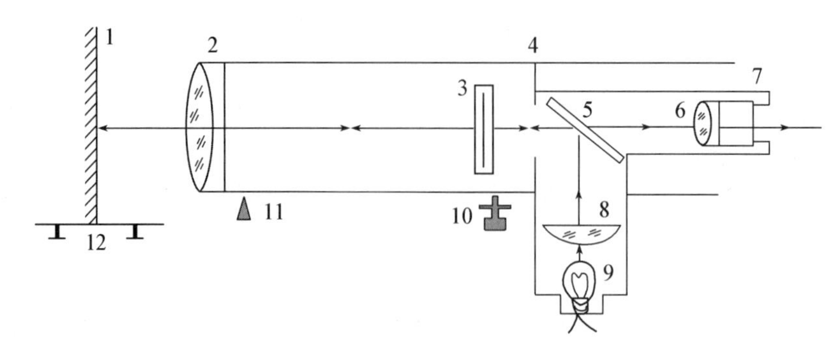

图 23－4 用自准法实现望远镜对无穷远调焦

1—平行平板 2—物镜 3—分划板、十字叉丝 4—光阑 5—分光板 6—目镜 7—目镜镜筒 8—聚光镜 9—光源 10—螺丝 11—支点 12—平台螺丝

复以上③），这时可前后移动目镜镜筒（保持叉丝仍在目镜焦平面上），使亮十字叉丝的像清晰为止.

经过以上调整，望远镜调焦完毕，这时，从目镜中可以看到清晰的十字叉丝和清晰的十字叉丝的像. 以上调整方法称为自准法.

现说明以上调整的理由：图 23－4 中，光源 9 发光经 8 聚焦照射分光板，反射照亮十字叉丝 3，如果叉丝正好处在物镜 2 的焦平面上，则出射光为平行光. 平行光由平面镜 1 垂直反射，相当于十字叉丝由无穷远发出的平行光入射到物镜，则成像于物镜焦平面上，因为目镜已调焦，所以，成的叉丝像又在目镜焦平面上，故而眼睛可清晰观察到十字叉丝的像. 反之，叉丝不在物镜焦平面上，光线经平面镜反射后成像不在目镜焦平面上，故而像不清晰.

3. 调整望远镜光轴与旋轴主轴垂直

如图 23－4，平行平板置于载物台上，如果载物台已与转盘平行（载物平台垂直于旋转主轴），并且望远镜光轴已与旋轴主轴垂直，则从目镜视场中看到清晰的十字叉丝与十字叉丝的像成对称位置（如图 23－5 所示），将平台旋转 180 度后，还是重合.

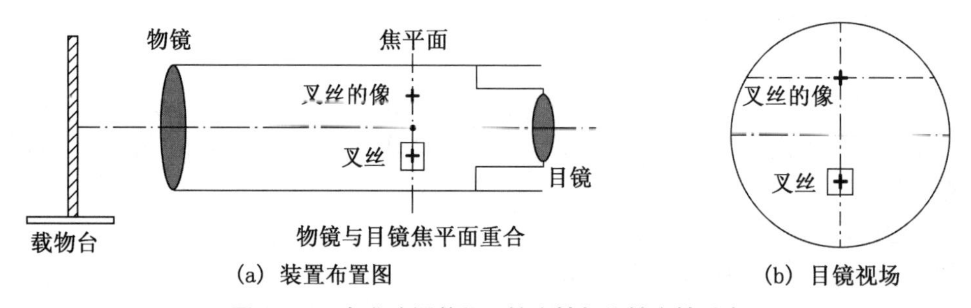

(a) 装置布置图 (b) 目镜视场

图 23－5 自准法调整望远镜光轴与旋轴主轴垂直

如果不重合，则说明望远镜光轴与旋转主轴不垂直，或者是平台有倾斜. 这时，可调图 23－4 所示螺丝 10，使光轴上下倾斜变化；调平台下三只螺丝的一只(12)，可使平台平面与转盘平面夹角变化（转盘平面与旋轴主轴在仪器制造时是垂直的）. 具体调整宜采用“各半法”进行（如图 23－6 所示）.

调整目标是使十字叉丝的像位于图 23－6 的 B 点位置. 现设十字像在 C 点处，则先调螺丝 10，让像到 D 点（上移 CB 距离的一半），剩下的一半靠调平台螺丝 12（即将像调到 B 点）；

然后将平台再转 180 度，如像不在 B 点，则再分别调螺丝 10 和 12 各一半；再将平台转 180 度，分别调螺丝 10、12，直到平行平板正反两面成像于 B 点为止，这时表明望远镜光轴已调整好，平台已调平. 这种调整方法就称为“各半法”.

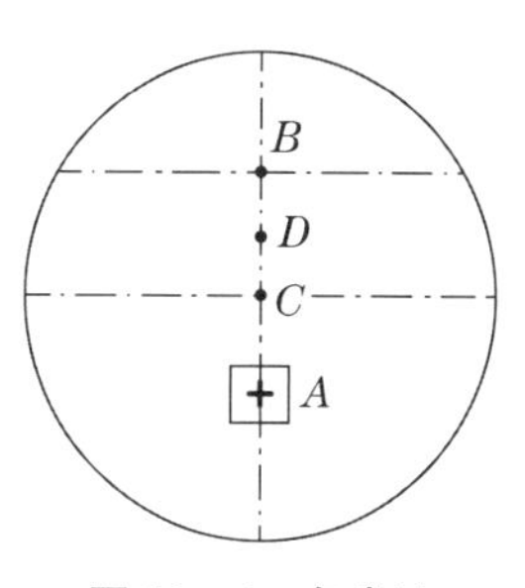

图 23－6　各半法

4. 平行光管的调焦

目的：把狭缝(物)调整到物镜的焦平面上. 也就是平行光管对无穷远调焦，出射一束平行光.

方法：将望远镜对准平行光管，从望远镜中观察平行光管的狭缝，如果不清晰，则前后移动狭缝机构，直到能见到清晰的狭缝为止.

5. 调平行光管的光轴垂直于旋转主轴

调平行光管光轴上下位置调节螺丝，从望远镜目镜中可见狭缝会升高和降低，让狭缝像对目镜视场的中心对称即可.

四、由最小偏向角测棱镜玻璃的折射率的方法

1. 角游标读测方法

请仔细阅读 47 页“(二)角游标”的相关内容，掌握测读方法.

2. 用分光计测棱镜角 α(参见图 23－7)

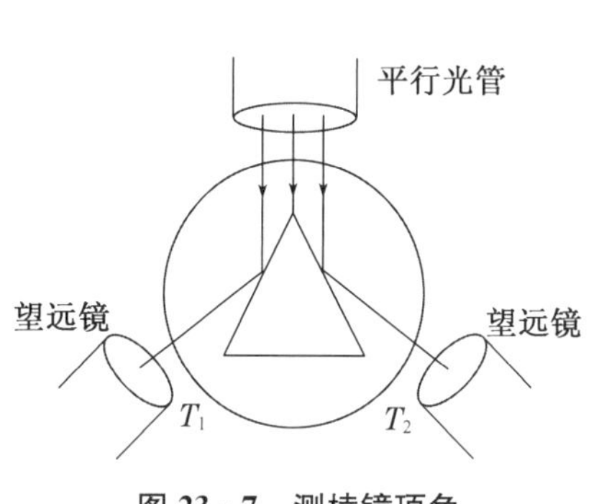

图 23－7　测棱镜顶角

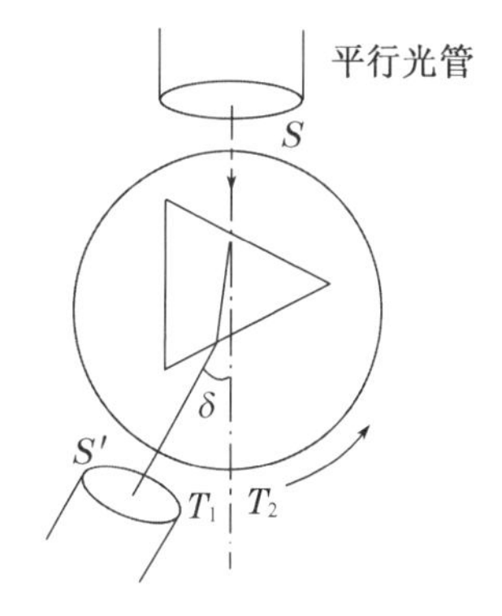

图 23－8　测最小偏向角

分光计调整好后，置光源于平行光管前，将棱镜放在载物台上，并且将棱镜顶边对准平行光管，由平行光管出射的平行光照射在棱镜的两折射面上被分成两部分. 固定载物台，转动望远镜至 T_1 位置，观察由棱镜一折射面所反射的狭缝像，使之与竖直叉丝重合，记下两边游标 A、B 的读数，再将望远镜转到 T_2 位置，观察由棱镜另一折射面所反射的狭缝像，再使之与竖直叉丝重合，记下两边游标 A、B 的读数，望远镜的旋转角 $|T_2-T_1|$ 是棱镜角 α 的两倍(数据列表可参考表 23－1).

3. 测最小偏向角 δ(参见图 23－8)

(1) 将棱镜放在载物台上，狭缝经棱镜折射后成像于 S'，先不用望远镜而用眼睛找到 S' 后，旋转载物台，观察 S'位置的变化. 当棱镜被沿某一方向旋转时，S'在某一位置 T_1 时开始向相反方向移动，则 T_1 位置便是最小偏向角位置，在此位置固定载物台，转动望远镜至 T_1 位置，使竖直叉丝与像重合，固定望远镜，调节望远镜微动螺钉，精确地找到最小偏向角位置，记

下两边游标 A、B 的读数 T_1.

(2) 固定载物台,取下棱镜,松开望远镜止动螺钉,转动望远镜到 T_2 位置,使之能直接看到平行光管狭缝的像,用竖直叉丝对准像,记下两边游标 A、B 的读数 T_2,望远镜转过的角度 $|T_2-T_1|$ 就是该光波对棱镜的最小偏向角 δ(数据列表可参考表 23-2).

4. 计算棱镜折射率 n

对应于实验光源的棱镜玻璃的折射率 n 由下式决定:

$$n=\sin\frac{\alpha+\delta}{2}/\sin\frac{\alpha}{2}, \tag{23-1}$$

式中:α、δ 分别是棱镜角和最小偏向角.

五、必修实验内容

注意事项:请遵守光学元件的取放原则,保护光学元件;遵守光学仪器的使用规范,保护光学仪器.

1. 进行分光计的调整

按以上介绍,自拟分光计的调整步骤.

建议步骤:(1) 对望远镜目镜调焦;(2) 望远镜对无穷远调焦;(3) 调整望远镜光轴与旋转主轴垂直;(4) 平行光管调焦;(5) 调平行光管与旋转主轴垂直.

2. 用最小偏向角法测棱镜玻璃的折射率

自拟测量步骤,并进行不确定度评定.

六、选修实验内容

设计方案,用激光作为光源,墙壁作光屏,观看棱镜折射最小偏向角出现时的折射特征.

七、数据记录与处理

1. 测量棱镜顶角,测最小偏向角,数据记录见表 23-1 和表 23-2.

2. 按公式 23-1 计算棱镜折射率.

3. 对棱镜折射率测量结果进行不确定度评定,并写出测量结果的标准形式.注意:分光计角游标读数的不确定度应该按 31 页(0-42)式进行评定.

表 23-1 棱镜角 α 测量数据表

游标	T_1	T_2	差角 $\lvert T_2-T_1\rvert$	棱镜角 $\alpha=\lvert T_2-T_1\rvert/2$	$\bar{\alpha}$
A					
B					

表 23-2 最小偏向角 δ 的测量数据表

游标	T_1	T_2	$\lvert T_2-T_1\rvert$	$\delta=\lvert T_2-T_1\rvert$	$\bar{\delta}$
A					
B					

八、思考题

1. 分光计转盘上有两个游标，为什么能消除偏心差？

2. 望远镜光轴与平行平板垂直时，图 23－6 的十字叉丝经平行平板反射成像为什么会成在 B 点？

3. 为什么要用“各半法”调节望远镜的主轴与旋轴主轴垂直？

4. 分光计调整时，当平台旋转 180°后找不到叉丝像，怎么办？

5. 测棱镜顶角 α 时，为什么棱镜放在载物台上的位置，要使得三棱镜顶角离平行光管远一些，而不能太靠近平行光管呢？画光路图分析.

6. 试推导最小偏向角与折射率的关系(23－1)式.

7. 同一块棱镜对不同的单色光其最小偏向角一样吗，为什么？

实验 24　等厚干涉

一、实验目的

观察等厚干涉现象并研究其特点；用等厚干涉法测透镜的曲率半径、微小直径(或厚度).

二、仪器和用具

牛顿环装置；劈尖装置；读数显微镜；钠光灯及电源；擦镜纸；普通平玻璃等.

三、实验原理

利用透明薄膜上下两表面对入射光的依次反射，入射光将分解成有一定光程差的几个部分.这是获得相干光的重要途径，它被多种干涉仪所采用. 若两束反射光在相遇时的光程差取决于产生反射光的薄膜的厚度，则同一干涉条纹所对应的薄膜厚度相同，这就是所谓等厚干涉.

1. 牛顿环

将一曲率半径 R 很大的平凸透镜 A 的凸面放在一光滑的平玻璃板 D 上，如图 24－1 所示. 在 A 与 D 之间形成一以 O 为中心向四周逐渐增厚的空气层，一束单色光近乎垂直地入射到这个装置上，则由空气薄膜的上、下两表面所反射出来的两束光在透镜表面附近的相遇而产生光的干涉，这种干涉是等厚干涉. 由于平凸透镜的表面是球面，因而从光的反射方向上进行观察，可以看到以接触点为中心的许多明暗相间的同心环，称为牛顿环.

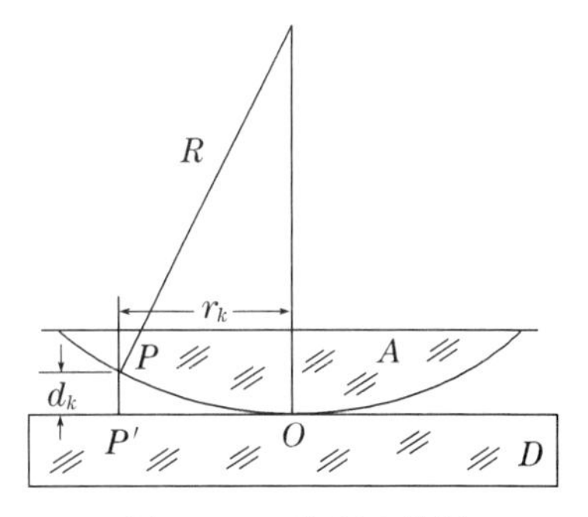

图 24－1　牛顿环装置

我们来计算第 k 级圆形干涉条纹半径 r_k 的大小与平凸透镜的曲率半径 R 以及单色光波长 λ 之间的关系.

由图 24－1 可知，第 k 级干涉条纹所在处的空气层的厚度 $PP' = d_k$，$R^2 = r_k^2 + (R - d_k)^2$

$= r_k^2 + R^2 - 2Rd_k + d_k^2$. 由于 $R \gg d_k$，故 d_k^2 可以略去不计，则

$$r_k^2 = 2Rd_k \text{或} d_k = \frac{r_k^2}{2R}. \tag{24-1}$$

在 P'点反射回来的光到达 P 点经过 $2d_k$ 的光程（因为空气的折射率为 1），又光波由光密介质（折射率大）反射到光疏介质（折射率小）时有半波损失，因此，由 P 点和 P'点反射的两束光之间的光程差为

$$\Delta = 2d_k + \frac{\lambda}{2} = \frac{r_k^2}{R} + \frac{\lambda}{2}. \tag{24-2}$$

由光的干涉理论，产生第 k 级暗纹的条件 $\Delta = (2k+1)\frac{\lambda}{2} = \frac{r_k^2}{R} + \frac{\lambda}{2}$ $(k = 0, 1, 2, \cdots)$，即

$$r_k = \sqrt{k\lambda R} \quad \text{（暗条纹）}, \tag{24-3}$$

式中 r_k 为第 k 级暗条纹的半径.

产生第 k 级明纹的条件 $\Delta = k\lambda = \frac{r_k^2}{R} + \frac{\lambda}{2}$ $(k = 0, 1, 2, \cdots)$，即

$$r_k = \sqrt{(2k-1)\frac{\lambda R}{2}} \quad \text{（明条纹）}. \tag{24-4}$$

式中 r_k 为第 k 级明条纹的半径. 由(24-3)、(24-4)两式可知，测出暗环或明环的半径后，当波长 λ 为已知时，即可算出透镜的曲率半径 R. 反过来也可由已知曲率半径 R，算出所用光波的波长 λ.

观察牛顿环时将会发现，牛顿环中心不是一点，而是一个不甚清晰的暗的圆斑，其原因是透镜和平玻璃板接触时，一方面由于接触压力引起形变，使接触处不是点接触而是面接触；另一方面即使是点接触，由于光强分布，光强从干涉相消到干涉相长（即由暗到明）不可能突变. 有时会发现，牛顿环中心是亮斑，这可能是镜面上有微小灰尘存在，从而引起附加的程差. 这都会给测量带来较大的系统误差. 为此，实验测量中不能直接测牛顿环半径.

对(24-1)式进行变换：选取第 m 级暗纹，则 $r_m^2 = mR\lambda$；选取第 n 级暗纹，则 $r_n^2 = nR\lambda$. 两式相减可得 $r_m^2 - r_n^2 = (m-n)R\lambda$，所以

$$R = \frac{r_m^2 - r_n^2}{(m-n)\lambda}, \tag{24-5}$$

$$R = \frac{D_m^2 - D_n^2}{4(m-n)\lambda}, \tag{24-6}$$

式中 D_m，D_n 分别第 m 级和第 n 级牛顿暗环的直径.

显而易见，经过变换后有如下的优点：

(1) 由级数变为级数差. 变换后的物理意义显然不同了，它由序数(k)变为序数差($m-n$). 它的好处是：在实验中无须确切知道这一级究竟为何值，因为在实验中要确定级数为何值，往往是不太容易，但经变换后，则只需确定级数差即可.

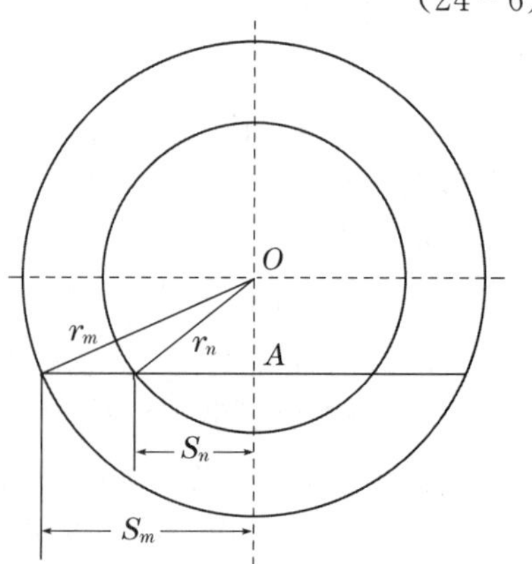

图 24-2 测半径变换为测弦长

(2) 由环半径平方变为环半径（或直径）的平方之差. 如图 24-2 所示，可知 $r_m^2 - S_m^2 = \overline{OA}^2$，$r_n^2 - S_n^2 = \overline{OA}^2$，所以 $r_m^2 - r_n^2 = S_m^2 - S_n^2$，即环半径的平方之差等于对应的弦的平方之差，因此，在实验时无需一定要测圆环半径（或直

径),事实上要确定圆环的中心在实验中也是很不容易的.

2. 劈尖

将两块光学平玻璃板叠在一起,在一端插入一薄片或细丝等,则在两玻璃板间形成一空气劈尖.当用单色光垂直照射时,和牛顿环一样,在劈尖薄膜上下两表面反射的两束光的光程差为 $\Delta = 2e + \lambda/2$,式中 e 为相应薄膜的厚度.这两束光发生干涉产生的干涉条纹是一族与两玻璃板交接线平行且等间隔的平行条纹,如图 24-3 所示.与 k 级暗条纹对应的薄膜厚度为

$$e = k\frac{\lambda}{2}. \tag{24-7}$$

利用此式,稍作变换,即可求出薄片厚度或细丝直径等微小量(类似牛顿环测量,自己考虑).

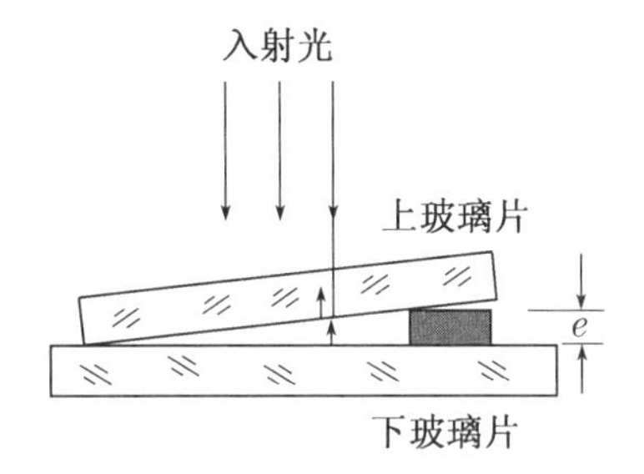

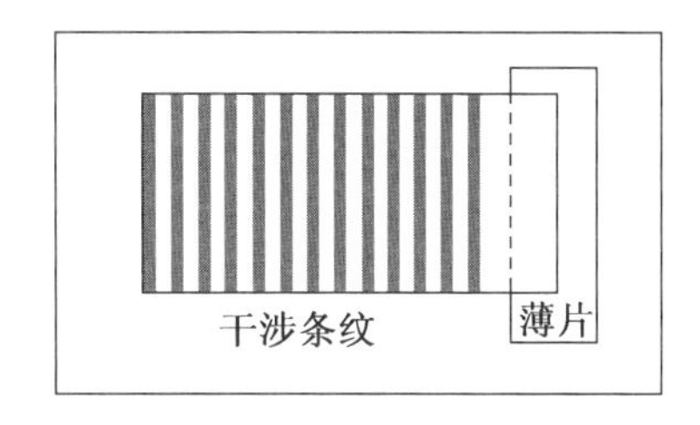

图 24-3　劈尖干涉装置及干涉条纹

四、必修实验内容

1. 由牛顿环测透镜的曲率半径(数据列表可参见表 24-1).

(1) 用肉眼观察牛顿环,看环是否处于透镜中心,如不在中心,可调节牛顿环装置上的三个螺丝,以改变干涉环纹的形状和位置(注意不要用力旋螺丝,以防透镜玻璃形变).

(2) 按图 24-4 所示,放置好钠光灯 S.将读数显微镜中的叉丝调节清楚,将牛顿环装置放在图 24-4 所示位置.此时从显微镜目镜中应该可见到钠黄光视场,如没有,则再细调光源位置.

(3) 调节读数显微镜镜筒的上下位置,看清牛顿环,并调节显微镜或移动牛顿环装置,使显微镜中叉丝与显微镜移动方向垂直.

(4) 测量牛顿环位置坐标,算出各牛顿环的直径.

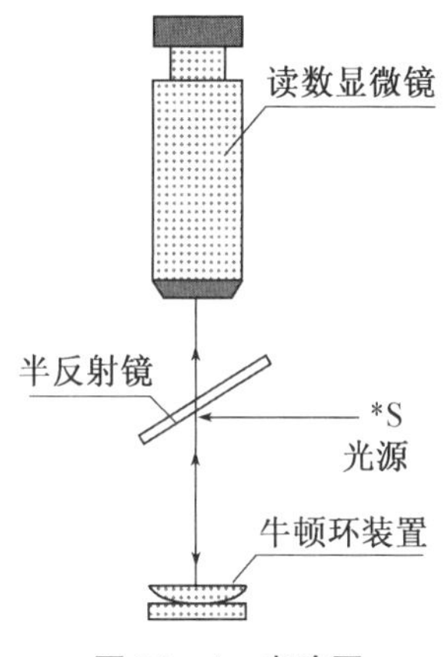

图 24-4　光路图

旋转显微镜的测微手轮,使显微镜向某一方向移动,例如从环心向左移动,使镜中叉丝交点对准距环心相当远的一暗环环纹的中线,例如第 25 环,记下读数显微镜此时的坐标读数.

旋转测微手轮,使显微镜向右移动,对第 24、23、22、…、$k+1$、k 等暗环作同样的测量(记下坐标读数).

因为接近环心的几环通常较模糊,所以 k 环后的几环不必测量.继续旋转测微手轮,使显微镜的叉丝交点经过中央暗斑向环心的右方移动,对 k、$k+1$、…、22、23、24、25 等各级暗环作上述同样的测量(为了避免引起螺距误差,移测时必须向一个方向旋转,中途不可倒退,至于自左向右还是自右向左测量,都可以).

(5) 用逐差法计算透镜的曲率半径,并进行不确定度评定.

2. 观察劈尖干涉条纹的特点.

五、选修实验内容

用劈尖法测微小厚度(或微小直径):

1. 将被测物夹在两平玻璃板之间,然后置于显微镜物镜下方,用显微镜观察,描绘劈尖干涉的图像,改变被测物在平玻璃板间的位置,观察干涉条纹的变化,并作出解释.

2. 由(24-7)式可见,λ 已知时,在显微镜中数出干涉条纹数 k,即可得到相应的被测物厚 e.

一般说,k 较大,为避免计数 k 出错,可先测出某一长度 l_x 间的干涉条纹数 x,然后测被测物与劈尖棱边的距离 L,则共出现的干涉条纹数为 $k = L \cdot x / l_x$. 代入(24-7)式即可得到被测物厚 e.

3. 具体测量步骤和数据处理方案自拟.

六、数据记录与处理

1. 由牛顿环测透镜的曲率半径的数据见表 24-1.

表 24-1 由牛顿环测透镜的曲率半径的数据表 光源波长 $\lambda = 5\,893$ Å

环的级数	m	25	24	23	22	21	20
环的位置(mm)	左						
	右						
直径(mm)	D_m						
环的级数	n	19	18	17	16	15	14
环的位置(mm)	左						
	右						
直径(mm)	D_n						
$D_m^2 - D_n^2$(mm^2)							
$\overline{D_m^2 - D_n^2}$(mm^2)							
$\lvert [D_m^2 - D_n^2] - \overline{D_m^2 - D_n^2} \rvert$(mm^2)							

数据处理提示:

(1) 由(24-6)式计算曲率半径的平均值: $\bar{R} = \dfrac{\overline{D_m^2 - D_n^2}}{4(m-n)\lambda}$.

(2) A类不确定度取平均值的标准偏差,即 $u_A(x) = \sigma_{\bar{x}} = \sqrt{\dfrac{1}{n(n-1)} \sum_{i=1}^{n} |x - \bar{x}|}$.

计算 $D_m^2 - D_n^2$ 的平均值 $\overline{D_m^2 - D_n^2}$ 的标准偏差时,只要设 $x = D_m^2 - D_n^2$. 对照上表,n 取 6.

(3) 忽略 B类不确定度分量,则 $u_C(x) = u_A(x)$. 波长的误差和级数差的误差可不计.

(4) 设 $x = D_m^2 - D_n^2$,则由(24-6)式根据间接测量不确定度的传递关系式,可计算曲率半径的不确定度为 $u(R) = \dfrac{1}{4(m-n)\lambda} u_C(x)$.

(5) 写出测量结果的标准形式.

2. 劈尖干涉数据记录与处理(表格自拟).

七、思考题

1. 为什么要用钠光灯,不用普通的电灯光源?用白光时,干涉条纹有何特征?

2. 为什么在光的反射方向观察到的牛顿环中心是暗斑?在什么情况下是亮的?

3. 牛顿环在正确调节下所出现的干涉圆环的粗细和疏密是否一样?为什么?

4. 测牛顿环干涉圈直径时,叉丝交点如不通过圆环中心,因而测量的是弦而不是真正的直径,对实验结果是否有影响?为什么?

5. 牛顿环中心是亮斑的情况下,是否一定要擦去尘土使成暗斑后才可测量?不擦去对实验有无影响?为什么?

6. 如果改变显微镜的放大倍率,对牛顿圈直径的测量是否有影响?

7. 在牛顿环实验中,假如平玻璃板上有微小凸起,使干涉条纹发生改变,试问这时的牛顿环(暗环)将局部内凹还是外凸?为什么?

实验 25　迈克耳逊干涉仪的调整与使用

一、实验目的

了解迈克耳逊干涉仪的构造原理和调节方法;了解等倾干涉、等厚干涉条纹的特点和形成条件;用迈克耳逊干涉仪测氦-氖激光的波长;利用圆形干涉圈测钠光双线的波长差.

二、仪器和用具

迈克耳逊干涉仪;氦-氖激光器;叉丝环(或针尖);扩束透镜(连支架);毛玻璃(连支架);钠光灯;白炽灯光源;滤色片等.

三、实验原理

迈克耳逊干涉仪是 1883 年美国物理学家迈克耳逊和莫雷合作,精心设计而成的精密光学仪器,他们完成了著名的"以太"漂移实验,促进了相对论的建立,进行了光谱精细结构的研究和利用光的波长标定标准米尺等重要工作,为物理学的发展作出了重要贡献.

1. 迈克耳逊干涉仪的构造和原理

迈克耳逊干涉仪的原理光路如图 25－1 所示. 从光源 S 发出的光束,被分光板 G_1 后表面的半透半反射膜分成两束光强近似相等的光束:反射光(1)和透射光(2). M_1 和 M_2 是相互垂直的平面镜,G_1 与 M_1、M_2 均成 45°角,因此反射光(1)在近于垂直入射到平面镜 M_1 后,经反射又沿原路返回,透过 G_1 而到达 O 处. 透射光束(2)在透过补偿板 G_2 后,近于垂直地入射到平面镜 M_2 上,经反射又沿原路返回,在分光板 G_1 的后表面反射. 在 O 处与光束(1)相遇而产生干涉.

补偿板 G_2 是一块厚度、材料均与分光板 G_1 相同,并且与 G_1 平行放置的光学平玻璃. 它的作用可消除干涉图样的畸变现象,并且可使光束(2)与光束(1)在玻璃中的光程相同. 由于分

光板 G_1 的后表面的半透半反射膜实质上是一个反射镜，它使 M_1 在 M_2 附近形成一个平行于 M_2 的虚像 M_1'，因而光在迈克耳逊干涉仪中自 M_2 和 M_1 的反射，相当于自 M_2 和M_1' 的反射. 因此，在迈克耳逊干涉仪中所产生的干涉与厚度为 d 的空气层所产生的干涉是等效的.

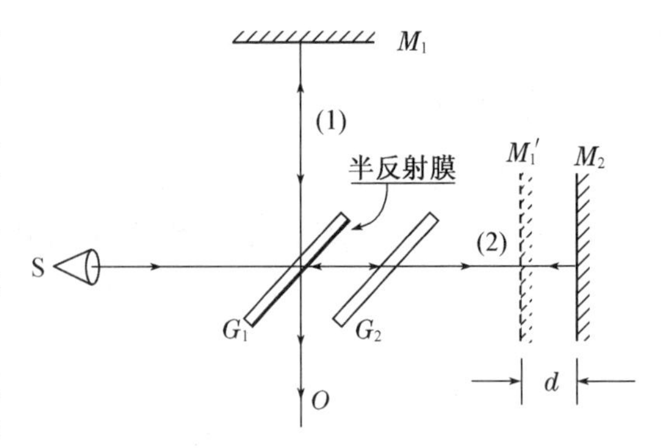

图 25－1　迈克耳逊干涉仪的原理光路图

平面镜 M_1 和 M_2 背后，都有三个调节螺旋，用来调节镜面的方位，M_1 镜可由精密丝杆控制沿仪器臂轴方向前后移动(其移动距离可通过仪器上转盘读出)，当 M_1、M_2 两个面完全垂直时，也即 M_1'与 M_2 完全平行，这时由 O 处观察可见到相当于空气平行平板所产生的等倾干涉，我们观察到的是圆形干涉圈；当 M_1'与 M_2 有很小的倾角时，由 O 处观察到的干涉则相当于楔形空气层产生的等厚干涉，即一系列直线干涉条纹；改变条件还可以得到其他形状的干涉条纹(例如抛物线形、椭圆形等)，但实际应用中，主要是利用圆形和直线形干涉条纹.

迈克耳逊干涉仪的结构说明如图 25－2 所示. 平面镜 M_1 和 M_2 镜面的左右俯仰，除了可以通过背面的调节螺钉 5 来调节外，更精细的调节还可以通过调节它们下端的一对方向互相垂直的拉簧螺丝 11、13 来实现. M_2 的位置是固定的，而 M_1 可在精密导轨 8 上前后移动以改变两束光之间的光程差(图 25－1 中设 M_1'和 M_2 空气厚为 d)，它的位置及移动的距离可从安装在仪器一侧的毫米标尺、读数窗口 16 及微调鼓轮 12 上读出. 粗调手轮 14 每旋转一周，动镜 M_1 移动 1 mm，具体数值可由读数窗读出，它共分 100 个小格，每小格 1/100 mm. 微调鼓轮又可分为 100 个小格，它每旋转一周，M_1 镜移动 1/100 mm，因此它的分度值为 10^{-4} mm 格.

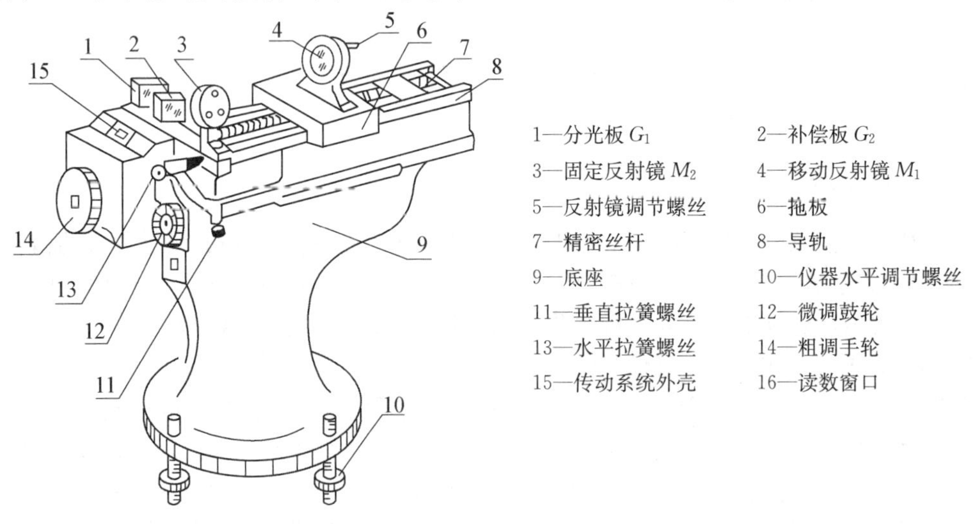

图 25－2　迈克耳逊干涉仪的结构

2. 用迈克耳逊干涉仪测氦-氖激光的波长

当 M_1' 和 M_2 完全平行时，其干涉为等倾干涉，等倾干涉图样形成的示意见图 25－3 所示. 在光源平面 S 上，以 O 点为中心的圆周上各点发出的光有相同的倾角 i_k 时，则干涉图样是由同心环状的条纹组成. 干涉条纹的位置是由光程差决定的，只要光程差有微小的变化，就可以明显地看出条纹的移动. 自 M_1 和 M_2 反射的两光波的光程差应为

$$\Delta = 2d\cos i, \qquad (25-1)$$

式中 i 为反射光(1)在平面镜 M_1 上的入射角(见图 25－1). 对于第 k 级亮条纹，则有

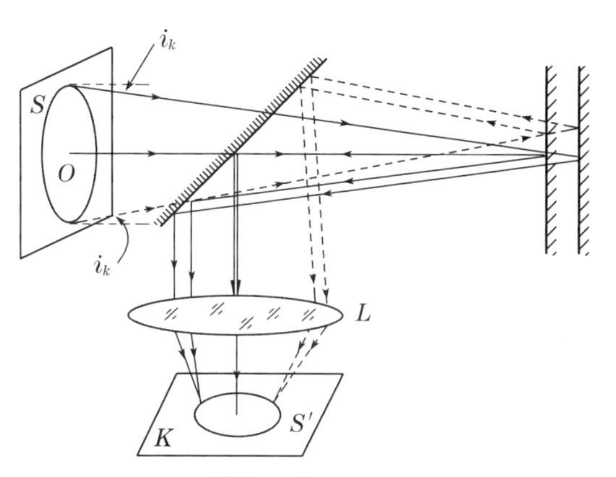

图 25－3　等倾干涉图样形成的示意图

$$2d\cos i_k = k\lambda_0, \qquad (25-2)$$

式中 λ_0 为单色光波长. 由(25－2)式可见，i_k 越小，则 $\cos i_k$ 越大，因此光程差越大，形成的干涉条纹级数 k 就越高. 但 i_k 越小，所形成的干涉圆环的直径就越小. 在圆心处($i=0$)，光程差最大：

$$\Delta = 2d = k_0\lambda_0. \qquad (25-3)$$

所以，圆心处级次最高. 同时，由(25－2)式可见，当 d 变化时，对干涉图样中某一级条纹 k_1，因为 $2d\cos i_{k1} = k_1\lambda_0$，如果 d 逐渐变小，则为保持 $2d\cos i_{k1}=$ 常数，$\cos i_{k1}$ 必须增大，即 i_{k1} 必定逐渐减小. 因此，可以看到条纹随 d 减小而逐渐缩入中心处，整体条纹变粗、变稀.

反之，d 增大时，圆环自中心“冒出”，并向外扩张，整体条纹逐渐变细、变密.

从(25－3)式看，如果 d 减小或增大半个波长，光程差 Δ 就减小或增大一个波长 λ_0，对应地就有一条条纹“缩进”中心或从中心“冒出”，当 d 变化半波长的 N 倍，即

$$\Delta d = N\frac{\lambda_0}{2}, \qquad (25-4)$$

对应地就有 N 个条纹于中心“缩进”或“冒出”. 根据这个原理，如果已知所用入射光的波长 λ_0 并数出“冒出”或“缩进”的圆环数 N，则 M_1' 和 M_2 之间的距离变化 Δd 就可求得，这就是利用干涉仪精密测量长度的基本原理. 反之，测出距离变化 Δd，数出相应的 N，即可测入射光波长.

3. 利用圆形条纹测钠光双线的波长差

当 M_1' 和 M_2 互相平行时，如果光源是绝对单色，则 M_1 镜缓缓移动时，两束光波的光程差也随着变化，虽然视场中心条纹不断“冒出”或“陷入”，但条纹的可见度不变. 所谓可见度，是指条纹的清晰程度，通常定义可见度 V 为

$$V = \frac{I_{\max} - I_{\min}}{I_{\max} + I_{\min}}, \qquad (25-5)$$

式中 $I_{\max}$ 和 $I_{\min}$ 分别是亮条纹的光强和暗条纹的光强.

如果光源包含有波长差 $\Delta\lambda$ 很小的两种波长 λ_1 和 λ_2 时，可遇到这样的情况：当波长为 λ_1 光产生的两束光〔图 25－1 中(1)和(2)两束光〕的光程差为 λ_1 的整数倍，而波长为 λ_2 的光产生

的两束光的光程差为 λ_2 的半整数倍，亦即

$$\Delta_1 = 2d_1\cos i = k_1\lambda_1, \tag{25-6}$$

$$\Delta_1 = 2d_1\cos i = \left(k_2 + \frac{1}{2}\right)\lambda_2. \tag{25-7}$$

这时，在某一地方（入射角 i 一定），波长为 λ_1 的光生成亮环，正好是波长为 λ_2 的光生成暗环的地方，如果两光波的强度相等，则由定义，条纹的可见度为零（条纹出现模糊不清）. 如果改变 d（即改变 M_1' 镜位置），从以上某一可见度为零到相邻的下一次可见度为零，即波长为 λ_2 的光产生的亮条纹和波长为 λ_1 的光产生的暗条纹，在同一位置（i 一定）上，亦即光程差为

$$\Delta_2 = 2d_2\cos i = \left(k_1 + m + \frac{1}{2}\right)\lambda_1, \tag{25-8}$$

$$\Delta_2 = 2d_2\cos i = (k_2 + m)\lambda_2. \tag{25-9}$$

这样，相邻两次出现条纹可见度为零的过程中，光程差变化 $\Delta l = \Delta_2 - \Delta_1$.

(25-8)式减(25-6)式：

$$\Delta l = \Delta_2 - \Delta_1 = 2(d_2 - d_1)\cos i = \left(m + \frac{1}{2}\right)\lambda_1; \tag{25-10}$$

(25-9)式减(25-7)式：

$$\Delta l = \Delta_2 - \Delta_1 = 2(d_2 - d_1)\cos i = \left(m - \frac{1}{2}\right)\lambda_2. \tag{25-11}$$

所以，$\Delta l = 2(d_2 - d_1)\cos i = 2\cos i \cdot \Delta d = \left(m + \frac{1}{2}\right)\lambda_1 = \left(m - \frac{1}{2}\right)\lambda_2$，可得

$$\frac{\lambda_2 - \lambda_1}{\lambda_1} = \frac{1}{m - \frac{1}{2}} = \frac{\lambda_2}{2\Delta d \cdot \cos i} = \frac{\lambda_2}{\Delta l}. \tag{25-12}$$

因为 λ_1、λ_2 差值 $\lambda_2 - \lambda_1 = \Delta\lambda$ 很小，所以，$\lambda_1 \cdot \lambda_2 \approx \lambda_0^2$，$\lambda_0$ 为 λ_1 和 λ_2 的中心波长，于是(25-12)式可变为

$$\Delta\lambda = \lambda_2 - \lambda_1 \approx \frac{\lambda_0^2}{2\Delta d \cdot \cos i} = \frac{\lambda_0^2}{\Delta l}. \tag{25-13}$$

对于干涉圆环中心来说（$i = 0$），设 M_1 镜在相继两次可见度为零时所通过的位移为 Δd，由此而引起的光程差变化为 $\Delta l = 2\Delta d\cos i = 2\Delta d$，所以，由(25-13)式可得

$$\Delta\lambda = \frac{\lambda_0^2}{2\Delta d}. \tag{25-14}$$

因此，我们只要知道两波长的中心值 λ_0 和 M_1 镜移动的距离 Δd，就可以求出两波长的波长差 $\Delta\lambda$，根据这一原理，可以测量钠光谱双线的精细结构.

4. 光源的时间相干性

时间相干性是光源相干程度的描述，它与光束谱线的宽度相联系. 实际光源发射的单色光都是在中心波长 λ_0 附近有一个谱线宽度 $\Delta\lambda$，即由 $\lambda_1 = \lambda_0 - \frac{\Delta\lambda}{2}$ 到 $\lambda_2 = \lambda_0 + \frac{\Delta\lambda}{2}$ 之间所有光波组成. 干涉时，每个波长对应一套干涉条纹. 随光程的变化，各套干涉条纹逐渐错开，直到明暗互相重叠，干涉花样完全消失（设此时光程差为 Δ_1），条纹可见度为零，以后再改变光程，又会出现干涉条纹；再改变光程，又出现干涉花样的消失（设此时光程差为 Δ_2），如此循环. 我们将

相邻两次出现干涉条纹消失时的光程差的变化 $\Delta_m = \Delta_2 - \Delta_1$ 称为相干长度，光走过 Δ_m 所需的时间为相干时间，用 Δt_m 表示，则

$$\Delta t_m = \frac{\Delta_m}{c}, \tag{25-15}$$

式中 c 为光速. 可以证明，相干长度 Δ_m 为

$$\Delta_m = \frac{\lambda_0^2}{\Delta\lambda}. \tag{25-16}$$

在本实验中，观察连续两次条纹可见度为零，动镜 M_1 所移动的距离为 d，则有

$$\Delta_m = 2\Delta d. \tag{25-17}$$

由(25-16)式可见，光源单色性越好，$\Delta\lambda$ 越小，相干长度就越大. He-Ne 激光器发出的激光 $\lambda_0 = 6\ 328$ Å，$\Delta\lambda = 10^{-3} \sim 10^{-6}$ Å，故相干长度可达几米到几公里，而白光是一种波长由 4 000～7 000 Å的连续光谱，它的相干长度约为波长数量级，即 $\Delta_m \approx \lambda$，如果用它作光源时，不同波长的光波所产生的干涉条纹明暗相互重叠，因此一般情况下看不到干涉条纹. 只在 M_1' 和 M_2 不平行而相交时，所形成的中央条纹($d=0$)的两旁还能看到几条彩色的直条纹. 或 M_1' 平行 M_2 时，在 $d=0$ 时，才能看到几条彩色的圆条纹，这种现象是白光干涉的特点.

5. 等厚干涉

当 M_1' 与 M_2 有一个很小的交角，形成一楔形空气薄层，就会出现等厚干涉条纹，经过 M_1' 和 M_2 两反射镜反射的两束光的光程差仍可近似地用 $\Delta = 2d\cos i_k$ 表示，在 M_1' 和 M_2 的相交处，$\Delta = 0$，看到的是直条纹，称为中央条纹，在中央条纹的近旁，因为 d 很小，入射角 i_k 比较小，$\cos i_k \approx 1$，则光程差主要取决于 d 的变化，因而看到的是平行于中央直条纹的直条纹，在远离相交线处，d 值逐渐增大，由光线入射角 i_k 的变化给光程差带来的影响不能忽略，则干涉条纹发生弯曲，弯曲的方向为凸向中央条纹. 实际看到的情况将是，当 M_1' 与 M_2 夹角很小，且两平面镜离得很近时(近乎重合)，我们方能看到直条纹，在其两侧随 d 增加时，条纹逐渐变得弯曲，而且两侧弯曲方向正相反，都凸向中央条纹.

四、必修实验内容

1. 用迈克耳逊干涉仪测氦-氖激光的波长

(1) 调整仪器

点燃 He-Ne 激光器，让经过扩束透镜的激光束照射到迈克耳逊干涉仪的分光板 G_1 上，手持叉丝环(或针尖)置于上述光源与扩束透镜之间，在图 25-1 所示 O 处，沿着 OG_1M_1 的方向进行观察，如果仪器调整好的话，则在视场中所见到的是叉丝(或针尖)的双形，这时必须调节 M_1、M_2 镜面的方向(调背后的调节螺钉)，直到双形重合，这时干涉条纹即会出现.

干涉条纹出现后，其形状、大小、位置和清晰程度等都和 M_1、M_2 两镜面的方位及 M_1 镜的位置有关. 调节时可用一块毛玻璃(连支架)置于 O 处，接收干涉条纹，则应观察到干涉图样. 慢慢地调节 M_1 和 M_2 两镜背后的调节螺钉以调节镜面方位，使条纹成圆形，此时 M_1 和 M_2 就相互垂直，M_1' 和 M_2 就完全平行. 调节时还必须做到：不用毛玻璃接收屏观看，用肉眼观看，左右前后移动眼睛时，各圆的直径大小不变，仅仅圆心随着眼睛移动，这时仪器的调节才算完成.

在整个调节过程中，要十分细心、耐心，注意掌握每一部件在调节时所引起的干涉条纹的变化规律.

(2) 测量和计算

当圆形条纹的调节完成后，再慢慢地转动微调鼓轮(如图 25－2 的 12)，可以观察到在毛玻璃接收屏上的干涉条纹会出现中心条纹向外一个一个涌出(或者向内陷入中心). 当我们开始数中心条纹长出(或陷入)的个数时，应先记下 M_1 镜的位置 d_1(由鼓轮及读数窗口读)，当数到中心条纹向外长出(或向内凹陷)100 个时，停止转动转盘，再记下 M_1 镜的位置 d_2，此时，M_1 镜移动的距离 $\Delta d=|d_2-d_1|$可算出，再用 $N=100$，代入公式(25－4)式即可算出待测光波的波长 λ.

重复上述步骤三次，取其平均值$\bar{\lambda}$，计算测量误差，并与公认值比较.

注意：在测量过程中，一定要非常细心，十分缓慢地、均匀地转动微调鼓轮，并准确地记录 M_1 镜的位置，为了防止引进螺距差，每次测量必须沿同一方向旋转，不得中途倒退.

2. 利用圆形条纹测钠光双线的波长差

(1) 仪器的调整

将 He－Ne 激光器换成钠光灯，同上仪器调整的方法将仪器调整好.

(2) 测量和计算

圆形干涉条纹调好后，缓慢移动 M_1 镜，使视场中心的可见度趋于零，记下此时 M_1 镜的位置 d_1，再沿原来方向移动 M_1 镜，直至可见度为零的情况再次出现，记下此时 M_1 镜的位置 d_2 即可得 $\Delta d=|d_2-d_1|$.

(3) 依上述步骤重复三次，求得 Δd 的平均值，代入(25－14)式，即可计算出钠光谱双线(也称 D 双线)的波长差 $\Delta\lambda$(λ_0 取 5 893 Å).

五、选修实验内容

1. 观察等厚干涉条纹.

(1) 认真调节镜面，直到出现等厚干涉条纹(用 He－Ne 激光作光源). 观察干涉条纹的形状并进行分析.

(2) 转动粗调手轮或微调鼓轮使 M_1 镜移动，观察干涉条纹从弯曲变直，再变弯曲.

(3) 在干涉条纹变直的时候，换上白炽灯光源，缓慢地移动 M_1 镜，观察白光彩色干涉条纹.

2. 滤光片中心波长 λ_0 和半通带宽度 $\Delta\lambda$ 的测定.

滤光片是获得单色光的常用光学器件，试设计一个方案，测某一滤光片的中心波长 λ. 并利用(25－14)式测定半通带宽度 $\Delta\lambda$.

注意：由于滤光片获得的单色光的相干长度较短(单色性较差)，因此本实验内容需要在观察到白光彩色干涉条纹后，再插入滤光片进行实验.

3. 测钠光灯光源的相干时间(自行设计实验方案).

六、数据记录与处理

数据列表自拟，并分析仪器误差引入的不确定度.

七、思考题

1. 当白光彩色干涉条纹出现在视场中央后，如果在图 25－1 所示的光路(1)中插入一块

折射率为 n，厚度为 x 的均匀薄玻璃片，彩色条纹将会消失. 当移动 M_1 镜 Δd 距离后(应该向什么方向移动？为什么?)，彩色条纹再次出现在视场中央，如果空气折射率为 1，试证明

$$\Delta d = x(n-1).$$

2. 等厚干涉条纹产生的条件是什么？d 大时，能不能出现等厚条纹？

3. 图 25-1 中，在半镀银反射镜(即分光板 G_1)和一反射镜(M_2)之间的补偿板 G_2 的作用是什么？如没有补偿板，会有椭圆现象产生，为什么？

4. 为什么用激光器比用其他光源更容易得到干涉条纹？

实验 26　偏振现象的实验研究

一、实验目的

设计实验方案观察光的偏振现象，加深对光偏振的认识；掌握产生和检验偏振光的基本原理和方法；根据旋光偏振测定糖溶液的浓度.

二、仪器和用具

偏振片；白光光源；照明聚光镜；滤色镜；激光器；减光片；钠光灯；波片；双折射晶体；反光镜；玻璃堆；投影屏；分光计及附件；光具座及附件；实验平台；检流计、光电池、示波器、双频信号仪等.

三、实验原理

光波是电磁波，光波中应含有电振动矢量 $\vec{E}$ 和磁振动矢量 $\vec{H}$，$\vec{E}$ 和 $\vec{H}$ 都和传播速度 $\vec{v}$ 垂直，因此光波是横波. 实验事实表明，产生感光作用和生理作用的是光波中的电矢量，所以讨论光的作用时，只需考虑电矢量 $\vec{E}$ 的振动，$\vec{E}$ 称为光矢量，$\vec{E}$ 的振动称为光振动. 我们把光振动方向与波的传播方向所确定的平面，称为振动面. 从光源发出的光，具有与光波传播方向相垂直的一切可能的振动，这些振动的取向是杂乱的，而且是不断变化的，它们的总和从统计上来看是以光传播方向为对称轴的，这种光称为自然光. 自然光经过媒质的反射、折射和吸收以后，能使光波电矢量的振动在某一方向具有相对的优势，这种取向的作用称为光的偏振. 若电矢量的振动在传播过程中只限于某一确定的平面内，这样的光称为平面偏振光(由于它的电矢量的末端轨迹为一直线，故亦称为线偏振光). 若振动只是在某一确定的方向上占有相对优势，则称为部分偏振光. 此外，还有一种偏振光，它的电矢量随时间作有规则的改变，电矢量末端在垂直于传播方向的平面上的轨迹呈圆或椭圆，这样的偏振光称为圆偏振光和椭圆偏振光. 能使自然光变成偏振光的装置或仪器，称为起偏器. 用来检验光是否偏振的装置或仪器，称为检偏器.

1. 平面偏振光的产生

(1) 反射产生偏振

如图 26-1 所示，当一束自然光以入射角为 i_B 从空气中入射到折射率为 n 的非金属(如玻璃、水等)界面上时，如果

$$i_B = \arctan n, \tag{26-1}$$

则从界面上反射出来的光为平面偏振光，其振动面垂直于入射面(即图 26 - 1 的纸面)，而透射光为部分偏振光.(26 - 1)式即布儒斯特定律，i_B 称为布儒斯特角，也称为全偏振角. 对于 $n = 1.5$ 的玻璃，$i_B \approx 56.3°$. 当任意角入射时，反射光只是部分偏振光(图中"•"表示垂直于纸面的偏振；"/"表示平行于纸面的偏振).

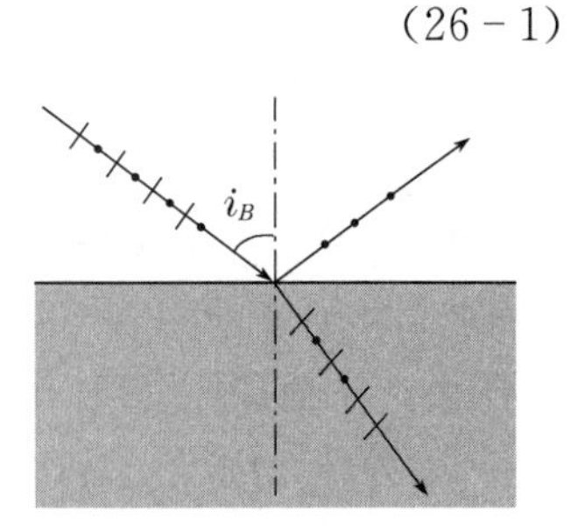

图 26 - 1　反射产生偏振

(2) 折射产生偏振

当自然光以布儒斯特角平行地入射到叠在一起的多层玻璃片(即玻璃堆)时，由于每经一层玻璃片反射后，透射光中垂直于入射面的分振动均递减一部分，如图 26 - 2 所示. 随着玻璃片数的增加，经多次折射，垂直于入射面的振动逐渐减弱，在入射面内的振动的相对优势就越来越大. 这样，透射光的偏振程度就越来越高，近乎是振动在入射面的平面偏振光.

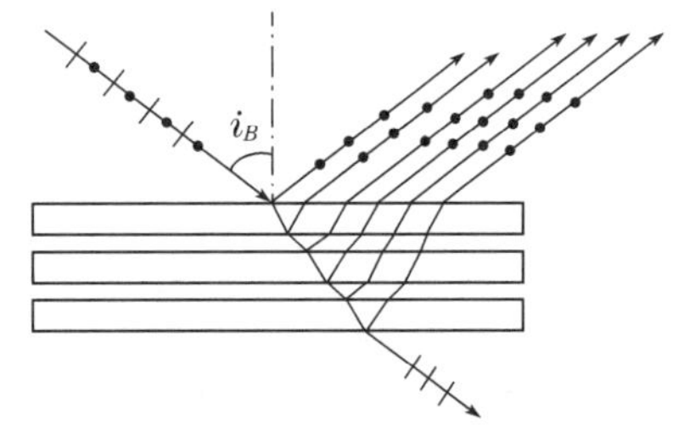

图 26 - 2　折射产生偏振

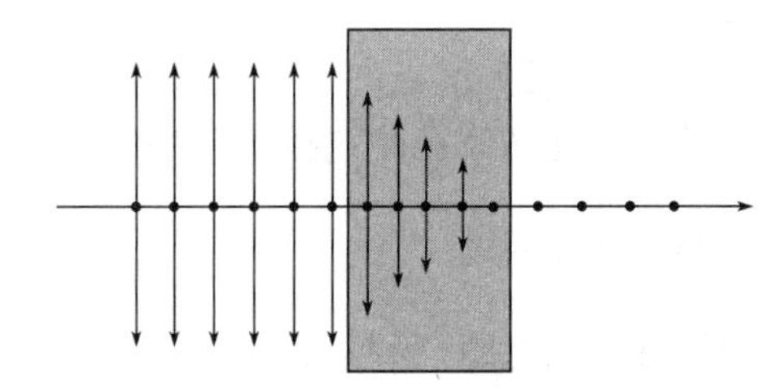
图 26 - 3　选择吸收产生偏振

(3) 二向色性晶体选择吸收产生偏振

二向色性晶体(如电气石、人造偏振片)对两个相互垂直振动的电矢量具有不同的吸收本领，这种选择吸收性称为二向色性. 当自然光通过这种二向色性的晶体时，晶体使光线在其内部分解为振动相互垂直的两种成分的偏振光，其中某一成分的振动几乎被完全吸收；而另一成分透射时几乎没有损失，如图 26 - 3 所示，那么透射的光就成为平面偏振光.

(4) 晶体双折射产生偏振

当一束光射到各向异性介质(如方解石)中时，折射光线将分成两束，这种现象称为双折射，如图 26 - 4所示. 由图可见，当入射光垂直于晶体表面时，一束折射光(o 光)仍沿原来的方向在晶体中传播，这束光遵从折射定律，称为寻常光. 另一束光(e 光)在晶体内偏离原方向传播，对于这束光，即使入射角为零，折射角却不为零，不遵从折射定律，所以这一束光称为非常光. 寻常光遵从折射定律，而非常光的入射角正弦与折射角正弦之比不是一个常数，且一般情况下，非常光线不在入射面内，它的折射角以及入射面和折射面之间的夹角不仅和原来的入射角有关，而且还和晶体的取向有关.

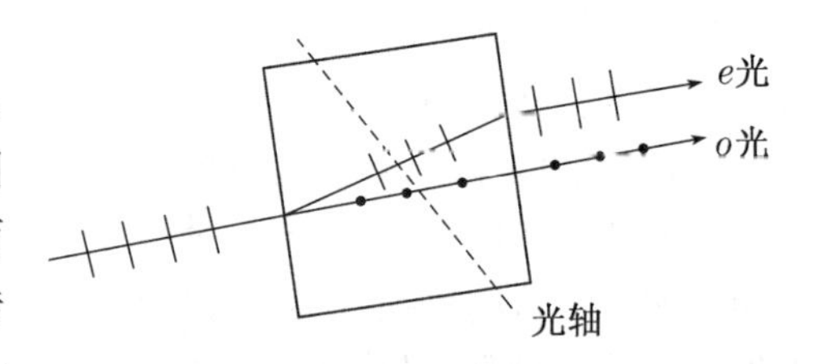

图 26 - 4　晶体双折射产生偏振

晶体内存在一些特殊的方向，沿着这些方向传播的光并不发生双折射，在晶体内平行于这些特殊方向的任何直线叫作晶体的光轴(光轴仅标志一定的方向，并不限于某一条特殊的直线). 只有一个光轴的晶体叫作单轴晶体(如方解石、石英等)，有两个光轴的晶体叫作双轴晶体

(如云母、硫磺等),我们只介绍一下单轴晶体的情况. 包含晶体光轴和一条给定光线的平面,叫作与这条光线相对应的晶体的主截面.

寻常光的振动面垂直于自己的主截面,非常光的振动面平行于自己的主截面,当光轴位于入射面内时,上述两个主截面严格地互相重合,这时出射的两束光的振动面互相垂直,出射的 e 光和 o 光是相互垂直的平面偏振光.

2. 圆偏振光、椭圆偏振光的产生、波片

平面偏振光垂直入射到晶体表面,而这晶体表面与该晶体的光轴平行时,则 o 光和 e 光在晶体内将沿同一方向传播,但它们传播的速度不一样. 这两束光经过一定厚度的该晶片后,两者之间将产生一定的相位差(入射时相位相同),设入射的平面偏振光的振动方向与光轴的夹角为 α,振幅为 A,垂直入射于晶片,如图 26-5 所示,则由图可知,o 光和 e 光的振幅分别为 $A_o = A\sin\alpha, A_e = A\cos\alpha$. 如果晶片厚为 d,o、e 光折射率分别为 n_o 和 n_e,则透过晶片后 e 光和 o 光彼此间的相位差为

$$\delta = \frac{2\pi}{\lambda_0}(n_o - n_e)d, \tag{26-2}$$

式中 λ_0 表示光在真空中的波长. 因此,平面偏振光通过晶片后,可视为两个具有不同振幅、一定相位差,沿同一方向传播,且振动方向互相垂直的两束平面偏振光的叠加,其合振动矢量的端点的轨迹,一般来说是椭圆. 因此,称为椭圆偏振光. 在振幅相同的特殊情况,椭圆退化为圆,称为圆偏振光. 决定椭圆形状的主要因素是入射光的振动方向与光轴的夹角 α 和晶片的厚度 d.

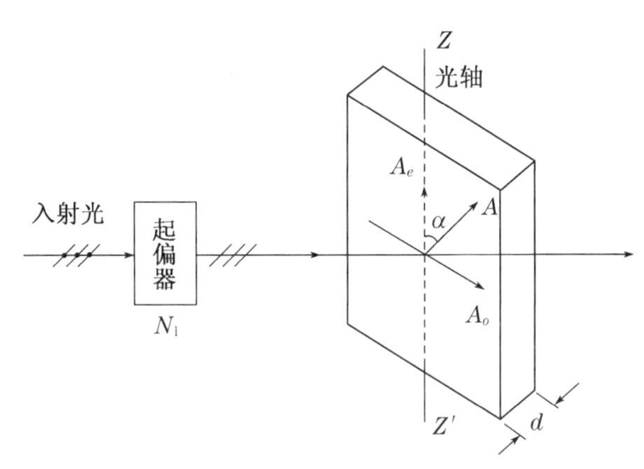

图 26-5 偏振光经过晶体

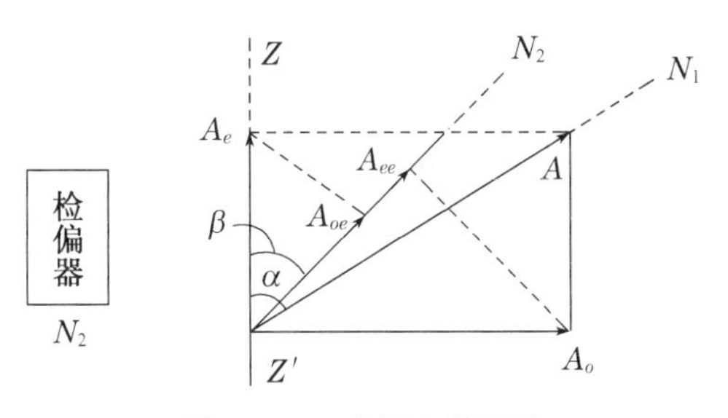

图 26-6 偏振光的干涉

(1) 如果晶片厚度 d 的取值使透射出的 o 光和 e 光，对于某一单色光产生相位差 $\delta = 2k\pi$ $(k=1,2,\cdots)$，这样的晶片称为全波片. 平面偏振光通过全波片后，仍为平面偏振光，其振动面与入射光相同.

(2) 如果通过晶片产生相位差 $\delta=(2k+1)\pi(k=0,1,2,\cdots)$，这样的晶片为 1/2 波片. 如果入射光振动面与 1/2 波片光轴的夹角为 α，则穿过晶片后的光仍为平面偏振光，不过其振动面相对于入射光的振动面将转过 2α 角.

(3) 若通过晶片产生的相位差 $\delta=(2k+1)\pi/2(k=0,1,2,\cdots)$，则从晶片出射的光是椭圆偏振光，这样的晶片为 1/4 波片. 但当 $\alpha=0$、$\pi/2$ 时，椭圆偏振光退化为平面偏振光；而当 $\alpha=\pi/4$ 时，则为圆偏振光.

换言之，1/4 波片可使平面偏振光变成椭圆或圆偏振光；反之，也可使椭圆或圆偏振光变成平面偏振光.

(4) 若通过晶片产生的相位差 δ 不为以上各值时，则均为椭圆偏振光.

3. 偏振光的干涉

光的相干条件是频率相同的两束光波在相遇点有相同的振动方向和固定的相位差，这是产生干涉的必要条件. 要获得两束相干的平面偏振光，它们也必须满足上述必要条件.

以单色平面偏振光的干涉为例：

一束自然光经起偏器 N_1(如图 26-5 所示)起偏变成振幅为 A 的平面偏振光，使其通过晶片，射到检偏器 N_2 上. 图 26-6 表示通过检偏器 N_2 迎着光线观察到的振动情况. 图中，N_1、N_2 及 ZZ' 分别表示起偏器、检偏器和晶片光轴的方向，α、β 分别是 N_1 与 N_2 对光轴 ZZ' 的夹角，从晶片透过的 o 光和 e 光的振幅分别为 $A_o=A\sin\alpha$，$A_e=A\cos\alpha$.

A_o 与 A_e 存在相位差 δ(与晶片厚有关)，穿过 N_2 后，两光只存在平行于 N_2 的振动面的分量 A_{oe} 和 A_{ee}，其大小为

$$\begin{cases} A_{oe}=A_o\sin\beta=A\sin\alpha\cdot\sin\beta, \\ A_{ee}=A_e\cos\beta=A\cos\alpha\cdot\cos\beta. \end{cases} \tag{26-3}$$

可见，A_{oe}、A_{ee} 这两光是同频率、振幅不等但振动在同一平面内(N_2 方向)的两束相干光，因此，透射光的强度按双光束干涉进行光强分布：

$$\begin{aligned} I_2 &= A_{oe}^2+A_{ee}^2+2A_{oe}\cdot A_{ee}\cos\delta \\ &= I_1[\cos^2(\alpha-\beta)-\sin 2\alpha\cdot\sin 2\beta\cdot\sin^2(\delta/2)], \end{aligned} \tag{26-4}$$

式中 $I_1=A_2$ 为起偏器 N_1 透射的平面偏振光的相对强度，从(26-4)式可看出：

① 当 α(或 β)$=0$，$\pi/2$ 或 π 时，则

$$I_2=I_1\cos^2(\alpha-\beta), \tag{26-5}$$

即透射光强遵循马吕定律变化，即与 N_1 与 N_2 交角的余弦平方成正比，因此和不使用波片时一样.

② 当 N_1 与 N_2 正交时，即 $\alpha-\beta=\pi/2$，此时，

(ⅰ) 如果 α(或 β) $=0,\pi/2$，则 $I_2=0$，这时透过 N_2 的视场全暗，发生了干涉相消，出现消光现象.

(ⅱ) 如果 $\alpha=\pi/4$，则 $\beta=-\pi/4$，这时，如果 $\delta=\pi$(半波片)，则 $I_2=I_1$，即经 N_1 起偏后，通过 N_2 中的光发生相长干涉. 因此，N_1 与 N_2 正交时，半波片旋转一周($\alpha=0\sim2\pi$)，视场内出现四次消光现象.

(ⅲ) 当 N_1 与 N_2 平行时，即 $\alpha-\beta=0$，通过 N_2 的光强与 $N_1 \perp N_2$ 时的情况互补.

4. 色偏振现象——白色自然光的干涉

图 26-5 中，入射光如果是白色自然光，固定 N_1 位置(即起偏器 N_1 不转动)和晶片位置(即 α 固定不变)，但 α 不等于 0 或 $\pi/2$，转动检偏器 N_2 可改变 β 的值. 如果 $N_1 \perp N_2$，即 $\alpha-\beta=\pm\pi/2$，则(26-4)式可写成

$$I_2 = I_1 \cos^2(\alpha+\beta)\cdot\sin^2(\delta/2) = I_1 \sin^2 2\alpha\cdot\sin^2(\delta/2), \tag{26-6}$$

式中，δ 对于各种不同波长的光是不同的，则透过 N_2 的光强也不相同，如果晶片正好是波长为 λ_i 的半波片，则 $\delta_i=\pm\pi$，$\sin^2(\delta/2)=1$. 所以该波长的色光透过 N_2 的光强最强，而其他波长光强较弱，因而在透射光中，将以波长为 λ_i 的光为主，并混有其他强度不同的色光. 当 $N_1 // N_2$，即 $\alpha=\beta$ 时，由(26-4)式可得

$$I_2 = I_1[1-\sin^2 2\alpha\cdot\sin^2(\delta/2)]. \tag{26-7}$$

此时，波长为 λ_i 的光在 N_2 中发生相消干涉，故透射光中这种成分的光减至最小值(当 $\alpha=\pi/4$ 时，减小至零)，在这种情况下，透射光的颜色是上一种情况的互补色.

当 N_2、N_1 的相对取向保持不变，转动晶体，透射光的颜色也将发生连续的变化，这表示在透射光中，不同波长的光强度因其在 N_2 中干涉情况的变化而变化.

我们把上述这些由于晶片对白光中不同波长引起的 o 光与 e 光之间不同的相位差，并在检偏器 N_2 中产生不同强度的干涉，因而在转动 N_2 或 N_1 或晶片时，出现透射光颜色发生变化的现象，称为色偏振现象.

由(26-6)式可知，当 N_1 和 N_2 的偏振轴正交时，透射光的颜色将取决于 δ，即完全取决于晶片的厚度与其光学性质，如果晶片材料及切割的取向一定，则一定的厚度将与一定的颜色相对应.

5. 偏振面的旋转——旋光性

当平面偏振光在晶体内沿其光轴方向传播时，应该像在各向同性的均匀介质中传播一样，不发生双折射. 但对于某些晶体，例如石英，当平面偏振光沿其光轴方向传播时，却发现透射光虽仍为平面偏振光，但其振动面相对于原入射光的振动面旋转了一个角度，晶体的这种性质称为旋光性. 有的物质使振动面沿顺时针方向旋转，有的则沿逆时针，分别称为右旋物质(例如葡萄糖)和左旋物质(例如果糖). 由实验可知，旋转的角度 Φ 与其所通过物质的厚度成正比，若所通过的物质为溶液，则又与溶液的浓度成正比. 此外，旋转角还与入射光波长及溶液温度有关.

对溶液来说，振动面的旋转角为

$$\Phi = \rho l c, \tag{26-8}$$

式中 l 为以 dm 为单位的液柱长；c 为溶液的浓度，单位为 g/cm^3；ρ 为比例系数，称为旋光率，它与该物质的性质和入射光的波长有关. 旋光率的定义：平面偏振光通过 1 dm 长的液柱，在 1 cm^3溶液中含有 1 g 旋光性物质时所产生的旋转角，纯洁蔗糖的旋光率在 20 ℃时，对于钠光经多次测定确认为 $\rho=66.5^\circ/(dm\cdot g/cm^3)$，因此，若测出糖溶液的旋转角 Φ 和液柱长 l，即可由(26-8)式算出蔗糖溶液 1 cm^3 中所含纯蔗糖的克数 c. 专门用来测量糖溶液浓度的旋光计，称为糖量计.

四、实验内容

在光具座上或在分光计载物台上或在实验平台上自拟光路进行实验.

1. 观测反射引起偏振

(1) 让自然光入射反光镜观察反射光的偏振情况，并找出布儒斯特角.

(2) 让偏振光入射反光镜观察反射光光强变化.

(3) 画出实验光路图，并解释现象.

2. 观测折射引起的偏振

解释现象并画出实验光路图.

3. 观测双折射引起的偏振

(1) 自建光路后，让自然光入射双折射晶体并能在屏上成像.

(2) 转动晶体，观察屏上像的运动情况，判断哪个是 e 光，哪个是 o 光.

(3) 检验出射光的偏振情况，对照原理总结实验结果.

4. 验证马吕定律

(26-5)式即马吕定律的数学表示式. 试用光电池结合检流计设计测量方法，并定量检测以验证定律.

实验光路可这样安排:

光源→滤色片→起偏器→检偏器→光电池→电流计;

或者:激光器→减光片→起偏器→检偏器→光电池→电流计. 建议用图示法验证.

五、选修实验内容

1. 观测光的偏振状态——观察椭圆、圆、线偏振状态之间的转化

实验光路可这样安排:

光源→光栏→滤色片→聚光镜→起偏器→波片(1/4 波片或 1/2 波片)→检偏器→屏.

实验方法提示:

(1) 用 1/4 波片时，让起偏器偏振轴与 1/4 波片光轴夹角 α 分别为 0 和 $\pi/2$，观察由 1/4 波片出射的光的偏振状态(应该是线偏振光)—— 转动检偏器观察光强变化情况，记录并作出解释;让起偏器与波片成 $\pi/4$，则出射光应为圆偏振光，转动检偏器，屏上光强几乎不变;让起偏器与波片成其他角，则为椭圆偏振光.

(2) 用 1/2 波片取代 1/4 波片，让起偏器与波片成任意角 α，观察由波片出射的光的偏振状态(应该是线偏振光，振动方向与起偏器成 2α).

2. 单色平面偏振光的干涉

光路可同上“1”安排.

实验方法提示:

(1) 使起偏器与波片(1/4 波片或 1/2 波片任选一)成 0 度或 $\pi/2$，转动检偏器，由检偏器透射光强符合(26-5)式，移开波片，由检偏器透射的光强仍符合(26-5)式.

(2) 使起偏器与检偏器成正交，让起偏器与 1/2 波片或 1/4 波片夹角 $\alpha=0$ 或 $\pi/2$，这时，由检偏器透射光最暗，发生干涉相消.

(3) 使起偏器与 1/2 波片成 $\pi/4$，起偏器与检偏器成正交，则由检偏器透射光最强，发生相长干涉.

(4) 使起偏器与检偏器成正交，1/2 波片旋转一周，视场内出现几次消光现象?

(5) 使起偏器与检偏器成平行，类似上述(2)～(4)，改变起偏器与波片的夹角，看看透过

检偏器的光强是否与起偏器同检偏器正交时的情况有互补关系.

3. 色偏振现象——白色自然光的干涉

光路可同上"1"安排,但要去掉滤色片,并用白光光源.

实验方法提示:

(1) 观察互补色

① 固定起偏器和 1/2 波片(或 1/4 波片)位置,即图 26-5 或图 26-6 的 α 值固定,但要使 $\alpha \neq 0$ 或 $\pi/2$. 转动检偏器,使与起偏器正交,观察由检偏器透射光的颜色.

② 转动检偏器,使与起偏器平行,观察此时从检偏器透射光的颜色,此颜色即上述颜色的互补色.

(2) 观察色偏振现象

让起偏器、检偏器相对取向保持不变,转动波片(1/2 或 1/4 波片),观察由检偏器透射的颜色变化情况,并做记录和分析.

4. 旋光偏振,测定糖液的浓度

实验光路可这样安排:

光源→光栏→滤色片→聚光镜→起偏器→旋光液盒→检偏器→屏(或光电池+检流计).

实验方法提示:

(1) 暂不装旋光液盒,转动检偏器使出光全暗(或光电流最小),记录检偏器的偏振轴坐标 Φ_0.

(2) 将旋光液盒装上,即可发现放入旋光液后,偏振光振动面旋转了(何以知道?).

(3) 转动检偏器,使出光全暗(或光电流最小),记下此时检偏器的坐标 Φ_1,算出 $|\Phi_1-\Phi_0|$ 值 Φ.

(4) 重复(1)~(3)三次,求 Φ 的平均值,测出旋光液盒长 l,根据实验室提供数据 ρ,按(26-8)式计算待测旋光性物质的浓度 c,并分析测量不确定度.

5. 用双频调相仪和示波器设计实验方案以模拟椭圆偏振光的形成

设计实验方案分别模拟以上选修实验内容的"1"和内容"2".

六、数据记录与处理

要求画出各实验内容你所设计的光路,叙述各实验内容的相关现象,并分析这些现象与理论值是否吻合.

用图示法描述实验现象的,需结合图表给出相关结论.

其他定量测定的数据结果需给出结果的标准式(即进行不确定度评定),并提出实验方案中存在的问题或改进方案.

七、思考题

1. 一束自然光入射到一理想起偏器和理想检偏器组成的媒质,求在下列情形下,理想起偏器和理想检偏器两个偏振轴之间的夹角为多少?

(1) 透射光强度是入射自然光强度的 1/3;

(2) 透射光是最大透射光强度的 1/3.

2. 如果在互相正交的偏振片 N_1 和 N_2 中间插入一块 1/2 波片,使其光轴和起偏器的偏振轴平行，那么，透过 N_2 检偏器的光是亮还是暗？为什么？将 N_2 转 90°后又怎样？

3. 平面偏振光通过 1/4 波片后，可变成哪些偏振光？

4. 两个光轴相互平行的 1/4 波片相当于一个什么波片？若一平面偏振光通过它们将会变成什么样的偏振光？

5. 一个椭圆偏振光通过 1/4 波片后，在什么情况下可成为一个平面偏振光？（提示：利用光的可逆原理）

实验 27　硅半导体太阳能电池基本特性测定

一、实验目的

了解硅半导体太阳能电池发电的基本原理；理解太阳能电池的输出特性；掌握太阳能电池性能的测试方法.

二、实验仪器和用具

太阳能电池板，太阳能电池基本特性测试仪，光功率计，白光源，导轨及滑块，电阻箱，连接线等.

三、实验原理

1. 太阳能电池的基本原理

硅或锗原子最外层有四个电子，在硅锗晶体材料中，每一个原子最外层的四个电子和临近原子最外层的四个电子恰好形成四个共价键. 这些电子只有在吸收到较高能量后才能够脱离原子的束缚，发生移动参与导电. 纯硅锗材料叫作本征半导体，晶体内只有极少数能导电的电子，导电性能很差. 但当硅锗晶体中掺入其他杂质，部分原子被替换，导电性能会得到很大提高. 如掺入五价元素磷，就会多出一些不在共价键上的活跃可移动电子，形成 N(Negative)型半导体；如掺入三价元素硼，共价键就会缺失一个电子，形成类似于正电荷性质的空穴，附近的电子可以跃迁过来补充不成对的共价键，从而使空穴位置发生移动，好像是有正电荷在传导电流一样，这叫作 P(Positive)型半导体.

当 P 型和 N 型半导体结合在一起时，在两种半导体的交界面区域里会形成一个特殊的薄层，叫作 PN 结. 由于 P 型半导体空穴多，N 型半导体自由电子多，出现粒子浓度差. N 区的电子会扩散到 P 区，P 区的空穴会扩散到 N 区. 扩散到 P 区的电子带负电，扩散到 N 区的空穴表现为正电荷，就形成了一个由 N 区指向 P 区的内电场，阻止扩散持续进行. 扩散效应和内电场达到平衡后，界面两边存在一定的电势差.

从 PN 结的形成原理可以看出，要想让 PN 结导通允许电流流过，必须消除其内部电场的阻力. 很显然，给它加一个反方向的更大的电场，即 P 区接外加电源的正极，N 区接负极，就可以抵消其内电场，使载流子可以继续运动，从而形成正向电流. 而 P 区接负极，N 区接正极则会增强内电场，使载流子运动的阻力更大，PN 结不能导通，仅有极微弱的反向电流（由少数载流子的漂移运动形成）. 这就是 PN 结单向导通的特性.

硅太阳能电池片的物理结构就是平面 PN 结，如图 27－1 所示. 当半导体晶片受到光照后，部分电子就会吸收到光子的能量而脱离原子的束缚，从而形成电子-空穴对(电子并未逸出材料形成光电子，还留在材料内部，这种现象叫作内光电效应). 在 PN 结中内电场的作用下，电子往 N 区移动，空穴往 P 区移动，从而形成从 N 区到 P 区的电流，在 PN 结中形成电势差，这就形成了电源. P 区为电源的正极，底面镀有金属薄层电极，N 区为负极，为了更大的光照面积，收集电子的负电极制造成细栅条形.

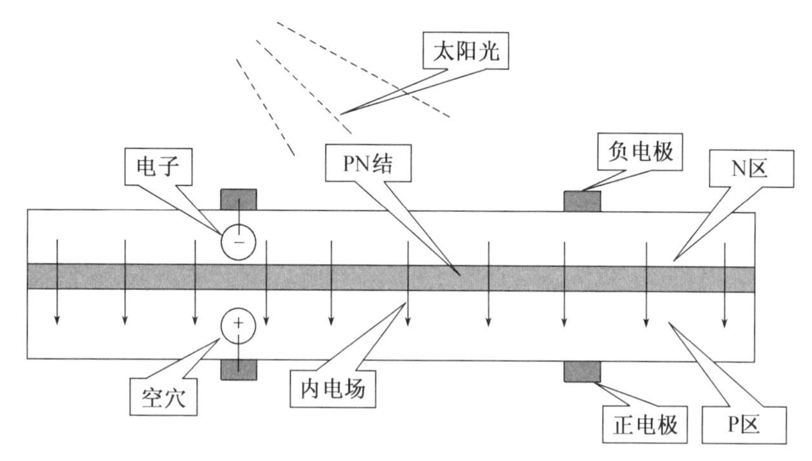

图 27－1　太阳能电池原理图

按照硅材料内部结构的规则有序性，可以分为单晶硅、多晶硅和非晶硅的电池片，光电转换效率和制造成本逐次降低.

2. 太阳能电池的输出特性

硅太阳能电池在没有光照时，其特性可视为一个二极管. 其正向偏压 U 与电流 I 的关系式为

$$I = I_0(e^{\beta U} - 1), \tag{27-1}$$

式中，I 为通过二极管的电流，I_0 和 β 是常数，I_0 为反向饱和电流.

太阳能电池的理论模型可看作由一个理想电流源、一个理想二极管、一个并联电阻 R_{sh} 和一个电阻 R_s 所组成，如图 27－2 所示.

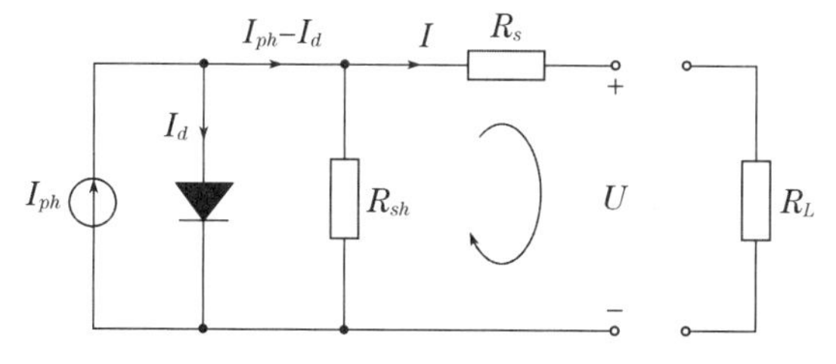

图 27－2　太阳能电池模型电路图

图 27－2 中，I_{ph} 为太阳能电池在光照时的等效电源输出电流，I_d 为光照时通过太阳能电池内部二极管的电流. 由基尔霍夫定律得

$$IR_s + U - (I_{ph} - I_d - I)R_{sh} = 0, \tag{27-2}$$

式中，I 为太阳能电池的输出电流，U 为输出电压. 由(27-2)式可得

$$I\left(1+\frac{R_s}{R_{sh}}\right)=I_{ph}-\frac{U}{R_{sh}}-I_d. \tag{27-3}$$

假定 $R_{sh}=\infty$ 和 $R_s=0$，太阳能电池可简化为图 27-3 所示电路.

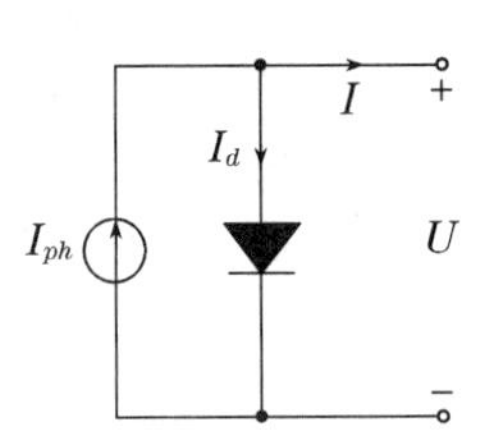

图 27-3 太阳能电池模型简化电路

图 27-3 中，$I=I_{ph}-I_d=I_{ph}-I_0(e^{\beta U}-1)$. 在短路时，$U=0, I_{ph}=I_{sc}$；而在开路时，$I=0, I_{sc}-I_0(e^{\beta U_{oc}}-1)=0$. 有

$$U_{OC}=\frac{1}{\beta}\ln\left[\frac{I_{sc}}{I_0}+1\right], \tag{27-4}$$

(27-4)式即在 $R_{sh}=\infty$ 和 $R_s=0$ 的情况下，太阳能电池的开路电压 U_{oc} 和短路电流 I_{sc} 的关系式，而 I_0、β 是常数.

太阳能电池最重要的特性参数是光电能量转换效率，用符号 η 表示，它的值是太阳能电池最大输出电功率与入射光功率之比，即

$$\eta=\frac{P_{\mathrm{m}}}{P_{in}}=\frac{I_{\mathrm{m}}U_{\mathrm{m}}}{P_{in}}=\frac{U_{oc}I_{sc}FF}{P_{in}}, \tag{27-5}$$

式中，P_{in} 是在整个太阳能电池正面入射光的总功率，P_{m} 是太阳能电池最大输出电功率，I_{m} 和 U_{m} 是对应于 P_{m} 时的电流和电压. FF 是填充因子，是太阳能电池 $I-U$ 特性曲线内所含最大功率面积与开路短路相应的矩形面积(理想形状)比较的量度. PN 结的指数函数特性决定 FF 不可能达到 100%. FF 越大，太阳能电池的质量越高. FF 的典型值通常处于 60%～85%，由太阳能电池的材料和器件结构决定.

开路电压 U_{oc}、短路电流 I_{sc} 和填充因子 FF 三个参数决定太阳能电池的效率 η.

四、必修实验内容

1. 测量太阳能电池的光照效应与光电性质

实验光路如图 27-4 所示，光源和滑块的位置可在导轨上进行调整.

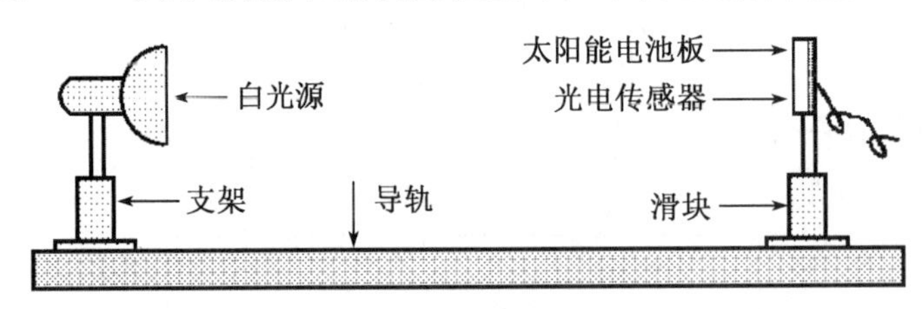

图 27-4 实验光路示意图

(1) 按照图 27-4 安置白光源、光电传感器.

(2) 用连接线将光电传感器连接到光功率计传感器输入口.

光功率计的面板如图 27-5 所示，它由传感器输入口、显示屏和一组量程选择按钮(三个)组成。

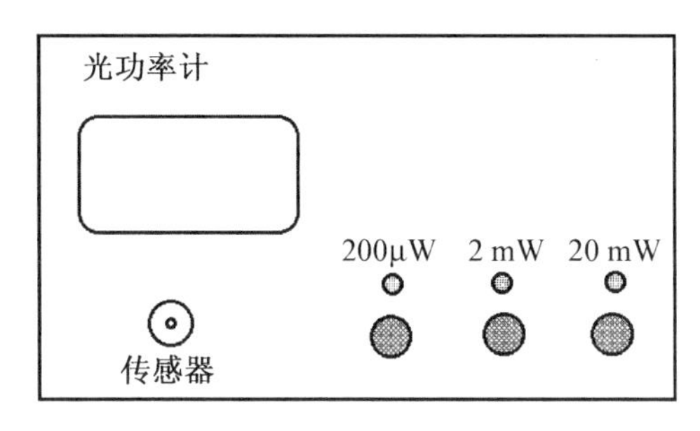

图 27－5　光功率计面板

(3) 用光功率计测量滑块在不同位置时，光电传感器接收到的光功率 P_r.

合理选择光功率计的量程，点亮白光源，移动滑块(即改变了光电传感器的光照强度)，记录滑块的坐标位置和相应位置下光电传感器接收到的光功率 P_r.

(4) 用太阳能电池基本特性测试仪测量太阳能电池的开路电压 U_{oc} 和短路电流 I_{sc}.

太阳能基本特性测试仪可以测量电压(有两种量程)、电流(有两种量程)，同时也可提供直流电压输出. 其面板如图 27－6 所示.

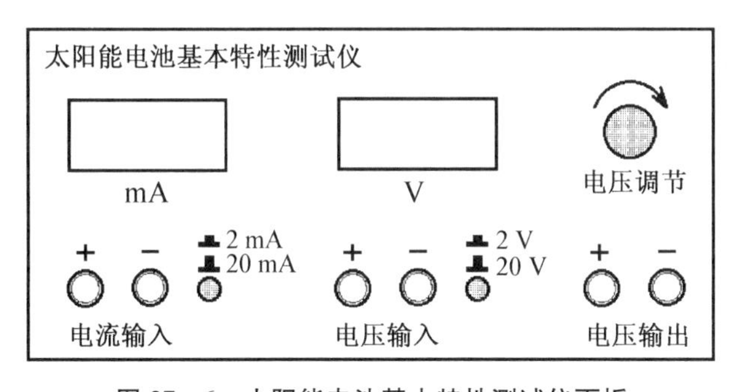

图 27－6　太阳能电池基本特性测试仪面板

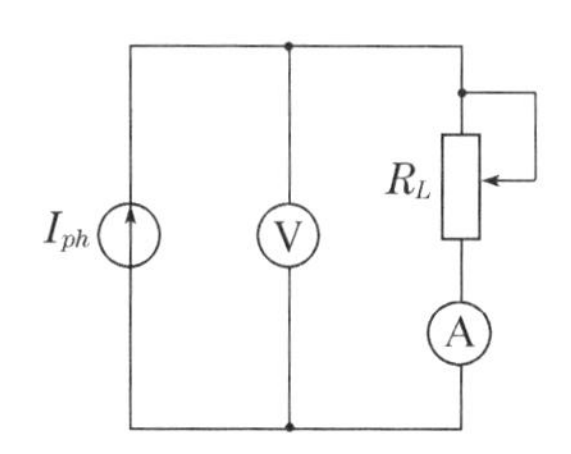

图 27－7　输出特性测量电路

取下光电传感器，换装太阳能电池板.

用连接线将太阳能电池板输出端连接到太阳能基本特性测试仪的电压输入端. 合理选择太阳能电池基本测试仪的电压量程，将滑块分别放置于曾记录过光功率的各位置，依次测量并记录太阳能电池的开路电压 U_{oc}.

用连接线将太阳能电池板输出端连接到太阳能基本特性测试仪的电流输入端，合理选择太阳能电池基本测试仪的电流量程，将滑块分别放置于曾记录过光功率的各位置，依次测量并记录太阳能电池的短路电流 I_{sc}.

(5) 描绘开路电压 U_{oc} 和光功率 P_r 之间的关系曲线.

(6) 描绘短路电流 I_{sc} 和光功率 P_r 之间的关系曲线.

2. 测量太阳能电池在不同负载下的输出特性

(1) 将安装有太阳能电池板的滑块放置于导轨的适中位置.

(2) 按照图 27－7 连接电路. 图中 R_L 为电阻箱，太阳能电池的输出电压和输出电流用太阳能电池基本特性测试仪进行测量.

(3) 从零至最大依次改变电阻箱阻值 R_L，测量并记录不同负载时，太阳能电池输出的电压、电流值(U、I).

(4) 将太阳能电池在不同负载时的输出电压 U 和输出电流 I 相乘，得到输出功率 P_{out}，并从中找出最大输出功率 P_m.

(5) 由以上数据，绘制 $P_{out}-U$ 图，即太阳能电池在不同负载下，输出功率和输出电压的特性曲线.

(6) 计算太阳能电池板的填充因子 $FF=\dfrac{P_m}{U_{oc}\cdot I_{sc}}$.

五、选修实验内容

1. 改变滑块位置，重新测量太阳能电池在不同负载下的输出特性，计算填充因子.
2. 测量不同材料的太阳能电池板的输出特性(输出功率和输出电压特性).
3. 使用不同颜色遮光板过滤白光源，测量太阳能电池板与波长的相关输出特性.
4. 设计实验方案，测量不同环境温度下太阳能电池板的输出特性.
5. 使用最小二乘法分别拟合必修实验内容 1 中测量的光功率 P_r 和短路电流 I_{sc}、开路电压 U_{oc}之间的函数曲线关系.

六、数据记录和处理

1. 测量光功率和开路电压、短路电流的关系(必修)，拟合曲线的函数关系(选修)

表 27-1　太阳能电池板光照性能数据记录表

L(mm)						…								
U_{oc}(V)						…								
I_{sc}(mA)						…								
P_r(mW)						…								

注：$U_{oc}-P_r$ 图和 $I_{sc}-P_r$ 图绘制在同一张坐标纸上.

2. 测量太阳能电池在不同负载下的输出特性(必修)

(1) 记录太阳能电池板在不同负载 R_L 下的输出电压 U 和输出电流 I，计算输出功率 P_{out}.

表 27-2　太阳能电池板输出特性数据记录表

R_L	0					…								∞
I(mA)						…								
U(V)						…								
P_{out}(mW)						…								

注：从上表数据中找出最大输出功率 P_m. 由上表数据绘制太阳能电池板的输出特性图，即 $P_{out}-U$ 图.

(2) 计算填充因子 FF.

记录滑块在导轨上某位置时，太阳能电池的开路电压和短路电流，计算填充因子 FF.

$L=$　　　　mm；$U_{oc}=$　　　　V；短路电流 $I_{sc}=$　　　　mA；$P_{out}=$　　　　mW；

$FF=\dfrac{P_m}{U_{oc}\cdot I_{sc}}=$　　　　.

七、思考题

1. 实验的光源为何要使用白炽灯或卤素灯而不用节能的 LED 光源?
2. 除了移动电池板和光源之间的距离以外,设计一些其他的方法调节光照强度.
3. 本实验使用的装置可以测量计算出太阳能电池板的光电转换效率吗? 为什么?

选修实验

这部分实验在必修实验完成后的实验室开放期间进行，实验内容有必修实验中的选修部分，有必修实验中的思考题内容，有设计性实验以及综合性实验等. 要求同学自己设计的实验方案需送教师审阅，并在实验设计方案中写明对仪器设备和用具的特殊需求，以便实验室事先为同学做好实验准备. 实验中个别同学需用的工具等小物件，我们采用“借还制”.

这部分实验的每个实验方案设计、数据记录及处理等都做在专用作业本上，对实验报告的完整性不作过分要求，请同学们重视拓宽自己的实验思路，重视提高自己的综合实验能力.

实验28　单摆法测定重力加速度

一、知识点

单摆法测重力加速度的相关实验原理请参阅111页实验6.

1. 摆角与周期关系

振动周期 T 与摆动角度 θ 平方成正比，单摆周期公式 $T=2\pi\sqrt{L/g}$ 是 $\theta=0$ 时的公式. 实验中 $\theta=0$ 是不可能的. 为了消除这种实验误差，可用作图法外推处理，即作 $T-\theta^2$ 曲线，由此曲线外推到 $\theta=0$ 处，对应的 T 便是 $\theta=0$ 时的周期，然后代入周期公式即可求 g.

2. 摆长测量的系统误差消除方法

如果摆球质量不均匀或不规则的话，球心与质心将有固定偏差. 如仍用111页(6-2)式 $L=l+d/2$ 表示摆长，则会出现系统误差. 为此，可参照图28-1和图28-2消除之.

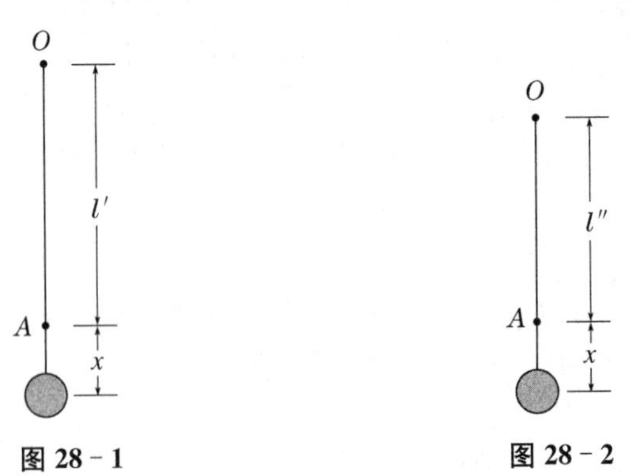

图28-1　　　　图28-2

在摆球上方，摆线下端某处定一点 A(可做个标记)，由图28-1可知，摆长 L_1 为

$$L_1 = l' + x, \tag{28-1}$$

式中 x 为 A 点到摆球质心距离(未知)，l' 为悬点 O 到 A 点距离. 测出此时的周期为 T_1，改变摆长到 L_2(如图 28－2)，则

$$L_2 = l'' + x, \tag{28-2}$$

式中 x 仍是认定点 A 到质心距离(不变)，l'' 为悬点 O 到认定点 A 的改变了的长度. 测出此时的周期 T_2，则有 $gT_1^2 = 4\pi^2(l' + x)$，$gT_2^2 = 4\pi^2(l'' + x)$，所以

$$g = 4\pi^2 \frac{l'' - l'}{T_2^2 - T_1^2}. \tag{28-3}$$

可见，用这种方法可以消除质心不在球心位置的系差，同时，对 l 的测量可使米尺贴紧摆线，有助于减小视差.

3. 摆线质量为 μ 时，单摆周期的修正公式

$$T^2 = 4\pi^2 \frac{L}{g}\left(1 + \frac{2r^2}{5L^2} - \frac{\mu}{6m}\right), \tag{28-4}$$

式中：L 为摆长；m、r 分别为小球的质量和半径.

4. 考虑空气的阻力与浮力时，单摆周期的修正公式

$$T^2 = 4\pi^2 \frac{L}{g}\left(1 + \frac{2r^2}{5L^2} - \frac{\mu}{6m} + \frac{\theta^2}{8} + \frac{8\rho_0}{5\rho}\right), \tag{28-5}$$

式中：θ、ρ_0 和 ρ 分别是摆角、空气密度和小球密度.

5. 摆角不太大时，单摆周期的修正公式

$$T^2 = 4\pi^2 \frac{L}{g}\left(1 + \frac{2r^2}{5L^2} - \frac{\mu}{6m} + \frac{\theta^2}{8}\right). \tag{28-6}$$

二、仪器和用具

单摆仪；米尺；游标卡尺；秒表；电脑通用计数器及光电门；乒乓球；胶水；挡光板等.

三、实验内容

1. 改变摆角 θ 测周期 T，用作图外推法求 $\theta = 0$ 时的重力加速度 g.

注意：如何测量摆角；用光电计时法(电脑通用计数器)测周期.

2. 设计消除“摆球质心不在球心”的系差，并实验之.

四、思考题

1. 如果把摆球改换为乒乓球，你如何用单摆法测量重力加速度？
2. 如何根据(28－3)式，用图解法求 g？

实验 29　用高压火花打点计时法测重力加速度

一、知识点

忽略空气阻力，自由落体运动是初速度为零的匀加速直线运动. 描写自由落体运动的

方程：

$$S = S_0 + v_0 t + \frac{1}{2} g t^2, \tag{29-1}$$

式中 S_0，v_0 分别表示开始计时（$t=0$）时落体所处的位置坐标和相应的下落速度.

如图 29-1 所示，落体由 O 点自由下落，至坐标 S_0 的 B 点时，速度为 v_0，从 B 点开始计时，则经过时间 t 物体下落到图 29-1 中 C 点，设坐标为 S_1，则由(29-1)式可知

$$S_1 = S_0 + v_0 t + \frac{1}{2} g t^2.$$

经过 $2t$ 物体到达的位置坐标为

$$S_2 = S_0 + v_0 (2t) + \frac{1}{2} g (2t)^2,$$

…

经过 kt 物体到达的位置坐标为

$$S_k = S_0 + v_0 (kt) + \frac{1}{2} g (kt)^2.$$

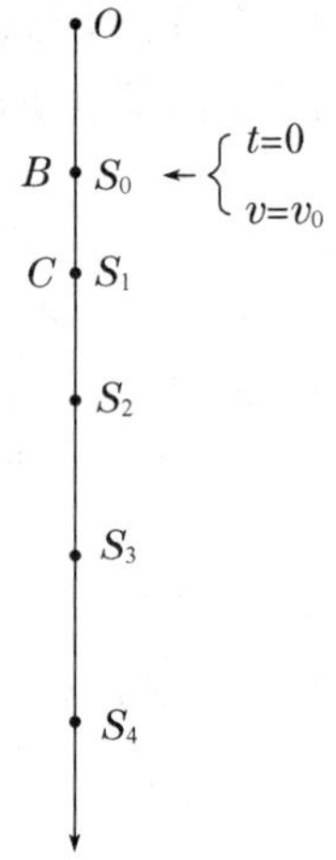

图 29-1　自由落体运动

若令
$$\begin{cases} d_1 = S_1 - S_0 = v_0 t + \frac{1}{2} g t^2, \\ d_2 = S_2 - S_1 = v_0 t + \frac{1}{2} g \cdot 3t^2, \\ \cdots \\ d_k = S_k - S_{k-1} = v_0 t + \frac{1}{2} g (2k-1) t^2, \end{cases}$$

则 $d_1, d_2, \cdots, d_k$ 依次表示相邻而且相等的时间 t 内物体下落的距离. 若以 Δ 表示相邻而且相等时间 t 内物体下落的距离差值，则 $\Delta_1 = d_2 - d_1 = gt^2$，$\Delta_2 = d_3 - d_2 = gt^2$，…，$\Delta_k = d_{k+1} - d_k = gt^2$. 可见 $\Delta_1 = \Delta_2 = \cdots = \Delta_k = gt^2$. 因此，如果取相同的时间间隔 t，则任意两个相邻的时间间隔内，自由下落的物体下落距离的差值 Δ 总是相等的，即

$$\Delta = gt^2. \tag{29-2}$$

根据这个特点，只需选定一个时间间隔 t，依次测出每个时间间隔内物体运动的距离 d，算出两相邻时间间隔中的距离差 Δ，按公式(29-2)，就可确定重力加速度；反之，如果上述所求的一系列 Δ_1、Δ_2、…、Δ_k 基本相等，即说明物体的运动是匀加速的.

由于实验室具体条件的限制，Δ 不能取太大，按照(29-2)式，就要求时间间隔 t 必须取得很短，对于较短的时间间隔 t，如果要求保证一定的测量准确度，那么用普通的停表来测量就很困难，因此，必须采用其他的计时方法. 本实验我们采用高压脉冲火花打点的方法测重力加速度.

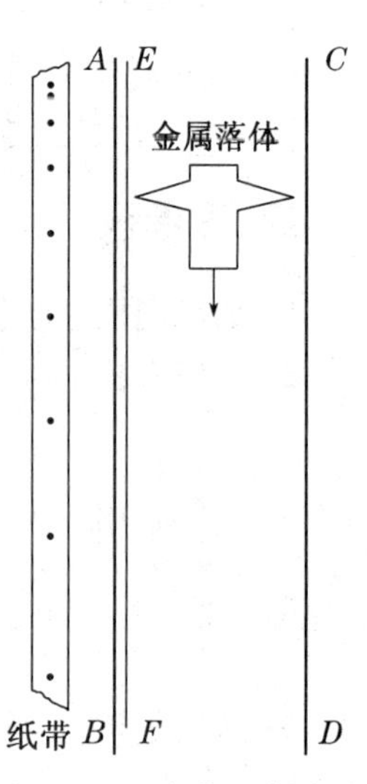

图 29-2　火花打点计时

高压脉冲火花发生器能以一定的频率产生高压脉冲（即每隔相等时间 t 产生一个高电平），把高压脉冲接到图 29-2 所示的两根拉直的钢丝 AB 和 CD 上. 在两钢丝之间，金属落体从上端自由下落，当有高压脉冲来到时，便会在金属落体与钢丝间产生火花. 在落体与某

一钢丝之间安装一条专用纸带(图中 EF)，则随着金属落体的自由下落，火花便会在纸带上打出一系列小点子.

取下纸带，用米尺可定出火花记录纸上依次留下的记录点子的坐标 S_0、S_1、S_2、…、S_k，如图 29-3 所示. 可算出 d_1、d_2、d_3、…、d_k，再算出 Δ_1、Δ_2、…、Δ_{k-1}，如果 Δ_i 基本相等，即表明落体运动是匀加速度的运动. 如将这 $k-1$ 个 Δ 取平均值后代入(29-2)式，便可得到近真值 $\bar{g}$.

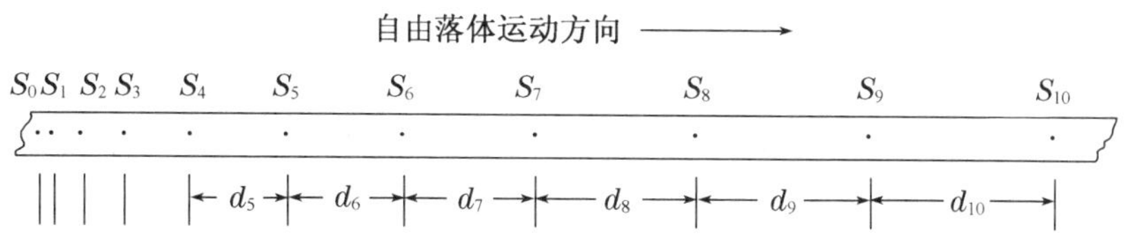

图 29-3　落体经过以上各相邻两点所需时间 t 相等

在这个数据计算过程中，算 d_i 是一次逐差，据 d_i 算 Δ_i 是第二次逐差，所以进行了二次逐差. 但这二次逐差中，是相邻数据逐差，这种方法叫逐项逐差法.

我们分析一下这逐项逐差的缺陷. 写出 $\bar{\Delta}$ 的表式：

$$\begin{aligned}\bar{\Delta} &= \frac{1}{n}(\Delta_1 + \Delta_2 + \cdots + \Delta_n) \\ &= \frac{1}{n}[(d_2 - d_1) + (d_3 - d_2) + \cdots + (d_{n+1} - d_n)] \\ &= \frac{1}{n}[d_{n+1} - d_1].\end{aligned}$$

可见，对 Δ 取平均，使第一次逐项所得的数据 d_1、d_2、d_3、…、d_k 的中间数据全部抵消了，只用上了首末两个数据，如果首末两数据中任一个误差较大，都直接影响到最后结果. 因此，我们应采有“隔项逐差法”，即将数据分成两组，各组间作对应逐差.

将图 29-3 记录的点分成两组(以 8 个点为例)：$S_1 \sim S_4$ 为一组，$S_5 \sim S_8$ 为另一组，如图 29-4 所示. 进行第一次隔项逐差可得

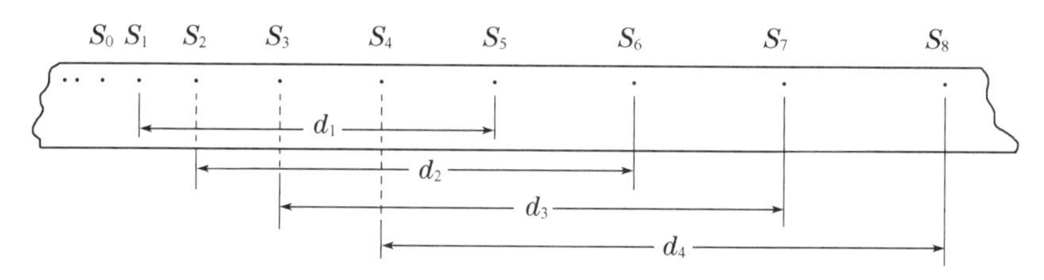

图 29-4　记录点分两组进行隔项逐差

$$d_1 = S_5 - S_1 = S_0 + v_0(5t) + \frac{1}{2}g(5t)^2 - [S_0 + v_0 t + \frac{1}{2}gt^2] = 4v_0 t + 12gt^2,$$

$$d_2 = S_6 - S_2 = 4v_0 t + 16gt^2, d_3 = S_7 - S_3 = 4v_0 t + 20gt^2,$$

$$d_4 = S_8 - S_4 = 4v_0 t + 24gt^2.$$

再将 $d_1 \sim d_4$ 分成两组：$d_1 \sim d_2$ 为一组，$d_3 \sim d_4$ 为另一组，进行第二次隔项逐差，可得 $\Delta_1 = d_3 - d_1 = 8gt^2$，$\Delta_2 = d_4 - d_2 = 8gt^2$. 可见，$\Delta_1 = \Delta_2 = \Delta = 8gt^2$，将 Δ_1、Δ_2 取平均后可求 $\bar{g}$：

$$\bar{g}=\frac{\bar{\Delta}}{8t^2}. \tag{29-3}$$

一般地,取 $4m$ 个火花打点记录点(m 取 1,2,3,…)分成 2 组,可一次隔项逐差得到 $2m$ 个 d,再将 $2m$ 个 d 分成 2 组,进行第二次隔项逐差,可得到 m 个 Δ,将 m 个 Δ 取平均,可求出 $\bar{g}$. 两次隔项逐差求 g 的公式可推得

$$\bar{g}=\frac{\bar{\Delta}}{2m^2t^2}, \tag{29-4}$$

式中 t 为相邻记录点时间间隔.

高压脉冲火花发生器可以调整高压产生的频率,如果调其发生频率为 f,则表明它每秒钟可在火花打点记录纸上打出 f 个等时间间隔的点,也即相邻两个记录点之间的时间间隔 $t=1/f$,所以(29-4)式也可写为

$$\bar{g}=\frac{\bar{\Delta}\cdot f^2}{2m^2}. \tag{29-5}$$

二、仪器和用具

高压火花发生器;火花打点纸;低压可调电源;自由落体仪;钢尺;游标卡尺等.

三、实验内容

注意事项:(1) 防止高压触电:安装纸带、调节落体仪时要将高压脉冲仪电源切断. (2) 电磁铁电压不能超过 12 V,以防止烧坏其线圈. (3) 测试点子如发现有些点子明显不在一直线上时,应予以剔除. (4) 选择点子测试时,宜选离上端约 10 cm 以下的点子(为什么?).

1. 调整仪器

(1) 在教师指导下,接好电路,高压火花发生器频率选 100 Hz,自由落体仪的电磁铁电源电压不要超过 12 V.

(2) 将自由落体仪调铅直,在教师指导下练习自由落体的控制及高压火花的发生操作,操作熟练后做下面内容.

(3) 调节钢丝调整旋钮,使两根钢丝绷紧拉直,装上火花打点纸带(光的一面朝向落体),让稍偏些,以试验落体下落时火花打点情况,看点子是否清楚,如不清楚,将钢丝与落体的间距调整好,重复试验,直至清楚,以便正式测记火花点.

2. 实验测试

(1) 稍移火花纸带位置,使钢丝大致处于纸带中心线的位置,并缓缓地将纸带拉紧,但要注意不要将纸带拉断或扯破. 启动高压开关,让落体下落时等时间间隔在纸带上打出火花点子,此列点子是实验数据测试的依据,所以装纸带一定要位置放好,不允许有误.

(2) 再稍移火花纸带位置,选高压脉冲频率 $f=50$ Hz,重复上述步骤.

(3) 关掉电源,取下纸带.

(4) 选取点子 16 个,测量该 16 个点子的坐标位置,用两次逐项逐差法验证自由落体运动是匀加速运动,并分析误差产生的原因. 用两次隔项逐差法求重力加速度,并与实验室标称值作比较.

四、思考题

1. 落体刚下落时，吸紧磁铁有剩磁影响．实验中如何避免剩磁对 g 测量精度的影响？

2. 试推导公式(29－4)．

3. 如何验证自由落体运动是匀加速直线运动？

4. 本实验中用逐差法求落体运动的加速度时，为什么不用逐项逐差？在解决什么问题时又以逐项逐差为好？

5. 已知 y 与 x 有一定的函数关系，测得 x 每增加一定的数值，相应的 y 数值依次为 {123.73;94.98;71.06;51.56;36.09;24.25;15.63;9.83}cm，则 y 与 x 的关系可能是下列几种中的哪一种？并说明这可能是一种什么运动？

(1) $y = a_0$；

(2) $y = a_0 + a_1x$；

(3) $y = a_0 + a_1x + a_2x^2$；

(4) $y = a_0 + a_1x + a_2x^2 + a_3x^3$；

(5) $y = a_0 + a_1x + a_2x^2 + a_3x^3 + a_4x^4$；

…

实验 30　物体密度的测定

一、知识点

1. 流体静力称衡法测物体的密度

只要测出物体质量 M 和体积 V，便可求出物体密度 $\rho = M/V$，M 可用物理天平称出．对形状规则的物体体积，例如圆柱体，可用游标卡尺和千分尺测其直径 d 和高度 h（注意，由于物体线度本身的不均匀性存在，因此须从不同方位多测几次），则可求出体积 $V = \pi d^2 \cdot h/4$．对形状不规则的物体，可采用流体静力称衡法求其体积（物体应不溶于液体）．根据阿基米德定律，浸在液体中的物体受到向上的浮力，浮力大小等于物体所排开液体的重量．如果将物体放在空气中称得重量为 W_1（如图 30－1(a)所示），而浸没于水中时称得重量为 W_2（如图 30－1(b)所

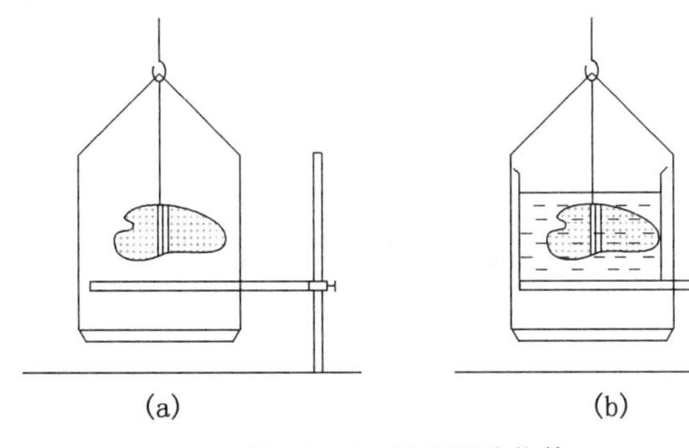

图 30－1　用天平称物体

示)，在不计空气浮力时，物体浸没在水中所受到的浮力大小 $F = W_1 - W_2$，浮力 F 的大小等于物体所排开水的重量，即 $F = \rho_0 gV$（式中 ρ_0 为水的密度，V 为物体浸没在水中的体积，即物体体积）. 而 $W_1 = \rho gV$（ρ 为物体密度）. 由于 W_1、W_2 都可由天平称出，而水密度 ρ_0 已知，于是可得物体密度：

$$\rho = \frac{W_1}{W_1 - W_2}\rho_0. \tag{30-1}$$

假如让物体浸没在密度为 $\rho_{液}$（未知）的液体中，并且此时称重为 W_3，则 $W_1 - W_3 = \rho_{液} gV$，又 $W_1 - W_2 = \rho_0 gV$，则可测未知液体密度：

$$\rho_{液} = \frac{W_1 - W_3}{W_1 - W_2}\rho_0. \tag{30-2}$$

对于某些密度 ρ' 小于 ρ_0 的物质（如木块、石蜡等），将其放入水中时无法完全浸没，通常可采用下述方法解决. 先称出物体在空气中的重量 W_1，然后在待测物体的下方用细线吊上一块重物，称出重物浸没在水中而待测物在空气中的重量 W'_1，最后称出重物和待测物都浸没在水中的重量 W'_2. 由于 $W_1 = \rho' gV$，$W'_1 - W'_2 = \rho_0 gV$，故

$$\rho' = \frac{W_1}{W'_1 - W'_2}\rho_0. \tag{30-3}$$

2. 用排气法测物体的密度

固体的密度测量，关键是测其质量 M 和体积 V，质量可由天平很方便测出，但体积 V，对可溶性固体，特别是固体微粒，则不可能用流体静力称衡法求. 我们可根据玻意耳-马略定律，设计测体积 V 的实验方案.

实验装置如图 30-2 所示，图中，B 为玻璃瓶，其内可放待测固体微粒. A 是柱形玻璃管，其内径均匀可借助读数显微镜测出其内径，由此可知截面积 S. C、D 为 U 形水银压强计，内装适量水银. E 为带刻度的标尺，K 为插口阀门，图中所有玻璃磨口插口处，用凡士林在插口处涂上，防止漏气. 实验原理如下：

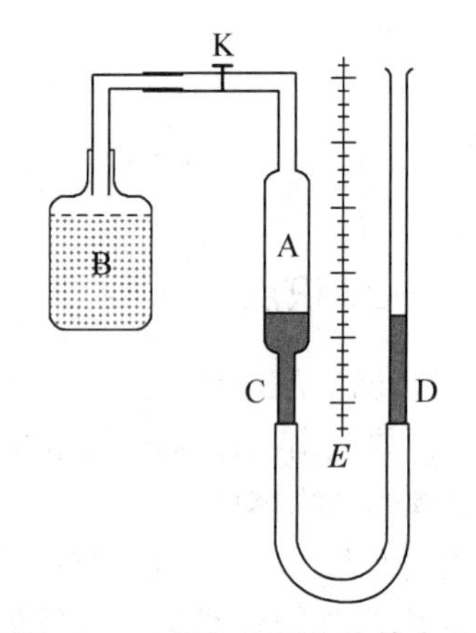

图 30-2 排气法测物体的密度

(1) 待测物体未放入玻璃瓶 B 时

设大气压强为 H 汞柱高，U 形水银压强计左液面所封空气体积为 V_1，使左右管液面等高后，记下左液面标尺刻度坐标 x_0，提升右管，对左管空气进行压缩，压缩前后左右管液面高度差为 h_1，左管液面坐标升为 x_1，则根据玻-马定律有 $HV_1 = (H + h_1)[V_1 - (x_1 - x_0)S]$，即

$$V_1 = \frac{(H + h_1)(x_1 - x_0)S}{h_1}. \tag{30-4}$$

(2) 待测物放入玻璃瓶 B 时

将玻璃瓶 B 卸下，装入待测固体微粒，重新装入装置，要保证插口位置不变. U 形水银压强计仍调使两边液面等高，左液面仍在坐标 x_0 处（可打开阀门 K 调整，调好后关闭阀门 K）. 设左液面所封闭空气体积为 V_2，同上所述，提升右管，对左管空气进行压缩，压缩前后左右管液面高度差为 h_2，右液面坐标 x_2，则 $HV_2 = (H + h_2)[V_2 - (x_2 - x_0)S]$，即

$$V_2 = \frac{(H + h_2)(x_2 - x_0)S}{h_2}. \tag{30-5}$$

由于两次压缩前左液面等高，所以待测固体微粒体积为

$$V = V_1 - V_2 = \left[\frac{(H+h_1)(x_1-x_0)}{h_1} - \frac{(H+h_2)(x_2-x_0)}{h_2}\right]S. \tag{30-6}$$

二、仪器和用具

游标尺；螺旋测微计；物理天平；盛水容器；待测固体；细线；温度计；待测液体等.

三、实验内容

1. 测定规则物体——黄铜圆柱体的密度

(1) 正确使用天平，称出圆柱体的质量(参见 49～51 页“物体天平”)；

(2) 用千分尺测圆柱体外径 9 次，求平均值 $\bar{d}$(要求不同方位进行测！)；

(3) 用游标卡尺测圆柱体高度，在不同方位测 5 次，求平均值 $\bar{h}$.

(4) 计算密度 $\bar{\rho}$(这里我们对误差分析和不确定度评定不作要求).

2. 流体静力称衡法测物体密度

(1) 将上述黄铜用静力称衡法求测密度，并与上述结果作比较. 写出实验方法，并列表记录测量数据.

(2) 写出测液体密度 $\rho_{液}$ 的实验方案，并实验之.

四、思考题

1. 试扼要说明，为什么圆柱体的高度要用游标卡尺测，直径要用螺旋测微计测？

2. 不规则固体不溶于水，但它的密度比水的小，试设计流体静力称衡法测它的密度并实验之.

实验 31　平均速度和瞬时速度

一、知识点

1. 有关气垫导轨的工作原理和使用方法：阅读 51～54 页.

2. 有关电脑通用计数器使用方法：阅读 55～59 页的面板功能和使用举例.

3. 平均速度和瞬时速度.

物体在任意两点 A、B 之间运动的平均速度为

$$\bar{v}_{AB} = \frac{s_{AB}}{t_{AB}}. \tag{31-1}$$

式中 s_{AB} 是 A、B 两点的距离，t_{AB} 是物体运动通过 A、B 两点间的时间. 对于匀速直线运动，任意点的瞬时速度等于两点之间的平均速度.

对于匀加速直线运动，运动在 A、B 两点间的平均速度为

$$\bar{v} = \frac{s_{AB}}{t_{AB}} = \frac{1}{2}(v_A + v_B). \tag{31-2}$$

式中 s_{AB}、t_{AB} 同(31-1)式，v_A、v_B 为 A、B 两点的瞬时速度.

以 U 形挡光片在某处的挡光距离 Δs 与挡光时间 Δt 之比当作该处的瞬时速度，即

$$v=\frac{\Delta s}{\Delta t}. \tag{31-3}$$

4. 作图外推法(极限法).

(31－3)式 $\Delta s/\Delta t$ 实际上是一段较短时间内的平均速度，是从挡光开始后一段距离(时间)内的平均速度，并不精确地是挡光处(时)的瞬时速度. 挡光片的挡光距离 Δs 越大，滑块运动的速度越小，滑块的加速度越大，测出的结果距真正的瞬时速度相差也就越远.

于是我们采用不同宽度的挡光片(Δs 不同)，用(31－3)式测出滑块在同样条件下通过某点时的速度 $v=\Delta s/\Delta t$，作 $v-\Delta s$ 或 $v-\Delta t$ 图，将各个 Δs 下测出的 v 的连线外推至 $\Delta s=0$ ($v-\Delta s$ 图)或 $\Delta t=0$ ($v-\Delta t$ 图)处的值，便是瞬时速度，这种方法称为作图外推法或极限法(也称为线性外推)，如图 31－1(a)及图 31－1(b)所示，这就在实验上利用作图外推精确地测定了某一点的瞬时速度. 瞬时速度的数学表达式为

$$v_0=\lim_{\substack{\Delta s\to 0\\ \Delta t\to 0}}\frac{\Delta s}{\Delta t}. \tag{31-4}$$

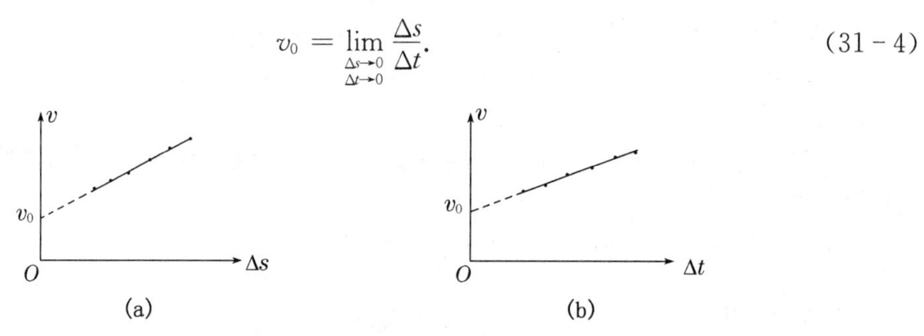

图 31－1 作图外推法测瞬时速度

可以证明，$v-\Delta t$ 图理论上应为一条直线 $[v=v_0+a\Delta t/2]$，而 $v-\Delta s$ 图则是抛物线的一段 $[v=(\sqrt{4v_0^2+8a\Delta s}+2v_0)/4]$，在本实验中滑块的加速度 a 较小，Δs 不太大的条件下，可以把这一段看作直线而用线性外推.

二、仪器和用具

气垫及气源；滑块；光电计时测速装置(光电门、电脑通用计数器或数字毫秒计)；平板形挡光片和四种不同宽度的 U 形挡光片；游标卡尺等.

三、实验内容

1. 匀速直线运动的平均速度和瞬时速度的关系

(1) 在气轨上安置两个光电门，间距取 $s_{AB}=50.00\ \text{cm}$，调好测时装置，给气轨通气后才能放上滑块，调气轨水平.

(2) 推动滑块使之在气轨上不断做往返运动，记下 s_{AB}、t_{AB}、Δt_A、Δt_B 十次，如图 31－2 所示. 其中 Δt_A 及 Δt_B 是 U 形挡光板在 A 处及 B 处的挡光时间.

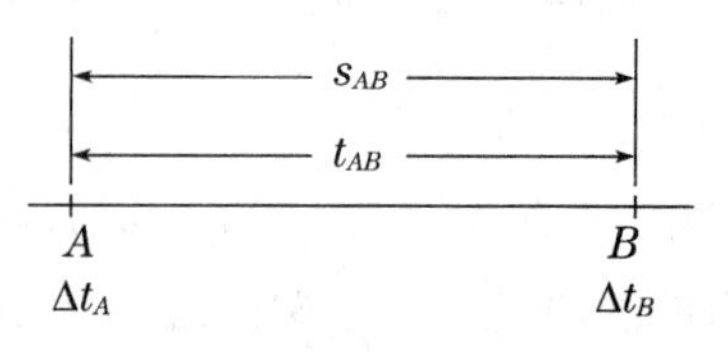

图 31－2 测滑块运动时间

(3) 用游标卡尺测挡光距离 Δs，结合式(31－1)和(31－3)式算出 $\bar{v}_{AB}$ 及 v_A、v_B，验算是否有 $v_A=v_B=v_{AB}$ (要求测量误差在 3%以内，即 $E_1=\frac{|v_A-v_B|}{v_A}\leqslant 3\%$，$E_2=\frac{|v_A-\bar{v}_{AB}|}{v_A}\leqslant 3\%$)，表 31－1 是数据记录及计算的参考表.

表 31－1　验证匀速直线运动平均速度与瞬时速度关系的测量数据表

U 型挡光片宽 $\Delta s=$　　cm，　　A,B 间距离 $s=$　　cm

次数	$\Delta t_A(\times10^{-4}\ s)$	$\Delta t_B(\times10^{-4}\ s)$	$\Delta t_{AB}(\times10^{-4}\ s)$	v_A(cm/s)	v_B(cm/s)	$\bar{v}_{AB}$(cm/s)	E_1	E_2
1								
2								
3								
4								
5								
6								
7								
8								
9								
10								

（以上数据能否证实 $v_A=v_B=\bar{v}_{AB}$？即测量误差$\leqslant3\%$）

2. 匀加速直线运动的平均速度和瞬时速度的关系

(1) 按图 31－3 所示将气轨调倾斜，倾角 α 约 5 度，在 A、B、C、D 处分别装上光电门，取 $AB=BC=CD=30.00$ cm. 将滑块从固定点 P 下滑.

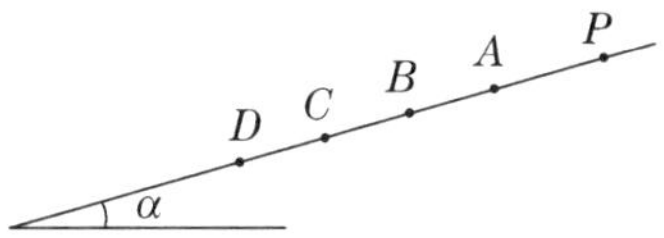

图 31－3　滑块在倾斜气轨上运动

(2) 测量滑块通过 A、B、C、D 点时的挡光时间 Δt_A、Δt_B、Δt_C、Δt_D 以及滑块通过 AB、AC、BC、BD 之间的挡光时间 t_{AB}、t_{AC}、t_{BC}、t_{BD}. 列表记录测量数据(提示：电脑通用计数器可直接测出 t_{AB}，t_{BC} 和 t_{CD}，而 t_{AC} 和 t_{BD} 需要通过计算得出—— $t_{AC}=t_{AB}+t_{BC}$，$t_{BD}=t_{BC}+t_{CD}$).

(3) 重复步骤(2)6 次(即测量 6 组数据).

(4) 根据(31－1)、(31－3)式计算滑块在 A、B、C、D 点的瞬时速度 v_A、v_B、v_C、v_D 以及滑块通过 AB、AC、BC、BD 之间的平均速度 $\bar{v}_{AB}$、$\bar{v}_{AC}$、$\bar{v}_{BC}$、$\bar{v}_{BD}$(表 31－2 是数据记录的参考表，表 31－3 是相应数据计算的参考表). 请根据数据的计算得出相关结论.

表 31－2　研究匀加速直线运动平均速度和瞬时速度关系的测量数据表

$AB=BC=CD=$　　cm，U 型挡光片宽 $\Delta s=$　　cm，　表内数据单位：10^{-4} s

次数	Δt_A	Δt_B	Δt_C	Δt_D	t_{AB}	t_{BC}	t_{CD}	t_{AC}	t_{BD}
1									
2									
3									
4									
5									
6									
平均									

表 31－3　由表 31－2 数据进行计算的数值表　　单位：cm/s

v_A	v_B	v_C	v_D	$\bar{v}_{AB}$	$\bar{v}_{AC}$	$\bar{v}_{BC}$	$\bar{v}_{BD}$	$\frac{v_A+v_B}{2}$	$\frac{v_A+v_C}{2}$	$\frac{v_B+v_C}{2}$	$\frac{v_B+v_D}{2}$

提示：验算是否存在

① $\bar{v}_{AB} \approx (v_A+v_B)/2$，百分差＝　　；　② $\bar{v}_{AC} \approx (v_A+v_C)/2$，百分差＝　　；

③ $\bar{v}_{BC} \approx (v_B+v_C)/2$，百分差＝　　；　④ $\bar{v}_{BD} \approx (v_B+v_D)/2$，百分差＝　　；

⑤ $v_B \neq (v_A+v_C)/2$（B 为 A、C 之中点）；　⑥ $v_C \neq (v_B+v_D)/2$（C 为 B、D 之中点）.

3. 极限法测定瞬时速度

（1）将滑块分别装上四块不同挡光宽度的 U 形挡光片，用游标卡尺测出其挡光宽度 Δs_1，Δs_2，Δs_3，Δs_4.

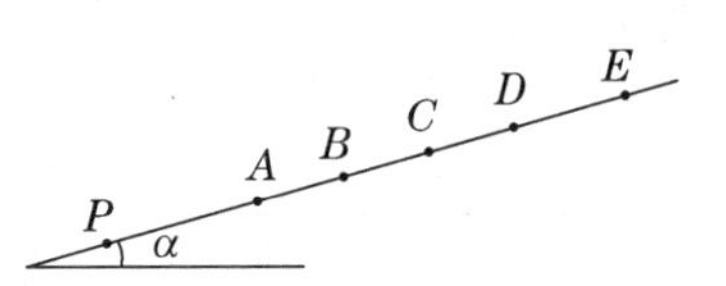

图 31－4　极限法测定瞬时速度

（2）如图 31－4 所示，将气轨调成倾斜，令滑块都从某一点 A 开始下滑，用(31－3)式求出滑块在 P 点的瞬时速度 v_P.

（3）改变滑块的起始位置，即令滑块从 B、C、D、E 点开始下滑，用(31－3)式求其在 P 点瞬时速度 v_P，从不同点下滑得到不同的速度值.

［注意：从同一点下滑，改变挡光片宽度时要注意挡光片前沿 aa' 更换前后保持同一位置（如图 31－5 所示），滑块载不同挡光片从同一点下滑，每一种情况要求多次测量（5 次以上），将多次测量结果 Δt 取平均后，列入表 31－4，计算 v_P 值.］

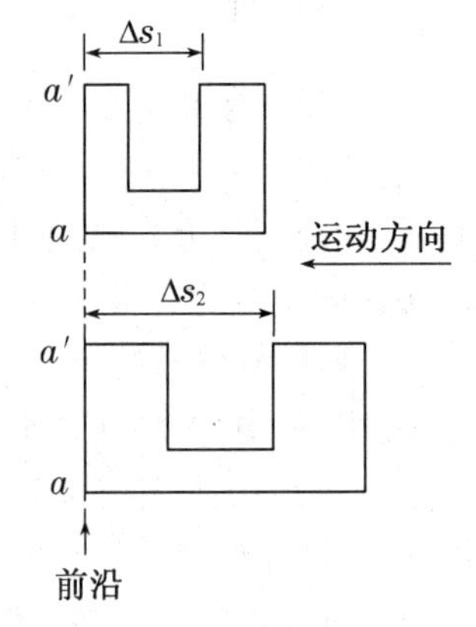

图 31－5　前沿要保持同一位置

（4）根据测量结果和计算结果，作 $v-\Delta t$ 图，将从不同点开始下滑得到的数据画在一张图上，从图中求出 v_{P0}. 同样，作 $v-\Delta s$ 图求出 v_{P0}，看看 $v-\Delta t$ 图与 $v-\Delta s$ 图对从同一点下滑得到的 v_{P0} 是否相同.

根据 31－4 表格数据，看看 Δs 越大，v_P 与 v_{P0} 相差是否越大；v 越大，v_P 与 v_{P0} 相差是否越小. 写出结论（即以 $v=\Delta s/\Delta t$ 代替瞬时速度的条件）.

表 31－4　极限法测定瞬时速度的数据表

	Δs(cm) ＼ Δt，v_P	Δs_1＝	Δs_2＝	Δs_3＝	Δs_4＝
从 A 点下滑	$\Delta t(\times 10^{-4}\ s)$				
	v_P(cm/s)				
从 B 点下滑	$\Delta t(\times 10^{-4}\ s)$				
	v_P(cm/s)				
从 C 点下滑	$\Delta t(\times 10^{-4}\ s)$				
	v_P(cm/s)				

(续表)

	Δs(cm) \ Δt, v_P	$\Delta s_1=$	$\Delta s_2=$	$\Delta s_3=$	$\Delta s_4=$
从 D 点下滑	$\Delta t(\times 10^{-4}\ \mathrm{s})$				
	$v_P(\mathrm{cm/s})$				
从 E 点下滑	$\Delta t(\times 10^{-4}\ \mathrm{s})$				
	$v_P(\mathrm{cm/s})$				

四、思考题

1. 为了更好地考察匀加速运动的瞬时速度与平均速度的关系时，气轨的倾斜度大些还是小些好？图 31-3 中 A、B、C、D 各点距 P 点近些好还是远些好？

2. 本实验用作图外推法求某一点的瞬时速度，其依据是什么？作了什么假定？

3. 极限法求瞬时速度，必须保证哪些实验条件？

实验 32　牛顿第二定律

一、知识点

1. 有关气垫导轨的工作原理和使用方法：阅读 51～54 页.

2. 有关电脑通用计数器使用方法：阅读 54～59 页的面板功能和使用举例.

3. 牛顿第二定律

水平气轨上一质量为 m 的滑块，用一细线通过轻滑轮 P 与砝码 m_1 相连，如图 32-1 所示. 在略去滑块与导轨之间及滑轮轴上的摩擦力，不计滑轮和线的质量，线不伸长的条件下，根据牛顿第二定律，有

$$(m_1+m)a=m_1 g, \tag{32-1}$$

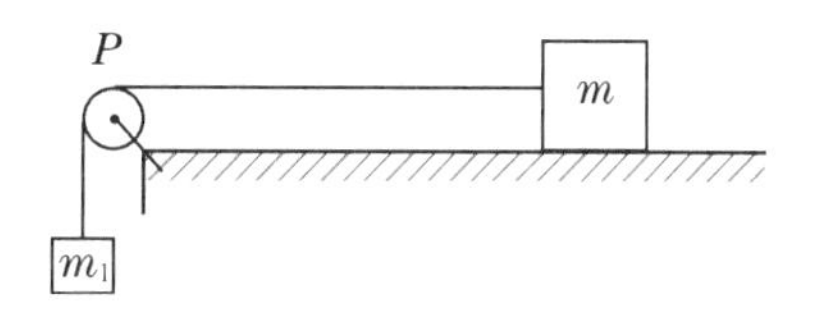

图 32-1　实验装置示意

式中 $m_1+m=M$ 是运动物体系的总质量，$m_1 g$ 是物体系在运动方向所受的合外力.

(32-1)式表明：当系统总质量保持不变时，加速度 a 与合外力成正比；当合外力保持恒定时，加速度 a 与系统总质量 M 成反比. 本实验中，我们用实验对(32-1)式予以验证，亦即验证牛顿第二定律.

二、仪器和用具

气轨及气源；滑块；电脑通用计数器；砝码；骑码；天平；轻质细线；游标卡尺等.

三、实验内容

实验之前，先将两个光电门固定在距气轨两端约 30 cm 处，用一 U 形挡光片挡光电门，学

习测量挡光计时的方法，然后将气轨调至水平.

1. 保持系统总质量不变，研究外力与加速度的关系

(1) 气轨调水平后，按图 32－1 所示把系有砝码盘的细线通过气轨的滑轮与滑块相连，再将滑块移至远离滑轮的一端，松手后滑块便从静止开始做匀加速运动. 练习测记滑块上 U 形挡光片通过光电门 1、光电门 2 的挡光时间 Δt_1、Δt_2 和通过两光电门之间距离所需时间 t_{12}.

表 32－1　研究外力与加速度关系的测量数据表　　　　$\Delta s=$　　　cm

盘内骑码个数	m_i(g)	Δt_1($\times10^{-4}$ s)	v_1(cm/s)	Δt_2($\times10^{-4}$ s)	v_2(cm/s)	t_{12}($\times10^{-4}$ s)	a(cm/s^2)
0							
1							
2							
3							
4							
5							
6							
7							
8							

(2) 测出 U 形挡光片的挡光距离 Δs、滑块(加挡光片)的质量 m_0、砝码盘(加细线)的质量 m_A 和 8 个骑码各自的质量 m_i' $(i=1,2,\cdots,8)$，并对这 8 个骑码编号，以便于识别各骑码的质量.

(3) 在滑块上安置好以上 8 个骑码，按(1)步骤操作并记录有关数据(Δt_1、Δt_2 和 t_{12}).

(4) 改变合外力，测系统运动的加速度(系统总质量要保持不变，办法是依次取下滑块上的骑码放于砝码盘内；系统总质量 $M=$ 砝码盘质量 m_A+ 骑码总质量 $\sum m_i+$ 滑块质量 m_0；外力 m_1g 中的 m_1 等于砝码盘质量加盘内放置骑码的总质量). 测得数据记入表 32－1 中，表中

$a=(v_1-v_2)/t_{12}$，$v_1=\Delta s/\Delta t_1$，$v_2=\Delta s/\Delta t_2$.

(5) 由表 32－1 数据，以 m_1 为纵轴，a 为横轴，作 m_1-a 图(应为一直线)，求其斜率 k(实验值).

(6) 由原理中(32－1)式可知，上述 m_1-a 图的斜率理论值应为 $k'=(m+m_1)/g=M/g$，根据测出的系统总质量 M，可算出 k'，将理论值 k' 与所求实验值 k 比较，由此验证“系统总质量不变时，加速度与合外力成正比”.

2. 保持外力不变，研究系统质量与加速度的关系

保持砝码盘与砝码总质量 m_1 不变(m_1 取约 15.00 g)，改变滑块上骑码数，测量 Δt_1、Δt_2、t_{12} 等数据，做有关计算并列入表 32－2 中(表中 M 为系统的质量＝滑块质量 m_0+ 骑码质量 $\sum m'_i+$ 砝码盘及盘内砝码质量 m_1)，作 $M-1/a$ 图应该是一条直线，求其斜率，并与理论值 m_1g 比较，由此验证外力不变时，加速度与系统总质量成反比.

表 32-2　研究系统质量与加速度关系的测量数据表　$\Delta s=$　　cm

次数	M (g)	Δt_1 ($\times 10^{-4}$ s)	v_1 (cm/s)	Δt_2 ($\times 10^{-4}$ s)	v_2 (cm/s)	t_{12} ($\times 10^{-4}$ s)	a (cm/s^2)	$1/a$ (s^2/cm)
1								
2								
3								
4								
5								
6								
7								
8								

四、思考题

1. 本实验中，在研究系统质量与速度的关系时，根据什么来选择 m_1 的取值范围？m_1 取大了或取小了有什么不好？

2. 实验验证 m_1-a，$M-1/a$ 的关系时，用作图法处理数据，从 m_1-a 图中得到的斜率比 M/a 大，从 $M-1/a$ 图中得到的斜率比 m_1g 小，试通过实验结果分析其原因.

3. 能不能说，通过本实验可以建立牛顿第二定律？

4. 如果不用天平，而用气轨和光电测时装置来测定滑块的质量. 试扼要地说明测量的具体步骤.

实验 33　动量守恒定律

一、知识点

如果系统不受外力或所受合外力为零，则系统的总动量保持不变，这就是动量守恒定律. 显然，在系统只包括两个物体，且此两物体沿一条直线发生碰撞的简单情形下，只要系统所受的合外力在此直线方向上为零，则在该方向上系统的总动量就保持不变. 我们研究质量分别为 m_1 和 m_2 的两滑块组成的系统在水平气轨上发生碰撞. 如果忽略阻尼力，则此系统在水平方向不受外力作用，因此碰撞前后系统的动量守恒，以 v_{10} 和 v_{20} 分别表示两滑块碰撞前的速度，v_1 和 v_2 分别表示碰撞后的速度，根据动量守恒定律，则有

$$m_1v_{10}+m_2v_{20}=m_1v_1+m_2v_2, \tag{33-1}$$

式中速度有正和负(如规定向右运动为正，向左运动则为负).

1. 完全弹性碰撞

水平气轨上两滑块的完全弹性碰撞不仅满足(33-1)式，还满足机械能守恒定律，故有

$$\frac{1}{2}m_1v_{10}^2+\frac{1}{2}m_2v_{20}^2=\frac{1}{2}m_1v_1^2+\frac{1}{2}m_2v_2^2. \tag{33-2}$$

由(33-1)式和(33-2)式可联立求得

$$\begin{cases} v_1=\dfrac{(m_1-m_2)v_{10}+2m_2v_{20}}{m_1+m_2}, \\ v_2=\dfrac{(m_2-m_1)v_{20}+2m_1v_{10}}{m_1+m_2}. \end{cases} \tag{33-3}$$

为了简化实验,可按下面两种情况予以验证动量守恒定律:

(1) 当 $m_1=m_2, v_{20}=0$ 时,(33-3)式变为

$$v_1=0, v_2=v_{10}. \tag{33-4}$$

(2) 当 $m_1\neq m_2, v_{20}=0$ 时,(33-3)式变为

$$\begin{cases} v_1=\dfrac{(m_1-m_2)v_{10}}{m_1+m_2}, \\ v_2=\dfrac{2m_1v_{10}}{m_1+m_2}. \end{cases} \tag{33-5}$$

2. 完全非弹性碰撞

两滑块在水平气轨上做完全非弹性碰撞时也满足动量守恒定律,这种碰撞的特点是碰撞后两物体的速度相同,即

$$v_1=v_2=v. \tag{33-6}$$

实验在 $m_1=m_2$ 及 $v_{20}=0$ 的条件下进行,由(33-1)式和(33-6)式可得

$$v=\frac{1}{2}v_{10}. \tag{33-7}$$

3. 恢复系数 e

相互碰撞的两物体,碰撞后相对分离的速度与碰撞前相对接近的速度之比,称为恢复系数,用 e 表示

$$e=\frac{|v_2-v_1|}{|v_{20}-v_{10}|}. \tag{33-8}$$

通常根据恢复系数对碰撞进行分类:

(1) $e=0$,即 $v_1=v_2$,完全非弹性碰撞;

(2) $e=1$,完全弹性碰撞;

(3) $0<e<1$,一般弹性碰撞.

实验时,将完全弹性和完全非弹性碰撞情形下测得的数据代入(33-8)式,求 e 的实验值.

4. 有关气垫导轨的工作原理和使用方法

阅读 51~54 页.

5. 有关电脑通用计数器使用方法

阅读 55~59 页的面板功能和使用举例.

二、仪器和用具

气轨及气源;光电门;电脑通用计数器;天平;滑块;骑码;U 形挡光片;接合器;碰簧;游标卡尺等.

三、实验内容

1. 在每个滑块的一端装上弹性较好的碰簧，用于完全弹性碰撞；在滑块的另一端粘上接合器（刺毛或有一定厚度的双面胶带），用于完全非弹性碰撞，并且使两滑块配成等质量（加砝码）.

2. 把气轨调水平，两滑块上的挡光片选用同规格的，调整两光电门在气轨上的距离，在保证能读出碰撞前后的挡光时间的条件下，尽量缩短两光电门的间距.

3. 进行等质量完全弹性碰撞：测出碰撞前后两滑块的速度（令 $v_{20}=0$），验证(33-4)式，根据(33-4)式，将碰撞后 $v_1=0$ 及 $v_2=v_{10}$ 视为理论值，把实验测得的 v_2'与理论值 v_2 比较，并计算 e，与理论值 $e=1$ 比较.

4. 进行不等质量完全弹性碰撞（令 $v_{20}=0$）：在一个滑块上放置骑码（质量不可过大，且要对称放置，以保证对心碰撞），测出两滑块碰撞前后的速度，验证(33-5)式，由(33-5)式计算所得的碰撞后的速度 v_1 和 v_2 视为理论值，把实验测得的 v_1'和 v_2'与理论值比较，并计算 e，与$e=1$比较.

5. 进行等质量完全非弹性碰撞（令 $v_{20}=0$）：用两滑块粘有接合器的一端进行碰撞，测出滑块碰撞前后的速度，验证式(33-7)，为免除挡光片的差异，可用一个滑块上的挡光片进行碰撞前后的挡光计时.

将(33-7)式计算所得的碰撞后的速度 $v=v_{10}/2$ 视为理论值，把实验测得的 v'与理论值比较.

四、思考题

1. 若气轨的水平调不准，将如何影响实验结果？

2. 为了实现对心正碰和完全非弹性碰撞，应注意哪些问题？

3. 完全弹性碰撞情形下，当 $m_1\neq m_2$，$v_{20}=0$ 时，两个滑块碰撞前后的总动能是否相等呢？试根据你测的数据验算一下，如果不完全相等，试分析产生误差的原因.

4. 在完全非弹性碰撞情形下，若取 $m_1=m_2$，v_{10} 和 v_{20} 都不等于零，而且方向相同，则由公式(33-1) 和(33-6) 可知 $v_{10}+v_{20}=2v$，试问，如果要验证这个公式，实验应当如何进行？

实验 34 弹簧振子的简谐振动

一、知识点

1. 弹簧振子的简谐振动

如图 34-1 所示，两弹簧的弹性系数分别为 k_1 和 k_2，弹簧的 A、B 端固定，另一端均扣在同一滑块上. 设滑块的平衡位置为坐标原点，略去阻尼，滑块的运动微分方程为

$$m\frac{\mathrm{d}^2x}{\mathrm{d}t^2}=-(k_1+k_2)x，或$$

$$\frac{\mathrm{d}^2x}{\mathrm{d}t^2}+\omega_0^2x=0, \tag{34-1}$$

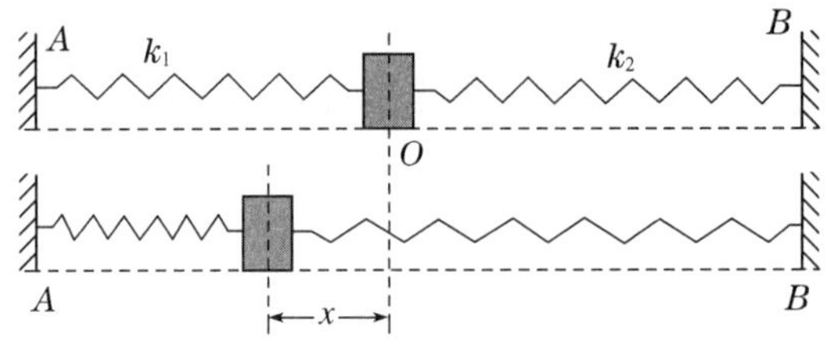

图 34-1 弹簧振子

式中

$$\omega_0^2=\frac{k_1+k_2}{m}=\frac{k}{m}, \tag{34-2}$$

其中 k 为等效弹性系数，$m=m_1+m_0$，m_1 是滑块质量，m_0 是弹簧的等效质量. 方程(34-1)的通解为

$$x=\sin(\omega_0 t+\varphi_0). \tag{34-3}$$

(34-3)式表明弹簧振子做简谐振动. 式中 ω_0 是系统的固有频率，振动周期为

$$T=\frac{2\pi}{\omega_0}=2\pi\sqrt{\frac{m_1+m_0}{k_1+k_2}}. \tag{34-4}$$

2. 简谐振动的机械能

由(34-1)式积分可得

$$\frac{1}{2}m\left(\frac{\mathrm{d}x}{\mathrm{d}t}\right)^2+\frac{1}{2}kx^2=C, \tag{34-5}$$

设初始条件为：$t=0$ 时，$x=A$，$\frac{\mathrm{d}x}{\mathrm{d}t}=0$，代入上式可得 $C=\frac{1}{2}kx^2=\frac{1}{2}kA^2$，故上式可写成

$$\frac{1}{2}m\left(\frac{\mathrm{d}x}{\mathrm{d}t}\right)^2+\frac{1}{2}kx^2=\frac{1}{2}kA^2=E_0. \tag{34-6}$$

(34-6)式表明，系统运动的机械能守恒.

3. 有关气垫导轨的工作原理和使用方法

阅读 51～54 页.

4. 有关电脑通用计数器使用方法

阅读 55～59 页的面板功能和使用举例.

二、仪器和用具

气轨及气源；电脑通用计数器及光电门；弹簧；骑码；滑块；天平等.

三、实验内容

1. 测量振动周期 T

把气轨调水平后，按图 34-1 所示安装弹簧振子，将一个光电门放在滑块的平衡位置附近，把滑块拉离平衡位置至某一位置(即选定的振幅)，使它从静止开始运动. 用电脑通用计数器测量周期 T.

2. 研究周期 T 与振子系统质量 $m=m_1+m_0$ 的关系，计算弹性系数 k 和弹簧等效质量 m_0

改变振动系统质量，即在滑块上加附重(骑码)，令 $m=m_1+m_0$，$m=m_2+m_0$，$m=m_3+m_0$，…，根据(34－4)式，则有

$$\begin{cases} T_1^2=\dfrac{4\pi^2}{k}(m_1+m_0), \\ T_2^2=\dfrac{4\pi^2}{k}(m_2+m_0), \\ \cdots \\ T_i^2=\dfrac{4\pi^2}{k}(m_i+m_0). \end{cases} \tag{34-7}$$

每当在滑块上加一附重，就测一次振动周期，将有关周期 T_i 与系统质量 m_i 列表记录.

(1) 用作图法处理数据

以 T_i^2 和 m_i 为坐标轴，由(34－7)式可见，在此坐标中的图线应是直线，斜率为 $4\pi^2/k$，截距为 $4\pi^2 m_0/k$，由此可求出 k 和 m_0.

(2) 用计算法处理数据(隔项逐差法)

对 $2i$ 个不同质量滑块所测得的周期按式(34－7)次序分成 2 组(即脚标 $1\sim i, i+1\sim 2i$)，然后逐差，即

$$T_{i+1}^2-T_1^2=\frac{4\pi^2}{k}(m_{i+1}-m_1)，得\ k=\frac{4\pi^2(m_{i+1}-m_1)}{T_{i+1}^2-T_1^2},$$

$$T_{i+2}^2-T_2^2=\frac{4\pi^2}{k}(m_{i+2}-m_2)，得\ k=\frac{4\pi^2(m_{i+2}-m_2)}{T_{i+2}^2-T_2^2},$$

$$\cdots$$

$$T_{2i}^2-T_i^2=\frac{4\pi^2}{k}(m_{2i}-m_i)，得\ k=\frac{4\pi^2(m_{2i}-m_i)}{T_{2i}^2-T_i^2}.$$

如果所得的各 k 值是同样的或很接近(在测量误差范围之内)，说明(34－4)式 T 与 m 的关系是正确的，计算上述所得 k 的平均值 $\bar{k}$ 表示弹簧的等效弹性系数，把 $\bar{k}$ 代入(34－7)式的每个方程中，求出相应的 m_0，即

$$m_0=\frac{\bar{k}T_i^2}{4\pi^2}-m_i, \tag{34-8}$$

将(34－8)式所得到的一组 m_0 值求其平均值，即弹簧的等效质量.

3. 验证机械能守恒定律

保持振幅 A 一定，由(34－6)式，选取 $x=0, 0.2A, 0.4A$，测定对应点的速度，分别代入(34－6)式予以验证.

(1) 将光电门放在 $x=0$(即平衡位置)处，使滑块从振幅 A 处由静止开始振动，分别测出滑块从左边和右边通过平衡位置的速度，取平均值.

(2) 将光电门放在平衡位置右侧 $x=0.2A$ 处，然后放在左侧 $x=0.2A$ 处，分别测出滑块通过光电门的速度，取平均值.

以上(1)、(2)两步实际上只要选三个光电门即可一次测出. 关于 $x=0.4A$ 的速度测量方法也与此类同.

把三次实验测得的平均速度分别代入(34－6)式左式，并计算与右式 $kA^2/2$ 的百分差. 自

行设计表格记录和处理有关数据.

四、思考题

1. 为什么在测量对应于平衡位置 x 处的速度时,要取左右两边的平均值?

2. 比较用作图法和计算法处理数据的优缺点?

3. 用计算法处理数据时,如果根据(34-7)式采用求 $T_2^2-T_1^2, T_3^2-T_2^2, T_4^2-T_3^2, T_{2i}^2-T_{2i-1}^2$ 得到一系列 k 取平均,行不行?

4. 电脑通用计数器测振子周期时,光电门一定要放在平衡位置吗?光电门放在振动的最大位移以内任何地方行不行?

5. 振动周期与振幅大小有关系吗?用实验试试.

实验 35 用电流量热器法测定液体的比热容

一、知识点

单位质量的物体温度升高(或降低)1 ℃时所需要吸收(或放出)的热量称为该物质的比热容.测定物体比热容所依据的理论基础是物体的热平衡和能量守恒与转换定律.我们进行热学实验时必须做温度的测量,但是,由于对流、传导和辐射的作用,系统内各部分间及其环境的温度都在不断变化,造成物体或系统的温度的不均匀,所以,物体或系统的温度,只有在热平衡状态时才有意义.因此,用温度计测温度,一方面必须使物体或系统的温度达到平衡状态,另一方面也必须使物体或系统与温度计达到热平衡,否则所测温度就不准确.同时在测量过程中,由于系统和环境的温度不同,不管是多么严密的"绝热"系统,也都不可避免地要发生热交换,因此,精确地测定温度和尽量地减少系统和外界的热交换是提高量热测量准确度的关键,是热学实验应遵循的基本原则.

如图 35-1 所示,有两只完全相同的电流量热器 1 和 2 中,分装装着质量为 m_1 和 m_2、比热容为 c_1 和 c_2 的两种液体,液体中安置着阻值相等的电阻 R.按图 35-1 所示连接电路,然后闭合开关 K,则有电流通过电阻 R,根据焦耳定律,每只电阻产生的热量为

$$Q = I^2 Rt.$$

式中 I 为电流强度,R 为电阻丝的阻值,t 为通电时间.

液体、量热器内筒、搅拌器和温度计等吸收电阻 R 释放的热量 Q 后,温度升高.设两个量热器内初始平衡温度(包括附件等)分别为 t_1 和 t_2,加热终了的平衡温度分别为 t_1' 和 t_2',第一量热器和第二量热器(包括温度计和搅拌器)的水当量分别为 w_1 和 w_2[物体的水当量,是指与该物体具有相同热容量的水的质量.例如设物体质量为 m_x,比热容为 c_x,水的比热容为 c,则有 $c_x m_x = w_x c$,故物体的水当量 $w_x = c_x m_x / c$],水的比热容为 c,则第一量热器中物体所获得的热量为

$$Q_1 = (c_1 m_1 + c w_1)(t'_1 - t_1) = I^2 Rt - q_1, \tag{35-1}$$

第二量热器中物体所获得的热量为

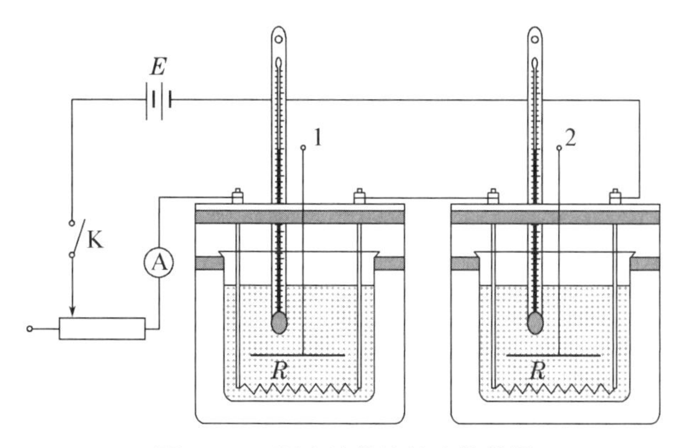

图 35-1　测定液体比热容的装置

$$Q_2 = (c_2 m_2 + c w_2)(t'_2 - t_2) = I^2 R t - q_2, \tag{35-2}$$

式中 q_1 和 q_2 分别是第一量热器和第二量热器散失于外界的热量，由于两量热器的构造及其外界条件基本上相同，所以 q_1 与 q_2 几乎相等，$q_1 - q_2 \approx 0$，因此由以上两式即可得到

$$c_1 = \frac{1}{m_1}\left[(c_2 m_2 + c w_2)\frac{t'_2 - t_2}{t'_1 - t_1} - c w_1\right]. \tag{35-3}$$

(35-3)式中的水当量 w_1、w_2 可按下述方法计算：

设铜制量热器和搅拌器的总质量为 m_0，已知铜的比热容 c_0 为 0.385 kJ/kg·K，则它的热容量(即升高 1 ℃所吸收的热量)为 $c_0 m_0$，因而它的水当量为 $0.092m_0$. 其次还应考虑温度计浸入液体的那一部分的水当量. 水银温度计是由玻璃和水银组成的，考虑到玻璃的比热容与比重的乘积，与水银的比热容与比重的乘积近似相等，都等于 1.9×10^3 kJ/m³·K. 设温度计浸入液体部分的体积为 V，则对应体积的热容量近似为 1.9×10^3 V，相应的水当量为 0.45×10^3 V. 最后还要考虑电流导入棒的水当量 w_0，由于具体的装置不完全相同，w_0 的值由实验室给定. 将以上三部分相加，便可得到水当量

$$w = 0.092m_0 + 0.45\times10^3\ V + w_0. \tag{35-4}$$

我们取比热容已知的水作为第二种液体，即 $c_2 = 4.182$ kJ/kg·K，如果称出水和待测液体的质量为 m_1 和 m_2，并测出温度 t_1、t_2、t'_1 和 t'_2，则根据(35-4)和(35-3)式便可算出待测液体的比热容 c_1.

在量热学实验中，经常使用量热器. 量热器采用双层套筒结构，外套筒用隔热较好的材料制成，以便减少热对流和热传导的损失. 尽管如此，筒壁与周围环境的热辐射的影响还是相当严重的，在要求较高的测量中，需要采用特殊方法进行修正. 在一般实验中，也要设法减小由此带来的误差.

按牛顿冷却定律：当温差不太大时(约 5 ℃)，系统向周围环境散失热量的速率与系统和环境的温度差成正比，即

$$\frac{\mathrm{d}q}{\mathrm{d}t} = K(T - \theta), \tag{35-5}$$

式中 $\mathrm{d}q$ 是系统在 $\mathrm{d}t$ 时间内散失的热量；$\mathrm{d}q/\mathrm{d}t$ 称为散热速率；K 为散热常数，与系统表面的光洁度及系统表面的温度有关，与系统表面积成正比，并随着表面的热辐射本领而变；T 与 θ 分别是 t 时刻系统和环境的温度.

牛顿冷却定律比较严格，应用起来也比较繁杂，在一般不太精密的测量中，常是用它粗略修正方法，称为补偿法. 即让系统从初温 t_1 低于室温 θ 开始升温到 $t_2>\theta$，并且使 $t_2-\theta=\theta-t_1$，这样，系统从 t_1 升温到 t_2 的过程中，$t_1\sim\theta$ 的温变过程中系统向环境吸热，$\theta\sim t_1$ 的温变过程中系统向环境放热，因为 $t_2-\theta=\theta-t_1$，则可以近似地认为在热交换中前半段的吸热和后半段的放热约等而抵消，系统和外界的热交换相互得到补偿. 因此，设计实验时，最好使量热器的始末温度尽量接近环境温度，例如在环境温度上、下 5 ℃左右，另外，要尽可能快地读取实验数据，例如，用搅拌器使量热器很快达到平衡，快速而准确地读得所需温度等.

二、仪器和用具

直流稳压电源；水银；温度计；天平；滑线电阻；量筒；电量热器；电流表；电吹风；待测液体等.

三、实验内容

1. 用物理天平称出量热器和搅拌器的质量 m_0，待测液体的质量 m_1 和水的质量 m_2.

2. 按照图 35 - 1 连接电路，但不能合上开关 K. 把温度计插入量热器中（注意不要接触到电阻 R），记下未加热前的温度. 为了以后计算水当量，预先记下温度计浸入液体部分的刻度位置.

3. 合上开关 K（加热电流的数值由实验室给定）后，应不断晃动搅拌器，使整个量热器内各处的温度均匀. 待温度升高 5 ℃左右，切断电源，切断电源后温度还会有稍许上升，应记下上升的最高温度.

4. 根据步骤 2 所记下的刻度值，用 20cc 的量筒测出温度计浸入液体部分的体积 V.

5. 实验中的加热电阻和电流导入装置不能做到完全相同，于是会带来一些误差. 为此，在实验时要求将两电阻（包括电流的导入装置）对调，重复以上实验步骤，再测一遍（注意：对调时应该用清水将电阻及电流导入棒冲洗干净，并吹干）.

6. 将上述两次测量的数值分别代入公式（35 - 3）、（35 - 4），算出每次待测液体的比热容 c_1，然后取其平均值. 将待测的液体比热容与其标准值作比较，如果结果误差较大，应该分析产生误差的原因.

四、思考题

1. 如果实验过程中，加热电流发生了微小的波动，是否会影响测量的结果？为什么？

2. 实验过程中量热器不断向外界传导和辐射热量，这两种形式的热量损失是否会引起系统误差？为什么？

3. 用一只量热器也可以测定液体的比热容. 例如，利用公式 $I^2RT=(c_1m_1+cw_1)\cdot(t'_1-t_1)$，可得 $c_1=\left[\dfrac{I^2RT}{t'_1-t_1}-cw_1\right]\dfrac{1}{m_1}$，请设计一下这个实验应如何做，并将它与本次实验进行对比，阐述两者的异同. 为什么说本次实验的结果更准确些呢？

4. 如果待测液体是导电的，本实验装置应如何改动方可进行实验？

5. 如果待测液体的比热容约等于水的一半值，在选择质量 m_1 和 m_2 时，其比值取多少为佳？为什么？

实验 36　理想气体状态方程的研究

一、知识点

1. 理想气体状态方程和气体三定律

一般气体在温度不太低、压力不太大时，可近似地当作理想气体. 平衡态时，理想气体的状态方程为

$$PV = \frac{M}{\mu}RT, \tag{36-1}$$

式中，M 为气体的质量；μ 为气体的摩尔质量，M/μ 为气体的摩尔数；R 为摩尔气体常数，$R = 8.314\,41$ J/mol. (36－1)式也通常称为克拉贝隆方程.

由(36－1)式可得到，一定质量的气体等温变化时有 $P_1V_1 = P_2V_2 = PV =$ 常数；等压变化时有 $\frac{V_1}{T_1} = \frac{V_2}{T_2} = \frac{V}{T} =$ 常数；等容变化时有 $\frac{P_1}{T_1} = \frac{P_2}{T_2} = \frac{P}{T} =$ 常数. 对一定类别的气体，(36－1)式也可表示为 $\frac{P_1V_1}{T_1} = \frac{P_2V_2}{T_2} = \frac{PV}{T} =$ 常数.

由理想气体状态方程(36－1)式可以看出，在 P、V、T 这三个状态参量中，如有两个参量被确定，可求出第三个状态参量，则气体的状态便已确定.

2. J2257 型气体定律演示器

J2257 型气体定律演示器由定压气体温度计、控温线路和体积压强测定计三部分组成. 它们同附在一块支撑木板上，并装在一个长方形木盒里. 使用时，可把支撑木板竖立起来，如图 36－1 所示.

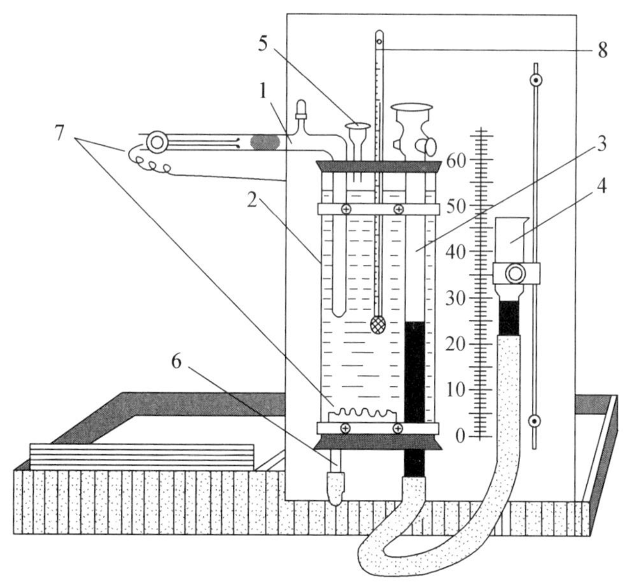

图 36－1　J2257 型气体定律演示器

1—定压气体温度计　2—储水玻璃管　3—体积压强测定器　4—注水银漏斗　5—注水漏斗
6—放水口　7—接温控器导线和电炉丝　8—酒精温度计

(1) 定压气体温度计(如图 36－2 所示)

AA'是一端封闭的玻璃管,开口端用胶管与 BB'玻璃管连通. BB'上有一个加装水银的小口,平时用橡胶帽盖住, BB'左端与大气相通.

水银滴的右端侧构成密闭容器. AA'受热使管内气体膨胀,推动水银滴向左移动,其右侧压强 P_1 与左侧大气压强 P_0 相等 ($P_1 = P_0$) 时,水银滴停止移动. 降温时, AA'中气体收缩,使水银滴右移. 两侧压强相等 ($P_2 = P_0$),停止移动.

在整个测量过程中, AA'中的气压 P 始终与大气压强 P_0 相等. 而每一温度值,表现为水银滴的一个特定位置.

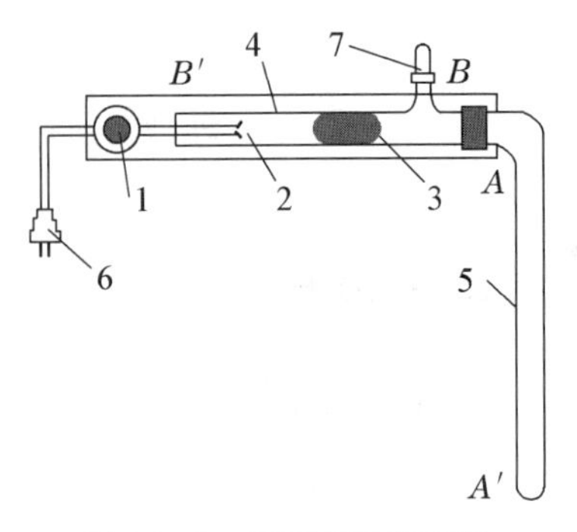

图 36－2 定压气体温度计

1—控制旋钮 2—金属触片 3—水银滴 4—控温臂管 5—玻璃竖管 6—电源插头 7—注水银口

由于控温臂上没有刻度,所以实验时必须与其他温度计(如酒精温度计)配合使用. 把 AA'与酒精温度计同插在水中,如果温度指示为 20 ℃,则水银滴的停留位置可标记为 20 ℃.

(2) 控温线路(如图 36－3 所示)

接通开关 K,电热丝 R 通过继电器 J 的常闭触电 J_1 接入电源开始加热,同时指示灯亮.

随着温度升高,气体温度计的水银滴左移. 温度升至某一温度 t 时,水银滴与触电 M、N 接触,使继电器线圈绕组电路导通,继电器做吸合动作,常闭触点 J_1 断开,指示灯灭,加热停止.

当温度下降时,水银滴右移,一旦离开 M、N 时,继电器绕组电路就被切断. 继电器复位,常用点 J_1 再度闭合,电热丝导通加热. 如此,达到自动控温的目的,调节触针旋钮,使触点 M、N 在不同位置上,就能控制到不同的温度.

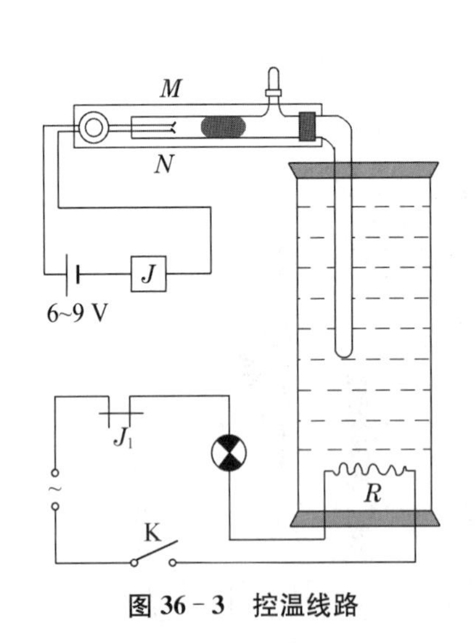

图 36－3 控温线路

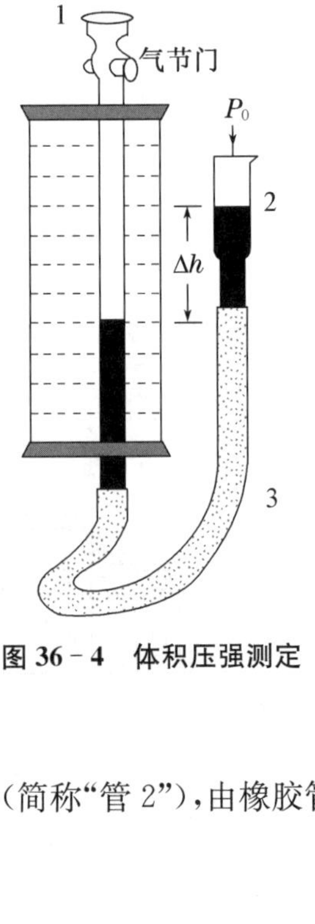

图 36－4 体积压强测定

(3) 体积压强测定计(如图 36－4 所示)

一支带气节门的长玻璃管 1(简称“管 1”)和长颈漏斗 2(简称“管 2”),由橡胶管 3 连接,构成 U 形管. 水银从管 2 口灌入.

管 1 气节门打开，U 形管两端均与大气相通，两管水银液面相平，其高度差 Δh 为零.

关闭管 1 的气节门，将管 2 提高，管 1 内空气被压缩，气柱变短，体积减小，气压增加到 P，这时，P 与大气压 P_0 之差等于管 2 与管 1 水银面高度差 Δh，$\Delta h = P - P_0$. 当把管 2 降低时，则 $P < P_0$，此时 $P = P_0 - \Delta h$.

管 1 内径上下一致，令其截面积 S 为 1，则气柱体积 V 在数值上与长度 L 相等，即 $V = L$.

管 1 外是盛水玻璃管，内装有电热丝，水被加热时，热量也传递给管 1 内的气柱. 达到热平衡时，气柱的温度 t 与水温 t' 相等，$t = t'$.

这样，通过测量 U 形管水银面的高度差 Δh，可确定气柱的压强 P；通过测量气柱长度 L，可确定气柱的体积 V；通过测量水温 t'，可确定气柱的温度 t.

由此，我们可以研究密闭气体的压强 P、体积 V、温度 t 三者之间的关系.

二、仪器和用具

JJ2257 型气体定律演示器；大气压强计；低压电源；温度计；凡士林；吸管；烧杯等.

三、实验内容

注意事项：(1) 不要在 U 形管两管液面不水平的情况下突然打开气节门. 否则，会使水银溢射出来. (2) 实验完毕如要将水银取出时，应将管 2 放至初始位置，使 U 形管两管水银液面相平后，打开气节门，缓缓降低管 2，将水银倒出. 水银是毒品，手上若有伤口切勿触及. 散落的水银要尽量收集起来. 无法收集的残余，应撒上硫璜粉，待其硫化后，收集埋掉，回收的水银要装瓶加盖，存放在阴凉处. (3) 如要将仪器收入盒中，应当将仪器放水擦净、晾干，以免金属部分生锈.

1. 正确使用仪器

(1) 把仪器测量部分竖直架起. 为保证仪器稳定度，可将电源放在仪器盒上兼作压重物.

(2) 在管 1(参见图 36－4)的气节门上涂一薄层凡士林，以免实验中漏气.

(3) 把盛水管的下出水口关闭，从上进水口注入净水，使水面升至距橡胶塞约 1 cm 处.

(4) 把管 1 的气节门打开，将管 2 的上口固定在标尺 28 cm 处. 从管 2 注入水银，使水银面升到标尺 20 cm 处. 待两管液面水平后关闭气节门(思考：为什么要打开气节门才可注入水银?).

(5) 拔掉 BB'(参见图 36－2)上的橡胶帽，用吸管从注水银口处滴入水银，使水银滴在 BB' 中长约 1 cm. 将水银滴调整到控温臂标有 t_0 的位置，塞好橡皮帽，勿使此处漏气.

(6) 把酒精温度计插入盛水管的水中，将整个控温臂水平地装在标尺板上. 按图 36－3 连接控温线路(气体温度计的金属触片所处位置不同代表控制温度不同，实验前最好需校核一下什么位置代表多少温度，这工作比较繁琐，我们可以直接观察酒精温度计实现人工读温，而恒温控制则由控温器实现).

2. 实验

(1) 研究等温过程

不加热，在常温下慢慢升降管 2(升降管 2 要慢，是为了防止气柱温度变化). 记下每次位置的气柱长度 L 和水银面高度差 Δh，计算 PV 值(注意：$P = P_0 + \Delta h$)，给出结论.

(2) 研究理想气体状态方程

调整管 1 与管 2,使两管水银面都在刻度 20 cm 处.给气柱加热,在每一特定温度 t 下测定气柱的 P、V 值,计算 PV/T 值,给出结论.

(3) 研究等容过程

(此实验可与上面"研究理想气体状态方程"同时进行)在加热过程中,慢慢调节管 2,保持气柱 L 值不变,测得 t 和与 t 相应的 P 值,计算 P/T 值,给出结论.

(4) 研究等压过程

(此实验可与上面"研究理想气体状态方程"同时进行)在加热过程中,慢慢调节管 1 和管 2,使两管水银面取平 ($\Delta h=0$),这时管 1 内气柱的压强在本实验过程中是不变的 ($P=P_0$),记录 V、T 值,计算 V/T 值,给出结论.

四、思考题

如何用本仪器测定大气压强 P_0?

提示:在水温与室温相同的情况下进行(或将水放空).将管 1 置于刻度板 28 cm 处.打开管 1 的气节门,缓缓提高管 2,使管 1 中的水银液面从气节门中溢出一点(但不要溢出上方的管口).这时,管 1 中的气体全部排出.关闭气节门,勿使漏气.缓缓下移管 2,待管 1 中出现约2 cm的托里拆利真空柱时为止.此时两管水银面高度差就是当地的大气压强 P_0 值,即 $\Delta h=P_0$.

实验 37　水的汽化热的测定

一、知识点

使单位质量的液体变成同温度的蒸汽所吸收的热量,称为该液体的汽化热(也叫比汽化热).本实验采用电热法测定水在沸点时的汽化热,实验装置如下图 37-1 所示.

给浸在水中的电热丝通电,水被加热到沸腾,水蒸气由输送管 A 经橡皮接头 B 到达冷凝器 C,水蒸气通过冷凝器时重新被冷却变成水,流入下部出口处的接水烧杯中.冷凝器由铁夹固定在铁架上(图中未画铁架).

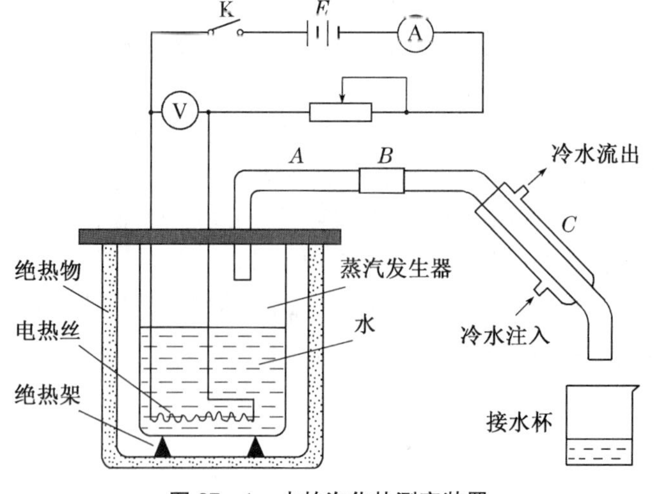

图 37-1　水的汽化热测定装置

水被加热,沸腾一段时间后,维持供电电流和电压稳定,即可用新的杯子接水,设 t 时间内收集到的水的质量为 M,而稳定的电流和电压值分别为 I 和 V,根据热平衡原理有

$$IVt=ML+Q,\quad (37-1)$$

式中 L 为待测的水在沸点时的汽

化热，Q 为在 t 时间内蒸汽发生器散失的总热量.

在实验时间里，一般情况下周围环境的温度和大气压变化不大，所以可以认为，只要在相同的时间间隔内，蒸汽发生器的散热近似为一恒定值. 因此，若改变加热功率，待电流电压又稳定后，再次接水. 设仍在 t 时间内杯子接水 M_1，电流电压值分别为 I_1 和 V_1，则有

$$I_1V_1t = M_1L + Q. \tag{37-2}$$

联立(37－1)、(37－2)两式，消去 Q 可得到

$$L = \frac{(IV - I_1V_1)t}{M - M_1}. \tag{37-3}$$

为了减小测量中的偶然误差，也为了在测得水的汽化热 L 值的同时，能求得散失的热量，我们可以多次改变电功率，每次测量时间都规定为 t，于是得到满足(37－1)式的多组数据.

令热损耗速率为 q，即 $q = Q/t$，于是(37－1)式变为

$$IV = \frac{M}{t} \cdot L + q. \tag{37-4}$$

若以 M/t 为横坐标，IV 为纵坐标，将得到一直线图. 如果采用线性回归法处理数据，就得到电功率 IV 对平均单位时间汽化质量(M/t)的最佳直线图. 斜率即所求的水在沸点时的汽化热，截距则给出水在沸点时蒸汽发生器的热损耗率 q.

二、仪器和用具

蒸汽发生器(用电热丝加热)；冷凝器；天平；停表；支架；烧杯；直流稳压电源；直流电压表；直流电流表；滑线变阻器等.

三、实验内容

1. 实验准备

用天平称备用烧杯的质量. 蒸汽发生器中注入清洁水，冷凝管中通冷却水，按实验装置图连接电路. 经检查无误，再接通电源，在冷凝管下部放一接水烧杯. 在水沸腾后，有水滴入烧杯中.

2. 测量

(1) 水沸腾一段时间后，观察电流表和电压表，待示值稳定后，记下读数 I 和 V，同时用准备好的备用烧杯(用天平称过质量的烧杯)代替原来的接水烧杯，在被冷却的水进入杯中的瞬时计时，经过 t 时间后(选 300 s)，移开杯子，秤出杯子中水的质量 M(移开杯子时，接水口要放一杯子，以免水滴弄湿实验台).

(2) 多次改变电功率，每次均在电流表和电压表示值稳定后进行测量，接水时间均为 t.

(3) 以 M/t 为自变量，IV 为因变量，进行一元线性回归计算(参见 24～27 页绪论部分“回归分析研究二变量的关系”)，求出水的汽化热 L 及仪器的热损耗率 q，并计算相关系数 R_e.

本实验要求结果形式写成 $L = (\bar{L} \pm \sigma_{\bar{L}})$；$q = (\bar{q} \pm \sigma_{\bar{q}})$；相关系数 R_e.

四、思考题

1. 本实验原理部分提及 Q 可近似认为是常量，你认为要使之近似性高一些，给蒸汽发生器加热速度快些好，还是慢些好？

2. 实验装置设计中，为了使周围环境变化的影响小，你认为测量时间宜长还是宜短？单位时间汽化质量(M/t)宜大还是宜小？

实验 38　电桥法测微安表内阻和二极管正向伏安特性

一、知识点

1. 惠斯登电桥测电阻方法和原理(请参阅 141 页实验 13).
2. 伏安法测二极管伏安特性的方法及存在的问题(请参阅 136 页实验 12).
3. 测微安表内阻的电路设计.

对照实验 13 的图 13－3 电桥电路，可设计测量电路如图 38－1 所示，将微安表作为 R_x 接在桥臂上，可测出其内阻. 不过，改变 R_1、R_2 或 R_S，通过微安表的电流大小也随之变化.

但当电桥平衡时，通过微安表的电流达到一个稳定值，这时若断开或接通"桥"上的开关 S，微安表指针不动，故可用待测微安表来判断电桥是否达到平衡，不需要"桥"上再接检流计. 由于微安表允许通过的电流较小，所以要用低电压电源，并将滑线变阻器由限流法改为分压法. 在实验开始时，要求先将滑动端移至输出电压为零的位置(为什么?).

4. 测二极管正向伏安特性的电路设计.

设计测量电路如图 38－2 所示. 电流表和电压表分别作为直流电桥的一个桥臂，图中 R_1 为限流电阻. 调整 R_1、R_2 使电桥平衡，则此时电流表上的电流即流过二极管上的电流 I_D，电压表所测电压即为二极管两端的电压 U_D，选定不同的 U_D，记录相应的 I_D，即可作 $U-I$ 关系特性. 利用电桥法测伏安特性，有效地降低了电流表、电压表的接入影响，比伏安法有极大的优越性(内接法、外接法都有电表接入影响，参阅实验 12).

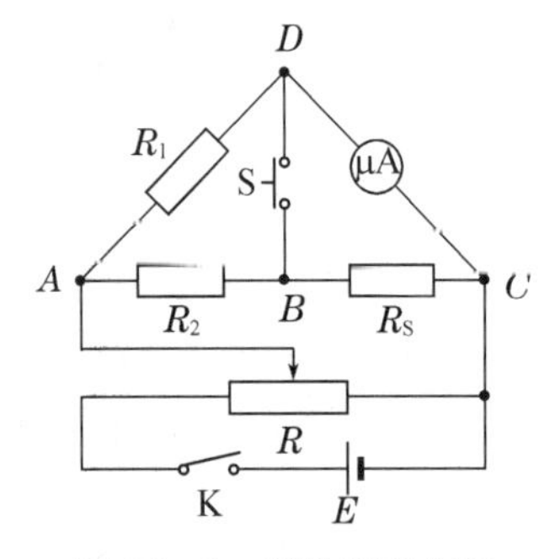

图 38－1　测微安表内阻

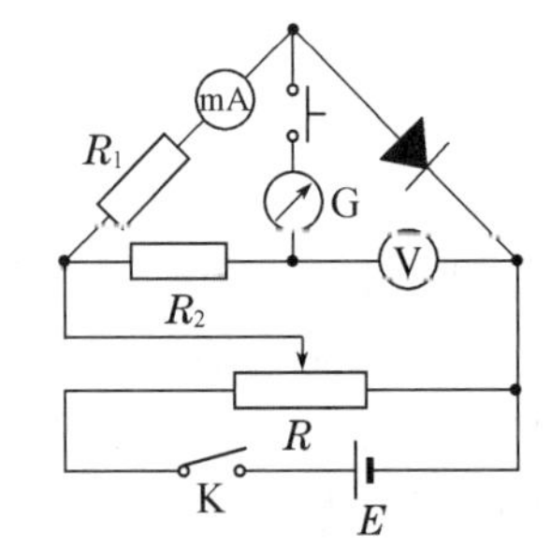

图 38－2　测二极管正向伏安特性

二、仪器和用具

电阻箱；滑线变阻器；检流计；低压稳压电源；箱式惠斯登电桥；万用表；开关；二极管；微安表头；导线等.

三、实验内容

由图 38－1 和图 38－2 的电路设计，写出测微安表内阻和测二极管正向伏安特性的实验步骤，并实验之.

四、思考题

1. 图 38－1 中，设微安表量限 100 μA，内阻小于 800Ω，电桥电压宜选多大？
2. 依图 38－2 测二极管正向伏安特性时，是否每改变一个 U_D 都要重新调电桥平衡？

实验 39　双踪示波器

一、知识点

1. 用单踪示波器观测电信号波形的基本原理(参阅实验 15).
2. 信号发生器及双频调相信号仪的使用

请阅读 79 页“七. 通用信号发生器”及 82 页“八. BS－Ⅱ型双频调相信号仪”.

3. 双踪示波器.

双踪示波器观测电信号波形的方法与单踪示波器观测电信号波形的三个基本条件是一致的，只是双踪示波器有两组 y 偏转板，可以同时观测两个被测电信号的波形. 不同型号的通用双踪示波器的基本原理都是一样的，现以 LM8020A 型双踪示波器为例，说明其使用方法. LM8020A 型双踪示波器的面板示意如图 39－1 所示，其面板的各控件作用如下：

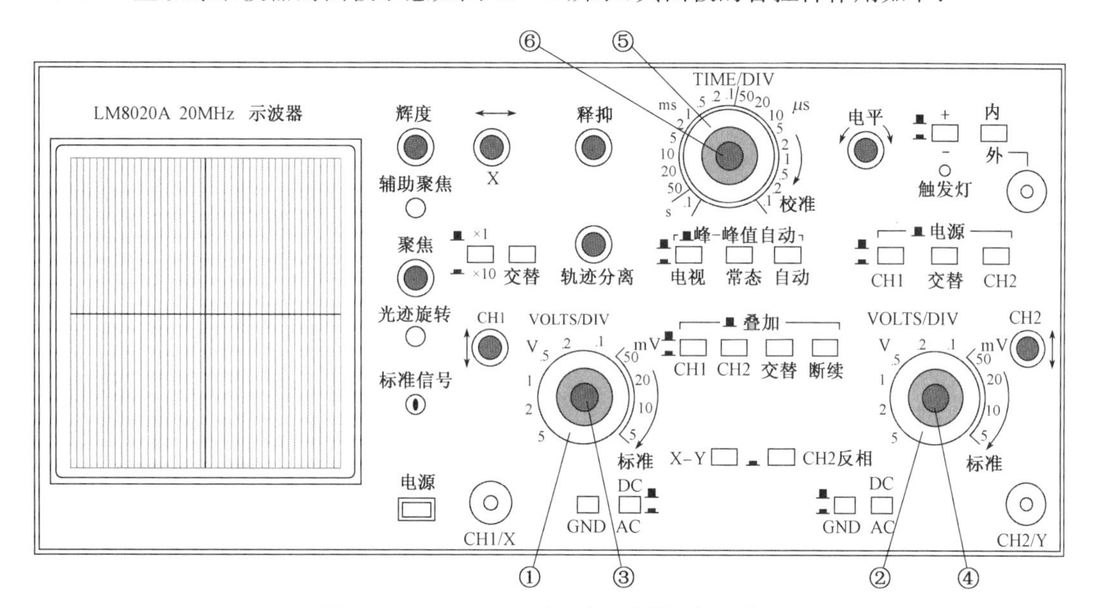

图 39－1　LM8020A 型双踪示波器面板示意图

(1) 辉度：调节光迹亮度.

(2) 聚焦、辅助聚焦：调节光迹的清晰度.

(3) 光迹旋转：调节扫描线与水平刻度线平行.

(4) 校准信号：能输出幅度 0.5 V，频率为 1 kHz 的对称方波标准信号.

(5) "◎CH1/X"与"◎CH2/X"：被测信号的两个输入端口，分别称为通道1和通道2.

(6) "X-Y □"：当按下该按钮时，通道1的信号送给示波器的x偏转板，通道2的信号送给示波器的y偏转板(可以观测利萨如图).

(7) "□CH2反相"：按下它，使通道2的信号反相.

(8) "□CH1 □CH2 □交替 □断续(叠加)"：按下"CH1"或"CH2"，通道1或通道2的信号单独显示；按下"交替"，两个通道信号交替显示；按下"断续"，两个通道断续显示，用于扫描速度较慢时的双踪显示. 全都弹开时，则显示两个通道信号的代数和或差——当按下"□CH2反相"时，显示两通道信号的差值信号的波形，弹开时显示两通道的代数和信号的波形.

(9) 面板图中"①②③④"：分别是通道1和通道2的信号放大倍数调节旋钮，其中"①②"分别为粗调旋钮，"③④"分别为细调旋钮. 细调旋钮右旋到底时，处于"校准"位置，此时，粗调旋钮旁的数字——每格电压值(VOLTS/DIV)才是准确的.

(10) "□GND □DC/AC"：耦合方式的选择按钮，选择被测信号输入y偏转板的耦合方式.

(11) "↕●CH1"与"CH2●↕"：调节光迹在屏上的垂直位置.

(12) "↔●"：调节光迹在屏上的水平位置.

(13) "电平●"：调节被测信号在某一电平触发自动同步.

(14) "□+/- □内/外"：触发选择按钮. 当右边的按钮按下时，为外触发状态，此时左边按钮不起任何作用. 当右边按钮弹出时，此时左边按钮实现触发极性选择(选择正向锯齿波或负向锯齿波).

(15) "□内 外◎"：外触发信号输入端口. 当上部按钮按下时，从此端口输入的信号去触发锯齿波发生器产生与被测信号同步的锯齿波. 当上部按钮松开时，此端口输入的信号不起作用.

(16) "□电视 □常态 □自动(峰-峰值自动)"：触发方式选择按钮. 按下"常态"时，y偏转板无信号时，屏上无显示，当有信号时，与电平旋钮配合使用可显示稳定的波形(达到同步). 按下"自动"，y偏转板无信号时，屏上显示扫描光迹，当有信号时，与电平旋钮配合使用可显示稳定的波形. 按下"电视"，用于显示电视场信号. 三只按钮都松开不按下，y偏转板无信号时，屏上显示扫描光迹，当有信号时，无须调节电平旋钮即能获得稳定的波形.

(17) "□CH1 □交替 □CH2(电源)"：内触发源选择按钮，用于选择由谁去指挥锯齿波发生器自动产生同步锯齿波. 当按下"CH1"按钮时，由通道1的信号触发锯齿波发生器. 当按下"CH2"时，由通道2的信号触发. 当按下"交替"时，由两个通道的信号轮流触发，这样可保持双踪稳定显示波形. 当三个按钮都松开时，则由电源信号触发.

(18) "○触发灯"：当触发同步时，指示灯亮.

(19) 面板图中"⑤⑥"：用于调节锯齿波周期. 其中"⑤"是粗调，"⑥"是细调. 细调旋钮右旋到底时，处于“校准”位置，此时，粗调旋钮旁的数字——每格时间值(TIME/DIV)才是准确的.

(20)“×1 ×10 交替 轨迹分离”：左边按钮按下时，扫描信号扩展 10 倍，即图上波形能水平拉开 10 倍. 按下“交替”按钮时，屏上能同时显示原来的波形和被拉开 10 倍的波形.“轨迹分离”旋钮可让原波形与拉开 10 倍的波形上下分离开.

(21) 释抑：用于同步多周期复杂波形. 当被测信号是一个具有两个或更多重复周期的复杂波形时，仅使用上述电平控制器是不足以获得稳定波形显示. 在这种情况下，可通过调节释抑时间(扫描休止时间)，使扫描稳定地与触发信号同步.

二、仪器和用具

双踪示波器；信号发生器；双频调相信号仪；电缆线；三通等.

三、实验内容

1. 熟悉和理解面板各基本控件的作用.

能用双踪示波器观测两个电信号的波形图.

2. 按图 39－2 连线，观察两正弦波电信号的波形图.

(1) 用双频调相信号仪作为信号源，观测频率相等，相位差分别为 0°、45°、90°、135°、180°、360°时的两个电信号的波形图特征，并理解相位差的概念.

(2) 观察初相位相同，频率比不同的两个电信号的波形图特征(选频率比 2∶1、3∶1、4∶1、3∶2、5∶2 等)，理解信号周期的概念.

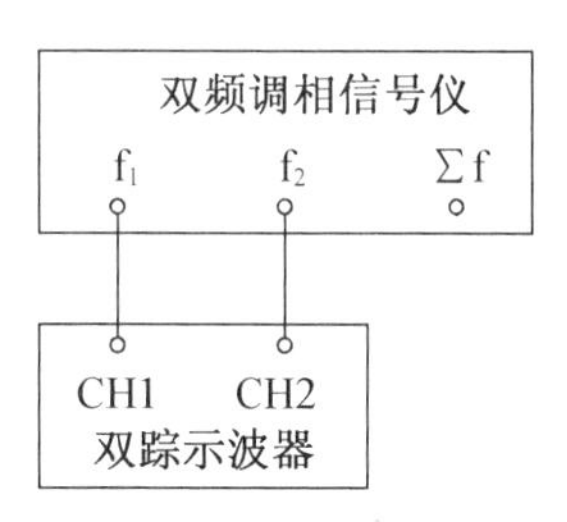

图 39－2　观测双频调相信号

3. 按图 39－2 连线，用双踪示波器自备的“叠加” 功能键观测两正弦波电信号的叠加.

(1) 用双频调相信号仪作为信号源，两信号选相同的频率，相位差从 0°～720°间变化，观测两电信号叠加后的图形变化情况，并找出合成图形振幅达到最大值和最小值时的相位差为多少，由此理解同频率同方向的两个谐振动的合振动所具有的特点.

(2) 两信号选初相位相同，频率比不同时，观测两电信号叠加后的图形变化情况，由此理解不同频率同方向的两个谐振动的合振动所具有的特点.

(3) 上述步骤(1)中，当达到振幅最小时，读出此时的相位差，此时让通道 2 的信号反相后，观察合振幅的变化现象并解释之.

4. 按图 39－3 连线，观测两正弦波电信号的叠加.

(1) 用双频调相信号仪作为信号源，两信号选相同的频率，相位差从 0°～720°间变化，用双踪示波器作为监视器监视两电信号的波形随相位差的变化情况，用单踪示波器观测叠加波形情况，理解合成图形振幅达到最大值和最小值时的相位差特点，进一步理解同频率同方向的两个谐振动的合振动所具有的特点.

(2) 两信号选初相位相同，频率比不同时，对比分振动图与合振动图的对应关系，进一步理解不同频率同方向的两个谐振动的合振动所具有的特点.

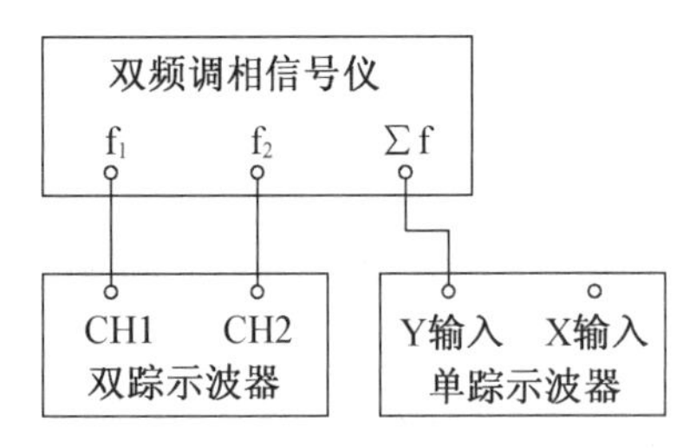

图 39-3 观测同方向两信号的合成

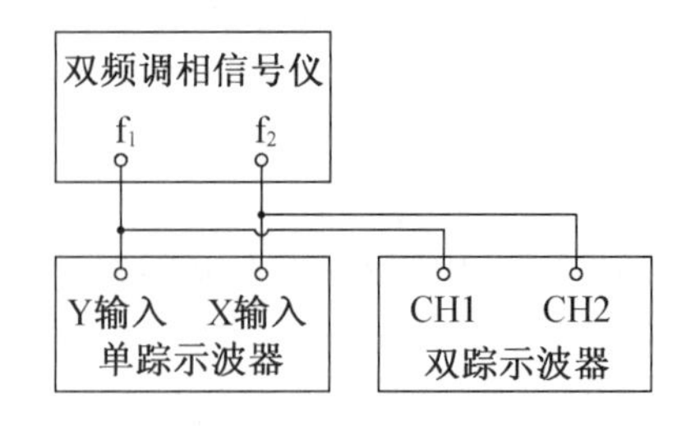

图 39-4 观测利萨如图形

5. 按图 39-4 连线，观测两相互垂直的正弦波电信号的合成图形(利萨如图形).

用双频调相信号仪作为信号源，两输出信号选不同频率比、不同相位差时，分别观测合成图形(用双踪示波器监视两信号的波形图，用单踪示波器观测其合成图形，并把观测到的图形与 137 页图表 14-1 的合振动图形比较)，注意分振动与合振动的对应关系，由此理解相互垂直的两个谐振动的合振动所具有的特点 (注意:双频信号发生器的同一输出端信号送给两只示波器时需要用到三通).

6. 理解双踪示波器的同步"外触发".

用双频调相信号仪作为信号源，将两个输出端"f_1"和"f_2"的任一个信号送到双踪示波器的通道 1 或通道 2 后，先用内触发同步该电信号波形，然后选择外触发(此时波形就不同步了)，这时，将双频调相信号仪的另一个端口信号送到示波器的外触发信号输入端口，观测波形稳定情况，由此理解"外触发"的意思.

四、思考题

1. 如何用双踪示波器测量两电信号的峰-峰值和频率?
2. 如何用示波器知道电信号中有没有直流成分?
3. 如何用示波器测量直流电平?
4. 如何在示波器上比较两波形的相位差?

实验 40 示波器作 XY 图示仪

一、知识点

示波器可用作 XY 图示仪，观测铁磁材料的磁滞回线、二极管伏安特性、光强分布曲线等.

1. 用示波器观测铁磁材料的磁滞回线

磁滞是铁磁材料在磁化和去磁过程中，其磁感应强度不仅依赖于外磁场强度，而且还依赖于它的原先磁化程度的现象. 用图形表示铁磁材料磁滞现象的曲线称为磁滞回线，如图40-1所示，它可以通过实验测得. 铁磁材料磁滞回线是一个很重要的材料特性指标.

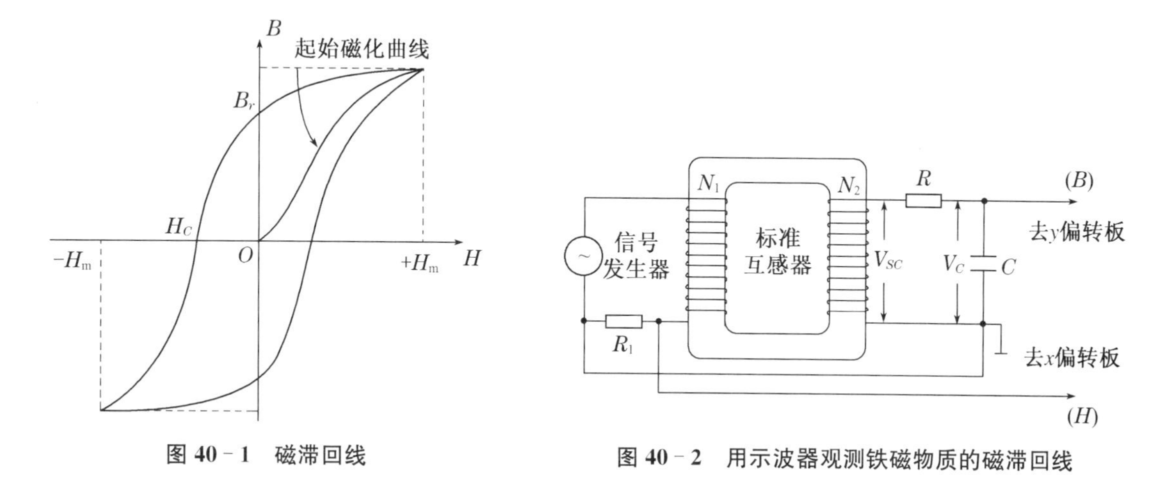

图 40-1　磁滞回线

图 40-2　用示波器观测铁磁物质的磁滞回线

可以将示波器当作 XY 图示仪，显示铁磁材料磁滞回线以对磁性材料的性能进行直接比较，其测量方法如图 40-2 所示.

其中，由于通过初级绕组 N_1 的电流正比于磁场强度 H，因此电阻 R_1 两端所产生的电压可直接与磁场强度 H 相应，将此电压加于示波器的 x 偏转板. 次级绕组 N_2 所感应的电压 V_{SC} 正比于磁通密度 B. R 与 C 组成的积分网络中，如果 $R\gg1/\omega C$，则电容 C 两端的电压 V_C 将与磁通密度 B 相应，将此电压加于示波器的 y 偏转板，仪器屏幕上所显示的曲线即磁滞回线.

2. 用示波器观测二极管的伏安特性曲线

实验接线图如图 40-3(a)所示，加到示波器 x 偏转板上的信号是二极管两端的电压信号，加到 y 偏转板上的是电阻 R 两端的电压信号，由于 R 两端电压波形与流经的电流波形一致(同相)，而二极管 D 与电阻 R 串联，所以 R 两端电压波形与 D 内电流波形一致. 所以接到 y 偏转板的信号相当于二极管内电流波形.

设信号源的波形如图 40-3(b)所示，假设二极管是理想的，即正向电阻为 0，反向电阻为 ∞，导通电压为 0，则 A、B 点的波形将如图 40-3(c)所示，A、B 两点波形分别加到 x、y 偏转板上后，屏上合成图形将如图 40-3(d)所示，正好是平时熟知的伏安特性曲线.

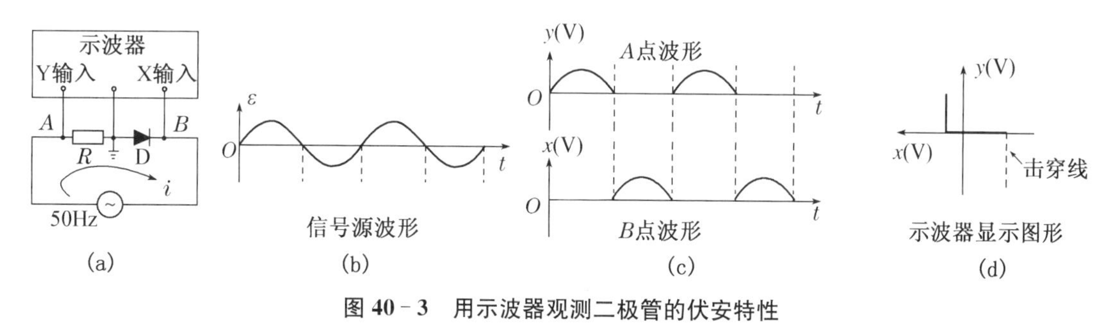

图 40-3　用示波器观测二极管的伏安特性

不同的电路连法，示波器屏上所显示的伏安特性曲线将取不同的方位，如图 40-4 所示(图中虚线表示反向击穿)，请同学自己分析波形的形成.

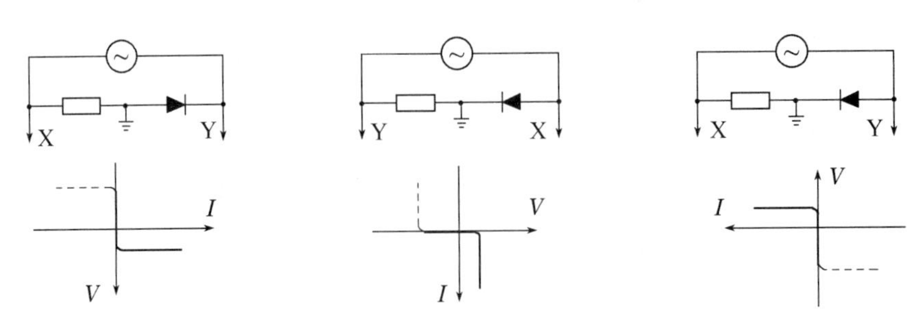

图 40-4 电路的不同连法屏上显示的伏安特性曲线示意

3. 用示波器观测光强分布曲线

GB 型光强分布仪是一种能配示波器显示衍射花样相对光强分布曲线的仪器，其面板示意如图 40-5 所示. 衍射花样照射到其采光窗上后，通过光导纤维将光导射到光电池，由光电池识别光强. 光电池由电机带动旋转，分别对衍射花样各点循环采光，转换为相应各点的光电流（光电流与光强成线性关系），得到"光电流（光强）-空间"分布函数，然后，由分布仪内的转换器（光电池的循环采光）使"光强-空间"分布转换为"光强-时间"分布，对其作适当放大后，送到示波器 Y 输入端供显示和测量（工作顺序见图 40-6 所示）.

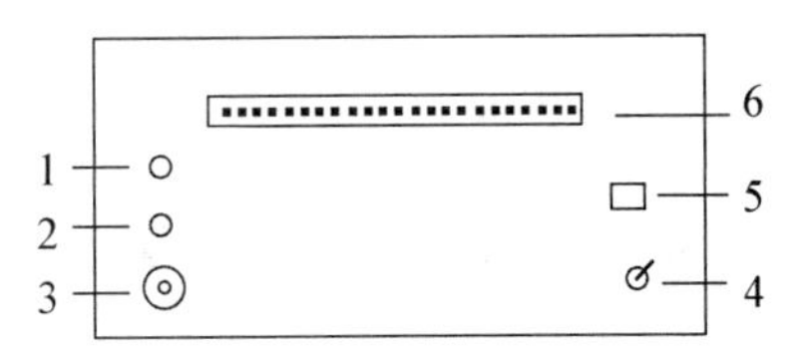

图 40-5 GB 型光强分布仪

1—增益调节旋钮 2—触发调节旋钮
3—信号输出端口 4—电源开关
5—电源指示灯 6—采光窗

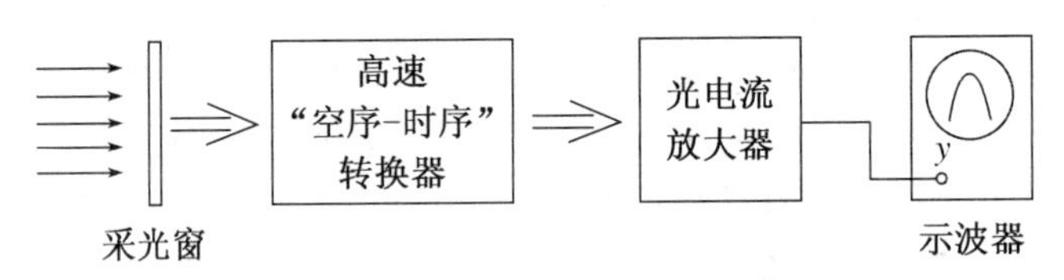

图 40-6 用示波器观测光强分布曲线

二、仪器和用具

示波器；音频信号发生器；万用表；标准互感器；电阻；电容；电缆线；三通；交流低压电源；二极管；电阻；衍射片夹；衍射片（单缝、双缝、光栅、圆孔等）；GB 型光强分布仪；He-Ne 激光器等.

三、实验内容

1. 观测铁磁材料的磁滞回线

（1）按图 40-2 线路接线后，对样品进行交流退磁（调音频信号发生器电压达到样品的磁饱和电压，然后逐渐减小电压至零，便可实现退磁）.

（2）用示波器测量磁滞回线（自己设计实验方法）.

（3）比较两种互感器（分别为软磁材料和硬磁材料铁芯）的磁滞回线，理解软磁和硬磁材料在回线形状上的差异.

2. 观测二极管的伏安特性曲线

（1）采用低压交流电源作信号源，分别按图 40-3(a) 和图 40-4 的各图连线，观测特性曲线.

(2) 适当加大电源电压，观测反向击穿特性曲线.

(3) 按图 40－7 连接，用双踪示波器监测电阻和二极管上的波形，以理解伏安特性曲线的形成.

3. 观测光强分布曲线

(1) 调整好光强分布仪与被测衍射花样的位置，使所需测的衍射花样垂直射入光强分布仪的采光窗内的采光面上.

(2) 将示波器 Y 输入端口与光强分布仪的输出端相连，接通电源.

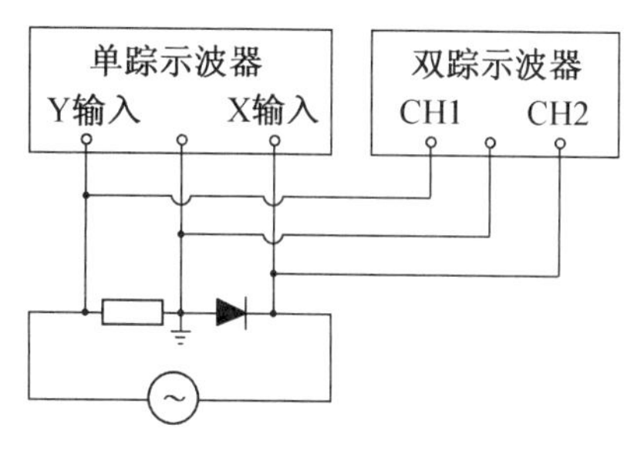

图 40－7　用双踪示波器监测两信号

(3) 将示波器的扫描与仪器输出同步.

(4) 调光强分布仪的增益旋钮，使图像不失真(最高点不饱和).

(5) 分别观测 He－Ne 激光光波的光强分布和由各种衍射片对激光产生的衍射花样的光强分布，在示波器屏上贴上透明白纸将曲线描迹.

(6) 测量显示的分布曲线有关数值(相对强度值)，并与理论值比较.

(7) 打开光强分布仪面盖，了解仪器内部光路和电路后，装好盖子(注意:不能随便动内部构件).

四、思考题

1. 测磁滞回线时，实验前为何要对磁性材料退磁？如何退磁？退磁的原理是什么？

2. 怎样选取图 40－2 中的 R_1、R、C 和信号源的频率？

3. 依图 40－8 连到示波器，显示的二极管的伏安特性曲线是怎样的形状？

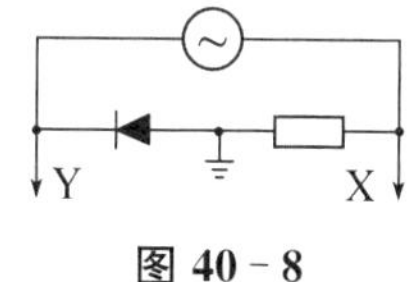

图 40－8

实验 41　电子束的磁偏转

一、知识点

1. 电子束的磁偏转

电子以速度 $\vec{v}$ 运动，经过磁场 $\vec{B}$，则受到洛伦兹力 $\vec{F}$ 作用，其关系为 $\vec{F}=-e\vec{v}\times\vec{B}$. 示波管的电子枪内热电子在加速电压 V_2 作用下，将产生一定的速度 v_z，有 $eV_2 = m_e v_z^2/2$，具有速度 v_z 的电子，经过磁场 $\vec{B}$ 则会产生偏转(见图 41－1 所示). 偏转位移 D 可由理论推知为

$$D=\frac{eBl}{\sqrt{2m_e eV_2}}\left(L+\frac{1}{2}l\right),\tag{41-1}$$

式中 e、m_e 分别为电子电荷及质量；V_2、B 为加速电压和偏转磁场磁感应强度大小；L 为电子穿出磁场的边沿到荧光屏距离，l 为 v_z 方向的磁场宽度.

由(41－1)式可知，电子束的偏转位移 D 与磁场 $\vec{B}$ 的大小成正比，与加速电压 V_2 的平方根成反比.

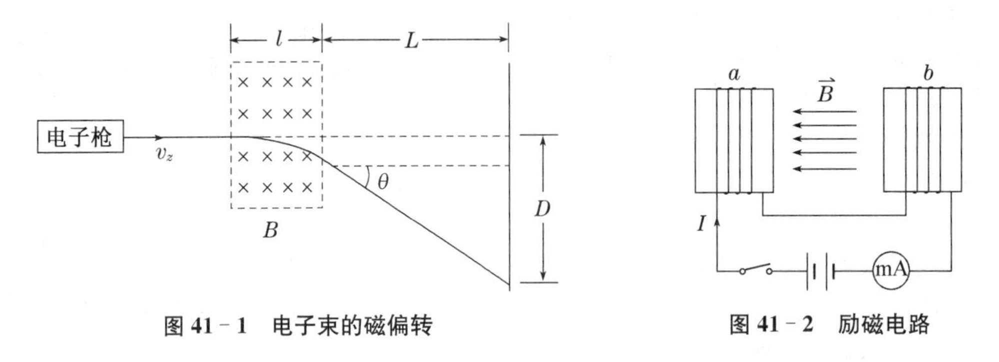

图 41－1 电子束的磁偏转　　图 41－2 励磁电路

上述磁场 $\vec{B}$ 由图 41－2 所示的两只励磁线圈 a、b 产生，改变线圈电流，可得到不同大小的 B，B 正比于励磁电流 I.

对一定的仪器，L、l 是一个不变的参数，为验证(41－1)式，只要能验证下式即可：

$$D \propto I/\sqrt{V_2}. \tag{41-2}$$

(41－2)式的验证可采用图示法：

给定 V_2 不变，测 $D-I$ 的有关数据作 $D-I$ 图，是直线则表明 $D \propto I$；取 V_2 两个以上值，对各值分别测 $D-I$ 数据，在同一坐标上作 $\sqrt{V_2}D-I$ 曲线，如果曲线基本重合，则表明 $D \propto 1/\sqrt{V_2}$.

假如磁场 B 不靠图 41－2 线圈产生，或者线圈不加励磁电流 I，仪器在水平面上旋转也会发现光点有上下位移变化，即也有磁偏现象发生，这说明电子束受到了一个磁场力的作用，这个磁场就是地磁场，由于地磁场充满了整个空间，这时(41－1)式中 $L=0$，l 即电子枪出射口到荧光屏的距离(这距离由示波管参数决定，EF－4S 型取 20.0 cm，其他型号由实验室另给)，于是测地磁场的公式可由(41－1)式变为

$$B = \frac{2D\sqrt{2m_e eV_2}}{el^2}. \tag{41-3}$$

由于(41－1)式的推导采用了近似法，严格推导时，地磁场公式应为

$$B_{地} = \frac{2D}{D^2 + l^2} \cdot \sqrt{\frac{2m_e V_2}{e}}, \tag{41-4}$$

将 V_2、I、m_e、e 及地磁场偏转最大位移 D 代入(41－4)式即可求出当地地磁场大小.

2. 电子和场实验仪和电子束实验仪

仪器面板参阅实验 19 的相关部分.

二、仪器和用具

电子和场实验仪；电子束实验仪；直流稳压电源、直流毫安表、三脚架、换向开关等.

三、实验内容

1. 用图解法验证(41－2)式(对 EF－4S 型实验仪，请自拟实验步骤；对 EBF－IV 型实验仪如下操作，参阅 181 页图 19－5).

(1) 将两只磁偏转线圈分别插入“磁偏转线圈”插孔，接通仪器面板右下角的“恒流源”开关.

(2) 将“电压测量转换”开关分别置于“VdX”和“VdY”挡，调节“VdX”和“VdY” 电位器，使“VdX”和“VdY”均“0”伏，调节仪器面板上部的“X 调零和 Y 调零”电位器，使光点处于“坐标板刻度盘”的中心点；加速电压 V_2 取较小值，调好最佳聚焦后测记 V_2 值.

(3) 将“电流测量转换”开关置于“Im”挡.

(4) 将右下方恒流源的“电流调节”电位器逆时针旋到底，此时“电流显示”为“0”，然后顺时针缓慢调节“恒流源电流调节”电位器，记录相应的电流值“Im”和偏移距离“D”(“Im”从仪器面板上的“电流显示”数字表中读出，D 从坐标板刻度盘上读出).

(5) 改变仪器面板左侧中部的“换向”开关，即可将流过磁偏转线圈 a 和 b 的电流换向.

(6) 重复步骤(4)，记录相应的数据.

(7) 根据测得的数据，作 $D-I$ 图.

(8) 重取另一加速电压 V_2(取较高值)，调最佳聚焦后测记 V_2 值，重复步骤(4)，记录相应的数据.

(9) 把两次 V_2 下测得的 $D-I$ 数据在同一坐标上作 $\sqrt{V_2}D-I$ 图线(应该基本重合)，由此验证相关结论.

2. 测量地磁场大小.

操作提示：① 令偏转电压，励磁电流都为零；② 仪器在水平面内转 360°，可找到磁偏位移最大值与最小值的位置(D_{max}，D_{min})；③ 将地磁偏转位移 $D=(D_{max}+D_{min})/2$ 代入(41-4)式求 $B_{地}$.

3. 用 HLD-EB-IV 型电子束实验仪对 (41-2)式用图解法验证.

比较两种仪器的实验结果，对这两种仪器做一个量化的评价.

四、思考题

1. 推导(41-1)式.

2. 测地磁场时，如果给 Y 偏转板加了一个恒定的偏转电压 V_d，试问会不会影响地磁场的测量?

实验 42　磁场的描绘

一、知识点

一电流元 $Id\vec{l}$ 在距离 $\vec{r}$ 处所产生的磁场按毕-沙定律为

$$d\vec{B}=\frac{\mu_0 Id\vec{l}\times\vec{r}}{4\pi r^3}. \tag{42-1}$$

圆线圈组成的电流闭合回路产生的磁场是各电流元所产生磁场 $d\vec{B}$ 的叠加，毕-沙定律无法直接由实验来验证，但可通过由毕-沙定律推导而出的圆形载流圈所产生的磁场的测量，去间接地验证它的正确性.

1. 载流圆线圈轴线上的磁场分布

设圆线圈半径为 R,电流为 I,则由毕-沙定律可推得圆线圈轴向某点 x 处的磁感应强度的大小 $B = B_0 [1 + (x/R)^2]^{-3/2}$. $\vec{B}$ 的方向与轴线一致,其中 $B_0 = \mu_0 I/2R$ 为圆心处,即 $x = 0$ 处的 $\vec{B}$ 大小.

2. 磁场的测量

$\vec{B}$ 的大小的测量可用感应法借助于探测线圈来实现的.

设圆线圈上加交变电流 $i = I_m \sin\omega t$,则轴上的磁场分布为 $B_{mx} = B_{m0} [1 + (x/R)^2]^{-3/2}$,式中 B_{mx}、B_{m0} 分别为 $x = x, x = 0$ 处的磁感应强度的峰值,将探测线圈置于该磁场中,则通过探测线圈的磁通量 $\Phi = N\vec{S}\cdot\vec{B} = NSB_m \sin\omega t \cdot \cos\theta$,式中 θ 为线圈法线与磁场 $\vec{B}$ 之间的夹角,N,S 分别为探测线圈匝数与有效截面积.

由电磁感应定律,探测线圈的感应电动势 ε 为

$$\varepsilon = -\frac{\mathrm{d}\Phi}{\mathrm{d}t} = -NSB_m \omega \cos\omega t \cdot \cos\theta = -\varepsilon_m \cos\omega t, \tag{42-2}$$

式中 ε_m 为感应电动势的峰值,用毫伏表可测出 ε 的有效值为

$$V = \varepsilon_m/\sqrt{2} = NS\omega B_m \cos\theta/\sqrt{2}. \tag{42-3}$$

当 $\theta = 0$ 时,感应电压 $V = NS\omega B_m/\sqrt{2}$,所以 B_m 与 V 成正比,只要以毫伏表读数在某点 x 有最大值($\theta = 0$),根据测探线圈方位就可确定该处(x 处)的磁场大小和方向,这就是磁场测量原理.

根据以上可得,轴上任意点测得的 V 值与圆心处的 V_0 值之比为

$$V/V_0 = B_{mx}/B_{m0} = [1 + (x/R)^2]^{-3/2}. \tag{42-4}$$

可见,V/V_0 与 B_m/B_{m0} 的规律相同,即若能证明 $V/V_0 = [1 + (x/R)^2]^{-3/2}$ 成立,也就间接表明毕-沙定律成立.

实验时,给定圆电流值后,在轴向测 $V(x)$ 值,作 $V/V_0 - x$ 实测曲线和理论曲线在同一坐标纸上,如吻合,则表明理论得以验证.

3. 利用亥姆霍兹线圈,验证磁场叠加原理

对亥姆霍兹线圈的两只线圈分别通以交流电(幅值同,频率同)测量轴上任一点 P 处磁场的大小和方向,然后将两线圈串联后再测该点的磁场大小和方向,由于轴上各点磁场方向相同,因此有

$$B_{m(a+b)} = B_{ma} + B_{mb},$$

式中 a、b 代表两只线圈,B_{ma}、B_{mb}、$B_{m(a+b)}$ 分别是 a、b 线圈分别通电和串联后通电产生的 B 的幅值,由(42-3)式可见,由于 $B_m = \sqrt{2}V/(NS\omega\cos\theta)$,所以

$$V_{a+b} = V_a + V_b. \tag{42-5}$$

因此,如果(42-5)式得以验证,则磁场叠加原理也被间接验证(符合叠加原理的).

4. 亥姆霍兹线圈磁场的均匀区

如果以两线圈轴心连线中点 O 为原点(如图 42－1 所示)，则亥姆霍兹线圈的两圆心 O_1、O_2 的坐标分别为 $-R/2$、$R/2$，线圈电流方向同，大小同，则轴上 x 点处的合成磁场为

$$B_x = B_{ax} + B_{bx}$$
$$= \frac{\mu_0 NIR^2}{2}\left\{\left[R^2 + \left(x + \frac{R}{2}\right)^2\right]^{-3/2} + \left[R^2 + \left(x - \frac{R}{2}\right)^2\right]^{-3/2}\right\}.$$

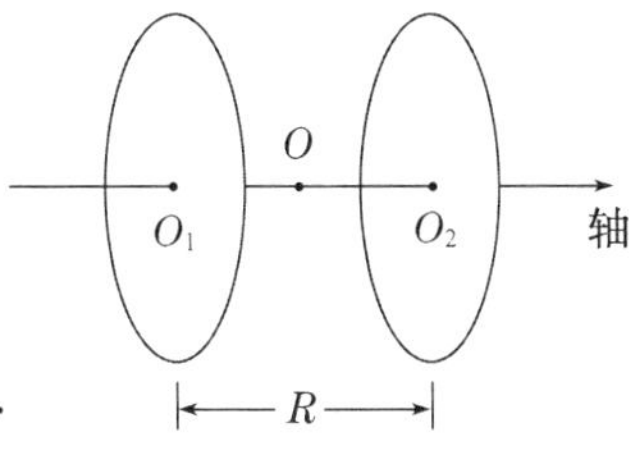

图 42－1　亥姆霍兹线圈图

可见，B 是 x 的函数，对 $x=0$ 处，$B(0) = \frac{\mu_0 NI}{R}\left(\frac{8}{5^{3/2}}\right)$.

如果 $|x| < R/10$，$B(x)$ 与 $B(0)$ 的相对偏差约万分之一，所以，亥姆兹霍线圈中间有一较好的磁场均匀区.

5. 实验装置

磁场描绘仪实验装置如图 42－2 示意. 它有工作台、一组亥姆霍兹线圈、探测线圈、励磁电源、毫伏表及相应接线柱组成.

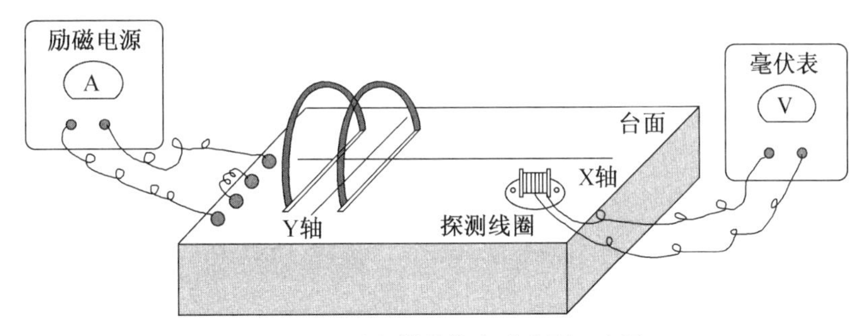

图 42－2　磁场描绘仪实验装置示意图

二、仪器和用具

亥姆霍兹线圈；励磁电源；毫伏表；探测线圈等.

三、实验内容

请同学自备 2 张 30×20 cm 的毫米方格坐标纸.

注意事项：实验时取放和移动探测线圈时动作一定要轻，勿折断其引线！

1. 测量载流圆线圈轴向磁场的分布，验证毕-沙定律

(1) 在自备的坐标纸上先画好 x 轴和 y 轴，原点取在左边，然后平铺粘贴，使 x 轴对齐台面上的“x 轴标志线”，y 轴对齐台面上的“y 轴标志线”，使坐标原点 O 在圆线圈中心.

(2) 把右边一圆线圈与配套电源相连以接通励磁电流，调节励磁电流至 100 mA 或 50 mA，注意测量过程中应保持此值不变(请思考：励磁电流取 100 mA 或 50 mA 的实验依据是什么？——结合电源输出电流值的大小考虑).

(3) 把探测线圈与毫伏表相连，把探测线圈放到仪器工作台面上，并使探测线圈下圆盘上的两根互成 90°的刻线分别对齐 x 轴和 y 轴(这时圆盘圆心位于坐标原点，表明探测线圈位于

坐标原点，即 $x=0$ 处)，用铅笔尖或细针在 x 轴上的左孔中固定，细心旋转探测线圈，使毫伏表读数为最大，记为 V_0 值.

(4) 沿 x 轴选定约 $x=20,40,60,80,100$ mm 等处的各点，仿前逐一测出线圈在上述各点时的毫伏表读数为最大时的感应电压值 $V_{20}, V_{40}, V_{60}, \cdots$.

(5) 根据 $B/B_0=V/V_0$，求出 x 轴上，上述各点 $(x=0,20,40,\cdots)$ 的 B/B_0 实测值.

(6) 根据圆线圈参数 $R=100$ mm，按公式 $(B/B_0)=[1+(x/R)^2]^{-3/2}$，算出 x 轴上相应各点的 (B/B_0) 理论值.

(7) 在同一坐标上作 $(B/B_0)-x$ 理论曲线与实测曲线，如果两曲线吻合，则验证了毕-沙定律，如果相差较多，试分析误差的原因(注意毫伏表各挡量程都要校零!).

2. 验证磁场叠加原理

(1) 把励磁电源接到左边一只圆线圈，仿前测读 $V'_0, V'_{20}, V'_{40}, \cdots$(注意所通电流应保持前值，即 100 mA 或 50 mA 不变).

(2) 把左右两只圆线圈串联(如图 42-2 所示)，调节电流至原值(100 mA 或 50 mA)，再仿前测读 $V''_0, V''_{20}, V''_{40}, \cdots$.

(3) 抄录前 1 之测量数据 $V_0, V_{20}, V_{40}, V_{60}, \cdots$.

(4) 验算 $V''_0=V'_0+V_0, V''_{20}=V'_{20}+V_{20}, \cdots$. 验证磁场叠加原理(要求出偏差!).

(思考：有时可能会有 $V''_{i0}\neq V'_{i0}+V_{i0}$，而是 $V''_{i0}=|V'_{i0}-V_{i0}|$，这是什么原因?)

3. 描绘载流圆线圈轴向平面上的磁力线

(1) 仿照 1 之(1)，在工作平台上平铺另一张坐标纸，用胶带纸将四角粘住，准备用后取下，以原点为对称中心，沿 y 轴等间隔地描记五点：a、b、O、c、d，以便以此五点作为始点而描绘五条磁力线(如图 42-3 所示).

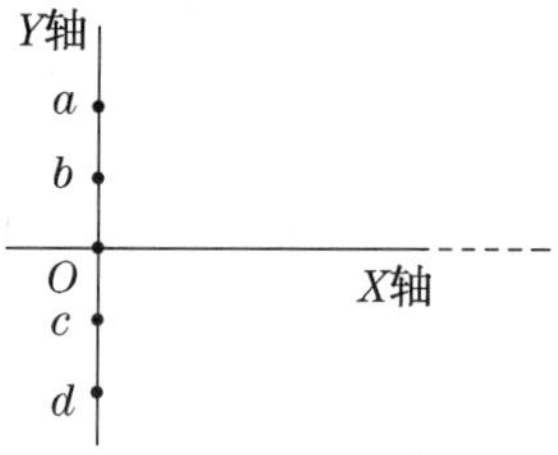

(2) 仿照 1 之(2)，把右边一只圆形线圈接通励磁电流，并调节电流至原值(100 mA 或 50 mA).

图 42-3 Y 轴等间隔记五点

(3) 描绘以 O 点为始点的一条 $\vec{B}$ 线：把探测线圈接通毫伏表，再把探测线圈置于平台坐标纸原点 O 处，使探测线圈 0°刻线对齐 x 轴，用铅笔尖插入刻线旁小孔(设 m 孔)，旋动线圈方位，使毫伏表读数为最小，用铅笔尖记下对称小孔(设 n 孔)的位置 O_1 点(若移开线圈，作 mn 的中点，它应与原点 O 大致重合)，画出箭头 OO_1，即 O 点的 B 线方向. 然后把线圈向前移过约 15 mm，使从小孔 m 看到 O_1 点，插入铅笔尖，旋动线圈使毫伏表读数为最小，记下对称小孔 n 的位置 O_2(若移开线圈，取 O_1O_2 的中点 O'_1，画出箭头 O'_1O_2，即 O'_1 点的 B 线方向). 仿前，再把线圈向前移过约 15 mm，使小孔 m 对准 O'_1 点，插入铅笔尖旋动线圈使毫伏表读数最小，记下对称孔 n 的位置 O_3 点，得 O'_1O_3 的中点 O'_2，箭头 O'_2O_3 便是 O'_2 点处的 B 线方向，如此逐一测量并逐一画出箭头 $O'_3O_4, O'_4O_5, \cdots$.

(4) 描绘以 b 点、c 点、a 点和 d 点为始点的各条 $\vec{B}$ 线，方法如前所述，逐一测量并逐一画出代表 B 线方向的箭头 bb_1、b'_1b_2、b'_2b_3、b'_3b_4、$\cdots$，cc_1、c'_1c_2、c'_2c_3、$\cdots$，aa_1、a'_1a_2、a'_2a_3、$\cdots$ 和 dd_1、d'_1d_2、d'_2d_3、$\cdots$.

4. 描绘亥姆兹线圈中的磁场均匀区

(1) 把左右两只线圈串联后接通励磁电流，调电流至原值 100 mA 或 50 mA，把探测线圈接通毫伏表，置于两圆线圈之间的坐标纸上，测出中央一点 M 的 V_M 值.

(2) 用探测线圈在 M 点周围找出感应电压等于 V_M 值的各点，由此画出均匀磁场区域.

四、思考题

1. 如何测定磁场的方向？为什么不根据毫伏表达最大值来确定磁场方向？

2. 分析本实验误差产生的主要原因.

3. 励磁电流原值 100 mA 或 50 mA，你选 100 mA 还是 50 mA？为什么？

4. 两圆线圈励磁电流方向选择一定时，按叠加原理有 $V'' = V' + V$，如果改变其中某一圆线圈的电流方向，则 V'' 与 V' 和 V 的关系怎样？以上关系是不是在磁场描绘仪任何部位都成立？为什么？

5. 本实验所用励磁电流是直流还是交流？测探测线圈两端电压所用的毫伏表是直流毫伏表还是交流毫伏表？地磁场对本实验结果有多大的影响？

实验 43　光栅衍射

一、知识点

按光栅衍射理论，衍射光栅的衍射光谱中明条纹的位置由下式决定：

$$d\sin\theta_k = \pm k\lambda, \tag{43-1}$$

式中 d 为光栅常数（即光栅相邻狭缝间的宽度），λ 为入射光波长，k 为明纹（光谱线）级数，θ_k 是 k 级明条纹的衍射角（参见图43-1）.

如果入射光不是单色光，则由(43-1)式可见，光的波长不同，其衍射角 θ_k 也各不相同，于是复色光将被分解. 而在中央 $k=0$，$\theta_k=0$ 处各色光仍重叠在一起，组成中央明条纹，在中央明条纹两侧对称地分布着 $k=1,2,\cdots$ 级光谱，各级光谱线都按波长大小的顺序依次排列成一组彩色谱线，这样就把复色光分解为单色光（见示意图43-1）.

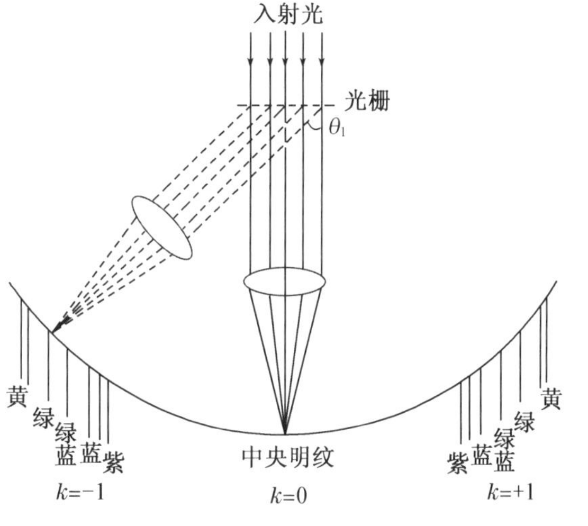

图 43-1　光栅衍射光谱示意图

若已知光栅常数 d，用分光计测出 k 级光谱中某一明条纹的衍射角 θ_k，按(43-1)式即可算出该明条纹所对应的光波波长 λ.

二、仪器和用具

分光计；汞灯；平面光栅等.

三、实验内容

注意事项:(1) 光栅是精密光学器件,严禁用手触摸光栅表面,以免弄脏或损坏,更不允许不小心从分光计载物台上摔倒,以免摔破或擦伤光栅.(2) 汞灯需与限流器串接使用,不可直接与 220 V 电源相连,否则会立即烧毁.点燃灯后,要避免强烈振动汞灯.(3) 汞灯的紫外光很强,不可直视,以免灼伤眼睛.

用光栅测定汞灯光谱线在可见光范围内的谱线.

1. 将分光计调整好后,安置光栅.

要求:(1) 入射光垂直照射光栅表面[否则(43-1)式将不适用];

(2) 平行光管的狭缝与光栅刻痕(光栅狭缝)相平行.

具体调节方法:

(1) 将望远镜与平行光管光轴调在一直线上.

(2) 将光栅按图 43-2 所示放在载物台上,用目视使光栅平面和平行光管轴线大致垂直.

(3) 以光栅面作为反射面,用自准法调节光栅面与望远镜轴线相垂直(注意,望远镜已调焦,不能调望远镜,而应按下面方法调节:调节光栅支架或载物台的两个螺丝 G_1、G_3,使得从光栅面反射回来的叉丝像与原叉丝对称,随后固定载物台,这样光栅面就与平行光管轴线垂直了).

(4) 转动望远镜,观察衍射光谱的分布情况.

如果观察到的光谱线不在同一高度,说明狭缝与光栅刻痕不平行.此时可调节载物台的螺丝 G_2(见图 43-2),直到中央明条纹两侧的衍射光谱基本上在同一水平面内为止.

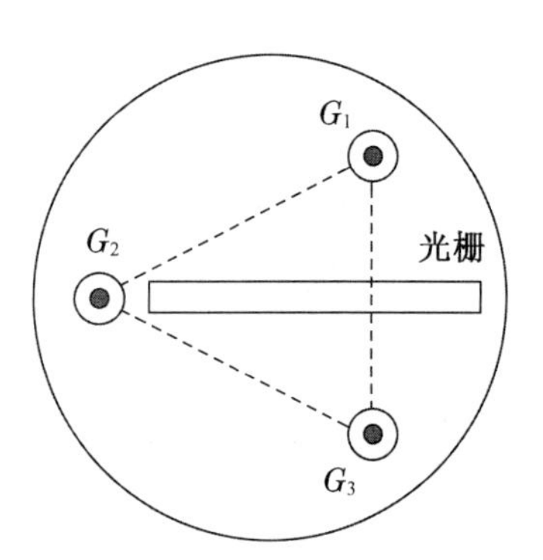

图 43-2 光栅安置图

(5) 重复以上(3)和(4)几次,直到符合两个要求.

2. 测量汞灯各光谱线的衍射角.

(1) 由于衍射光谱对中央明条纹是对称的,为了提高测量精度,测量第 k 级光谱时,应测出 $+k$ 级和 $-k$ 级光谱线的位置,两位置差值之半为 θ_k.

(2) 为消除分光计刻度盘的偏心误差,测量第一条谱线时,在刻度盘对径方向的两个游标(A、B)都要读数,然后取平均值.

(3) 为使叉丝对准光谱线,必须使用望远镜的微动螺丝来对准.

(4) 测量时,可将望远镜移至最左端,从-2、-1 到$+1$、$+2$ 级依次测读各谱线位置坐标,以免漏测数据(数据表格可参见表 43-1).

表 43-1 各级谱线游标读数记录表

衍射级 k	各谱线游标读数								
	游标	λ_1	λ_2	λ_3	λ_4	λ_5	λ_6	λ_7	λ_8
-2	A_2								
	B_2								

（续表）

衍射级 k	各谱线游标读数								
	游标	λ_1	λ_2	λ_3	λ_4	λ_5	λ_6	λ_7	λ_8
-1	A_1								
	B_1								
$+1$	A_1'								
	B_1'								
$+2$	A_2'								
	B_2'								

(5) 根据上表数据，计算各谱线(λ_i)的衍射角 θ_k：$\theta_k = \dfrac{1}{2}[\,|A_k - A'_k| + |B_k - B'_k|\,]$.

要注意：两游标(A、B)在求差角时，有时需加 360°，如表 43－2 所示.

表 43－2 求两游标差角例表

游标	T_1	T_2	$\|T_2 - T_1\|$
A	335°5′	95°7′	(360°＋95°7′)－335°5′＝120°2′
B	155°2′	275°6′	275°6′－155°2′＝120°4′

3. 计算各谱线波长.

记下光栅常数，将测得的衍射角代入(43－1)式，计算相应的光波波长[注：对同一颜色的光波，我们测了一级、二级两个衍射角 θ_1、θ_2，可由(43－1)式求出两个波长值，这两个波长要取平均]，在报告上记述所观察到的光栅衍射现象，并说出汞灯光谱在可见光区域上分立光谱各波长值.

4. 对波长测量结果进行不确定度评定.

四、思考题

1. 怎样利用本实验的装置测定光栅常数？

2. 当利用钠光 ($\lambda = 5\,893$ Å) 垂直入射到 1 mm 内有 500 条刻痕的平面透射光栅上时，试问最多能看到第几级光谱？并请说明理由.

3. 实验时，平行光管狭缝太宽、太窄时，会出现什么现象？

实验 44 用极限法测固体和液体的折射率

一、知识点

物质的折射率与通过物质的光的波长有关. 一般所指的固体和液体的折射率是对钠黄光而言的，用 n_D 表示(通常略去下标). 当光从空气射到折射率为 n 的媒质分界面时发生折射，如

图 44-1，入射角 i 和出射角 Φ 之间遵从折射定律：

$$n=\frac{\sin i}{\sin \Phi}. \tag{44-1}$$

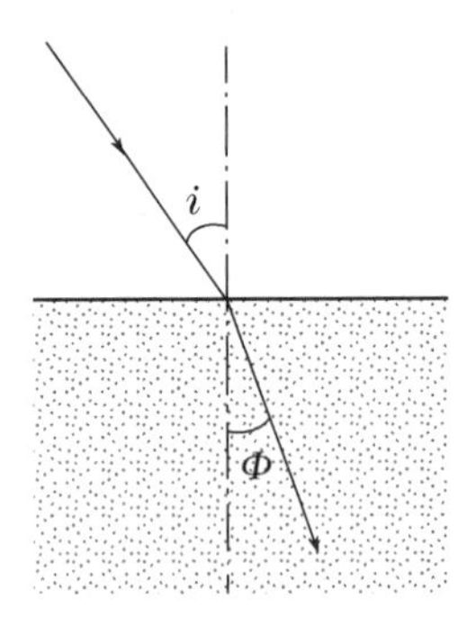

图 44-1　光线折射

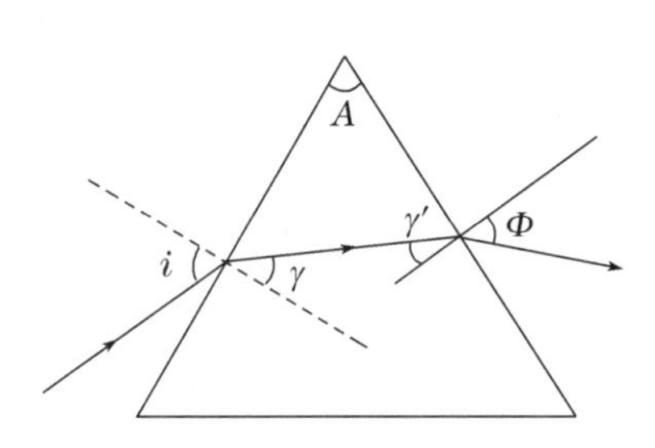

图 44-2　棱镜折射

由此，我们只要测出入射角 i 和出射角 Φ，就可确定物质的折射率 n，故折射率的测量问题就变为测量角度的问题. 如待测物质是固体，可将它制成三棱镜，如图 44-2，入射光经过两次折射，出射后改变了方向，由折射定律得 $\sin i=n\sin\gamma$，$n\sin\gamma'=\sin\Phi$，而几何关系 $\gamma+\gamma'=A$，因此可得

$$n=\frac{1}{\sin A}\sqrt{\sin^2 i\cdot\sin^2 A+(\sin i\cdot\cos A+\sin\Phi)^2}. \tag{44-2}$$

这样，我们只要用分光计测出 i、Φ、A 即可算出 n，但这种方法要测的量很多，容易引起较大的误差，并且计算麻烦，所以应该改进方法.

改进的方法是用平行光以 90°角掠入射（$i=90°$），以省去入射角 i 的测量，但要使平行光准确地以 90°角入射并不好做，所以还要变通一下，把平行光束改为扩展光束，一般是在光源前加一块毛玻璃，光向各方向漫射成为扩展光源.

只要调节扩展光源的位置使它大致在棱镜面 AB 的延长线上，如图 44-3 所示，那么总可以得到 90°入射的光线. 这光线的出射角最小，称为极限角 Φ.

当扩展光源的光线从各个方向射向 AB 面时，凡入射角小于 90°的光线，其出射角必大于极限角 Φ；大于 90°的光线不能进入棱镜，这样，从 AC 面一侧向出射光望去，我们将看到由 $i<90°$ 产生的各种方向的出射光组成了一亮视场；由 $i>90°$ 的光被挡住而形成了暗视场，如图 44-4所示.

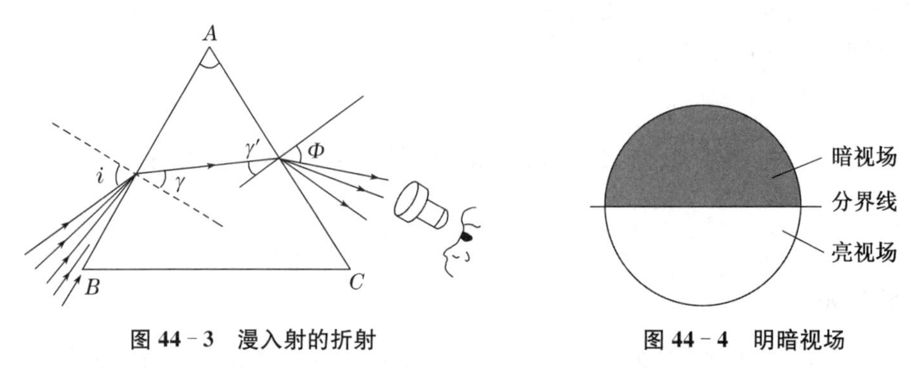

图 44-3　漫入射的折射　　图 44-4　明暗视场

显然，明暗视场的分界线就是 $i=90°$ 的掠入射引起的极限角方向. 转动望远镜，使叉丝交

点对准明暗分界线，便可以测定出射的极限方向，再测出棱镜面的法线方向，求出这两方向之间的夹角，便求得折射极限角，这种方法称为折射极限法.

由于光线掠入射棱镜，$i = 90^\circ$，所以只要测出 Φ 和顶角 A，就可以求出三棱镜的折射率 n.

以 $i = 90^\circ$ 代入(44-2)式得

$$n = \sqrt{1 + \left(\frac{\cos A + \sin\Phi}{\sin A}\right)^2}. \tag{44-3}$$

液体的折射率同样可以根据折射极限法原理测得，如图 44-5，在折射率和顶角都已知的棱镜面上，涂上一薄层待测液体，上面再加一棱镜(或毛玻璃)，将待测液体夹住，扩展光源发出的光通过左面的棱镜(或毛玻璃)，经过液体进入右面的棱镜，其中一部分光线在通过液体时，传播方向平行于液体与棱镜的交界面.

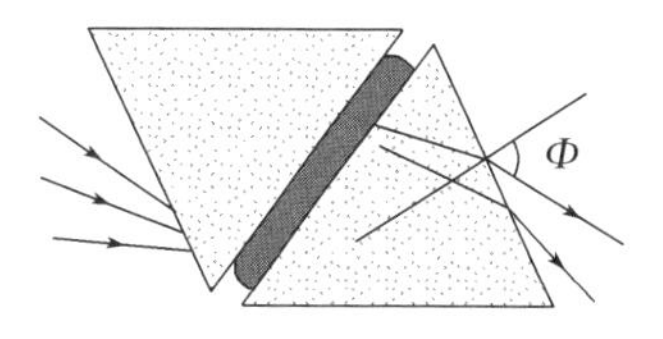

图 44-5 测液体的折射率

设待测液体的折射率为 n_x，则 $n_x \sin 90^\circ = n\sin\gamma$，得 $n_x = n\sin\gamma$. 又 $n\sin\gamma' = \sin\Phi$(其中 i、γ、γ' 均见图 44-3)，再由几何关系 $\gamma \pm \gamma' = A$(若出射光线在法线的左边，如图 44-5，则取正号，在右边，则取负号)得

$$n_x = \sin A \cdot \sqrt{n^2 - \sin^2\Phi} \mp \cos A \cdot \sin\Phi. \tag{44-4}$$

因 n 和 A 为已知，所以只要测出 Φ 就可算出 n_x 来，如果用直角棱镜来做这实验(即 $A = 90^\circ$)，则

$$n_x = \sqrt{n^2 - \sin^2\Phi}. \tag{44-5}$$

二、仪器和用具

分光计；三棱镜；毛玻璃；待测液体(蒸馏水)；钠光灯等.

三、实验内容

1. 测三棱镜折射率 n

(1) 调节分光计及测三棱镜顶角(具体步骤自拟).

(2) 测极限角.

① 先用目视把光路布置好，使光源与棱镜等高，转动圆盘，使棱镜的 AB 面对准光源(参见图 44-3)，在棱镜角 B 处轻轻地加一块毛玻璃，这时，把眼睛靠近 AC 面观察出射光即可发现半明半暗的视场，转动望远镜至此方向，在望远镜目镜视场中，便可看到清晰的明暗分界线.

② 将叉丝对准明暗分界线，记下游标读数.

③ 转动望远镜至三棱镜的法线位置，记下游标读数(思考：怎样知道已到了法线位置?).

④ 重复②、③步骤三次，算出最小极限角 Φ 的平均值，求出棱镜玻璃的折射率 n.

2. 测液体(水)的折射率 n_x

将待测液体滴一至两滴在洗净的棱镜面上，用另一棱镜或一块毛玻璃夹住液体，使成一均匀薄膜(液体不可过多，以免沾到分光计上).

将望远镜及光源放到适当位置，求 Φ，重复三次，算出 n_x.

四、思考题

1. 明暗视场的分界线是微弯的还是直线？如果发觉有点微弯，是否影响测量结果？

2. 用眼睛找寻明暗视场时，眼睛靠近三棱镜容易找些，还是眼睛远离三棱镜容易找些？为什么用眼睛找比用望远镜找来得容易些？

实验45 密粒根油滴实验

一、知识点

1. 油滴电荷的测量

电子的电荷最早由美国物理学家密粒根从油滴实验中测得.这个实验是观察均匀电场中带电油滴的运动.

利用喷雾器将油滴喷入油滴盒，油被喷雾器喷射而撕成油滴时，由于摩擦作用，出射的油滴一般是带电的.一对上下水平放置的平板电极间距为 d，置于油滴盒中，上极平板中央有一小孔，大量带电油滴有部分从该小孔落到平板之间.

设在平板间捕捉到一质量为 m，带电量为 q 的油滴，当两电极未加电压时，油滴在重力的作用下加速下降.下降过程中受到空气黏滞阻力的作用，根据斯托克斯定律，黏滞阻力为

$$f_r = 6\pi a\eta v, \tag{45-1}$$

式中 η 为空气的黏滞系数；a 为油滴的半径；v 为油滴下降的速度.由上式可见，这个阻力是随着油滴下降速度的增大而增大.如果忽略空气浮力，当黏滞阻力与重力达到平衡时，油滴将以匀速下降，令此时的速度为 v_g，则

$$mg - 6\pi a\eta v_g = 0. \tag{45-2}$$

如果测得油滴匀速下降的距离 L 和所需的时间 t，就可算出匀速下降的速度

$$v_g = L/t. \tag{45-3}$$

若油滴的密度为 ρ，则油滴的质量

$$m = \frac{4}{3}\pi a^3 \rho. \tag{45-4}$$

由式(45-2)和式(45-4)可得油滴的半径

$$a = \sqrt{\frac{9\eta v_g}{2\rho g}}, \tag{45-5}$$

再将上式代入式(45-4)得

$$m = \frac{4}{3}\pi\rho\left(\frac{9\eta v_g}{2\rho g}\right)^{\frac{3}{2}}. \tag{45-6}$$

当两平行板电极加一电压 U 时，油滴又要受到电场力 $qE = qU/d$ 的作用.如果电压的大小和方向选择合适，使电场力与油滴的重力相平衡，则油滴可静止不动.此时有

$$mg = q\frac{U}{d}. \tag{45-7}$$

由式(45－7)、式(45－6)和式(45－3)可得

$$q = \frac{18\pi d}{U\sqrt{2\rho g}}\left(\frac{\eta L}{t}\right)^{\frac{3}{2}}. \tag{45-8}$$

由于油滴非常微小,它的直径已与空气分子之间的间隙相当.因此空气不再认为是连续的介质了,在这种情况下斯托克斯定律修正为

$$f_r = \frac{6\pi a\eta v}{1+\frac{b}{pa}}, \tag{45-9}$$

式中 b 为修正系数,$b = 6.17\times10^{-6}\ \mathrm{m\cdot cmHg}$,$p$ 为大气压强,单位用 cmHg.此时式(45－8)可相应地改为

$$q = \frac{18\pi d}{\sqrt{2\rho g}U}\left[\frac{\eta L}{t\left(1+\frac{b}{pa}\right)}\right]^{\frac{3}{2}} = \frac{K_1}{U\left[t(1+K_2\sqrt{t})\right]^{3/2}}, \tag{45-10}$$

式中 $K_1 = \frac{18\pi d}{\sqrt{2\rho g}}(\eta L)^{3/2}$,$K_2 = \frac{b}{p}\sqrt{\frac{2\rho g}{9\eta L}}$. K_1,K_2 均为常数,可事先计算好.因此,只要测量平衡电压 U 和油滴匀速通过 L 距离所需要的时间 t,就可以求得油滴所带的电荷量.

2. 测定电子电荷值

为了求出电子电荷值 e,实验时需要测定几个不同油滴的带电量 q_1,q_2,…,从所得的数据中,可以发现各个油滴所带的电量存在着一个最大公约数,即 $q_1 = n_1 e$,$q_2 = n_2 e$,…,并且 n_1,n_2,…均为整数.这个最大公约数就是基元电荷 e 的值,也就是单个电子所带的电量——电子电量值的大小.

实验中也可测量同一油滴所带电荷的改变量 Δq_i 来寻找它是否为基元电量的整数倍.改变同一油滴带电量的办法是用紫外线或放射源照射油滴.

3. 仪器介绍

(1) 密粒根油滴仪

MOD－4 型密粒根油滴仪面板示意如图 45－1 所示,油滴盒结构示意如图 45－2 所示.

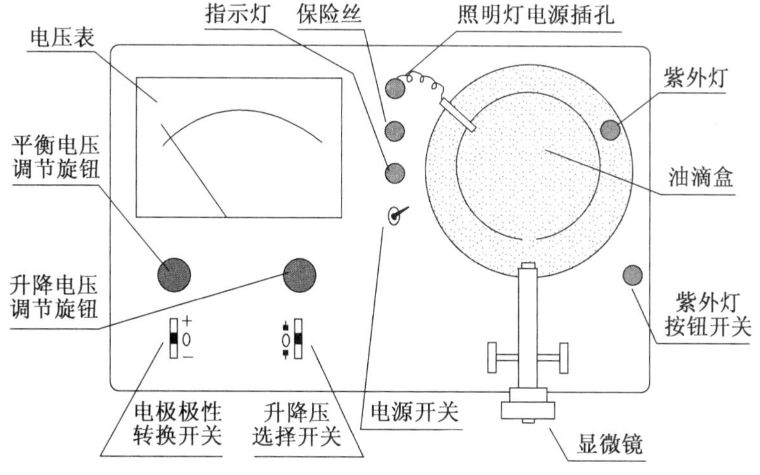

图 45－1　MOD－4 型密粒根油滴仪面板示意图

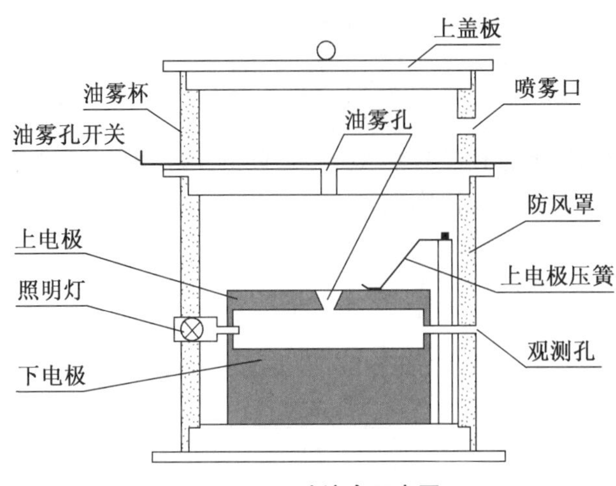

图 45－2　油滴盒示意图

密立根油滴仪主要是由油滴仪和电源两大部分组成，油滴盒是油滴仪的核心，它是由两块平行电板组成，间距 0.500 cm，放在有机玻璃防风罩中．上电极中央开有直径为 0.4 mm 的小孔，可使喷入油雾室的油滴从小孔落入平行电极之间．当照明装置照亮油滴后，调节显微镜，可观察油滴的运动．目镜头中装有分划板，如图 45－3 所示，两横线之间的距离相当于视场中的 0.050 cm，可用来定量地测量油滴运动的距离，以便计算油滴运动的速度．至于平行板电极的水平状态，可通过水准仪来判断（水准仪处于油滴盒内，图中未画出）．

电源部分提供以下三种电压：① 照明电压，直接可由仪器面板插孔引出，为聚光小灯泡照明油滴盒．② 500 V 直流平衡电压，直接加到油滴盒两平行电极上．通过仪器面板上的“平衡电压”调节旋钮，可获得 0～500 V 的电压，电压的数值可由面板电压表上直接读出．③ 300 V 直流升降电压．该电压可叠加在平衡电压上，用作控制平衡油滴的上下位置，大小可通过调节面板上的“升降电压”调节旋钮来获得．该电压在电压表上无指示．

图 45－2 所示的油雾杯下有一安全开关（图中未画出），当取下油雾杯时，平行电极就自行断电，这样保障实验安全．

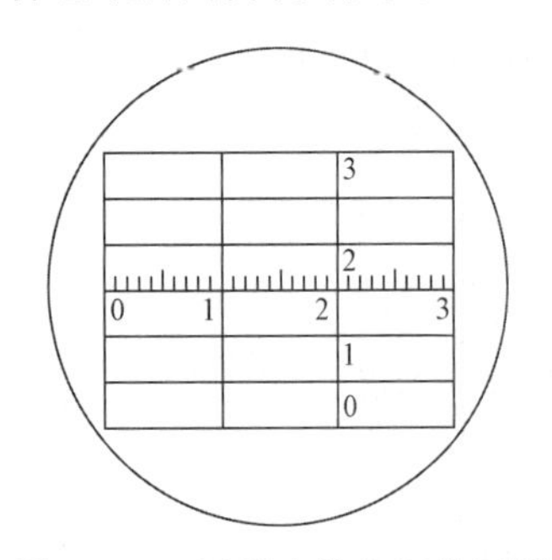

图 45－3　目镜中的坐标分划板

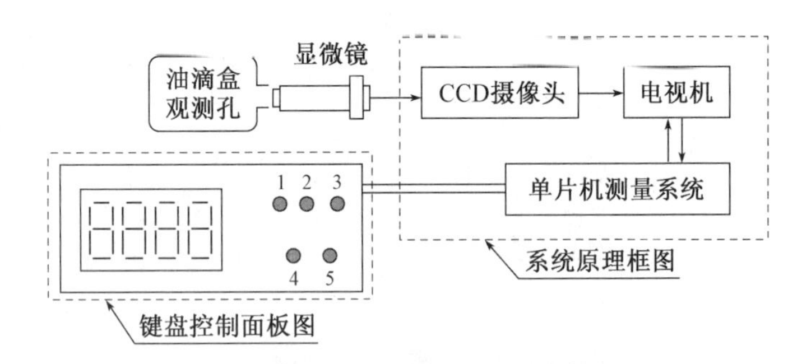

图 45－4　电视显微成像微机测量系统测量连接图

(2) 电视显微成像微机测量系统

本系统是我们自己研制开发的产品．它的功能作用是将微小图像放大成像于电视机屏幕上，并可在电视机屏幕上进行定量测量微小长度．系统原理框图、键盘控制面板及测量连接如图 45－4 所示．图中“系统原理框图”部分是将“单片机测量系统”与“电视机”、“CCD 摄像头”

直接用连接线接起来的;"CCD 摄像头"套旋在显微镜目镜上,显微镜对准油滴仪油滴盒的观测孔."单片机测量系统"用一电缆线连接到"键盘控制仪"上.

键盘控制仪面板图上,左部分是数码显示屏,用以显示测量数据;右面有 5 个按键,它们作用如下:

按键"4"和"5"可分别控制电视机屏幕上水平测量线上移和下移,测量线的坐标位置即时显示于显示屏上.

按键"1"的作用是让系统记忆数据.如果确定测量线的坐标位置是需要的数据,则按一下"1"键,则系统记忆该数据.每按一次记忆一个数据,总共可记忆 50 个数据.

按键"2"的作用是调出记忆的数据.每按一次按记忆数据的顺序调出一个数据.按住该键 3 秒钟,则自动循环显示记忆的数据.

按键"3"的作用是测量计时,按一次,开始计时,再按一次,停止计时.时间值显示方式这样操作:按住"3"键 3 秒钟,则显示屏上显得测读的时间数据,显示时间的单位为秒,时间数据停留于屏上 3 秒钟后即恢复显示为测量线的坐标位置数据.如果重新测时,则再按"3"键一次即可,原来的时间数据则自动清空.

(3) OM98 型电视显微油滴仪

OM98 型电视显微油滴仪区别于普通油滴仪之处在于显微镜部分用了 CCD 电视显微镜,它是 CCD 摄像头与显微镜组成了一个整体结构,把微观图像用监视器放大显示.面板示意如图 45－5 所示.图中"视频电缆"端口由电缆线可连接到监视器上显示,或接录像机或接计算机进行处理.本实验使用分辨率较高的黑白监视器,可将显微镜观察到的油滴运动图像显示在屏幕上,以便观察和测量.其他部件作用情况与图 45－1 相仿,不作累述.

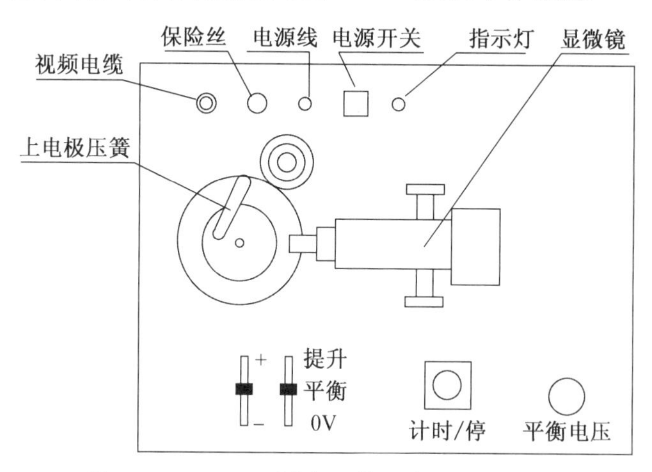

图 45－5　OM98 型电视显微油滴仪面板示意图

二、仪器和用具

油滴仪(普通型和电视显微型);秒表;喷雾器;钟表油;电视显微成像微机测量系统等.

三、实验内容

1. 用 MOD－4 型密粒根油滴仪验证电荷的不连续性,测定电子的电荷值 e.

(1) 调仪器水平，接通油滴照明灯电源线，把平衡电压开关和升降电压开关均置在“0”位上，然后接通电源，此时，指示灯和照明灯亮，进入工作状态，预热五分钟.

(2) 调整显微镜.

从显微镜中观察，如分划板位置不正，则转动目镜，将分划板位置放正. 并调节目镜，使分划板刻线清晰. 打开油雾孔挡板，用喷雾器从油雾孔喷入油滴，只需喷一下，视场中就出现大量油滴. 若以目镜观察到的油滴模糊不清，可适当调节显微镜的手轮，改变物距，直到观察到繁星般的明亮油滴，然后关闭油雾孔.

(3) 练习控制油滴的状态.

给平行板电极加上 200 V 左右的平衡电压，驱走不需要的油滴，只保留少数几颗. 选择其中一颗，注意观察，再仔细调节平衡电压的大小，使这颗油滴平衡不动，静止半分钟. 然后去掉平衡电压，让它匀速下降(看上去是上升，为什么?)，下降一段距离后，再加上同样大小的平衡电压，这时油滴应很快平衡. 随后，再加上适当大小的升降电压，又使油滴上升(看上去是下降)，将油滴移动到某条分画线的适当位置上，去掉升降电压，油滴又会很快平衡不动.

反复练习数次，掌握控制油滴的要领.

(4) 练习选择油滴.

要做好本实验，很重要的一点是选择合适的油滴，选的油滴体积不能太大，太大的油滴虽然比较明亮，但一般带的电荷比较多，下降速度也比较快，时间不易测准确. 太小的油滴则布朗运动明显. 通常应选择当平衡电压为 200 V 左右时，在 20～30 s 内匀速下降 2 mm 的油滴，其大小和所带电荷比较合适.

(5) 正式测量.

仔细调节平衡电压，注视其中一颗油滴，使其处于分划板的某条横线附近，静止不动数秒钟，并读取平衡电压值 U. 再利用升降电压，将油滴移动到适当的位置. 依次去掉升降电压和平衡电压(两开关均置于“0”处)，油滴做匀速运动，用电子秒表测出位移 $L = 2.00$ mm 所需的时间 t_1 以后，立即再加平衡电压，使油滴停止运动. 之后利用升降电压再把该颗油滴提到适当的位置，准备第二次测量. 对同一颗油滴反复测量 8 次，而且每次测量都要重新调节平衡电压(测量中，如油滴变模糊，则可微调显微镜跟踪油滴，勿使油滴丢失).

用同样方法分别对 6 颗油滴进行测量，并根据电荷的不连续性确定基本电荷数 n，算出各次测量所得的电子电荷值.

(6) 测量数据记录与计算.

油滴的密度 $\rho =$ 　　$\mathrm{kg \cdot m^{-3}}$，重力加速度 $g = 9.81\ \mathrm{m \cdot s^{-2}}$，空气黏滞系数 $\eta = 1.83 \times 10^{-5}\ \mathrm{kg \cdot m^{-1} \cdot s^{-1}}$，修正系数 $b = 6.17 \times 10^{-6}\ \mathrm{m \cdot cmHg}$

平行极板间距离 $d = 5.00 \times 10^{-3}$ m，常数 $K_1 =$ 　　，常数 $K_2 =$ 　　.

表 45-1　测量油滴的带电量

次数	t_1(s)	t_2(s)	…	t_s(s)	$\bar{t}$(s)	U(V)	q(C)	n
1								
2								
3								

（续表）

次数	t_1(s)	t_2(s)	…	t_s(s)	$\bar{t}$(s)	U(V)	q(C)	n
4								
5								
6								

2. 分别用电视显微成像微机测量系统和 OM98 型电视显微油滴仪观察并测量.
方法同"1".

四、思考题

1. 为什么说选择大小合适的油滴是做好本实验的关键？
2. 实验过程中，为什么油滴会从视场中消失？应如何处理？
3. 实验时，怎样选择适当的油滴？如何判断油滴是否静止？
4. 对实验结果造成影响的主要因素有哪些？
5. 电视显微成像微机测量系统和电视显微油滴仪比直接从显微镜中观测，有何优点？

实验 46　夫兰克-赫兹实验

一、知识点

夫兰克-赫兹实验可以测定汞原子等元素的第一激发电势(即中肯电势)，可以证明原子能级的存在.

具有一定能量的电子与原子相碰撞或者原子吸收一定频率 ν 的光子，原子可以从低能级跃迁到高能级. 1914 年夫兰克和赫兹用慢电子和稀薄气体原子相碰撞，使原子从低能级激发到高能级，从而证明原子能级的存在. 其实验原理如图 46－1 所示.

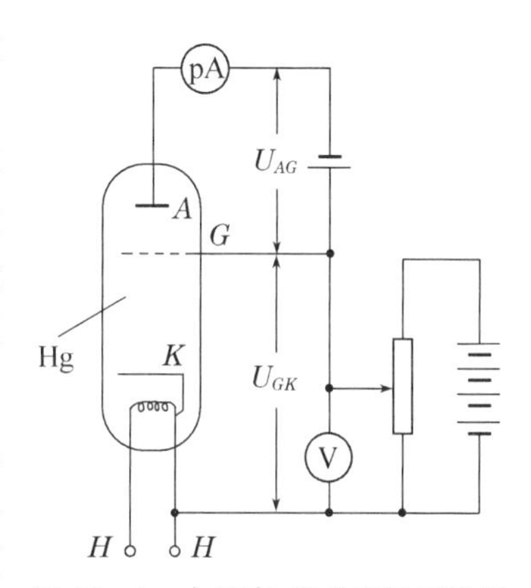

图 46－1　夫兰克-赫兹实验原理图

图示左部分为夫兰克-赫兹管，内充汞气(或其他气体). 在栅极 G 和阴极 K 之间加有正向电压 U_{GK}，在板极 A 和栅极 G 之间加有反向电压 U_{AG}. 从热阴极发出的电子，在 KG 空间正向电压 U_{GK} 的作用下加速，获得越来越大的能量. 当进入 GA 空间时，如果电子具有的能量大于 eU_{AG}，就能冲过反向拒斥电场而到达极板形成板流，由微电流表 pA 检测，反之电子的能量小于 eU_{AG}，则不能克服反向拒斥电场，而被折回栅极 G.

设初速度为零的电子在加速电场的作用下，获得能量 eU，当具有这种能量的电子与汞原子碰撞时会出现以下三种情况：

(1) 电子能量较小，只能与汞原子做弹性碰撞，不能使汞原子激发，电子仍按原速率运动.

（2）当电子能量较大，而达到某一临界值 eU_0 时，将与汞原子做非弹性碰撞，汞原子得到电子的能量从基态跃迁到激发态．用 E_1 和 E_2 分别表示汞原子基态和第一激发态的能量，则

$$eU_0 = E_2 - E_1. \qquad (46-1)$$

如果测得 U_0，就可以知道汞原子第一激发态与基态的能量差，U_0 称为第一激发电势，也称为中肯电势．

（3）如果电子的能量大于 eU_0，则电子与汞原子发生碰撞时，只将部分能量传递给汞原子，使之激发，自己还余留一部分能量．

实验时可以观察到，逐渐加大加速电压 U_{GK}，板流 I_A 和加速电压 U_{GK} 之间的变化关系曲线如图46－2所示．此现象可作如下解释：

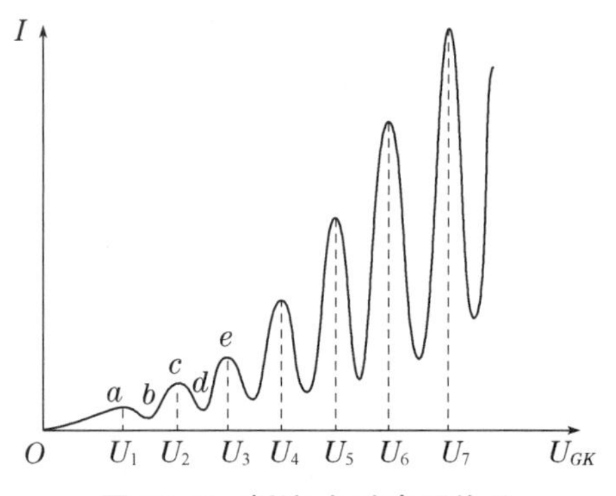

图 46－2　板流-加速电压关系

初始阶段，由于加速电压 U_{GK} 较低，电子较少，电子与原子相碰撞只有微小的能量交换，电子要想通过 GA 空间，必须克服反向拒斥电场的作用，才能到达板极形成板流，所以板流 I_A 随加速电压 U_{GA} 的增加而缓慢地上升，如图 46－2 的 Oa 段．当加速电压 U_{GK} 达到汞原子的第一激发电位 U_0 时，电子在栅极附近与汞原子相碰撞，将自己从加速电场中获得的全部能量传递给汞原子，并使之从基态跃迁到第一激发态．这部分电子或者无法通过栅极，或者穿过了栅极而不能克服反向拒斥电场的作用而到不了板极，因此板流急剧地下降，如图 46－2 的 ab 段．随着加速电压 U_{GK} 的继续增加，电子的能量也越来越高，它与汞原子相碰撞，虽失去部分能量，余留的能量足够克服反向拒斥电场的作用，因而可以到达板极，这时板流又开始上升，如图 46－2 的 bc 段，直到加速电压 U_{GK} 增加到 $2U_0$ 时，电子因二次碰撞失去能量，导致板流第二次急剧地下降，如图46－2的 cd 段，同理，只要

$$U_{GK} = nU_0 \quad (n = 1, 2, \cdots), \qquad (46-2)$$

板流都会急剧地下降，形成起伏上升的 I_A-U_{GK} 曲线．而汞原子的第一激发电位 U_0 应该等于相邻的板流 I_A 急剧下降处对应的加速电压 U_{GK} 之差，即

$$U_0 = (U_{GK})_{n+1} - (U_{GK})_n. \qquad (46-3)$$

二、仪器和用具

夫兰克-赫兹管，控温加热炉，温度计；微电流测量放大器；万用表；示波器和 X－Y 记录仪等．

三、实验内容

注意事项：（1）温度计的水银泡应与栅、阴极中间位置相齐．（2）连接加热炉和微电流放大器各对应极 G、K、H 时，切勿接错和短路，以免烧坏仪器．（3）加热炉外壳温度很高，操作时避免灼伤．（4）调节"栅压凋节"旋钮时，要考虑到微安表量程，及时改变"倍率"旋钮．同时还必须注意观察夫兰克-赫兹管栅、阴极之间蓝白色辉光的出现．此辉光一旦出现，表示汞原子被电离击穿，应立即退回"栅压调节"旋钮，降低 U_{GK}．（5）做完实验后，将"栅压选择"和"工作状态"开关置"0"，"栅压调节"旋到最小．暂不要拆除 K、H 连接线，也不要切断微电流放大器电源，

应先切断加热炉电源，待炉温低于 100 ℃之后再切断放大器电源.

1. 测定汞原子的第一激发电势

(1) 接通充汞夫兰克-赫兹管的加热炉电源，使其加热升温 15～20 分钟. 调节加热炉右侧的控温旋钮，使温度计上读得的炉温稳定在 160 ℃左右.

(2) 在加热的同时，接通微电流放大器电源，使之预热.

微电流放大器面板图，如图 46-3 所示. 将仪器的“栅压选择”开关拨向“⩘”，此时可观察到栅压电表指针缓慢地来回摆动. 然后再将“栅压选择”开关拨向“DC”，预热 20 分钟左右. 接着将“工作状态”旋钮拨在“激发”位置上，“倍率”旋钮拨在×1(或其他挡位)上调零，随后再将“倍率”旋钮拨回“满度”挡，调满度，即使 μA 表的指针指在最大的刻度上，“零点”和“满度”要反复进行校准.

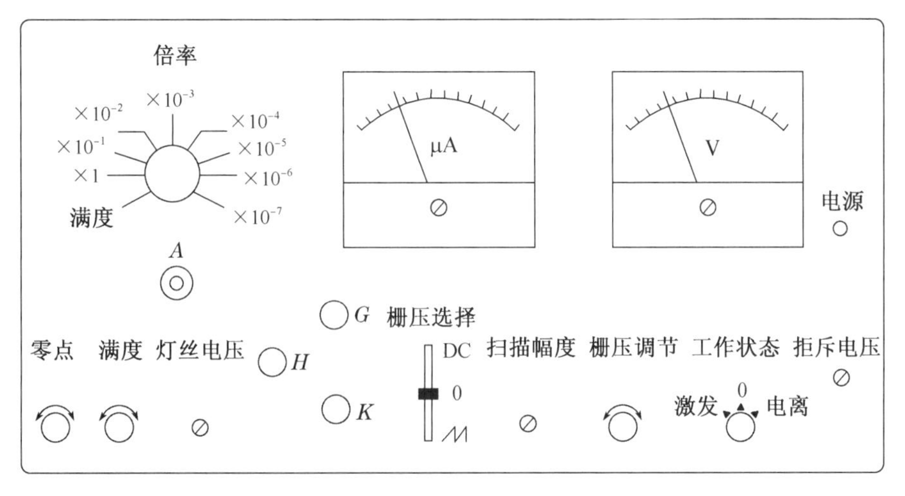

图 46-3　微电流放大器面板图

(3) 测量放大器“栅压选择”开关仍拨在“DC”，将“栅压调节”旋钮逆时针转至最小. 用给定的专用线按图 46-4 所示连接，即把测量放大器上的 A、G、K、H 分别与加热炉上的 A、G、K、H 对应接通，注意不可接错.

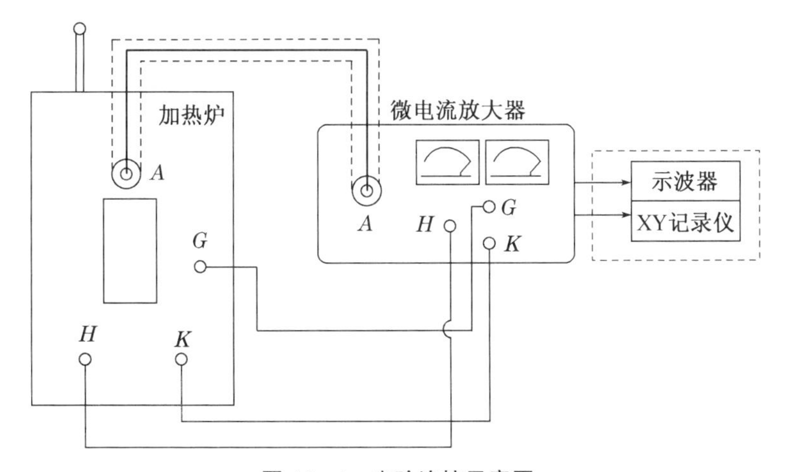

图 46-4　实验连接示意图

(4) 用万用表检查 K、H 两端的灯丝电压(交流)是否在 6.3 V,否则要调节“灯丝电压”旋钮来获得.

(5) 将放大器“倍率”旋钮拨在10^{-5}或10^{-6}挡上,“工作状态”旋钮仍处在“激发”位置,缓慢增加“栅压调节”旋钮,仔细观察 I_A 的变化,每隔 0.5 V 记录一次 I_A 的读数.为便于作图,在峰谷值附近多测几组 I_A 和 U_{GK} 值,先读 I_A 值,再读 U_{GK} 值.然后用坐标纸作出 I_A-U_{GK} 曲线,计算出各相邻的 I_A 急剧下降处之间的电位差,确定汞原子的第一激发电位.

(6) 记录测试条件.用万用表量取 U_{HK} 和 U_{AG} 的电位差.量取 U_{AG} 时,只要将万用表正极接在“G”极上,负极接在机壳上,直接测得 $U_{AG}\approx-3.0$ V.

(7) 改变炉温,分别在 180 ℃、200 ℃下重复上面步骤,将所得数据列表记录(可参考表 44-1),并在同一坐标纸上作出 I_A-U_{GK} 曲线,进行比较.

2. 用 X-Y 记录仪描绘了 I_A-U_{GK} 曲线

(1) 加热炉炉温调节在 180 ℃,灯丝电压 $U_{HK}=6.3$ V,倍率$\times10^{-3}$或10^{-4}、“栅压选择”拨在“DC”上,“栅压调节”调到最小位置,“工作状态”处在“激发”位置.

(2) 将微电流放大器后盖上标有“记录仪”的红接线柱和接地的黑接线柱用专用线接到记录仪的 Y 输入端,将放大器的 G、K 端用专用线接到记录仪的 X 输入端,注意防止 G、K 端短路.

(3) 待 X-Y 记录仪预热 10 分钟后,将微电流放大器的“栅压选择”拨向“⩘”位置,记录仪上即可描绘出完整的 I_A-U_{GK} 曲线.

(4) 在 I_A-U_{GK} 曲线图上,标出 I_A 各次急剧下降处的位置 U_1,U_2,…,根据量程计算 U 值,并与实验内容 1 所测得的汞原子第一激发电势相比较.

表 46-1　测定汞原子第一激发电势

$T=160$ ℃	U_{GK}(V)				…					
	$I_A(10^{-6}$A)				…					
$T=180$ ℃	U_{GK}(V)				…					
	$I_A(10^{-6}$A)				…					
$T=200$ ℃	U_{GK}(V)				…					
	$I_A(10^{-6}$A)				…					

灯丝电压 $U_{HK}=$　　　　,拒斥电压 $U_{AG}=$　　　　,$\overline{U_0}=$　　　　.

3. 用示波器测绘 I_A-U_{GK} 曲线

自拟测量方法.

四、思考题

1. 夫兰克-赫兹管的 I_A-U_{GK} 曲线为什么是起伏上升的?
2. 如果要测定汞原子的电离电势,实验应如何进行?
3. 夫兰克-赫兹实验中测定汞的第一激发电势时,其第一峰值为何不在 4.9 V 处?
4. 在不同的炉温下,测定的 I_A-U_{GK} 曲线各峰值点的高度有什么不同? 为什么?

实验 47　光电效应法测普朗克常数

一、知识点

1. 光电效应

当光照射金属表面时，光能量被金属中的电子所吸收，使一些电子逸出金属表面，这种现象称为光电效应. 爱因斯坦指出在光电现象中，频率为 ν 的光子其能量为 $h\nu$. 当电子吸收了光子能量 $h\nu$ 之后，一部分消耗于电子的逸出功 W，另一部分转换为电子的动能 $mv^2/2$，即

$$\frac{1}{2}mv^2 = h\nu - W. \tag{47-1}$$

该式称为爱因斯坦光电效应方程，式中 $h = 6.626\,075\,5\times10^{-34}\ \mathrm{J\cdot s^{-1}}$ 为普朗克常数. 由此式可见，入射在金属表面上的光频率越高，逸出的光电子的最大初动能越大.

光电效应法测定普朗克常数的实验原理如图 47 - 1 所示. 当频率为 ν，强度为 p 的光照射在光电管的阴极 K 上时，随即有光电子从阴极逸出. 如图所示在阴极 K 和阳极 A 之间加有反向电压 U，它在电极 K、A 之间建立起的电场，对上述光电子起减速作用. 随着反向电压 U 的增加，到达阳极的光电子数目将逐渐减小. 当 $U=U_S$ 时，光电流降为零，光电流为零时说明逸出金属表面的光电子全都不能到达阳极 A. 因此 U_S 称为外加遏止电压.

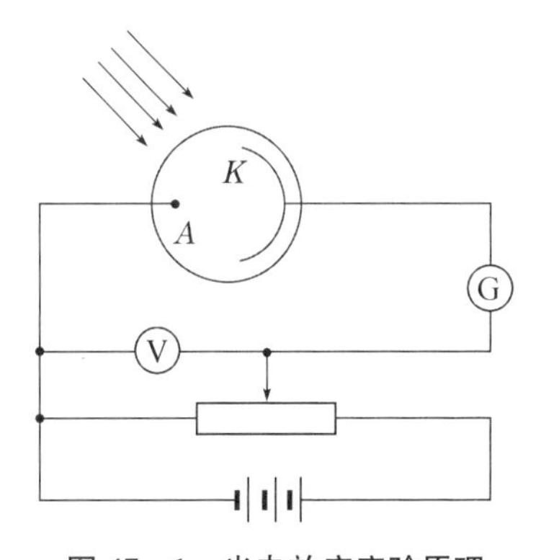

图 47 - 1　光电效应实验原理

光电管的阳极和阴极是用不同的金属材料制成的. 假如这两种金属的逸出功分别为 W_A 和 W_K，通常由于 $W_A > W_K$，那么即使外加电压 $U=0$，两极间存在接触电位差 U_C；当外加极间电压 $U=U_S$ 时，电极 K、A 之间的实际减速电位差应为

$$U_0 = U_S + U_C. \tag{47-2}$$

为了与外加遏止电压 U_S 相区别，我们称 U_0 为真实遏止电压. 设在频率为 ν 的光照射下，从阴极逸出的光电子具有动能的最大值为 $\frac{1}{2}mv^2$，显然

$$eU_0 = \frac{1}{2}mv^2. \tag{47-3}$$

由(47 - 3)式和(47 - 1)式得到

$$eU_0 = h\nu - W_K. \tag{47-4}$$

将(47 - 2)式代入(47 - 4)式，整理后可得

$$U_S = \frac{h}{e}\nu - \left(\frac{W_K}{e} + U_C\right). \tag{47-5}$$

对于确定的光电管，W_K 和 U_C 都是常数，如果令 $A_0 = \left(\frac{W_K}{e} + U_C\right)$，式(47 - 5)化为

$$U_S = \frac{h}{e}\nu - A_0. \tag{47-6}$$

由式(47－6)可见，对于同一阴极材料，外加遏止电压 U_S 与产生光电效应的入射光频率 ν 成线性关系. $U_S-\nu$ 的这一关系曲线，可由以下实验步骤得出：

首先用不同频率的单色光分别照射阴极，测得它们所对应的 $I-U$ 特性曲线；再从这些实验曲线上确定所对应的遏止电压 U_S 的值，最后作出 $U_S-\nu$ 的关系曲线. 实验结果将表明 $U_S-\nu$ 是一条直线，从而验证爱因斯坦光电效应方程是正确的，同时由该直线的斜率 K 即可求出普朗克常数，即

$$h = K\cdot e. \tag{47-7}$$

应当指出，实验进行时实际的光电管中还伴有两个视象，即阳极的光电子发射和暗电流. 阳极的光电子发射是阳极材料在光照下发射的光电子. 对这些光电子而言，外加反向电场是加速场. 因此它们很容易到达阴极，形成反向电流. 暗电流则是在无光照射时，外加反向电压下光电管流过的微弱电流. 由于这两个因素的影响，实验中实测的伏安特性曲线往往如图47－2所示，曲线的下部转变为直线. 转变点 a(抬头点)对应的外加电压值才是外加遏止电压.

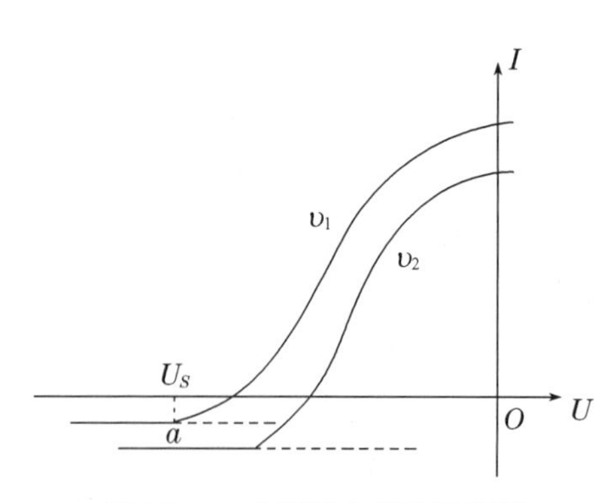

图 47－2 实测伏安特性示意图

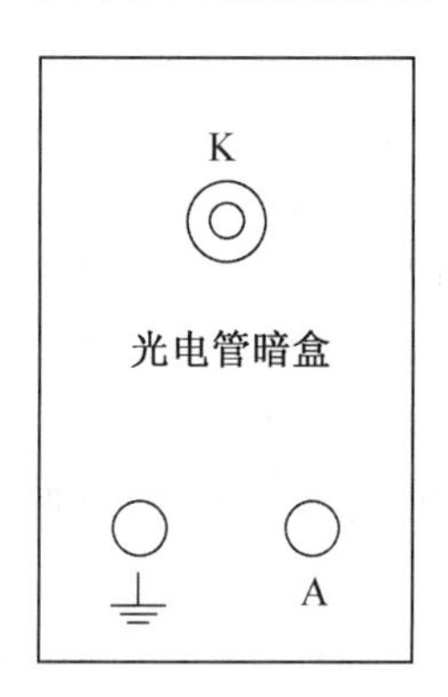

图 47－3 暗盒面板

2. GP－1 型普朗克常数测定仪

GP－1 型普朗克常数测定仪包括四个部分：

(1) GDh－1 型光电管

阳极为镍圈，阴极成分为银-氧-钾(Ag-O-K)，光谱范围 3 400～7 000 Å，光窗为无铅多硼硅玻璃，最高灵敏波长是 4 100±100 Å，阴极的光灵敏度约 1 μA/Lm，暗电流约 10^{-12} A. 为了避免杂散光和外界电磁场对微弱光电流的干扰，光电管安放在铝制暗盒中. 暗盒窗口可以安放 ϕ5 mm 的光阑孔和 ϕ36 mm 的各种带通滤色片. 暗盒的背面为接线面板，如图 47－3 所示.

(2) 光源

光源采用 GGQ－50WHg 型高压汞灯. 在 3 023～8 720 Å 的谱线范围内有 3 650 Å、4 047 Å、4 358 Å、4 916 Å、5 461 Å、5 770 Å 等谱线可供实验使用.

(3) 滤色片

本实验使用 NG 型滤色片，是一组外径为 ϕ36 mm 的宽带通型有色玻璃组合滤色片. 具有滤选 3 650 Å、4 047 Å、4 358 Å、4 916 Å、5 461 Å、5 770 Å 等谱线的能力.

(4) 微电流测量放大器

GP－1型微电流测量放大器的面板如图47－4所示．电流测量范围在$10^{-6}\sim10^{-13}$ A，分六挡十进变换．机内附有稳定度≤1%、－3 V～＋3 V精密连续可调的光电管工作电源．电压量程分为0 V～±1 V～±2 V ～±3 V六段读数，读数精度0.02 V．还可配合X－Y函数记录仪，自动描绘出光电管的伏安特性曲线．

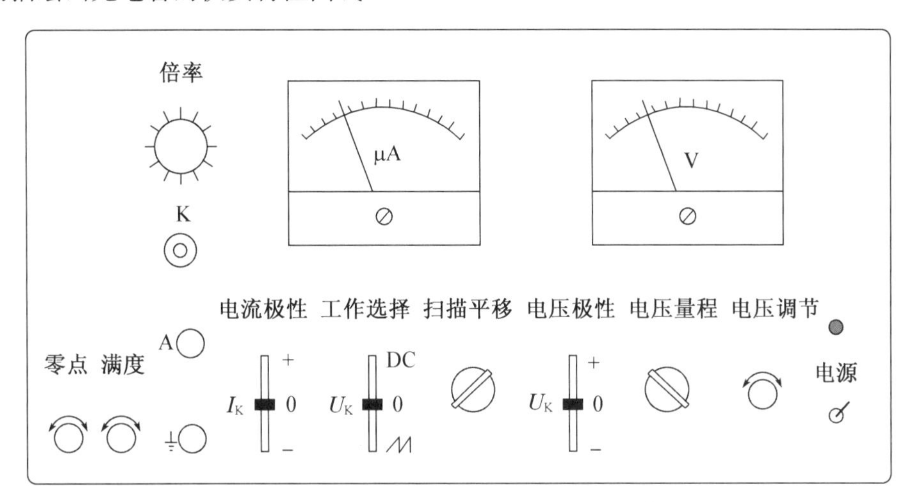

图47－4　GP－1型微电流测量放大器面板图

二、仪器和用具

普朗克常数测定仪；X－Y记录仪等．

三、实验内容

注意事项：(1) 光电管入射窗口不要面对其他强光源(如窗户等)，以减少杂散光干扰．(2) 为了准确地测量，放大器必须充分预热．连线时务请先接好地线，后接讯号线．注意勿让电压输出端A与地短路，以免烧毁电源．(3) 汞灯在实验中不要经常开关，若关闭后应过一段时间再重新开始．

1. 自测I－U曲线，求测普朗克常数

(1) 开机前准备

将光源、光电管暗盒、微电流测量放大器安放在适当位置，暂不连线，并将微电流测量放大器面板上各开关、旋钮置于下列位置：

“倍率”开关置“短路”，“电流极性”置“－”，“工作选择”置“DC”，“扫描平移”任意，“电压极性”置“－”，“电压量程”置“－3”，“电压调节”逆时针调到最小．

(2) 接通微电流测量放大器电源，让其预热20～30分钟．并在光窗上装入$\phi5$ mm的光阑．打开光源开关，让汞灯预热．

(3) 待微电流测量放大器充分预热后，先调整零点，后校正满度．

(4) 连接好光电管暗盒与微电流放大器之间的屏蔽电缆、地线和阳极电源线．让光源出射孔对准暗盒窗口，并让暗盒距离光源30～50 cm．取去遮光罩，换上滤色片．测量放大器“倍率”置“$\times10^{-5}$”，“电压调节”从－3 V或－2 V调起，并适时地改变“电压量程”和“电压极性”开关，注意当电流反向时，应及时改变电流极性开关．仔细读出不同电压下的光电流

值,并记入表47-1.

表 47-1 $I-U$ 曲线的测量

U(V)					…					
$I(\times 10^{-11}$ A)					…					

$\lambda=$ Å, 距离 $L=$ cm, 光阑孔 $\phi=$ mm.

(5) 逐一换入不同波长的滤色片,仔细调节"电压调节"旋钮,并注意光电流的变化,确定光电流由不变到变的转变点(即 $I-U$ 图上的抬头点 a,如图 47-2 所示)的电压值,并记入表 47-2 中.

表 47-2 $U_S-\nu$ 曲线的测量

波长(Å)	3 650	4 047	4 358	5 461	5 770
频率($\times 10^{14}$ Hz)	8.22	7.41	6.88	5.49	5.20
U_S(V)					

距离 $L=$ cm, 光阑孔 $\phi=$ mm.

(6) 根据表 47-1 的数据,在方格纸上作出光电管的一条 $I-U$ 曲线,并找出电流开始变化的抬头点.

(7) 根据表 47-2 的数据在方格纸上作出 $U_S-\nu$ 图,可看到 $U_S-\nu$ 关系是一条直线. 求出该直线的斜率 $K=\Delta U_S/\Delta\nu$,由 $h=e\cdot K$ 求出普朗克常数,并求出测量值与公认值之间的误差.

2. 用 X-Y 记录仪测 $I-U$ 曲线,求测普朗克常数

实验方案自拟.

四、思考题

1. 为什么当反向电压加到一定值后,光电流会出现负值?
2. 入射光的强度对光电流的大小有无影响?

实验 48 燃料电池综合特性研究

一、知识点

燃料电池(FC,Fuel Cell)是一种发电装置,能将外部供给的燃料和氧化剂连续转化为电能. 燃料电池有正负极和电解质等,像一个蓄电池,但它不能"储电",而只是一个"发电厂".

1839 年英国的 Grove 发明了燃料电池,当时他用铂黑(Platinum black)为电极催化剂的简单的氢氧燃料电池点亮了伦敦讲演厅的照明灯. 1889 年 Mood 和 Langer 首先采用了燃料电池这一名称,并获得 200 mA/m^{2}电流密度. 燃料电池的理论研究直到 20 世纪 50 年代才有了实质性的进展,英国剑桥大学的 Bacon 用高压氢氧制成了具有实用功率水平的燃料电池. 20

世纪 60 年代，这种电池成功地应用于阿波罗登月飞船. 从 20 世纪 60 年代开始，氢氧燃料电池广泛应用于宇航领域，同时，兆瓦级的磷酸燃料电池也研制成功. 从 20 世纪 80 年代开始，各种小功率电池在宇航、军事、交通等各个领域中得到应用.

依据电解质的不同，燃料电池分碱性型（AFC）、磷酸型（PAFC）、熔融碳酸盐型（MCFC）、固体氧化物型（SOFC）以及质子交换膜型（PEMFC）等. 燃料电池能量转换效率高，洁净、无污染、噪声低，模块结构、积木性强、比功率高，既可以集中供电，也适合分散供电.

但燃料电池实际上相当复杂，涉及化学热力学、电化学、电催化、材料科学、电力系统及自动控制等学科的相关理论. 本实验仅介绍质子交换膜型燃料电池（PEMFC）的简单原理，对燃料电池有一个概念性理解.

（一）质子交换膜燃料电池（PEMFC）的工作原理及特性

1. 燃料电池（Fuel Cell）的工作原理

质子交换膜燃料电池（PEMFC，Proton Exchange Membrane Fuel Cell）技术，是目前世界上比较成熟的一种能将氢气与空气中的氧气化合成洁净水并释放出电能的技术. 其工作原理可用图 48－1 示意.

质子交换膜燃料电池的核心是一种“三合一”热压组合体：一块很薄的质子交换膜和两块涂覆了贵金属催化剂铂（Pt）的碳纤维纸，如图 48－1 中“1”、“2”所示.

“三合一”热压组合体左右两侧分别是“气体扩散电极”，左边的是阳极，右边是阴极.

简单工作原理如下（参照图 48－1）：

（1）氢气（作为燃料）由管道从左侧输入，到达阳极. 由于质子交换膜涂覆了催化剂，氢气在这催化剂作用下，氢分子就会解离为带正电的氢离子 H^+（即质子），并释放出带负电的电子 e. 反应方程式为 $H_2 = 2H^+ + 2e$. 这个过程我们称为燃烧燃料（氢）的过程.

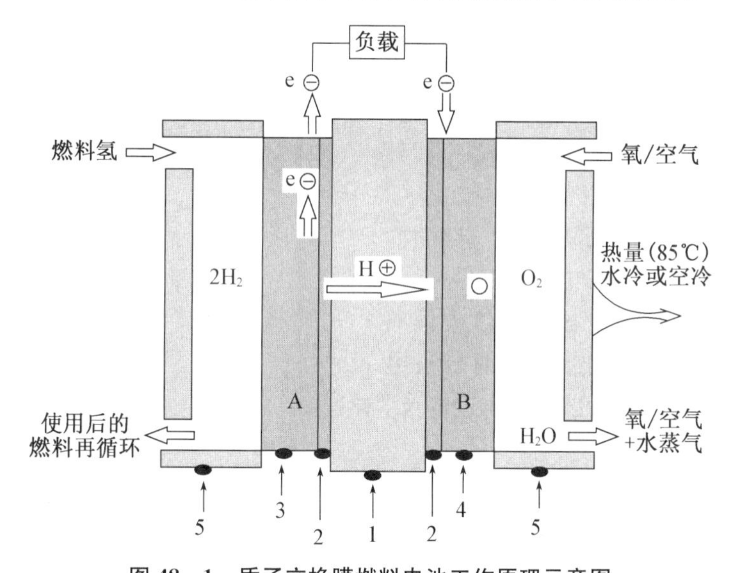

图 48－1 质子交换膜燃料电池工作原理示意图

1—质子交换膜 2—催化剂 3—气体扩散电极（阳极）

4—气体扩散电极（阴极） 5—流场板

(2) 氢离子 H^+ 会向右穿过质子交换膜,到达右侧的阴极(故称为"质子交换膜燃料电池");而电子 e 向上方通过外电路才能到达阴极. 这样电子在外电路中就形成电流,因此可向负载输出电能(发电).

(3) 右侧有氧气通过管道输入,同样由于质子交换膜涂覆了催化剂,在这催化剂作用下,氧会与氢离子及电子发生反应而生成水蒸气. 反应方程式为 $O_2 + 4H^+ + 4e = 2H_2O$. 这水蒸气就是发电后的废弃物,从下端口引出(很环保).

(4) 从左侧输入的燃料氢如果没有烧干净,则由左下端引出,可再循环使用(节料).

燃料电池有多种,各种燃料电池之间的区别在于使用的电解质不同. 质子交换膜燃料电池以质子交换膜为电解质,其特点是工作温度低(小于 85 ℃),启动速度快,特别适于用作动力电池. 电池内化学反应温度一般不超过 80 ℃,故称为"冷燃烧".

由上可知:在质子交换膜燃料电池中,阳极和阴极之间有一极薄的质子交换膜,H^+ 离子从阳极通过这层膜到达阴极,并且在阴极与 O_2 原子结合生成水分子 H_2O. 当质子交换膜的湿润状况良好时,由于电池的内阻低,燃料电池的输出电压高,负载能力强. 但当质子交换膜的湿润状况变坏时,电池的内阻变大,燃料电池的输出电压下降,负载能力降低. 在大的负荷下,燃料电池内部的电流密度增加,电化学反应加强,燃料电池阴极侧水的生成也相应增多. 此时,如不及时排水,阴极将会被淹,正常的电化学反应被破坏,致使燃料电池失效.

因此,保持电池内部适当湿度,并及时排出阴极侧多余的水,是确保质子交换膜电池稳定运行及延长工作寿命的重要手段. 大功率、高性能质子交换膜燃料电池系统的核心技术:内部湿度调节、阴极侧的排水控制、膜电极制作以及水/热平衡控制技术等.

2. 燃料电池的输出特性

燃料电池给负载供电过程中,改变负载大小,会发现燃料电池的输出电压与输出电流存在相应的关系,这种关系我们称为燃料电池的输出特性,如图 48-2 所示.

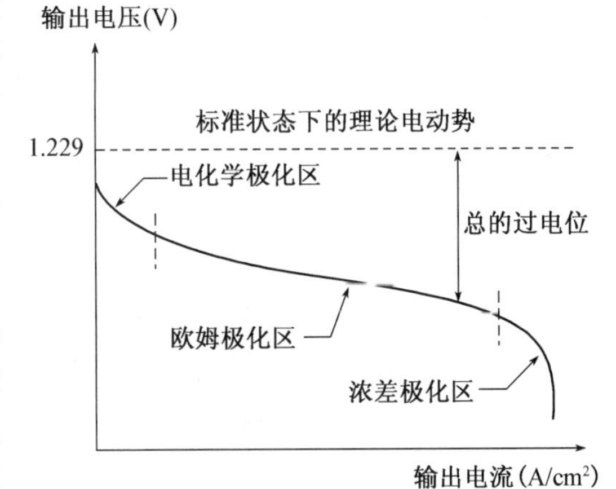

图 48-2 燃料电池静态特性曲线

该特性曲线分三个区域:活化极化区(又称电化学极化区)、欧姆极化区和浓差极化区. 燃料电池正常工作时在欧姆极化区. 空载时,燃料电池输出电压为其平衡电位,在实际工作工程中,由于有电流流过,电极的电位会偏离平衡电位,实际电位与平衡电位的差称作过电位,燃料电池的过电位主要包括:活化过电位、欧姆过电位、浓差过电位.

这样,燃料电池的输出电压可以表示为

$$U = U_0 - U_1 - U_2 - U_3, \tag{48-1}$$

式中,U 为燃料电池输出电压,U_0 为燃料电池理论电动势,U_1、U_2、U_3 分别为活化过电位、欧姆过电位、浓差过电位.

(1) 理论电动势是指标准状态下燃料电池的可逆电动势,与外接负载无关,其公认值为 1.229 V.

(2) 活化过电位主要由电极表面的反应速度过慢导致. 驱动电子传输过程中的化学反应

也会有部分电压被损耗掉. 活化过电位分为阴极活化过电位和阳极活化过电位.

(3) 欧姆过电位是克服电子通过电极材料以及各种连接部件,或离子通过电解质要克服阻力,都会损耗掉的部分电压.

(4) 浓差过电位主要是由电极表面反应物的压强发生变化而导致的. 电极表面压强的变化主要是由电流的变化引起. 输出电流过大时,燃料供应不足,电极表面的反应物浓度下降,使输出电压迅速降低,而输出电流基本不再增加.

测试燃料电池输出特性的电路,可按图 48-3 进行. 图 48-3 中,R 是电阻箱.

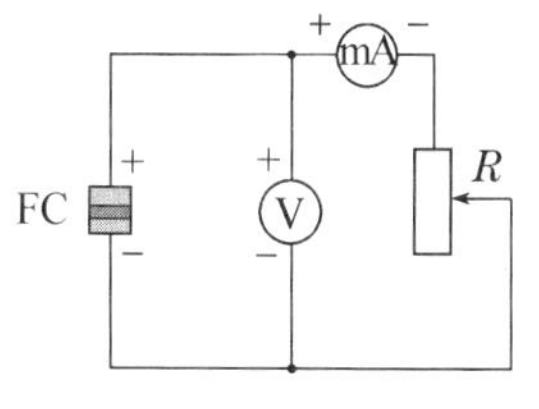

图 48-3　燃料电池输出特性测试电路

(二) 水电解池的工作原理及效率

上述质子交换膜燃料电池所需的燃料氢及氧化剂氧,我们采用水电解方法获得. 现仅对质子交换膜电解池的工作原理做简单介绍(PEMWE, Proton Exchange Membrane Water Electrolyzer).

1. 水电解池的工作原理

电解池的作用是将水电解产生氢气和氧气. 它与燃料电池中氢气和氧气反应生成水互为逆过程.

电解池的核心是一块很薄的涂覆了贵金属催化剂铂(Pt)的质子交换膜和两块钛网电极,即图 48-4 中"1"、"2"、"3"、"4"所示. 电解池的简单工作原理如下(参照图 48-4):

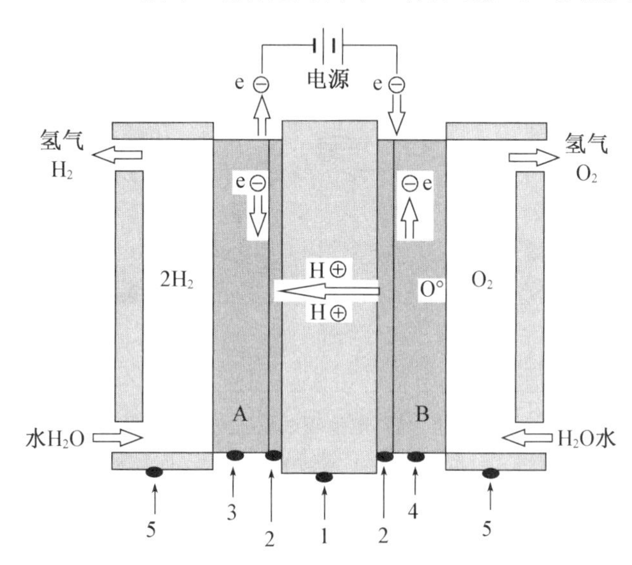

图 48-4　质子交换膜电解池工作原理示意图

1—质子交换膜　2—催化剂　3—电极(阴极)　4—电极(阳极)　5—夹板

(1) 水(H_2O)由管道从下两侧输入电解池,外加电源向电解池两极施加直流电压,水在阳极发生电解,生成氢离子、电子和氧,氧从水分子中分离出来生成氧气,反应方程式为 $2H_2O = O_2 + 4H^+ + 4e$. 氧气从通道溢出,提供给燃料电池作为燃烧燃料所需的氧化剂.

(2) 电解反应生成的电子通过外电路从电解池阳极流动到电解池阴极,而反应生成的氢离子(H^+)透过质子交换膜(聚合物膜)从电解池阳极转移到电解池阴极,在阴极还原成氢分子，反应方程式为 $2H^+ + 2e = H_2$. 氢分子从氢气通道中溢出，由此可获得我们所需要的燃料氢.

2. 水电解池的效率

把水分解为氢气和氧气，理论上需要外加的分解电压为 $U_0 = 1.23$ V，即如果不考虑电解池的能量损失，在电解池上外加 1.23 V 电压就可使水分解为氢气和氧气. 但是实际中存在各种损失，输入电压需 $U_{in} = (1.5 \sim 2)U_0$ 范围内时，电解池才能开始工作. 同时，外加给电解池的电压也不能太大，否则会烧坏电解池. 我们实验所用的电解池电压规定不能超过 7.5 V.

电解池的内阻随着温度的上升会有所变化，刚通电时，电解池内阻较大，随着电流的增加，电解池开始工作，内阻随之减小，最后慢慢达到稳定值.

由于采用恒流电源给电解池提供电源，为了保证电解池电压降不大于 7.5 V，在给电解池供电时，必须先把恒流电源的输出电流调到最小，并用电压表监测电解池上的电压 U_{in}，然后缓慢增加电解电流，使电解池工作稳定，即电解电流和电解池上的电压降都维持稳定不变状态.

电解池工作稳定时，电解水的理论需要电压 U_0 与实际输入电压 U_{in} 的比值定义为电解池的效率：

$$\eta_{电解池} = \frac{U_0}{U_{in}} \times 100\% = \frac{1.23}{U_{in}} \times 100\%. \quad (48-2)$$

(三) 燃料电池系统效率

本实验系统主要由两部分组成：1. 燃料电池，用以燃烧燃料进行发电；2. 电解池，用以生产燃料. 本实验系统的主部件构架如图 48 - 5 所示.

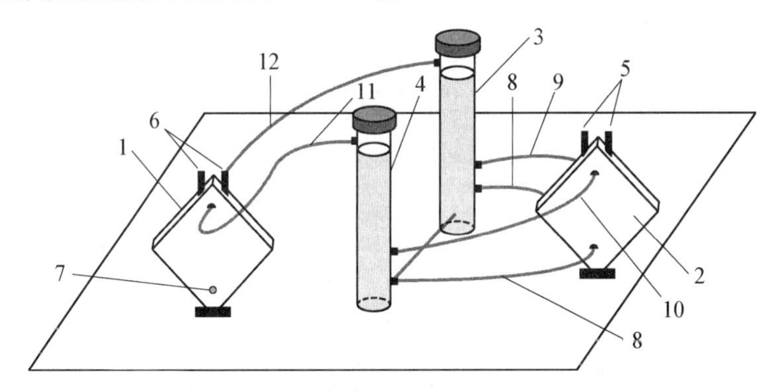

图 48 - 5 燃料电池测试仪主部件示意图

1—燃料电池 2—电解池 3、4—储水储气罐 5—电解池供电输入端
6—燃料电池电极 7—排气口 8、9、10—连接管 11、12—出气连接管

实验时，图 48 - 5 中两支储水储气罐（下文简称"罐"）中都装有蒸馏水，两罐下部有一连通管相连，下部另有两根连接管"8"把水引到右侧的电解池"2".

电解池电极"5"接通电源后，将水电解，生成的氢气和氧气由上部连接管"9"、"10"分别送到储水储气罐中，氢气送到罐"3"中，氧气送到罐"4"中. 两种气体由水中上浮，再分别由连接管"11"、"12"送到燃料电池进行发电（燃烧氢）. 发电过程中生成的水蒸气及多余的氧从排气口"7"排出. 所发的电能则从燃料电池电极"6"引出.

电解池产生氢燃料的体积与输入电解电流大小成正比，而氢燃料进入燃料电池后将产生电压和电流，可以输出功率. 设 I_{WE} 为水电解池电解电流，I、U 分别为燃料电池的输出电流和

输出电压，P_{max}为燃料电池的最大输出功率，若不考虑电解池的能量损失，依据相关理论，燃料电池的效率为

$$\eta=\frac{I\cdot U}{1.23I_{WE}}\times 100\%,\tag{48-3}$$

燃料电池的最大效率为

$$\eta_{max}=\frac{P_{max}}{1.23I_{WE}}\times 100\%.\tag{48-4}$$

二、仪器和用具

燃料电池特性测试仪；电流可调式恒流源；电压表；电流表；电阻箱；连接线；蒸馏水等.

三、实验内容

注意事项：

(1) 禁止在储水储气罐中无水的情况下接通电解池电源，以免烧坏电解池.

(2) 电解池用水必须为去离子水或者蒸馏水，否则将严重损坏电解池.

(3) 电解池工作电压必须小于 7.5 V，电流小于 0.5 A，并且禁止正负极反接，以免烧坏电解池.

(4) 禁止在燃料电池输出端外加直流电压，禁止燃料电池输出短路.

(5) 正常使用时，必须打开燃料电池下部的排气口胶塞.

(6) 每次使用完毕后不用将储水储气罐的水倒出，留待下次实验继续使用，注意水位低于电解池出气口上沿时，应补水至水位线，且不能超过水位线.

(7) 实验完毕后，关闭电解池电源，让燃料电池自然停止工作，以便消耗掉已产生的氢气和氧气；最后一定要塞好燃料电池下部的排气口胶塞，以保证燃料电池下次使用时不干燥.

(8) 实验时，保持室内通风，禁止任何明火.

1. 测量燃料电池的输出特性

(1) 检查储水储气罐内蒸馏水水位，如水位不足，需补足水. 打开燃料电池排气口胶塞(参见图 48-5 之“7”). 先让燃料电池不带任何负载，即图 48-5 燃料电池电极“6”不接任何负载.

(2) 打开恒流源，调节恒流输出旋钮，让它只能输出最小的电流. 然后关闭恒流源，将恒流源输出连接到电解池供电输入端(图 48-5 之“5”)，注意电极极性绝对不能接错. 再打开恒流源，缓慢调节恒流输出旋钮，使恒流输出大概 100 mA，预热 10 分钟.

注意，本实验电解池的外加电压不能超过 7.5 V，否则会损坏电解池. 所以调大恒流输出时，要用电压表监测电解池供电输入端的电压.

(3) 逐步调恒流输出电流大致为 300 mA，这时电解池会快速产生氢气和氧气，氢气和氧气进入储水储气罐后会把罐内原来的空气挤出罐. 10 分钟后，差不多燃料浓度达到了平衡状态，这时，用电压表监测电解池供电输入端的电压和燃料电池的开路电压将会维持恒定不变. 记录下燃料电池的开路输出电压值和电解池供电输入端的电压 U_{in}.

(4) 按图 48-3 接线，给燃料电池加负载并测量燃料电池的输出特性. 要注意：连接电路时应先把电路接好，最后才能接到燃料电池的电极. 图 48-3 中，R 是电阻箱，先把电阻箱阻值调到最大，电压表量程选择 2 V，电流表量程选择 200 mA.

(5) 由大到小改变电阻箱阻值，测量燃料电池的输出电压和输出电流，按 $P = IU$ 计算输出功率.

注意：电阻箱阻值要依次减小，不能忽大忽小(为什么?). 当负载电阻较小时，每 0.1 Ω 测量一次，还要注意不能让电池短路.

思考：如何调节电阻箱旋钮，才能做到电阻箱阻值逐步变小，而不忽大忽小.

数据记录与计算表格可参照表 48－1 设计. 表 48－1 中，负载电阻∞对应的输出电压为开路输出电压.

表 48－1 燃料电池的输出特性数据记录参考表

$R(\Omega)$	∞	9 999.9	8 999.9	…	99.9	89.9	…	9.9	8.9	…	0.9	0.8	…	0.4
U(V)														
I(mA)														
P(mW)														

(6) 根据表 48－1 数据，利用计算机软件(如 Origin、Matlab 等)，或用计算机语言(如 VB、C 等)编程，或在坐标纸上手工绘制燃料电池的 $U-I$ 图和 $P-U$ 图. 并由曲线分析燃烧电池的相关特性.

2. 测量燃料电池系统效率

测记水电解池电解电流 I_{WE}，由表 48－1 数据根据(48－4)式计算燃料电池输出功率最大时对应的效率.

3. 测量质子交换膜电解池的效率

测记电解池的输入电压 U_{in}，按(48－2)式计算电解池的效率.

4. 实验完毕工作

先切断电解池电源，让燃料电池带负载工作一段时间，消耗剩余的燃料，然后将燃料电池下部的排气口用胶塞塞上.

5. 可选做的其他实验内容

用太阳能电池作为电解池能源提供者，观察燃料电池发电情况，进而理解能量转换现象.

操作提示：将太阳能电池、电流表和电解池串联，保证正负极性连接正确. 用光源照太阳能电池，光源离太阳能电池越近，则电解电流越大. 燃料电池输出端接一个小电风扇，观察小电风扇在什么情况下能启动旋转. 定量测量电风扇转速与太阳能电流大小之间的关系.

四、思考题

1. 实验中为何要监测电解池的供给电压? 实验刚开始时，为什么给电解池的电流不能大?

2. 燃料电池在工程技术中要获得广泛应用，需要解决的技术问题有哪些?

3. 由测绘出的燃烧电池输出特性曲线，你评价一下实验所用的燃烧电池的优缺点.

4. 用不超过 80 个字的文字描述燃烧电池的发电机制.

实验 49　其他选修实验项目目录

1. 光杠杆应用设计

利用激光平行性、单色性高的特点，用激光器取代望远镜，设计实验方案，实现用拉伸法测量金属丝的杨氏弹性模量，实现固体线张系数的测定.

2. 双缝干涉实验

研究杨氏双缝干涉实验现象；设计用激光光源改良杨氏双缝干涉实验的方案.

3. 显微镜放大率的测定

设计测定显微镜放大率的实验方案.

4. 暗室技术

学习冲洗胶卷、照片放大、显影、定影等技术.

5. 电真空实验

观察感应圈高压击穿空气的放电现象；观察光谱管组各管高压激发后发光现象；观察阴极射线管的机械效应、磁场效应；观察尖端放电现象等.

6. 辐射计

研究热辐射理论；研究辐射计的结构特征；研究热辐射的机械效应.

7. 电子束在纵向磁场中的运动

研究螺旋运动和磁聚集.

8. 欧姆表

设计组装欧姆表.

9. 电源的伏安特性及输出功率研究

设计实验方案研究晶体管稳压电源和实际电源的伏安特性，了解实际电压源与理想电压源区别；研究电源输出功率与负载的关联.

10. 直流电机

了解直流电动机的结构和工作原理；了解电压对电机转速的影响；了解光电法测速的原理.

11. 单相变压器

熟悉变压器空载变压比的测定方法；掌握绕组间相对极性的判测方法；掌握变压器空载特性和外特性的测定方法.

12. 三相变压器与非正弦周期电路

设计获取三次谐波的实验方案.

13. 三相功率的测量

了解瓦特计的原理结构，学会正确使用功率表测功率；学会使用三瓦特计法和两瓦特计法测量电路中的功率；了解对称三相负载中测量无功功率的方法.

14. 三相异步电机及其起动设备

学习判别三相异步电动机定子绕组首端与末端的方法，熟悉铭牌数据的含义；了解按钮、接触器和热继电器的构造和作用；学习用兆欧表检查电机绕组间的绝缘电阻；学习简单控制线路的连接原理、工作机制.

15. 三相电度表,单相交流电动机,单相电度表

弄懂三相电度表、单相电度表的工作原理及结构特点;学会三相交流电的 Y 型接法;了解有关强电安装的一般知识.

16. 照明电路

学会常用照明电路的安装工艺;了解日光灯工作原理及各种日光灯电路的安装方法;了解各式新型灯具原理;掌握照明电路故障的检测;掌握多联控制电路布线及安装等.

17. 物理实验数据处理程序设计

学习用高级语言编写相关实验项目的数据处理程序.

18. 全息照相

学会用银盐全息干板的制作和再现;了解电子快门、激光功率计的使用方法.

19. 多媒体光纤传输

熟悉光纤数字信号原理;熟悉光纤的接口方式;了解语音编码原理;了解多媒体数据的数字化过程.

20. 多普勒效应

测量超声换能器的运动速度与接收频率的关系,验证多普勒效应;利用多普勒效应测量空气中的声速;用多普勒效应测量运动物体的速度.

21. 传感器系列设计性实验

传感器已经成为各个领域的关键部分,本部分实验主要以传感器作为实验对象,让学生了解和掌握传感器的基本知识,设计实验方案了解传感器的技术应用.本部分也是属于技术物理实验,是现代物理知识在工程技术物理中的具体应用的基本型实验.

本实验要求认识通用型传感器,主要包括应变式传感器(金属箔式应变片),差动变压器,霍尔式传感器,电容式传感器,压阻式压力传感器,压电加速度计,磁电式传感器,光电传感器,气敏传感器,湿敏传感器,热释电传感器等.

本部分实验要求学生自主创新实验项目,诸如电子秤,温度计,转速控制器,电压变换器,毒气探测器,压力测试器等的设计.

22. 超导磁悬浮与材料记忆现象

附　录

附录1　实验报告范例

实验名称：用拉伸法测金属丝的杨氏弹性模量

一、实验目的

学习用拉伸法测定钢丝的杨氏模量；掌握光杠杆法测量微小变化量的原理；学习用逐差法处理数据.

二、实验原理

长为 l，截面积为 S 的金属丝，在外力 F 的作用下伸长了 Δl，称 $Y=\dfrac{F/S}{\Delta l/l}$ 为杨氏模量(如附图1-1). 设钢丝直径为 d，即截面积 $S=\pi d^2/4$，则 $Y=\dfrac{4lF}{\pi\Delta l d^2}$. 伸长量 Δl 比较小不易测准，因此，利用光杠杆放大原理，设计装置去测伸长量 Δl(如附图1-2).

由几何光学的原理可知，$\Delta l\approx\dfrac{b}{2L}(n-n_0)=\dfrac{b}{2L}\cdot\Delta n$，则 $Y=\dfrac{8FlL}{\pi d^2 b\Delta n}$.

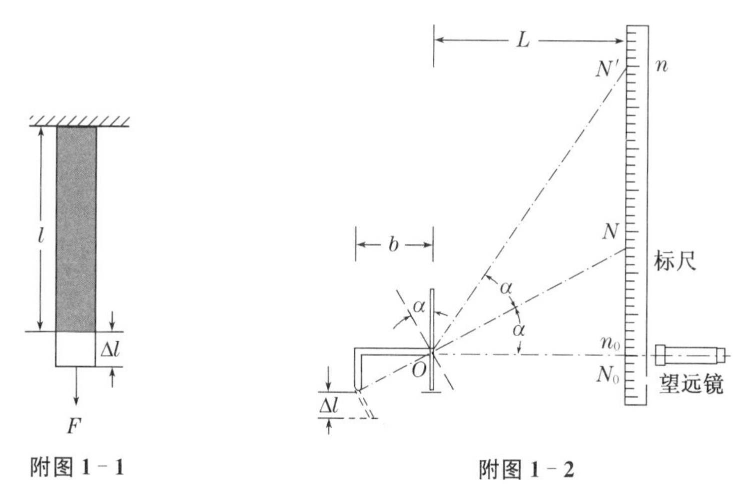

附图1-1　　附图1-2

三、主要仪器设备

杨氏模量测定仪;光杠杆;望远镜及直尺;千分尺;游标卡尺;米尺;待测钢丝;砝码;水准器等.

四、实验步骤

1. 调整杨氏模量测定仪.
2. 测量钢丝直径.
3. 调整光杠杆光学系统.
4. 测量钢丝负荷后的伸长量.

(1) 砝码盘上预加 2 个砝码. 记录此时望远镜十字叉丝水平线对准标尺的刻度值 n_0.

(2) 依次增加 1 个砝码,记录相应的望远镜读数 $n'_1, n'_2, \cdots, n'_7$.

(3) 再加 1 个砝码,但不必读数,待稳定后,逐个取下砝码,记录相应的望远镜读数 n''_7, $n''_6, \cdots, n''_1, n''_0$.

(4) 计算同一负荷下两次标尺读数(n'_i和 n''_i)的平均值 $n_i=(n'_i+n''_i)/2$.

(5) 用隔项逐差法计算 Δn.

5. 单次测量.

用钢卷尺单次测量标尺到平面镜距离 L 和钢丝长度;用压脚印法单次测量光杠杆后足到两前足尖连线的垂直距离 b.

6. 报道杨氏模量测量值.

五、数据记录及处理

1. 多次测量钢丝直径 d

附表 1-1 用千分尺测量钢丝直径 d (仪器误差取 0.004 mm)

测量部位	上		中		下		平均
测量方向	纵向	横向	纵向	横向	纵向	横向	
d(mm)	0.718	0.714	0.705	0.704	0.705	0.711	0.710
$(d_i-\bar{d})^2$($\times10^{-4}$ mm^2)	.64	.16	.25	.36	.25	.01	0.278

钢丝直径 d 的:

A 类不确定度 $u_A(d)=\sqrt{\dfrac{1}{n(n-1)}\sum(d_i-\bar{d})^2}=\sqrt{\dfrac{1}{n}\sum(d_i-\bar{d})^2}/\sqrt{n-1}$

$=\sqrt{0.278\times10^{-4}}/\sqrt{6-1}=0.0024$(mm).

B 类不确定度 $u_B(d)=\dfrac{\Delta}{\sqrt{3}}=\dfrac{0.004}{\sqrt{3}}=0.0023$(mm).

总不确定度 $u_C(d)=\sqrt{u_A^2(d)+u_B^2(d)}=0.0034$(mm).

相对不确定度 $u_r(d)=\dfrac{u_C(d)}{\bar{d}}=\dfrac{0.0034}{0.710}=0.48\%$.

测量结果 $\begin{cases} d = (0.710 \pm 0.004)\text{mm}, \\ u_r(d) = 0.48\%. \end{cases}$

2. 光杠杆测量数据

附表 1-2 标尺读数 n 及逐差值 Δn

砝码质量(kg)	标尺读数(cm)						隔项逐差值 Δn_i(cm)
	加砝码时		减砝码时		平均	$(n_i'+n_i'')/2$	$\Delta n_i = n_{i+4} - n_i$
2.00	n_0'	1.80	n_0''	1.88	n_0	1.84	$n_4 - n_0 = 0.75$
3.00	n_1'	2.01	n_1''	2.09	n_1	2.05	
4.00	n_2'	2.20	n_2''	2.27	n_2	2.23	$n_5 - n_1 = 0.74$
5.00	n_3'	2.38	n_3''	2.44	n_3	2.41	
6.00	n_4'	2.56	n_4''	2.61	n_4	2.59	$n_6 - n_2 = 0.74$
7.00	n_5'	2.78	n_5''	2.79	n_5	2.79	
8.00	n_6'	2.96	n_6''	2.98	n_6	2.97	$n_7 - n_3 = 0.73$
9.00	n_7'	3.13	n_7''	3.15	n_7	3.14	

在 $F = 4.00$ kg 力作用下，标尺的平均变化量 $\Delta \bar{n} = 0.74$ cm，为简化，这里不严格地把 B 类不确定度当作总不确定度，并且把标尺最小刻度的 1/5 当作“仪器误差”，即标尺变化量的总不确定度 $u_C(\Delta n) \approx u_B(\Delta n) = 0.02/\sqrt{3} = 0.012(\text{cm})$，这样相对不确定度为 $u_r(\Delta n) = 1.7\%$.

3. 单次测量

用米尺单次测量钢丝长 l、平面镜与标尺间距 L，用游标卡尺测量光杠杆长 b（都取最小刻度作为仪器误差，单次测量把 B 类不确定度当作总不确定度处理）.

附表 1-3 钢丝长 l、平面镜与标尺间距 L、测量光杠杆长 b 单位：mm

	测读值	不确定度	相对不确定度	
l	663.0	0.58	$u_r(l)$	0.087%
L	907.5	0.58	$u_r(L)$	0.064%
b	75.86	0.012	$u_r(b)$	0.016%

（注：上表计算方法，不确定度＝仪器误差$/\sqrt{3}$）

4. 计算杨氏模量并进行不确定度评定

由附表 1-1、附表 1-2、附表 1-3 所得数据代入公式 $Y = \dfrac{8FlL}{\pi d^2 b \Delta n}$ 可得钢丝的杨氏模量的：

近真值 $Y = \dfrac{8FlL}{\pi d^2 b \Delta n}$

$$= \frac{8 \times 4.00 \times 9.8 \times 663.0 \times 10^{-3} \times 907.5 \times 10^{-3}}{3.14 \times [0.710 \times 10^{-3}]^2 \times 75.86 \times 10^{-3} \times 0.74 \times 10^{-2}} = 2.123 \times 10^{11} (\text{N/m}^2),$$

相对不确定度 $u_r(Y)=\sqrt{[u_r(l)]^2+[u_r(L)]^2+[2u_r(d)]^2+[u_r(b)]^2+[u_r(\Delta n)]^2}$

$=\sqrt{0.000\,87^2+0.000\,64^2+(2\times 0.004\,8)^2+0.000\,16^2+0.017^2}=2.0\%$,

总不确定度 $u_C(Y)=u_r(Y)\cdot Y=0.043\times 10^{11}(\text{N/m}^2)$,

测量结果 $\begin{cases}Y=(2.123\pm 0.043)\times 10^{11}\text{N/m}^2,\\ u_r(Y)=2.0\%.\end{cases}$

附录 2 分压电路和限流电路的初步分析

实验中,我们经常用到分压控制电路和限流控制电路.如何根据实验要求正确选择变阻器的参数(阻值和额定电流)是一个重要问题.选择合适,实验就稳定、精确、顺利;选择不当,实验就不稳定、粗糙,甚至烧坏仪器.下面对这两种电路作一初步分析.

1. 滑线变阻器的分压特性曲线

滑线变阻器作分压器的电路如附图 2-1 所示,滑动头将电阻 R_0 分成 R_1、R_2 两部分.设负载电阻 R_L 与 R_1 并联,V_0 为电源电压.由图可知:外电路的总电阻为 $R=R_2+R_1//R_L$,外电路的总电流为 $I=\frac{V_0}{R}=\frac{V_0}{R_2+R_1//R_L}$,负载 R_L 两端的电压为 $V=I(R_1//R_L)=\frac{R_1R_LV_0}{R_0R_1+R_0R_L-R_1^2}$.令 $X=\frac{R_1}{R_0}$(滑动头在滑线电阻上的相对位置),$K=\frac{R_L}{R_0}$(负载电阻与滑线电阻之比),即得

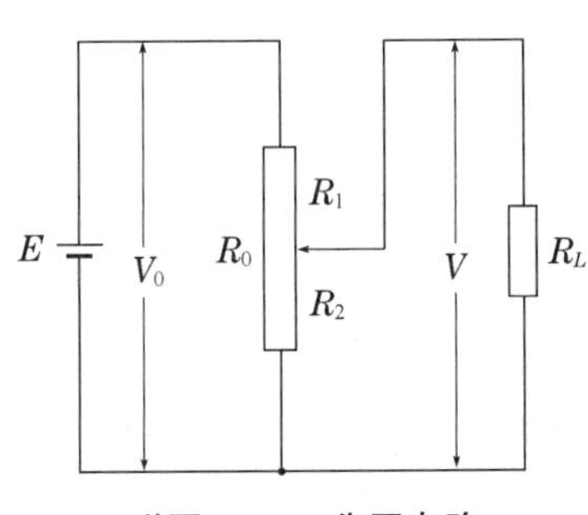

附图 2-1 分压电路

$$V=\frac{XKV_0}{X+K-X^2}\quad 或\quad \frac{V}{V_0}=\frac{XK}{X+K-X^2}.\tag{附 2-1}$$

对于不同的 K 值,X 与 V 的关系如附表 2-1 和附图 2-2 所示,根据负载上电压调节要求,利用(附 2-1)式或附图 2 2,就可以选择合适的变阻器.

附表 2-1 分压特性数据表

K \ V/V_0 \ X	0	0.1	0.2	0.3	0.4	0.5	0.6	0.7	0.8	0.9	1.0
10	0	0.099	0.197	0.294	0.391	0.488	0.586	0.686	0.787	0.892	1.0
1	0	0.092	0.172	0.248	0.323	0.400	0.484	0.579	0.690	0.826	1.0
0.1	0	0.053	0.077	0.097	0.118	0.143	0.177	0.226	0.308	0.474	1.0
0.01	0	0.010	0.012	0.014	0.016	0.019	0.024	0.032	0.047	0.090	1.0

(1) 若要电压 V 在 $0\sim V_0$ 整个范围内均匀变化,则取 $K>1$ 比较合适 $(R_L>R_0)$.

(2) 若电源的端电压 V_0 远超过负载上所需要的电压 V,如电源端电压为 2 V,但负载上所需要的电压在 0~0.2 V 范围内变化,这时取 $K\approx 0.05$ 或稍小于 0.05 比较合适,选 $V_0\approx$

$20R_L$，但调节时要注意，以免 X 接近 1 时烧坏负载.

(3) 附图 2-2 中 $K=0.1\sim0.01$ 曲线的突出部位可用在自动控制中对临界点作出灵敏的反应.

此外，对作分压器用的变阻器的额定电流，应从总电流的最大值来考虑.

2. 滑线变阻器的限流特性曲线

滑线变阻器作限流器的电路如附图 2-3 所示，这时负载 R_L 中的电流 $I=\dfrac{V_0}{R_L+R_2}$，和前面的讨论一样，引进参数，$X=\dfrac{R_1}{R_0}$、$K=\dfrac{R_L}{R_0}$ 并令 $I_0=\dfrac{V_0}{R_L}$，则有

$$I=\frac{KI_0}{1+K-X} \quad 或 \quad \frac{I}{I_0}=\frac{K}{1+K-X}. \tag{附 2-2}$$

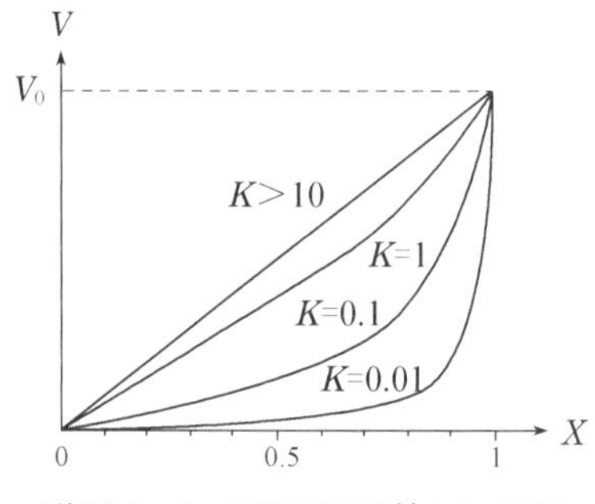

附图 2-2　不同 K 下的 $V-X$ 图

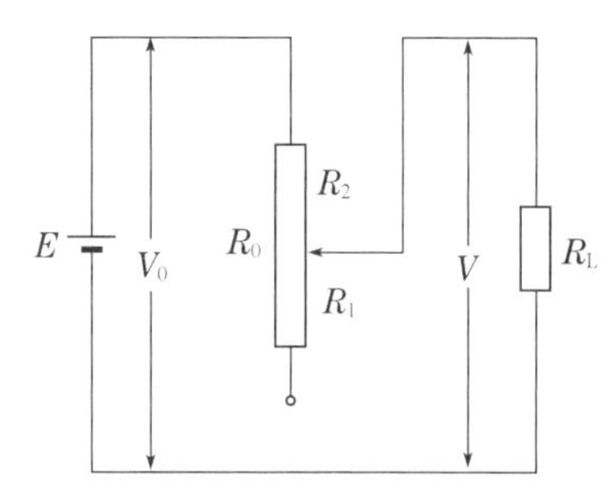

附图 2-3　限流电路

对于不同的 K 值，X 与 I 的关系如附图 2-4 所示，由图可看出：

(1) 对限流电路，负载电阻 R_L 上通过的电流不可能为零，且 K 值愈大，即相对于负载电阻 R_L，变阻器的阻值 R_0 愈小，电流可以调节的范围也愈小.

(2) 对 $K\geqslant1$，即 $R_0\leqslant R_L$，由图可知，调节的线性比较好，即容易调到需要的电流值；对 K 较小，即 $R_0\gg R_L$，X 接近 1 时电流变化很大，这种情况也称为细调程度不够.

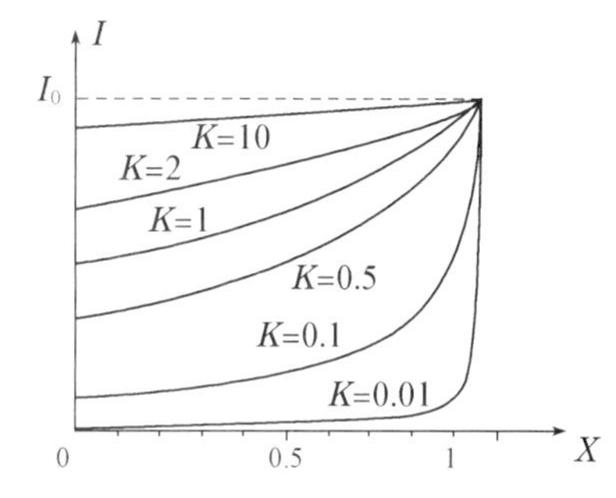

附图 2-4　不同 K 下的 $I-X$ 图

为了使电压、电流调节范围既大，又容易细调，也常采用多级分压、多级限流或它们的混合线路. 但要强调的是，如果在设计或连接控制电路(分压、限流电路)时，对所用电源、电阻或者负载的各项参数(电动势、内阻、电阻值、最大允许输出功率或最大承受电流等)都应逐一进行分析. 下面举几个例子.

例附 2-1　试为测量某元件的伏安特性设计控制电路. 已知元件的阻值 $R_L<50\Omega$，要求测量范围为 0.01 A～0.1 A.

解　负载要求的电压为 $0.1\times50\text{ V}=5\text{ V}$，故可采用电压为 6 V，额定电流大于 0.1 A 的直流稳压电源.

考虑到负载电阻 R_L 较小，若采用分压，R_0 值小，则浪费的电能较大，不如采用限流. 由 $I=0.01\text{ A}$，$E=6\text{ V}$，$R_L=50\ \Omega$，可算出变阻器电阻 $R_0=E_1/I-R_L=550\ \Omega$，故可挑选的变

阻器应略大于 550 Ω,这样的变阻器额定电流都大于 0.1 A,安全不成问题. 按电路做实验,可发觉细调程度不够($K = R_L/R_0 = 0.09$, 对照附图 2-4 曲线),于是可加接细调,最后电路如附图2-5所示.

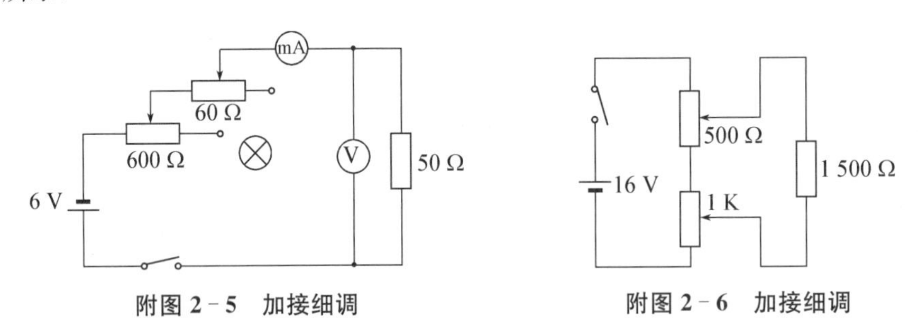

附图 2-5　加接细调　　附图 2-6　加接细调

例附 2-2　为校正伏特计安排控制电路. 已知负载电阻(待校表与标准表内阻并联)$R_L = 1\,500\ \Omega$, 伏特计量程为 15 V,等分 100 格.

解　负载要求电压最高 15 V,电流很小,选用电源电压大于 15 V 的直流稳压电源,由于负载电阻和调节范围都比较大,宜采用分压电路,因为 $K = R_0/R_L$, 参照附图 2-2 曲线,K 取 1 时,调节比较均匀,所以,R_0 可取 1.5 K,这种变阻器的额定电流为零点几安培,而实际通过它的最大电流为零点零几安培,肯定安全.

由于电表表面有 100 个分格,要求调准到 1 格的十分之一,从实验的经验可知,要使变阻器滑动头位移全长的千分之一是很勉强的,加一级细调则方便得多,故最后电路设计见附图 2-6 所示.

附录 3　物理实验中常用的实验测量设计方法简介

1. 积累法

某些物理量的测量,在现有仪器的准确度内难以测得正确,或人的判断能力限制难以判准,若将这些物理量积累后求平均,可以减小相对误差. 例如用秒表测单摆、二线摆周期时,如测一次全振动的时间,其时间误差很大,但可测 $n = 50 \sim 100$ 乃至更多个全振动的时间 $t = nT$, 从而求出周期 $T = t/n$. 又如液体表面张力实验中,用天平称小钢珠的质量,由于天平灵敏度(感量)限制,如只测一只钢珠质量,误差很大,我们可以称 10～20 个甚至更多钢珠的质量 M,则每个钢珠质量为 $m = M/n$ (n 为所称钢珠个数),减小了相对误差(提高了结果的有效数字位数).

2. 控制法

在一些实验中,往往存在多种变化因素,为了研究某些量之间的关系,可以先控制一些量不变,依次研究某一个因素的影响. 例验证牛顿第二律 $F = ma$, 可先保证 m 不变,研究 F 与 a 的关系,再保证 F 不变,研究 m 与 a 的关系. 研究电子束的电偏转实验中,偏转位移 D 与偏转电压 V_d 和加速电压 V_2 的关系时,也采用了控制法.

3. 放大法

在现象、变化、待测量很微小的情况下,可采用“放大”的方法. 例游标卡尺、千分尺是长度的"机械放大",望远镜、显微镜、光杠杆是"光放大",光点检流计则是"电放大"与"光放大"的综合.

4. 转换法

某些量不容易直接测量,或某些现象直接显示有困难,可以把所要测的量转换成其他量进行间接观察和测量,这就是转换法. 例如光强分布可用光电池作转换器,靠检流计显示或靠示波器显示,钢丝拉伸微小量可借光杠杆放大显示等. 所有的间接测量都是转换法.

5. 平衡法

利用一个量的作用与另一个或几个量的作用相同、相当或相反来设计实验测量. 例弹簧秤、天平、温度计等的设计即采用了力的平衡、力矩的平衡、热平衡,惠斯登电桥和电位差计则利用了电路的平衡.

6. 比较法

比较法是在一定的条件下找出研究对象之间的同一性和差异性. 比较的形式是灵活多样的,可以比较某物理现象在实验时间内前后的变化情况,也可同时对几类物理对象的现象、变化过程进行比较,也可以是比较同一对象在不同条件下的变化情况等. 例如凸透镜成像实验中,比较物体在 $u>2f$、$f<u<2f$ 和 $u<f$ 三种情况下,通过透镜所成像的不同,从而总结出凸透镜成像的规律和特点.

7. 留迹法

在物理实验中,有些现象瞬息即逝,如运动物质所处的位置、轨迹或图像等,用一定的方法记录下来,然后通过测量或观察来进行研究,就是留迹法. 例如示波器观察波形是留迹测量的方法,电脑通用计数器靠单片机存储数据也属于留迹的方法,等等.

8. 模拟法

一个物理量难以直接测量,可设计一个类似于被测量运动规律的物理量进行模拟测量就是模拟法. 例如静电场的模拟实验等等.

9. 非电量的电测法

许多物理量,如位移、速度、加速度、压强、温度、光强等,都可经过传感器转换为电学量而进行测量,此即非电量的电测法. 一般说来,非电量电测系统应包括:

测量→传感器→测量电路→指示仪表、记录仪表和数据处理仪器

例如声速测定,借助于压力传感器测波腹,光电池作为传感器把光强转变为与光强成一定关系的电流等,都是非电量的电测法.

附录4 物理实验数据处理的基本方法简介

测量数据的处理包含十分丰富的内容. 例如数据的记录、描绘,从带有误差的数据中,验证和寻找经验规律,外推实验数值等等. 我们结合物理实验的基本要求,介绍一些最基本的实验数据处理的方法.

1. 列表法

列表法就是把数据按一定规律列成表格. 这是在记录实验原始数据和处理实验数据时最

常用的方法,又是其他数据处理方法的基础,应当熟练掌握,列表法的优点是对应关系清楚、简明,也有助于发现实验中的规律.

列表时的注意事项:

(1) 表格设计要合理、简明,重点考虑如何能完整地记录原始数据及揭示相关量之间的函数关系.

(2) 表格的标题栏中要注明物理量的名称、符号和单位(单位不必在数据栏中重复书写,物理量的名称常常可用符号取代,但符号的含义须在有关实验原理叙述中讲明).

(3) 数据要正确反映测量结果的有效数字.

(4) 提供与表格有关的说明和参数. 包括表格名称,主要测量仪器的规格、有关测量的环境参数和其他需要引用的常量和物理量等.

(5) 为了揭示或说明物理量之间的联系,可以根据需要增加除原始数据以外的处理结果. 列表法还可用于实验数据的运算、图示等.

2. 图示法

所谓图示法,就是把实验数据用自变量和因变量的关系作成曲线以便反映它们之间的变化规律或函数关系. 根据图示曲线,可直观一些规律,还可由图线改直,寻找经验公式. 有关图示法的基本作图规则,参见 21 页"实验数据的图线表示法——图示法".

3. 最小二乘法和一元线性回归

从含有误差的数据中,寻求经验方程或提取参数是实验数据处理的重要内容,也称回归问题. 事实上,用作图法获得直线的斜率和截距就是一种平均处理的方法,但这种方法有相当大的主观性,结果往往因人而异,最小二乘法是一种比较精确的曲线拟合方法. 它的判据是:对等精度测量若存在一条最佳的拟合曲线,那么各测量值与这条曲线上对应点之差的平方和应取极小值,对不等精度测量值与这条曲线上对应点之差的加权平方和取极小值.

24 页绪论部分"十一、回归分析研究二变量的关系"讨论的就是这个问题.

4. 逐差法

在一些特定条件下,可以用简单的代数运算来处理一元线性回归问题. 逐差法就是其中之一,它比作图法精确,与最小二乘法的结果接近,在物理实验中也经常使用. 隔项逐差法能充分应用实验数据,计算也比较简单,但要注意,采用逐项逐差法时须谨慎,避免遗失数据. 实验时应根据不同的需要选择隔项或逐项逐差法.

附录 5 普通物理实验室常用光源

1. 白炽灯

白炽灯的光谱是连续光谱,光谱成分及光强与灯丝的温度有关,根据不同的目的要求,制造出各种专用的灯泡,实验室常见的白炽灯有以下几种:

(1) 普通灯泡:作白色光源或照明用,每个灯泡都标明了它的额定电压和额定功率. 应按规定电压使用,不得超过.

(2) 汽车灯泡:特点是灯丝线度小、亮度高,用来做点光源比较适宜.

(3) 标准灯泡:利用卤族元素和钨的化合物容易挥发的特点制成碘钨灯或溴钨灯,在灯泡内充入卤族元素后，沉积在玻璃泡壳内表面的钨将卤素原子化合，生成卤化钨，卤化钨挥发成气体又反过来向灯丝扩散．由于灯丝附近的温度比较高，卤化钨分解，钨重新沉积到钨丝上，形成卤钨循环．所以，卤钨灯能获得较高的发光效率，光色较好，同时提高了稳定性．作为标准用的卤钨灯仍然要经过校准，才能作为比较用的光强标准灯和光通量标准灯．它具有方向性，使用时要按规定的电压值（或电流值）和规定的方向才能得出正确的结果．

2．水银灯（汞灯）

汞灯是一种气体放电光源，发光物是水银蒸汽，点燃稳定后发出白绿色光，在可见光范围内的光谱成分是几条分离的强谱线（见附录11）．因为汞灯在常温下要有很高的电压才能点燃，因此灯管内还充有辅助气体，如氖、氩等．通电后辅助气体首先被电离而放电，此后灯管温度得以升高，随后才产生水银蒸汽的弧光放电．弧光放电的伏安特性有负阻现象，要求电路接入一定的阻抗以限制电流，否则电流的急剧增长会把灯管烧坏，一般在交流220 V电压与灯管的电路中串入一个扼流圈来镇流，如附图5－1所示，不同的水银灯泡电流的额定值不同，所需扼流圈的规格亦不同，不能互用，切忌混淆．

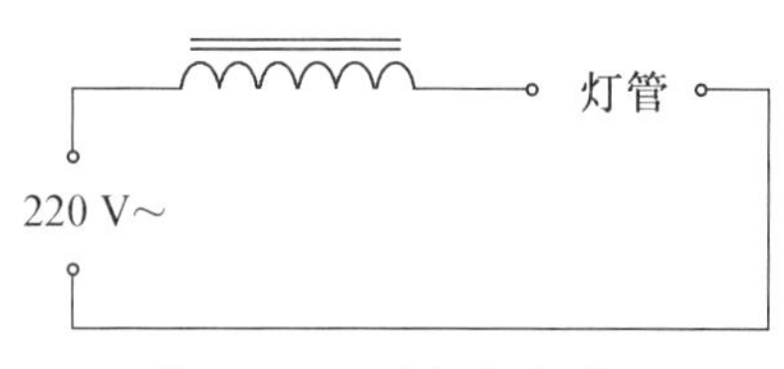

附图5－1　水银灯电路图

水银灯点燃后如突然断电，灯管仍然发烫，如立即接通电源常常不能点燃，要等灯管温度下降后水银蒸汽压降到一定程度才能点燃．水银灯辐射紫外线较强，为防止眼睛受灼伤，不要直接注视水银灯．

3．钠光灯

钠光灯也是一种气体放电光源，它的光谱在可见光范围内有两条强谱线（5 890 Å和5 896 Å），平均波长为5 893 Å，因此它是一种比较好的单色光源．这种灯是将金属钠封闭在抽真空的特种玻璃泡内，泡内充以辅助气体氩，发光过程类似于汞灯，钠为难熔金属，冷时蒸汽压很低，工作时蒸汽压约为10^{-3}毫米汞柱，通电后5～20分钟可发出强黄光，灯泡两端的工作电压约为20 V(AC)，电流为1～1.3 A．电源与汞灯一样用交流220 V，并需串用扼流圈．

4．氦氖激光器

激光是一种方向性强（发散角很小）、亮度高、单色性和空间相干性都好的光源．氦氖激光器发生的波长为6 328 Å．He－Ne激光器由电源和激光管两部分组成．He－Ne激光管对所用的高压直流电源的要求与管长及毛细管截面有关．长度为200～300 mm激光管所需管压降约2 000 V，管子的着火电压约4 000 V．工作电流为4～6 mA，不同类型的管子其最佳电流不同，使用时电流太大或太小都将影响出光．使用激光器时，管子的钨棒接电源的正极，铝棒接负极，正负不能接错，开启电源约十分钟，出光才稳定．高压电源一般都有大电容，用完切断电源后，要使输出端短接放电；否则高压会维持相当长的时间，有造成触电的危险．

附录 6　基本物理常数

真空中的光速 $c = 2.997\,9245\,8 \times 10^{8}\ \mathrm{m \cdot s^{-1}}$

电子的电荷 $e = 1.602\,189\,2 \times 10^{-19}\,\mathrm{C}$

普朗克常数 $h = 6.626\,176 \times 10^{-34}\ \mathrm{J \cdot s}$

电子的比荷 $e/m_e = 1.758\,807\,4 \times 10^{11}\ \mathrm{C \cdot kg^{-1}}$

摩尔气体常数 $R = 8.314\,41\ \mathrm{J \cdot mol^{-1} \cdot K^{-1}}$

标准状态下理想气体的摩尔体积
$V_{\mathrm{m}} = 22.413\,83 \times 10^{-3}\ \mathrm{m^{3} \cdot mol^{-1}}$

真空的介电常数(电容率)
$\varepsilon_0 = 8.854\,188 \times 10^{-12}\ \mathrm{F \cdot m^{-1}}$

波耳兹曼常数 $k = 1.380\,662 \times 10^{-23}\ \mathrm{J \cdot K^{-1}}$

标准大气压 $p_0 = 101\,325\ \mathrm{Pa}$

标准状态空气中声速 $v = 331.46\ \mathrm{m \cdot s^{-1}}$

标准状态水银密度 $\rho = 13\,595.04\ \mathrm{kg \cdot m^{-3}}$

阿伏伽德罗常数 $N_0 = 6.022\,045 \times 10^{23}\ \mathrm{mol^{-1}}$

原子质量单位 $\mu = 1.660\,565\,5 \times 10^{-27}\ \mathrm{kg}$

电子的静止质量 $m_e = 9.109\,534 \times 10^{-31}\ \mathrm{kg}$

法拉第常数 $F = 9.648\,456 \times 10^{4}\ \mathrm{C \cdot mol^{-1}}$

氢原子的里德伯常数
$R_H = 1.096\,776 \times 10^{7}\ \mathrm{m^{-1}}$

万有引力常数
$G = 6.672\,0 \times 10^{-11}\ \mathrm{N \cdot m^{2} \cdot kg^{-2}}$

冰点的绝对温度 $T_0 = 273.15\ \mathrm{K}$

标准状态空气密度 $\rho = 1.293\ \mathrm{kg \cdot m^{-3}}$

真空的磁导率 $\mu_0 = 12.566\,371 \times 10^{-7}\ \mathrm{H \cdot m^{-1}}$

附录 7　不同温度 t 下与空气接触的水的表面张力系数

单位：t(℃)，α($\times 10^{-3}\ \mathrm{N \cdot m^{-1}}$)

t	α	t	α	t	α
0	75.62	16	73.34	30	71.15
5	74.90	17	73.20	40	69.55
6	74.76	18	73.05	50	67.90
8	74.48	19	72.89	60	66.17
10	74.20	20	72.75	70	64.41
11	74.07	21	72.60	80	62.60
12	73.92	22	72.44	90	60.74
13	73.78	23	72.28	100	58.84
14	73.64	24	72.12		
15	73.48	25	71.96		

附录8　在20℃时与空气接触的液体的表面张力系数

液体	$\alpha(\times 10^{-3}\ N\cdot m^{-1})$	液体	$\alpha(\times 10^{-3}\ N\cdot m^{-1})$
航空汽油(在10℃时)	21	甘油	63
石油	30	水银	513
煤油	24	甲醇(在0℃时)	22.6
松节油	28.8		22.0
水	72.75	乙醇(60℃时) (0℃时)	22.0
肥皂溶液	40		18.4
弗利昂-12	9.0		24.1
蓖麻油	36.4		

附录9　几种固体材料在常温范围内的线膨胀系数

单位：度$^{-1}\times 10^{-5}$

材料	钢	铁	殷钢	玻璃	石英玻璃	铝	铜	水泥
α	1.1	1.2	0.5	0.4～1.0	0.05	2.4	1.7	1.4

附录10　在20℃时常用固体和液体的密度

物质	ρ(kg/m^3)	物质	ρ(kg/m^3)	物质	ρ(kg/m^3)	物质	ρ(kg/m^3)
铝	2 698.9	铂	21 450	石英	2 500～2 800	乙醇	789.4
铜	8 960	铅	11 350	水晶玻璃	2 900～3 000	乙醚	714
铁	7 874	锡	7 298	窗玻璃	2 400～2 700	汽油	710～720
银	10 500	水银	13 546.2	冰(0℃)	880～920	弗利昂-12	1 329
金	19 320	蜂蜜	1 435	甘油	1 260	变压器油	840～890
钨	19 300	钢	7 600～7 900	甲醇	792		

附录 11 常用光源的谱线波长表

(单位:Å)

一、H(氢)	6 678.2(红)	三、Ne(氖)	5 852.5(黄)	5 460.7(绿)
6 562.8(红)	5 875.6(D黄)	6 506.5(红)	四、Na(钠)	4 916.0(绿蓝)
4 861.3(绿蓝)	5 105.7(绿)	6 402.3(橙)	5 895.94(D黄)	4 358.3(蓝紫)
4 340.5(蓝)	4 921.9(绿蓝)	6 383.0(橙)	5 889.97(D黄)	4 077.8(紫)
4 101.7(蓝紫)	4 713.1(蓝)	6 266.5(橙)	五、Hg(汞)	4 046.6(紫)
3 970.1(蓝紫)	4 471.5(蓝)	6 217.3(橙)	6 234.4(红)	六、He-Ne激光
二、He(氦)	4 026.2(蓝紫)	6 143.1(橙)	5 790.7(黄)	6 328(橙)
7 065.2(红)	3 888.7(蓝紫)	5 881.9(黄)	5 769.6(黄)	

附录 12 汞灯谱线波长

(单位:Å)

波长	颜色	相对光强	波长	颜色	相对光强	波长	颜色	相对光强
4 046	紫	强	4 960	蓝绿	弱	5 889	黄	弱
4 078	紫	强	5 354	绿	弱	6 073	橙	弱
4 108	紫	弱	5 461	绿	很强	6 123	红	弱
4 339	蓝紫	弱	5 676	黄绿	弱	6 234	红	强
4 348	蓝紫	弱	5 770	黄	强	6 716	深红	弱
4 358	蓝紫	很强	5 790	黄	强	6 908	深红	弱
4 916	蓝绿	强	5 859	黄	弱			

附录13　在常温下某些物质的折射率

波长 物质	H_α（线）	D（线）	H_β（线）
	6 563(Å)	5 893(Å)	4 861(Å)
水(18 ℃)	1.331 4	1.333 2	1.337 3
乙醇(18 ℃)	1.360 9	1.362 5	1.366 5
冕玻璃(轻)	1.512 7	1.515 3	1.521 4
冕玻璃(重)	1.612 6	1.615 2	1.621 3
燧石玻璃(轻)	1.603 8	1.608 5	1.620 0
燧石玻璃(重)	1.743 4	1.751 5	1.772 3
方解石(o光)	1.654 5	1.658 5	1.667 9
方解石(e光)	1.486 4	1.486 4	1.490 8
水晶(o光)	1.541 8	1.544 2	1.549 6
水晶(e光)	1.550 9	1.553 3	1.558 9

参考书目

1. 刘智敏.测量统计标准及其在认可论证中的应用.北京:中国标准出版社,2001.
2. 辛益军.方差分析与实验设计.北京:中国财政经济出版社,2002.
3. 丁红旗等.大学物理实验.北京:清华大学出版社,2010.
4. 周自刚等.新编大学物理实验.北京:科学出版社,2010.
5. 浦天舒等.大学物理实验.北京:清华大学出版社,2011.
6. 周进等.大学物理实验教程.南京:南京大学出版社,2013.
7. 谭伟石.近代物理实验.南京:南京大学出版社,2013.
8. 罗中华等.大学物理实验教程.南京:南京大学出版社,2015.